아산재단 연구총서 제417집

생태복원의 인문학적 상상력

생태복원의 인문학적 상상력

This Edition was published by Jipmoondang Publishing Co. in 2017, Seoul, Korea.

아산재단 연구총서 제417집

생태복원의 인문학적 상상력

김성도 · 김동윤 · 김철규

집문당

김성도(金聖道) 고려대학교 언어학과/영상문화학협동과정 교수
김동윤(金東胤) 건국대학교 문화콘텐츠학과 교수
김철규(金喆圭) 고려대학교 사회학과 교수

아산재단 연구총서 제417집
생태복원의 인문학적 상상력

2017년 2월 28일 1판 1쇄
2018년 9월 10일 1판 2쇄

저 자 | 김성도 · 김동윤 · 김철규
발행인 | 임동규
발행처 | **집문당**
등 록 | 1971. 3. 23. 제300-2012-69호
주 소 | 03134 서울시 종로구 돈화문로 82 집문당빌딩 5층
영업부 | (02)743-3192~3 팩스(02)742-4657
sale@jipmoon.co.kr
편집부 | (02)743-3096~7 팩스(02)743-0227
edit@jipmoon.co.kr
홈페이지 | www.jipmoon.co.kr

편 집 | 전정아
디자인 | 임용우

ISBN 978-89-303-1742-9
ISBN 978-89-303-1500-5(세트)

가격 30,000원

이 도서의 국립중앙도서관 출판시도서목록(CIP)은 e-CIP홈페이지(http://www.nl.go.kr/ecip)와
국가자료공동목록시스템(http://www.nl.go.kr/kolisnet)에서 이용하실 수 있습니다.
(CIP제어번호: CIP2016031812)

머리말

본 서 『생태복원의 인문학적 상상력』은 문화 기호학, 문학비평사, 환경 사회학 등 각기 다른 세 분야의 전공자들이 생태복원의 본질, 기능, 사회적 맥락에 대해 서로 다른 시각에서 비판적 조망을 시도하면서 이루어낸 공동의 연구 성과물이다. 비록 세 연구자가 생태복원과 성격에 대한 상이한 관점을 취하고 있으나, 환경 위기를 현재 인류가 당면한 가장 시급한 사안으로 파악하고 있다는 점에서 문제의식을 공유하고 있다. 이 점에서 본 공동 저서는 비유를 들자면, 세 개의 상이한 목소리를 통하여 생태복원에 대한 다원적 시각을 개진하려는 일종의 삼부 합창이라 할 수 있다. 특히 국내 학계에서 생태복원에 대한 연구가 생태공학 중심 일변도로 이루어진 상황에서, 인문학적 통찰과 사회과학적 분석과 비판을 아우르면서 생태복원 담론의 본격적인 학제적 연구를 위한 시동을 걸 수 있는 계기를 마련할 수 있을 것이라는 기대를 조심스럽게 해본다.

18세기 발생한 산업혁명 이후 급속하게 이루어진 산업화와 도시화로 인해 창발한 근대 문명의 생활 방식과 더불어 인간은 자연의 순환 원리를 벗어나 자연의 기제를 변형시키는 일종의 지질학적 변화의 행위 주체 또는 원인이 됨으로써, 바야흐로 자연의 운명은 인간의 손에 달려 있는 전대미문의 상황을 만들었다. 이런 절박한 국면을 이른바 인류세(anthropocene)의 시대라고 규정한다면 이제 자연과 미래세대의 향방과 운명이 오늘 현 인류의 결정에 달렸다고 해도 과언이 아니다.

17세기 이후 서구에서 과학기술의 급속한 발전으로 인해 인간과 자연의 관계가 지배-피지배의 관계로 변형되었음은 주지의 사실이다. 크게 보아 산업혁명 이후 인간과 자연의 조화로운 관계는 더 이상 가능하지 않게 되었고, 생태환경은 자본주의와 과학기술문명에 의해 돌이킬 수 없을 정도로 심각하게 훼손되고 있다. 바로 그런 이유에서 비록 그 한계에도 불구하고 생태복원의 필요성이 긴박한 시대적·윤리적 의무의 하나로 부각된 것이다.

그러나 오늘날 진행되고 있는 생태복원의 많은 논의들이 과학기술 공학적 측면을 집중적으로 부각시킨 결과, 인문학적 접근은 상대적으로 빈약하거나 지극히 미약한 상태이다. 훼손된 생태환경을 복원하는 일은 단지 과학기술의 영역에 일임하기에는 작업의 성격이 매우 중층적이고 복합적이므로 섬세하고 입체적인 접근이 요구된다. 물론 과학기술적 접근이 지니는 유용성은 부정될 수 없으나 그것이 지니는 한계를 극복하기 위해서는 인문적 사유, 통찰, 상상력과 사회과학적 비판과 혜안을 투사해야 한다. 인문학적 접근은 과학기술중심의 세계관이 지니는 한계, 달리 말해 획일적인 거대 기술주의의 한계와 문제점을 지적하고 인간과 자연의 보다 조화로운 관계를 회복할 수 있는 참신한 상상력을 제공하기 때문이다. 구체적인 것이 가장 진실된 것이라는 벤야민 탁견에 의탁한다면, 생태복원의 문제도 지극히 구체적인 경험의 세계와 맞닿아 있는 인문학적 접근과 상상력에서 출발해야 할 것이다.

서구 문명은 인간 삶의 물적 경제적 조건을 개선하는 데 크게 기여하였고 그에 따라 인간의 욕망도 끝없이 확장하고 있다. 그러나 과도한 물질적 욕망과 안락을 위해 인간은 자신이 자연의 일부라는 자명한 사실을 잊고 살아간다. 물질적 안락 추구의 과정에서 자연은 인간에 의해 훼손되고 정복되었다. 인간이 자연의 일부라는 엄연한 사실을 인정하고 인간과 자연의 관계를 다시 생각하는 것은 지극히 인문적인 물음이 될 수밖에 없다. 인간과 자연의 관계에 대한 물음은 현대문명에 대한 총체적 관점에서, 그리고 전 지구적 차원에서 접근되어야 할 성질의 것이기 때문이다. 그러므로 생태복원을 위한 인문학적 성찰이란 협의의 분절적 인문학의 영역에 머무는 것이 아니라, 자연과학, 사회과학, 문화 예술 등 다양한 영역을 포괄하는 총체적인 조망에 바라본 생태환경의 회복과 인간적 삶의 지속가능성에 대한 사유이어야 할 것이다.

지속가능성으로서의 생태복원은 결코 과학기술의 문제만은 아니고 좋은 삶의 지향과 행복과 같은 윤리적인 차원과 연결된 문제이다. 그러므로 '지속가능성'의 가능성은 자연과 인간이 유리된 현대적 삶의 방식에 대한 깊고 근원적 반성에서 시작된다고 볼 수 있다. 근원적 성찰은 허황된 관념의 유희나 단편적 기술적 처방이 아니라 개인적・사회적 웰빙, 삶의 의미, 문화의 향수 등 인간다운 삶을 위한 전제조건이다. 그러므로 생태복원과 지속가능성은 자연과 인간과의 근원적인 관계를 질문하고 자연에 대한 인간의 책임을 묻는 윤리적 문제, 더 나아가 인문적이고 문명사적 의제로 재설정되어야 할 것이다. 바로 이것이 서로 다른 시각과 관점에서 생태복원의 문제를 문명사적 의제로 삼으려는 세 학자가 공유하는 문제의식이다.

생태복원은 물론 자연과학적 지식을 필요로 한다. 하지만 더 중요한 것은 자연과학적 지식의 활용 방향을 인도하고, 그 적용 범위를 결정해주는 인문학적 상상력과 사회과학적 지혜라고 할 수 있다. 생태복원은 자연과학의 문제가 아니라 철학의 문제이며, 사회발전의 방향과 관련되는 것이다. 즉, 근대사회가 당연한 것으로 여겨왔던 자연에 대한 개입, 다른 종에 대한 인간 우월주의, 그리고 세계를 대상으로만 여기는 인간중심주의에 대한 근본적 성찰을 필요로 한다. 그런 의미에서 생태복원은 자연과 사회, 생명과 인간 간의 관계 재설정을 위한 작업이라고 할 수 있다.

이러한 문제의식을 바탕으로, 특히 본 서에서는 사회학자의 관점에서 생태복원을 위한 사회과학적 개입 방식을 이론적으로 정리하고, 이를 경험적 사례를 통해 보여주고자 했다. 생태복원을 사회과학적 프로젝트로 재구성하기 위해서는 20세기를 지배해왔던 발전주의의 성찰적 극복에서부터 출발할 필요가 있다. 왜냐하면 20세기를 지배해왔던 발전주의야말로 생명을 객체화하고, 자연을 개발의 대상으로 착취하는 것을 정당화했던 이데올로기이기 때문이다. 따라서 생태주의, 그중에서도 심층생태론과 사회생태주의의 변증법적 재구성을 통한 발전주의의 극복이야말로 생태복원을 위한 중요한 출발점임을 강조하고 있다. 이를 기반으로 생태복원을 사회적 프로젝트로 재구성하기 위해 공진화와 신진대사 균열론을 검토하였는데, 이는 자연의 일부로서의 인간, 그리고 사회 변화의 일부로서의 자연을 하나의 분석 단위이자 공진화의 파트너로 재구성하기 위한 작업이라고 할 수 있다. 생태복원의 문제를 이러한 전체론적이고 자연-문명사적 시각에서 바라볼 필요가 있다. 마지막으로 생태복원의 사회학적 재구성을 위해 민주주의의 문제를 다시 불러와야 한다. 기존의 제도 민주주의도 제대로 실현되기 어려운 상황이기 때문에 생태민주주의는 과도하게 이상주의적이라는 비판에 취약할 수 있다. 그럼에도 불구하고, 하나의 규범적 지향으로서의 생태민주주의를 강조하는 이유는 생태복원 문제가 결국 성찰적 사회구성원들 간의 숙의와 합의를 통해서 추진되어야 한다는 점을 분명히 하기 위함이다.

생태복원의 인문적 접근은 생태적 삶과 녹색문명으로의 근본적인 전환을 위한 총체적인 모색과 도전을 포괄한다. 이러한 모색과 도전은 필연적으로 새로운 연구 관점과 상상력을 요구하며 그것은 과학기술과 공학 일변도의 틀을 넘어서는 초학제적인 연구 방법론의 구축으로 실현될 수 있으며, 이를 위해서는 궁극적으로는 인문적 통찰과 상상력, 사회과학의 냉철한 현실 분석의 융합을 필요로 한다. 이때 인문학적 사유란 공허한 추상적 관념의 유희가 아니라 바람직한 생태문명의 구현을 위한 대안적 상상력이 될 것이다.

저자 일동

| 차 례 |

| 표 / 그림 차례 |

서 론

김성도

2017년 2월 현재, 대략 74억 인구가 삶을 영위하는 지구의 생태학적 상황은 빨간불이 켜진 상태다. 그 같은 긴박한 위기 상황에 대한 전 세계인들의 주의와 관심을 호소하는 세기적 차원의 두 가지 사건이 있었다. 하나는, 2015년 6월 18일 교황청에서 전 세계 가톨릭 신자들뿐만 아니라, 세계의 지도자들과 일반시민에게 지구의 환경 위기에 대한 경각심을 고취시키기 위해 발표한 187쪽 분량의 6장 246항으로 이루어진 〔교황 회칙(Encyclicals)〕이다.[1] 회칙에서 프란체스코 교황은 지구온난화를 비롯하여 현재 우리가 목도하고 있는 지구의 생태학적 위기는, 더 이상 방기할 수 없는 인류 모두의 절박한 사안이

---

1) ENCYCLICAL LETTER LAUDATO SI'OF THE HOLY FATHER FRANCIS ON CARE FOR OUR COMMON HOME
교황청 홈페이지 참조. 총 8개 국어로 작성된 원문 제공.
http://www.papalencyclicals.net/
프란치스코, 『찬미받으소서』, 한국천주교주교회의 역, 한국천주교주교회의, 2015.
라틴어 원문 제목은 Laudato Si'

라는 점을 다음과 같이 간절하게 피력한다. "지구 최후의 날에 대한 예언들을 이제는 더 이상 경멸하거나 빈정거릴 수 없게 되었습니다. 어쩌면 오늘의 우리는 다가올 내일의 세대에게 엄청난 폐허와 황무지와 오염을 남겨두고 있을지도 모릅니다. 소비와 낭비와 환경 변화 속도는 이미 행성의 한계 역량에까지 손을 뻗었습니다. 이미 그 자체로도 지속시킬 수 없는 우리의 현재 생활양식은 파국들을 재촉할 뿐입니다."[2] 우리가 이 회칙을 진지하게 수용해야 하는 이유는 그것이 담고 있는 다음과 같은 심오한 메시지, 즉 교황의 통찰은 작금의 생태위기를 단지 자연 환경의 위기의 문제로 국한시켜 보는 근시안적 시각을 훌쩍 뛰어넘고 있기 때문이다. 교황은 생태 위기가 환경은 물론, 경제, 사회, 문화, 일생생활의 모든 요소와 연관된 인간학적 · 사회적 차원을 함축한다는 점을 강조하고 있고, 인간 존엄성, 공동선의 원칙, 재화의 공동 목적과 공동 사용권의 원칙을 비롯해, 동시대의 세대뿐만 아니라 도덕적 책무에 기초를 둔 현 세대와 미래 세대 사이의 정의와 연대 원칙이 더불어 작동되는 통합의 생태라는 새로운 비전을 제시하고 있다.

기후 변화에 대한 이번 교황 회칙(Laudato Si')은 가톨릭교회를 도덕적 · 경제적 · 정치적 논쟁 속에 참여시켰다고 말할 수 있다. 프란체스코 교황은 특유의 직설화법으로 인간이 현재의 기후 변화의 주요 책임자라는 점을 분명히 밝히고 있으며, 세계 각국의 정부들이 돌이킬 수 없는 재앙에서 벗어나기 위해서 신속하게 행동에 옮길 것을 권고하고 있다. 특히, 회칙은 선진 부유 국가들이 그들의 소비중심주의적 생활방식과 낭비로 인한 파급결과들을 최빈곤층 사람들에게 전가시

---

2) 위의 책, 161항 참조.

키는 비도덕적 행동을 멈출 것을 강력히 권고하였다. 교황은 세계의 다른 많은 지역에서 건강한 성장을 가능케 하기 위해서는 세계의 일부분에서 일정한 탈성장 방식을 수용할 것을 장려하고 있으며, 특히 금융 권력을 가차 없이 비난하였다. 보다 구체적으로 정치가 기술과 금융에 예속됨으로써 환경에 대한 세계 정상 회담이 매번 결렬될 수 밖에 없다는 비판을 하고 있다.

회칙에서 교황은 지구를 구하기 위해서 정부, 기업, 개인 모두가 녹색 혁명에 참여할 것을 권고하였다. 심각한 환경 위기와 기후 불안에 직면하여 교황은 가톨릭 신자들은 물론 비신자들에게도 삶의 양식, 생산과 소비의 철저한 변화를 실천에 옮김으로써 작금의 위기를 극복할 것을 호소하고 있다. 특히, 환경 위기에서 가장 피해를 보는 사람들이 최하의 빈민층이라는 점에서 진정한 생태학적 접근법은 늘 사회적 접근법이어야 한다는 생각을 간접적으로 발전시키고 있다고 말할 수 있다.

다른 하나는, 2015년 11월 30부터 12월 11일까지 파리에서 개최된 유엔 기후 변화협약 당사국 총회(Conference of the Parties, 프랑스어로는 Conférence des parties, COP21)이다.[3] 기후 변화에 대한 유엔의 협약에 따라 제1회 베를린 회담 이후로 매년 상이한 도시를 순회하면서 개최되었으며 이번 파리 대회가 21번째이다. 이번 총회는 반기문 유엔 사무총장, 오바마 미국 대통령, 시진핑 중국 주석이 참여한 최대 규모의 기후관련 회의였다.

한국을 비롯한 195개국의 대표단과 시민 단체, 기업, 비정부 기구,

---

3) 파리 총회의 목적과 비전 등 상세한 내용은 다음 사이트 주소 참조 http://www.cop21.gouv.fr/

과학자, 노조, 전 세계의 주요 언론 매체 등 총 4만 명이 참여한 이번 모임의 목적은 보편적이며 구속력을 지닌 최초의 협약문서를 도출하는 데 있었으며, 특히 2020년부터 195개국에 적용되어, 산업 시대 이전의 상태에 견주어 온도 상승을 2℃ 아래에서 세계의 온도 상승률을 제한하는 데 의견 수렴이 이루어졌다.[4] 아울러 협정문은 온도 상승을 1.5℃ 이하로 제한하기 위한 노력을 기울일 것을 첨언했다. 지금까지는 1997년 교토 회의(COP3)에서 체결된 협정서가 오직 55개국의 선진산업국들에 대해서만 적용되었다. 특히, 교토 의정서가 지닌 결정적 한계는 미국이 협정을 비준하지 않았으며 온실가스를 가장 많이 배출하는 중국을 비롯한 신흥 산업국은 제외되었다는 데 있다. 이와 달리 파리 협정에서는 선진국과 개발도상국 모두 환경 재앙을 막는 데 동참하고 책임 역시 공평하게 분담할 것을 명시화했다. 2020년 만료되는 교토 의정서를 대체할 이번 파리 협약은 모든 국가가 자국이 정한 방식에 기초하여 2020년부터 의무적인 온실가스 배출 감축에 나서야 하며, 특히 선진국들은 개도국의 온실가스 감축을 위해 2020년까지 총 1,000억 달러를 지원하기로 합의했다.

이상에서 언급한 두 개의 세기적 사건에서 확인할 수 있듯, 세계를 움직이고 가장 영향력이 높은 세계 정상의 지도자들이 지구의 생태학 위기를 종교, 문화, 인종, 정치, 경제, 사회의 경계를 뛰어넘어 제기하고 있다는 점에서, 이제 생태학적 위기는 생태학자를 비롯한 일부 과학자들의 연구 대상의 틀을 벗어나 인문학과 사회과학을 아우르는 초학제적 주제가 되어야 하며, 더 나가 모든 학교와 시민들에게 필수

---

4) 파리 총회의 협정문 전문 참조할 것(총 39쪽 29개항으로 구성).
http://unfccc.int/resource/docs/2015/cop21/fre/l09f.pdf

적인 교육을 시켜야 할 긴박한 의제라 할 수 있다.

그렇다면 작금의 지구환경 상황과 그것에 이른 원인에 대해 정확하게 이해할 필요가 있다. 1988년 결성되어, 2007년 노벨평화상을 수상한 바 있는, 유엔 산하의 정부 간 기구, '기후 변화에 관한 정부 간 패널'(The Intergovernmental Panel on Climate Change, IPCC)이 제출한 보고서(Climate Change 2014: Synthesis Report)에 따르면, 지구의 표면에서 측정한 평균 온도는 1880년 이후로 산업화 등 인간 활동에 기인한 온실가스 효과 때문에 이미 0.85℃ 상승했다.[5] 또한 영국기상청(Met Office)에 따르면, 2015년은 산업 시대 이전에 견주어 지구온난화로 인해 지구 평균 온도가 최초로 1℃ 상승한 해로 기록될 것이다.[6] 지구온난화의 운동은 가속화되어 가고 있고, 최근 3년은 최소

〈그림 1〉 지구온난화와 기후 변화

5) 보다 자세한 정보에 대해서는 다음 사이트 주소 참조
https://www.ipcc.ch/report/ar5/syr/

6) 보다 자세한 정보에 대해서는 다음 사이트 주소 참조
http://www.metoffice.gov.uk/climate-guide

한 1400년 이후로 지구에서 가장 더운 해들로 기록될 것이며, 21세기의 지난 15년은 기상 관측이 시작된 이래 가장 무더운 시기였다. 특별한 조치를 취하지 않을 경우, 세계의 평균 온도는 지금부터 21세기 말까지 5℃가 상승할 수 있다.

산업혁명 이후, 대략 지난 200년 동안, 산업화는 급속하게 진행되었고 계속해서 화석 연료에 의존해 왔다. 인류는 개발과 성장 논리에 매몰되어 그 같은 과잉 개발이 야기한 생태계의 위기를 철저히 무시했다. 석유와 화석연료 문명이 쏟아내는 엄청난 에너지 소비로 인해 자연은 갈수록 오염되었는데, 환경오염의 주범은 자동차 매연이며, 그 이외에도 컴퓨터, 진공청소기, 냉난방 시스템들 속에 감춰진 수백억 대의 통풍기와 냉각핀에서 방출되는 진드기들이다.

매번 유엔 기후 변화 총회에서는 현재의 기후 온난화에 맞서 취해야 할 실행의 분할과 그것의 재정 부담 문제를 놓고 선진산업국과 개발도상국 사이에 팽팽한 줄다리기가 진행된다. 특히, '기후 정의'(climate justice)라는 새로운 주제는 이번 파리 총회에서 인도 등의 개발도상국에 의해 심각한 당면 문제로서 제기되었는데, 인도는 선진산업국들이 지금의 환경 위기의 역사적 책임을 져야 한다는 점에서 온실효과를 유발하는 가스 방출 총량을 축소하는 과제에 있어 상당부분을 책임질 것을 요구하고 나섰다. 하지만 이 문제에 관해서는 상이한 견해도 제시되었다. 이를테면 일부 진영에서는 1850년부터 2012년까지 축적된 온실 효과를 발생하는 모든 가스와 축적된 방출 총량을 취한다면, 선진국과 개발도상국이 50대 50의 비율을 차지한다는 분석 결과를 내놓았다. 다시 말해, 선진산업국을 괴롭히는 통념은, 오직 에너지 원료(석탄, 석유, 가스)의 이산화탄소 방출만을 취하는 잘못된 데이터에 기초하고 있는 것이다. 즉, 그 같은 데이터는 이산화탄소를 발생시키는 에너지 이외의 자원들(산림 벌채, 토양 사용의 변화)과 다른 종류의 가스들(CH4, 메탄, N20 등)이 제외된 통계자료인 것이다. 하지만 이 같은 자원들을 배제시킬 어떤 객관적 이유도 존재하지 않는다.

2000년 초반기부터 세계 곳곳에서는 지진, 해일, 가뭄, 홍수, 태풍, 화산 폭발 등의 자연 재앙이 주기적으로 발생하고 있다. 거기다 지난 초여름 한국에서 경험한 메르스를 비롯해 홍콩을 강타했던 조류 독감과 구제역, 서아프리카에서 창궐하여 아직도 종식되지 않은 에볼라 전염병 등의 생태학적 재앙들이 빈번하다. 여기다 2015년 11월 13일 파리에서 터진 끔찍한 테러 공격 등을 염두에 둔다면, 불현듯 종말론의 담론의 그림자가 짙게 깔리고 있다. SF 영화에서나 보았을 법한 지구 최대의 재앙이 당도하여 인류 문명을 단숨에 삼켜버리고 인류 전체를 파멸시키는, 어두컴컴한 날(doomsday)이 서서히 오고 있는 것 같다는 두려움이 밀려온다. 하지만 우리가 지금 눈앞에 두고 있는 생태학의 재앙 시나리오는 더 이상 막연한 상상의 재앙주의가 아니다.

앞서 말한 산업화, 교통과 통신, 농업, 목축, 가사 활동 등 인간의 활동은 대기 중에 온실 효과의 가스를 배출한다. 이제 그 배출된 이산화탄소가 매우 우려할 만한 수준에 이를 정도로 대기를 달구는 데 일조한다. 전문가들과 연구소 기관에 따라 다소 차이는 있으나 지금과 같은 대기 오염의 상태가 계속될 경우, 지구의 기후 온도는 2100년경, 현재의 평균 기상 온도에 비해 최소 1.1℃에서 최대 6.4℃까지 상승하여 온난화될 수 있다.[7] 또한 『기후의 짧은 역사』의 결론부에서 프레데릭 덴헤즈는 2050년의 일상을 다음과 같이 예고한 바 있는

---

7) 2007년 보고서 참조
www.ipcc.ch/pdf/press-ar4/ipcc-flyer-low.pdf

데, 그의 예상에 따르면 CO_2의 감소 비율과 상관없이, 이미 현재까지 대기권에 축적된 가스는 지구의 무기력과 불활성(intertie)과 조합하여 삶의 풍경과 조건들을 변형시킬 수 있는 기상 온도의 상승을 유발시킬 것이다.[8)]

이산화탄소 배출량의 확연한 감소가 이루어지지 않는 한, 지구의 생태계와 인류의 삶 전체에 미칠 파급 효과는 우리가 상상하는 것보다 훨씬 더 절박한 상황이 전개될 수 있다. 이를테면 인간 거주 가능 지역이 사막화되고 남극의 빙하 해빙으로 인한 대양 해수면의 상승으로 방글라데시를 비롯해 상하이와 뉴욕을 거쳐 네덜란드의 주요 도시에 이르기까지 인구밀도가 높은 연안 지대와 대도시가 수몰될 것이다. 그런데 지구온난화의 의제에서 사람들이 흔히 망각하는 것이 바로 물 문제이다. 빙하가 녹으면 그와 동시에 수로를 건조하게 만들어 지구 곳곳에서 마실 수 있는 물을 차지하려는 물 전쟁을 촉발시킬 위험을 낳는다. 또한 대규모 숲이 사라지고 지구온난화로 인해 생명 다양성은 위협을 받다가 결국 지구는 소멸할 수밖에 없다.

위에서 진술된 재앙주의의 표상에는 그것의 톤과 긴박성에 따라서 여러 버전이 존재한다. 이를테면 생태계의 훼손 상황이 매우 심각하다는 진단에서부터 시작해 '손을 쓸 수 없을 정도로 너무 늦었다'는 절망적 견해에 이르기까지 다양하다. 하지만 어떤 종류의 진단을 내놓건 한 가지 판단에서 수렴된다. 즉, 온실가스 효과를 발생하는 이산화탄소 배출량이 이미 위험 수준에 당도했으며, 그 같은 상황을 원래의 상태로 되돌릴 수 없다는 냉혹한 현실을 수용해야 한다는 것이

8) F. Denhez, *Une brève histoire du climat*, L'OEIL neuf, 2008.

다. 특히, 2100년 이후의 상황 변화에 대한 과학자들의 예상 역시 경청할 필요가 있다. 대략 세 가지 시나리오가 나와 있다.

첫째, 지구 전체가 사막화되는 시나리오로서 이 경우는 2100년 이후 평균 기온이 10℃ 이상 올라가는 상황이다. 거대한 사막으로 변형된 지구에서 생물은 그 같은 갑작스러운 지구온난화에서 생존할 수 있도록 해주는 오직 남극과 북극의 일부 지역에서 동물 군집이나 군집의 서식지를 제공할 수 있을 것이다. 두 번째 시나리오는 평균 기온이 60℃ 상승하는 경우로서, 다소 개연성이 희박하나, 이때 지구상에서 생명은 거의 절멸하며 오직 대양의 해수 거품에서 우글거리는 박테리아만이 생존할 수 있다. 세 번째 시나리오는 가장 급진적인 예상으로서 일명 화성(Venus) 시나리오라고 불리는데, 모든 생명체가 지구 표면에서 사라지는 상황이며, 마치 돌과 먼지만으로 가득 찬 화성처럼 대기권이 사라지고 지구는 죽은 것이 된다. 이때의 예상 온도는 무려 평균 기온이 400℃가 상승한 상태로서, 지구는 거대한 화덕에 비교될 수 있다. 생지옥이 따로 없으나 그 지옥은 인간들의 욕망이 자초한 것으로서 그때는 인류는 죄를 회개할 기회조차 없이 용광로 속에서 사라진다.

우리는 이 같은 인류 파국의 시나리오를 한낱 허구적 서사로 치부할 수 없을 것이다. 무엇보다 우리는 이제 생태위기에 대한 근본적인 성찰을 개진해야 한다. 물론, 지구 종말론의 담론은 1970년대부터 존재했다. 70년대 지구 재앙의 주요 원인은 인구폭발과 그로 인한 식량부족과 총체적 기근이라는 형상이었다. 예컨대 폴 엘리쉬(Paul Ehrlich)는 1968년 간행된 그의 저서 『인구폭발』[9]에서 2000년 말경, 대략

---

9) Ehrlich, Paul R., *The Population Bomb*, Buccaneer Books, 1997.

10억 인구가 사망할 것이라고 예측했다. 동일한 맥락에서 빈곤국의 농촌 개발 운동에 헌신한 프랑스 생태학자 르네 뒤몽(René Dumont) 역시 그의 저서 『유토피아 아니면 죽음』[10](1973)에서 총체적 기근의 발발이라는 주제를 재론함과 동시에 현대 문명의 주요 원료인 석유 매장량이 곧 바닥을 드러내 위기 상황에 봉착할 것이라는 주장을 펼쳤다. 그 시기에 나온 것이 바로 1972년 출간되어 전 세계 30여 개 국어로 번역되어 3천만 부가 판매된, 그 유명한 로마클럽 보고서 『성장의 한계』[11]이다. 이 보고서는 가속화된 경제 성장 양식을 과감히 포기하고 제로 성장 정책을 장려했으며 당시로서는 매우 정교한 컴퓨터 시뮬레이션을 통해 지구의 지속가능성을 실현하기 위한 적정 인구 수를 40억 정도에서 안정화시켜야만 총체적 기근의 재앙을 피할 수 있다고 주장했다. 하지만 오늘날의 재앙 위협은 인구를 먹여 살릴 수 없을 것이라는 식량 위기가 아니며 냉전 체제에서 귀가 따갑도록 들어왔던 핵 위협의 파국은 이미 사라졌고, 기후 변화 또는 지구온난화와 그에 따른 생명 다양성의 감소라는 예상치 못한 생태위기의 복병이 나타난 것이다.

20세기 중반기부터 과학, 예술, 종교, 학문 등 다양한 분야에서 분출된 각종 재앙의 종말론 담론을 분석하는 것 자체가 흥미로운 학제적 연구 주제이겠으나, 지구의 운명을 위협하는 내용과 양식이 시대에 따라서 변화해왔음에도 불구하고, 그 같은 담론들의 심층을 지배

---

10) L'Utopie ou la Mort!, Le Seuil, Paris, coll. "L'Histoire immédiate", 1973.

11) Meadows, D. H.; Meadows, D. L.; Randers, J.; Behrens III, W. W., *The Limits to Growth: a report for the Club of Rome's project on the predicament of mankind*, Universe Books, 1972. 도넬라 H. 메도즈, 데니스 L. 메도즈, 요르겐 랜더스, 『성장의 한계』, 김병순 역, 갈라파고스, 2010.

하는 서사 구조는 거의 동일한 정신적 도식을 노출하고 있다는 점에 주목할 필요가 있다. 이를테면 그것은 시간의 양태성 차원에서 세 개의 단계로 진행된다. 첫 단계, 모종의 대재앙이 임박했다. 두 번째 단계, 파국을 피하기 위해서는 철저한 변화가 필요하다. 셋째, 그렇지 않을 경우 최악의 상황이 당도할 것이다. 여기서 우리는 거짓말을 일삼던 늑대소년의 이야기를 떠올리고 싶은 유혹에 빠질 수 있다. 즉, 이미 반세기 동안 있어 왔던 그 많던 종말 담론의 오류를 지적하면서, 오늘날 제기되는 긴박한 생태위기 시나리오의 다급함을 한낱 한가로운 넋두리로 치부하면서 편안하게 살고 싶은 것이다. 하지만 그것은 절대적으로 잘못된 판단이다. 생태위기에 대한 극소수의 극단적 회의론주의자들을 논외로 한다면, 지구온난화 현상과 천연자연의 고갈 예측에 대해서는 과학 공동체에서는 거의 일치된 평가와 해석을 내놓고 있다. 다만, 다소간의 차이가 있다면 그것은 상황의 심각성의 정도에 대해서 상이한 진단이 제시되고 있는 약간의 시각차이다. 아울러 다음과 같은 일련의 질문들을 쏟아내고 있다. 지구온난화는 어느 정도의 심각성을 노출하면서 발생할 것인가? 지구온난화를 피하기 위한 테크놀로지의 해결책이 존재하는가? 앞서 제시한 다양한 미래 상황의 모델들에서 공통적으로 나타나는 예측의 난점은 수백 가지의 복잡한 원인들과 결과들로 이루어진 복합한 현상들을 설명하는 모델들에서 제시하는 결정적 변화 시점, 즉 임계점을 포착하기 어렵다는 데 있다. 그래서 일부 전문가들은 지구온난화의 정확한 미래 예측의 난점을 금융위기의 예측을 어렵게 만드는 상황에 견주기도 한다. 즉, 다양한 금융위기들이 미래에 당도할 개연성이 높으나 그것의 심각성의 정도를 정확히 예측하는 것은 거의 불가능하다. 이를테면 앞으로 발생할 수 있는 금융위기가 자본주의의 궁극적 붕괴를 촉발시킬 수 있는 경제, 사회, 정치 차원에서의 위기와 같은 다양한 효과들의 일련의 연쇄 반응을 생성할 것인지를 정확히 예측하는 작업은 그 속성상 불가능에 가깝다. 특히 자연과학자들로 이루어진 기후 전문가들과 지구 전문가들이 제어하지 못하는 또 다른 불확실성은 바로 재앙들이 미칠 사회적·문화적·정치적·인간학적 효과들에 대한 것이다.[12] 이를테면 상이한 역사적 문화적 전통에 속하는 사회들은 지구온난화로 대변되는 환경 재앙들에 대해서 구체적으로 어떻게 반응할 것인가에 대한 답을 모색하는 것은 인문학자들의 몫이다. 이 점에서 국내에서도 많은 독자를 확보한 미국의 생태학자이면서 지리학자인 제러드 다이어먼드의 시도는 여러 결점에도 불구하고 하나의 전범이라 할 수 있다. 그는 자신의 저서 『문명의 붕괴』[13]에서 이스터 섬, 바이킹 문명, 마야 문명 등 다양한 사회들이 자신들의 환경을 합리적으로 관리하지 못하는 치명적 실수를 범함으로써 공들여 쌓은 그들의 문명이 붕괴했다는 테제를 여러 사례들을 통해 논증했다.

따라서 생태복원의 인문학적 상상력이라는 주제를 다루는 본 서에서, 생태위기에 대한 다양한 해법을 세 가지 차원에서 간략하게 살펴보는 작업이 의미가 있을 성싶다. 크게 사회과학적 차원, 인문학적 차원, 과학 기술 차원으로 나누어 생각할 수 있을 것이다.

특히 앞의 두 가지에 대한 심도 있는 논의가 필요하다.

첫째, 생태학의 사회적 시대 도래를 천명해야 할 것이다.[14] 앞서

---

12) 이 점에 대해서는 다음 논문 참조.
Yanne, Jean, "L'apocalypse est pour demain.", in: Grands Dossiers N.19, Les *pensées vertes* juin-juillet-août 2010.

13) 제러드 다이어먼드, 『문명의 붕괴』, 강주헌 역, 김영사, 2005.
Diamond, Jared, *Collapse: how societies choose to fail or succeed*, Penguin, 2004.

언급한 〔교황 회칙〕에서도 명시적으로 천명했듯이, 환경 문제는 무엇보다 가장 빈곤한 사람들에게 심각한 영향을 미치고 있다는 점에서, 21세기 정치생태학은 생태와 불평등 사이에 존재하는 심층적 연관성을 해명하고, 사회적 문제와 생태학적 정언 명령 사이의 연관성을 명시화하는 데 주력한다. 이 점에 대해 〔교황 회칙〕은 비판적 성찰을 위한 시사점을 던져준 바 있다. 현재 생태학은 신비적 시대와 시민의 시기에 이어 경제적 시대에 진입했다. 본 서의 전반부에서 상세히 기술했듯이, 근대 이후 자연환경과 생태에 대한 관심은 신비적 시대에서 결정화되었다. 특히 생태사상사에서 미국의 철학자이며 작가였던 에머슨이 『자연』(Nature)[15]을 출판한 1836년은 제1기 생태사상의 기점으로서, 에머슨은 미국 생태사상의 아버지라 할 수 있는 『월든』[16]의 저자 소로(Thoreau)에게 지대한 영향을 미쳤으며 이어서 존뮤르(John Muir)가 투쟁을 통해 미국에서 자연보호주의 운동의 흐름 속에서 최초의 국립공원을 만드는 데 기여한 시기이다. 하지만 정작 자연보호운동의 뿌리는 유럽이었다는 점을 기억할 필요가 있다. 이어서 생태학의 두 번째 시기는 칼슨(Rachel Carson)이 1962년 출판과 함께 세계에 충격과 센세이션을 일으킨 책, 『침묵의 봄』[17]과 더불어 발전한

---

14) 이 점에 대해서는 다음 논문 참조.
Éloi Laurent, “Écologie: de l'âge économique à l'âge social”, Grands Dossiers, N.19, 2010.

15) Emerson, Ralph Waldo. “Nature”. *The Oxford Companion to American Literature*. Ed. James D. Hart. Rev. Philip W. Leininger. Oxford University Press, 1995. Web.

16) Henry David Thoreau, Walden, Boston, Ticknor and Fields, Boston, 1854. A Fully Annotated Edition. Jeffrey S. Cramer, ed., Yale University Press, 2004. 『월든』, 양병석 번역, 범우사, 1999.

17) 레이첼 카슨, 『침묵의 봄』, 김은령 역, 에코리브르, 2002.

시기이다. 제초제 DDT의 끔찍한 환경오염을 고발한 이 소책자의 출간 이후에 미국에서는 그 사용이 금지되었다. 세 번째 시기인 생태학의 경제적 시대는 경제 선진국이 기후 변화의 위협에 맞서 온실가스 효과의 주범으로 지목된 이산화탄소 배출량을 획기적으로 감소시켜야 한다는 공감대를 갖게 된 1990년대 초반기이다. 이 세 번째 시기는 일련의 저술들과 보고서와 더불어 전 지구적 위기 맥락에서 최고 절정에 도달했다.18)

생태학의 제3기에 해당되는 경제적 시대에는 표면적으로 두 개의 비생산적인 테제가 대립한다. 첫 번째 테제인 탈성장을 주장하는 진영에서는 멈출 줄 모른 채 질주하는 부유층 사회들이 보여주는 성장에 대한 과열을 문제시한다. 이들의 주장에는 나름대로 일리가 있으나, 시장 경제를 근본적으로 거부한다는 한계를 가진다. 시장 경제 원리의 기본인 가격 시스템과 효율성을 고민 없이 단칼에 베어버리는 형국이다. 더 우려스러운 사실은 탈성장주의자들은 지속 가능한 발전으로 향하는 과도기의 정치 경제에 대한 청사진을 제공하지 못한다는 점이다. 이를테면 이들이 주장하는 탈성장 사회에서 가동시킬 수 있는 사회적 공동체의 동력에 대해서도 실천 가능한 사회적・경제적 비전과 근거는 물론 정치적 실행 방안에 대해서 뚜렷한 답을 내놓지 못하고 있다. 이 같은 급진적 사상은 생태학적 차원에서 무책임한 행

Carson, Rachel, *Silent Spring*, Mariner Books, 2002.

18) 대표적인 문헌과 보고서를 언급하면 다음과 같다.

1. 2008년 가을에 출간된 Van Jones의 저서 *The Green-Collar Economy*.
2. 유엔의 환경 프로그램(United Nations Environment Program)의 관련 보고서 BIT.
3. 국제 노동사무소가 녹색 일자리에 대해서 낸 보고서(Green jobs: Towards decent work in a sustainable low-carbon world).

동양식을 방치한다는 이유에서 민주주의의 제반 과정들과 심급들에 대해서 비난을 퍼붓고 있으나, 정작 그들의 실천 강령의 현실성에 대한 반성은 부족한 편이다. 이들의 비난은 한스 요나스(Hans Jonas)의 저서 『책임의 원칙』(1979)[19]에서 피력된 민주주의에 대한 비관주의에서 내린 정치적 결론의 계보를 수용한다고 말할 수 있다.

두 번째 테제인 시장 생태학에서 노출되는 문제점은 경제 시스템이 항시 최적의 균형에 있거나 또는 다시 균형 상태에 도달한다는, 내재적 조절의 패러다임을 맹신한다는 데 있다. 이 같은 잘못되었을 뿐만 아니라 위험하기조차 한, 경제적 비전에 의하면 생태학적 문제 역시 자원의 최상의 분배 상태에 이를 수 있기 때문에 자유방임의 상태에서 그 해결책을 찾을 수 있다는 것이다. 풀어 말해, 일차 천연자원 시장의 자유로운 게임에서 생태학적 문제에 대한 해결책을 모색할 것이라는 상당히 유토피아적인 논리를 내세운다. 하지만 이 같은 주장이 얼마나 허무맹랑한 것인지는, 2008년 미국 발 금융위기에서 적나라하게 드러난 것처럼 금융시장의 자기 조절이라는 환상이 산산조각났다는 점에서 누구나 깨달은 바이다. 흥미로운 것은 금융위기와 생태위기는 양자 모두 결국 긴박한 절체절명의 상황에서 국가 주도의 공적 자금이나 공권력의 개입 등의 힘을 도입한다는 공통점을 지닌다는 사실이다.

현재 지구는 인류의 역사에서 매우 희소하고 결정적인 순간에 놓여 있다. 과학, 윤리, 경제가 힘을 합쳐 시장에 매우 분명한 신호를 보내야 한다. 『21세기 자본』[20]의 저자 피케티와 경제학자 잭슨은 책

---

19) Jonas, Hans, *The imperative of responsibility,* University of Chicago Press, 1979. 한스 요나스, 『책임의 원칙』, 이진우 역, 서광사, 1994.

임 있는 투자자들이 화석 연료 에너지에 대한 투자 자본을 회수하거나 지금부터라도 그 분야에 대한 투자를 멈춰야 한다고 역설한다. 장기적 차원에서의 투자 결정은 물리적 현실과 갈등의 소지가 있는 경제적 모델의 외재적 조건들을 반드시 고려해야 한다는 것이다.[21]

하지만 현실은 녹녹치 않다. 환경 위기 등의 극단적인 기후 불안정에도 불구하고, 자본은 계속해서 지구를 오염시키는 화석 에너지의 탐사와 개발 프로젝트에 쏟아지고 있다. 이 같은 투자들은 석유와 천연 가스 등의 매장량이 방대한 지역이 개발될 수 있다는 장밋빛 미래에 도박을 하는 형국인데, 문제는 이것이 공공의 선에 반하는 내기 걸기라는 것이다. 금융적 관점에서, 수많은 지표들은 화석 연료에 대한 투자가 상당한 위험을 드러낸다는 점을 보여주고 있다. 따라서 이들 경제학자들은 이 같은 위험성을 직시하고, 기후 변화를 2℃ 미만에서, 이상적으로는 1.5℃ 미만에서 한계를 지을 수 있는 목적과 더불어 양립 가능한 투자 전략을 선택할 것을 주문한다. 결국 지구온난화 문제 해결에서 금융 공동체는 보다 생태학적으로 건강한 새로운 경제에로의 전환에 있어 결정적 역할을 맡고 있는 것이다.

한편, 생태학의 경제 시대에서 환경 영역과 생태 경제 영역을 서로 대질시키면서 양립하기 어려운 대립적 관계로 파악한 것은 풍요로운 지적 소득이었다. 이 분야의 효시라 할 수 있는 최초의 생태경제학 학파는 하틀링의 논문 "고갈되는 천연자원의 경제학"[22]과 피구의 저

---

20) Thomas Piketty, Le Capital au XXIe siècle, Le Seuil, coll. *Les Livres du nouveau monde*, 5 septembre 2013, p.976.
토마 피케티, 『21세기 자본』, 글항아리, 2014.

21) Thomas Piketty & Tim Jackson, "Cessons d'investir dans les énergies fossiles!", in: *Le Monde*, 2015년 11월 13일자 기사.

서 『복지의 경제학』[23]에서 비롯된다. 이들이 구상한 것은 경제와 생태 사이에 존재하는 복잡다단한 관계들에서 발견되는 효율성을 연구하는, 환경경제학이라는 새로운 학문의 수립이었다. 그에 따라 환경경제학은 국가를 비롯한 공적 기관들에 세 개의 근본적인 경제적 도구들을 제안하기에 이른다. 적절한 규제, 합리적 조세 시스템의 수립, 자연을 오염시킬 권리가 그것이다. 이 같은 세 개의 원칙은 경제 주체들로 하여금 천연자원을 적당하게 사용할 수 있도록 우호적인 여건을 조성하는 데 있으며, 아울러 시장에서 책정된 가격의 생태학적 진리를 복원하려는 의도를 지니고 있었다. 여기서 주목할 사실은 그 같은 생태학적 경제 원칙은 현재와 미래 세대들 사이에서, 아울러 동시대의 상이한 세대들 사이에서 정의에 대한 명확한 정의와 공통적 인식을 전제로 한다는 점이다.

이 점에서 코펜하겐 기후 변화 총회는 매우 구체적인 수치를 제시한 바 있다. 부자국가인 선진 산업 국가들이 산업 시대 이전에 견주어 2℃의 지구온난화에 견뎌낼 수 있었던 반면, 대부분 소규모 국가들인 개발 신흥도상국은 1.5℃를 넘어설 경우 매우 위험한 상황에 처할 수 있다는 것이다. 이 문제는 2015년 파리 기후 정상 회의에서도 계속해서 다루어진 문제로서, 각 국가가 감수해야 할 경제적 희생의 정도와 직결된 지구온난화의 목표 수치 선택과 온실가스를 발생시키는 이산화탄소 방출 총량의 감소 분량 등, 궁극적으로는 첨예한 이해관계가 존재하는 국가들 사이에서 정의에 대한 암묵적 인식을 바탕으

---

22) Harold Hotteling, "The economics of exhaustible resources", *Journal of Political Economy,* Vol.XXXIX, n.2, April, 1931.

23) C.Pigou, *The Economics of Welfare*, 1920.

로 하여 이루어진다. 주지하다시피, 선진산업국들이 책정한 목표치는 기후 변화라는 생태학적 환경에 적응하는 데 있어 가장 빈곤한 국가들에 대해서 엄청난 파급결과를 발생시킬 것이다. 특히, 〔교황 회칙〕에서도 지적한 것처럼, 지구온난화로 인한 환경 문제는 최 빈민층의 개인들, 아울러 노약자 등의 사회적 약자에게 특히 부정적 결과를 낳는다. 예컨대, 2003년 유럽에 닥친 수백 년 만의 혹서로 인한 희생자들의 90%가 65세 이상의 고령자였다는 점만 보더라도 그 같은 사실은 확연하게 나타난다.

IPCC가 2014년 발간한 제5차 보고서가 보여준 바 있듯이, 환경 위기의 효과들은 고려되는 사회적 범주에 따라서 매우 상이한 방식으로 체감된다. 2005년 발생한 카트리나 등의 자연재앙에서 뉴올리언즈의 빈곤층과 흑인들이 가장 많은 피해를 입었으며 부유층 동네는 도시의 고지대에 위치하고 있어 상대적으로 피해가 덜했다. 그 결과, 경제적 · 사회적 · 문화적 불평등의 형식에 첨가하여 환경적 불평등이 존재한다. 개인들과 무리들은 환경 위기의 파급 효과에 직면하여 평등하지 않은 것이다. 이것은 선진 산업 국가들과 개발도상국 사이에 존재하는 환경 불평등에서도 나타난다. 바로 그런 이유에서, 환경과 관련된 교황 회칙에서 프란체스코 교황은 가난한 사람들과 지구의 취약성 사이에 존재하는 밀접한 관계를 상기시켰던 것이다. 다양한 환경 불평등은 오래전부터 존재해왔으나, 인간 활동에 의한, 더 정확히 말해서 자본주의의 논리에 의한 기후 변화와 생태계 고갈은 그 같은 불평등을 더 철저하게 만들고 있는 것이다.

환경 불평등의 상이한 형식들 가운데는, 특히 끔직한 형식이 존재한다. 그것은 환경 인종 차별주의이다.[24] 객관적 통계분석에 기초한 최근의 연구는 프랑스에서 한 도시에 살고 있는 이민자들이 암을 발생시키는 독성물질을 배출하는 쓰레기 처리장에 살 확률이 30% 이상 높다는 점을 보여준 바 있다. 서민층이 기후 변화의 끔찍한 파급 효과에서 과도한 몫의 부담을 감수해야 한다면 소수 민족들과 가장 최근의 이민자들과 난민들은 환경적 관점에서는 더욱더 열악한 상황에 직면한다. 환경 인종차별주의 개념은 미국에서 생겨난 것으로서, 최근의 가장 의미 있는 운동들 가운데 하나였던 환경 정의 운동에 의해서 구축되었다.

따라서 생태학은 순전히 경제적 차원의 범위를 뛰어넘어 사회적 문제들과 직결된다는 점에서 정치생태학의 새로운 상상력을 필요로 한다. 쉽게 말해 자연 시스템과 인간 시스템의 상호작용에 대한 새로운 연구 장이 개방된 것으로서, 그것은 환경 경제와 동시에 자연과학의 틀 속에 갇혔던 생태학의 한계를 모두 뛰어넘을 것을 지향한다. 그 같은 정치생태학의 인식론적 중핵은 공진화 이론으로서, 이것은 가장 넓은 의미에서, 다양한 생태계들이 사회적 시스템들의 특징들을 반영한다는 점을 상정한다. 아울러 그 역도 참이어서, 사회 시스템들은 생명체의 다양한 종들, 생산성, 시간적 공간적 차이화, 회복력 등의 자연시스템의 특징들을 반영한다. 요컨대, 인간 사회의 진화와 자연의 진화가 일방향적 관계에서 이루어지지 않으며 역동적인 관계에서 진행된다는 것이다. 문제의 핵심은 인간문화의 시스템들이 인간 이외의 다른 자연 시스템들에 대해서 어떤 방식으로 영향을 미치는가라는 것이다. 물론, 그 역의 과정에 대한 물음, 즉 인간 이외의 시스

---

24) 다음 기사 참조할 것.
"COP21: Il faut en finir avec le racisme environnemental", dans Le Monde, 2015년 12월 9일자 기사.

템들의 역동성이 다시 인간문화 시스템들에 대해서 어떤 영향력을 행사하는가라는 문제가 제기되어야 할 것이다. 바로 이 점에서, 본 서의 주제인 생태복원의 인문학의 시각에 비추었을 때, 경제와 생태 사이에 존재하는 관련성에 대해 위에서 진술한 두 개의 사조는 모두 윤리의 문제를 중심부에 갖다놓을 수밖에 없다. 즉, 생태복원을 비롯한 일체의 생태학 문제는 궁극적으로는 사회 정의와 민주주의의 문제를 함께 논의할 것을 주문한다. 이 같은 인식을 통하여 구축된 새로운 정치생태학의 인식론적 토대와 접근법 덕분에 비로소 생태학과 불평등 사이의 관계를 명확하게 인식할 수 있을 것이다. 풀어 말해, 생태학의 정치적 시대의 도래와 더불어, 사회적 쟁점과 생태학의 정언명령 사이의 관계를 명시적으로 만들 수 있을 뿐만 아니라, 특히 환경에 대한 공적 논의의 장에서 정의의 원칙에 대해서 우선적인 자리를 부여할 수 있을 것이다.[25] 이상의 진술에서 확인할 수 있었듯이, 생태학의 세 번째 시대인 경제적 시대는 생태학의 사회적·인간적 시대와 도래와 더불어 비로소 지속 가능한 발전을 향해 의미 있는 공조를 형성할 수 있을 것이다.

기후 변화에서 빼놓아서는 안 되는 사안은 농업 분야이다. 기후 변화는 아프리카에 심각한 영향을 미치고 있다. 온난화, 계절의 불안정성, 사하라 지역의 사막화 등은 거대한 영토를 불안정하게 만들고 있다. 이 같은 비극들은 여전히 폭발적인 인구 증가와 더불어 더 큰 문제를 야기하고 있다. 아프리카 여성 1명당 평균 6명에서 7명의 아이

---

25) 이 점에 대해서는 다음 문헌 참조.
J.-P. Fitoussi et É.Laurent, *La Nouvelle Écologie. Politique, Économie et développement humain*, Seuil, 2008.

를 출산한다는 통계는, 나이지리아, 말리 등의 몇몇 국가들은 20년 안에 인구가 두 배로 증가한다는 것을 의미한다. 나이지리아, 콩고민주공화국, 에티오피아 등은 2050년까지 약 4억 인구에 도달할 것으로 예측된다. 이 같은 폭발적 인구 증가로 인해, 수많은 농촌 인구가 이미 과밀상태인 도시로 이주할 것이며, 대규모의 난민들이 유럽으로 이동할 것으로 보인다. 아프리카의 대규모 이주 문제를 푸는 것은 그들의 근원지에서 해결해야 하는데, 이는 결국 현지에서의 일자리를 창출하는 것이 지름길이며, 이때 농업 인구를 안정화시키기 위한 특별한 방책이 동반되어야 한다. 아프리카의 시골들이 산업과 서비스에서 기대할 수 있는 것은 것의 없으며, 결국 이 같은 안정화는 농업에 달려 있는 것이다. 이때 아프리카에서 취할 농업 혁명은 결코 토양의 훼손과, 소작농들을 빚더미에 올려놓는 서구식의 근대적 농업 혁명이어서는 안 되며, 집중적인 고용 창출을 가능케 할 수 있는 가족 중심의 농업이어야 한다. 이것이 곧 빈곤과 영양실조 상태에서 벗어나게 만드는 데 일조할 것이다. 농업은 전 세계에서 가장 많은 일자리 창출을 가져다줄 수 있는 산업이다. 가족 중심의 농업에 축을 둔 농촌개발은 저개발 국가들에 대해서 경제적 차원에서뿐만 아니라, 사회적·생태적 차원에서 진지한 해결책을 제공할 수 있다. 농업을 통한 아프리카의 농촌인구 안정화는 예고된 대규모 인구 이주를 막을 수 있는 유일한 방식이라는 것이 전문가들의 진단이다.[26)]

기후 변화를 비롯한 생태 위기는 결국 의미의 위기라는 점에서 그

---

26) 다음 기사 참조할 것.
Robert Lion et Geneviève Férone Creuzet, "'N'oublions pas l'agriculture!", in: *Le Monde* 2015년 12월 10일자 기사.

어느 때보다 인문학적 성찰과 비판이 필요한 시점이다. 그 같은 맥락에서 2014년 7월 파리에서는 지구 정상회담을 4개월 앞두고, 전 세계의 종교 지도자들이 모여 기후에 대한 의식(conscience) 정상회담을 개최한 바 있다. 국가 간 첨예한 이해관계가 얽히고설켜 협상의 답보 상태 또는 무기력에 빠질 위험에 대처하기 위해서, 의식, 의미, 영성 자체의 지렛대를 작동시켜야 한다는 결론에 도달한 것이다. 아울러 정치와 테크놀로지가 집중적으로 총결집되어야 한다. 특히 지속 가능한 발전의 논의에서 핵심적 차원은 문화이다. 우리가 지구온난화를 비롯한 생태 위기의 논의에서 강구할 수 있는 해결책들을 기술 중심의 접근법으로 환원시킨다면, 우리는 이미 지난 수십 년 동안 마주대한 장애물들에 봉착해서 빠져나오지 못할 것이다. 물론, 환경 위기 문제에서 과학과 기술이 마련한 해답들은 매우 중요하다. 그런데 인간과 지구에게 더 많은 수혜를 주기 위해서는 전략적으로 기술 과학 중심적 축을 이선으로 물러나게 할 필요가 있다. 문화는 환경 위기에 대한 일반인들의 의식 수준을 제고하고, 특히 적절한 소비 방식들로 진화하게끔 도와줄 것이다. 예컨대, 대중교통 수단에 투자하는 것이 필수불가결하다면, 동시에 그것은 그 같은 교통시설들의 사용자들이 적극적으로 동참할 수 있게 만들어야 하며, 아울러 상황에 따라서는 에너지를 덜 소비하고 청정한 대안 해결책들이 존재해야 할 것이다. 문화적 요소는 이 같은 변화를 쉽게 해 줄 수 있다. 이것은 비물질적인 내용들, 즉 라이프스타일의 다양성, 예술적 작업, 환경에 대한 감수성 등을 체계적으로 발전시키는 것을 전제로 한다. 문화는 내일의 경제의 새로운 방향설정을 수립하는 데 공헌할 수 있으며, 생산 활동에 의미를 다시 부여하고, 맹목적 소비주의에 제동을 걸 수 있도록 도와줄 것이다. 요컨대, 문화적 패러다임을 증진시켜야 한다면, 그 이유는 단지 생태학적 이유들만으로 그런 것이 아니며 그것이 성장과 개발을 위한 놀라운 지렛대를 성립하기 때문이다. 바로 이 같은 맥락에서 생태복원의 인문학적 접근법의 의의가 정당화될 수 있을 것이다.

따라서 생태복원의 인문학적 상상력을 탐구하는 본 서의 주제를 염두에 두면서, 논의는 자연스럽게 환경 윤리의 문제와 직결된다. 본 서 3장과 4장에서 상세히 다루겠으나, 생태복원의 인문학적 성찰에서는 인간이 환경을 존중한다는 것의 의미, 인간과 자연의 관계에 대한 사유의 관점을 비롯해 미래 세대에 대한 인류의 의무에 대한 근원적 물음들을 제기할 수 있다. 이 같은 물음들은 다름 아닌 환경윤리학의 주요 쟁점들이기도 하다. 동양 사상, 특히 불교 사상에서는 기본적 전제이거니와, 우주의 모든 생명체들은 인간에게 어떤 쓸모가 있는 것과 무관하게 고유한 존엄성과 내재적 가치를 갖고 있다는 점을 분명히 인식해야 한다. 서양의 과학혁명과 이어서 발생한 산업혁명과 더불어 파상적으로 진행된 산업화에서 자연은 한낱 도구적 가치를 갖는 것에 머물렀다. 즉 자연은 인간에게 단지 천연자원의 집합으로서 사용가능한 물질에 불과했다. 이 같은 근대적 자연관과 인간관에서는 오직 인간이라는 존엄한 존재들만이 목적 그 자체로서 인식되었으며, 도덕성의 장과 인간성의 장은 그 외연이 동일한 것으로 간주되었다. 하지만 생태학적 위기와 더불어 새롭게 부각한 환경 윤리는 이 같은 인간 중심적 확실성 내지는 맹신을 근본적으로 문제 삼았다. 1970년대부터 서양 철학계에서는 새로운 환경 윤리의 필요성을 역설하기에 이르렀다.[27] 제일 먼저 환경 윤리학의 깃발을 내건 철학자는

---

27) 이 점에 대한 자세한 논의는 다음 문헌 참조

Catherine Larrère, "Questions d'éthique environnementale", in: *Grands Dossiers*,

오스트레일리아의 러틀리(Richard Routley)로서, 그의 공헌은 환경, 인간과 자연의 관계에 대한 철학적 · 도덕적 성찰의 토대를 정초했다는 데 있다. 그의 물음은 영어권 국가에서 환경 윤리학이라는 새로운 철학적 사조를 만들어내는 기폭제의 역할을 맡았다.[28)]

그가 던진 핵심 쟁점은 자연의 내재적 가치를 겨냥하고 있다. 70년대 초반 당시 중유 유출로 인해 검정색 기름으로 뒤범벅된 밀물이 밀려오면서 시꺼멓게 석유에 뒤범벅된 채 오염된 갈매기의 사진 이미지를 언론 매체들이 보여주면서 시민들의 연민의 정과 죄의식을 촉발시켰다. 그들은 오염된 해양은 단지 인간들에게 해를 끼치는 데 그치지 않고, 건강했던 자연을 훼손시키고 멀쩡한 생명체들에게 돌이킬 수 없는 해를 끼치는 악으로 자각했다. 따라서 갈매기는 인간과 마찬가지로 자신의 적소에서 생존할 수 있는 권리를 갖고 있지 않은가라는 본질적 물음과 더불어, 인간은 그 같은 생명체가 겪는 고통과 악을 피할 수 있도록 도와주어야 하는 것이 아닌가라는 진지한 물음을 던진 것이다. 바로 그 같은 도덕적 직관에 대해서 다양한 환경 윤리는 먼저 도구적 가치와 내재적 가치를 구별하고, 그에 따른 합리적 제안을 제시하려는 시도를 한다.

내재적 가치를 추구하는 사람들은 두 가지 유형의 이론적 정당화, 즉 두 가지 환경 윤리와 더불어 자신들의 논리 진지를 구축했다. 첫째, 모든 살아 있는 실재는, 그것이 인간이건 아니건, 존재 속에서 스

---

n.19, 2010.

28) Routley, Richard(1973), "Is There a Need for a New, an Environmental, Ethic?", *Proceedings of the XVth World Congress of Philosophy*, Varna, 1: 205-210. Reprinted in *Environmental Philosophy: from Animal Rights to Radical Ecology*,(ed. M. Zimmerman et al.), Prentice Hall: New Jersey, 1993, pp.12-21.

스스로를 지속시키기 위해서 아울러 종족 번식을 위해서 두 개의 복잡한 전략들을 배치한다. 하나는 자신의 이윤을 추구하기 위해서 자신이 처한 환경을 더욱더 도구화시킨다. 다른 하나는 자신이 그 자체로서 존중될 가치를 갖는 목적을 수립한다. 이 같은 환경 윤리는 각각의 살아 있는 실재에 도덕적 가치를 부여하기 때문에, 그것을 일러 생명중심적 가치라고 부른다. 반면, 두 번째 태도에서는 인간은 살아 있는 생명체들과 동일한 공동체에 속하기 때문에, 우리는 그 공동체의 구성원들에 대해서뿐만 아니라, 하나의 전체로서의 공동체에 대해서 우리의 의무를 갖게 된다는 논지이다. 바로 이 점 때문에, 이것을 생태 중심적 윤리라고 부르며 그 기원은 미국 삼림 관리인이며 생태 운동가였던 레오폴드의 주저 『모래땅의 사계』[29]에서 개진된 그의 철학적 성찰에서 발견된다. 그는 이 책에서, 자신이 대지윤리(land ethic)라고 명명한 환경 윤리의 요체를 다음과 같이 설명하고 있다. "어떤 것이 생명공동체의 건강함, 안정성, 아름다움을 보존하는 경향을 보여준다면 그것은 올바른 것이다. 그것이 그 이외의 다른 것을 지향할 때, 부당한 것이다."

흔히 이 두 개의 상이한 환경 윤리의 사조를 비판가들은 '심층생태학'(deep ecololgy)이라는 라벨을 붙여 하나의 도매금으로 혼합시켜 버린다. 이들 비판적 입장을 취하는 학자들은 깊은 생태학에서 고조시키는 인간과 자연 사이의 갈등을 목격하고 급진적 생태학자들이 인간중심주의라는 낙인을 찍으면서 휴머니즘에 대한 공격을 퍼붓는다고

---

29) 알도 레오폴드, 『모래땅의 사계』, 이상원 역, 푸른숲, 1999.
Aldo Leopold, *A Sand County Almanac*, New York: Oxford, 1949.
A Sand County Almanac and Other Writings on Ecology and Conservation, New York: Library of America, 2013.

생각했다. 그렇다면 자연환경을 훼손시키는 인간들은 자연이라는 이름아래 이루어지는 재판정에서 피의자의 모습을 가질 수밖에 없다. 결국 그 모든 문제는 인간과 자연 사이의 관계들을 파악하는 방식에 달려 있다. 그런데 오랫동안 생태학의 기원부터 심지어 최근까지도 여전히 자연을 정적인 것으로 보는 비전이 자연 보호의 선봉에 선 많은 조직체들에 의해서 옹호되고 있다. 환경 관련 단체들은 자연을 인간과 견주어 외부에 존재하는 것으로 보는 외재성의 인식론적 관점을 채택하면서, 산업 활동 등 인간의 활동들이 자연을 피로하게 만들고 그것의 생태학적 균형을 동요하는 주요 원인으로 지목하여 비난을 퍼붓는다. 즉, 정적인 자연과 대비하여 인간은 순간적이며 즉발적인 다양한 과정들을 발생시키며 자연을 동요시키는 요인으로 간주한다. 이를테면, 1964년 미국에서 야생 상태의 자연 보호를 제도화하기 위해 탄생한 황무지 보호법(Wilderness Act)에서, 인간은 자연의 입장에서 보면 임시 방문객에 불과한 주체로서 파악된다. 청정무구한 자연 상태를 옹호하는 몇몇 인물들은 그것의 윤리적 기준으로서 자연성의 원칙을 천명하는데, 그것은 모든 인간적 개입과 독립하여 자연이 훼손되지 않은 건강한 상태에 의해서 정의된다. 따라서 이 같은 시각에서 자연을 보호한다는 것은 다름 아닌 인간에 맞서 보호한다는 것을 말한다.

그때부터 이 같은 정태적 비전은 매우 광범위하게 문제시되었다. 그 같은 비전을 대신해 생명 다양성의 개념화가 자리 잡았는데, 이것은 다양한 종들의 분류에만 연연한 것이 아니라 생명체의 모든 수준들, 즉 유전자에서 생명계에 이르는 수준들을 아우른다. 요컨대 생명 다양성은 생성 중인 시스템으로서 포착될 수 있으며, 그 같은 시스템은 진화의 동력학에 위치하고 진화의 기능들 속에서 평가된다. 생물학적 다양성은 생명체의 적응 요인이 될 수 있는 것으로 보이는데, 그것은 진화적 과정들의 지속을 보장한다. 역동적 시각 속에서 생명 다양성을 존중하려는 시도는 인간들 역시 생명 다양성을 유지할 수 있고, 심지어 그것을 개선시킬 수 있다는 점을 정확히 인식하는 데 목표를 둔다. 예컨대, 적도의 숲은 원주민들과 그들의 자연 환경 사이에서 이루어진 오랜 공진화의 결과이다. 프랑스 노르망디나 브르통 지역의 작은 숲과 독특한 전원 풍경은 인간 활동들이 생명 다양성을 개선시킬 수 있는 방식의 한 가지 사례로 손꼽힌다.

따라서 우리는 이제 생물학적 다양화와 사회들의 다양화는 밀접하게 결합되어 있으며, 한 지역의 생물학적 다양성은 인간 사회의 문화적 정체성의 핵심적 요소를 형성한다는 점을 깨달아야 한다. 생물학적 다양성의 보호와 문화적 다양성의 지속은 결코 분리될 수 없는 상호 의존성의 관계를 맺고 있다. 하나의 생물 종을 그것이 서식하는 생태계를 보호하지 않은 채 보호할 수 없는 것과 마찬가지로, 제 사회가 자신들의 문화적 형식들의 다원성을 발전시켜온 터전이라 할 수 있는 자연 환경과 독립하여 인간사의 연속성을 생각하는 것은 상상하기 어렵다. 자연에 대해서 인간을 희생시키자는 논리를 내세우는 것이 아니며, 핵심 관건은 자연의 부분인 인간이 자연 속에 통합되는 온전한 방식을 정확히 평가하는 일이다. 레오폴드의 대지 윤리가 제안한 바 있듯이, 생태 중심적 윤리를 정확히 인식할 수 있도록 해주는 것은 인간이 자신의 환경 속에 어떻게 원만하게 조화를 이룰 것이냐의 문제이며, 그 같은 자연과의 통합이 계속되기를 원할 경우, 그것이 함의하는 과제들이다.

따라서 자연 보호와 관련된 물음들, 인간과 자연 사이의 갈등으로서 제시된 물음들은 사실상 인간 사회의 다원성 사이에서 다양한 선택들을 함의한다는 점을 깨닫게 된다.

따라서 인간의 윤리와 자연의 윤리를 대립시킬 여지가 전혀 없다. 생물 다양성에 대한 리오 데 자네이루의 선언은 자연에 대한 배려와 정의의 배려를 결합시켰다는 점에서 큰 의의를 갖는다. 즉, 그것은 생명 다양성의 내재적 가치를 긍정함과 동시에 자연 보존에서 비롯하고, 생물학적 다양성의 지속 가능한 사용에서 취할 수 있는 장점들을 파악하면서 자연을 평등한 공유의 대상으로 만들 것을 희망한다. 지속 가능한 개발과 더불어, 정의에 대한 배려는 천연자원에 대한 권리와 접근의 평등한 할당에 대한 배려로서 그것은 미래 세대에로까지 확장되어야 한다. 환경 문제가 우리로 하여금 미래를 고려하도록 유도한다는 점은 세계의 환경 문제 논의에서 이제 상당 부분 공유되고 수용되는 생각이다. 이를테면 현재 지구에서 삶을 영위하고 있는 동시대인들은 우리의 아이들로부터 건강한 지구를 빌려 쓰고 있다는 생각을 갖는 것이 대표적 사례이다.

그런데 이 점에서 정의이론의 고전들을 살펴볼 경우, 그처럼 다양한 정의 이론들은 미래 세대까지 염두에 두지 않는다는 단점을 지니고 있음을 알 수 있다. 롤스(John Rawls)는 『사회정의론』(1971)[30]에서, 앞으로 올 세대들을 위해서 현존하는 세대들이 동의할 수 있는 적정 저축 비율의 고정에 대해서만 그 같은 문제를 제기하고 있을 뿐이다. 그것은 단기간에 대한 매우 한정된 관심일 뿐이며, 반면 환경과 관련하여 그 문제는 전 지구적이며 매우 긴 지속 기간에 해당되는 사안이다. 이를테면 환경에 대한 인간들의 기술적 개입들의 파급 범위를 고

30) 존 롤스, 『사회정의론』, 황경식 역, 서광사, 2001.
Rawls, John, *A Theory of Justice*, Belknap Press, 1971.

려하도록 만드는 장기 지속의 문제인 것이다. 온실가스 효과, 기후 온난화, 핵폐기물의 독성 지속 기간, 유전자 변형 등의 문제들이 그 같은 범주에 속한다. 요컨대, 환경에 대한 우려와 미래 세대들에 대한 배려는 한 짝을 이루는 것이다. 그 두 개의 관심사는 자연보호와 천연자원의 관리가 현재의 세대와 미래의 세대의 편익을 위해서 이루어져야 한다는 원칙을 제기했던 1972년의 유엔 선언을 천명한 스톡홀름 회의에서 이미 잉태되었으며, 아울러 1987년 '지속가능한 발전' 개념을 최초로 도입한 브룬트란트(Brundtland) 보고서[31]에서 미래세대에 대한 참조가 천명된 바 있다는 점에서 결코 짧지 않은 역사를 갖고 있다고 말할 수 있다. 요컨대, 환경 윤리는 자연 또는 지구를 우리의 도덕적 배려 속에 포함시킬 것을 겨냥한다.

환경 문제와 생태 위기를 해결하기 위한 세 번째 방안은, 마치 이열치열의 원리와 마찬가지로, 산업화 시대에서 환경오염의 주요 원인을 제공한 과학 기술을 이용하여 생태 문제를 해결하려는 시도이다. 앞에서 서술한 바 있듯이, 지난 200년 동안 인류는 무한한 경제성장 논리와 개발 추구에 매몰되어 생태계를 철저하게 무시하는 우를 범했다. 아울러, 현 문명의 이기들인 자동차, 컴퓨터, 에어컨을 비롯하여 화석 연료를 필요로 하는 공장의 기계 설비들은 생태계를 파괴시키는 포식자들의 형상으로서 파악되고 있다. 그런데 면밀하게 따지고 보면, 이 같은 그럴싸한 은유는 정확한 인식을 가로막는다. 기계는 결코 그 자체로서 내적으로 좋거나 나쁘지는 않기 때문이다. 기계를 유익하게 만들거나 해롭게 만드는 것은 인간들이 기계를 사용하는 관례

---

31) World Commission on Environment and Development, *Our Common Future (Brundtland report)*, Oxford University Press, 1987.

와 용도이며, 기계에 부과된 하나의 프레임이기 때문이다.[32] 문제는, 인간들이 일방적으로 기계에 부과해 온 그 틀이 한계 상황을 넘어 폭발 직전에 있다는 사실에 문제의 심각성이 있는 것이다. 어떤 학자의 멋진 표현을 빌리자면, 마치 기계들 속에서 기계들을 관리할 수 있는 조종사들이 더 이상 존재하지 않는 것처럼 매사가 진행된다. 이제 우리는 기계의 겉모습과 피상적 특징을 인식하는 차원에서 벗어나 정면에서 기계의 본성을 관조하고 인문학적 생태학적 성찰을 시도해야 할 계제에 이르렀다. 특히 우리는 기계에 예속되지 말고 기계를 통치해야 하며, 기술적 선택들을 정치적 행동의 중요한 지렛대로서 사용하는 지혜를 필요로 한다. 경제학자이며 도시학자인 하엔트엔스의 탁견에 의하면 기계들을 통치한다는 것은 무엇보다 세계 무역을 혁명적으로 변형시킨 컨테이너 발명의 이미지를 참조하여, 사회를 변형시키기 위해서는 몇몇 전략적 기계들에 기초한다는 것을 의미한다.[33] 경제 모델과 생활 방식을 생태학적 차원에서 전면적으로 개선시킬 수 있는 기계들이나 테크놀로지들의 사례는 이미 몇 가지가 있다. 이를테면, 도시와 도시를 신속하게 연결시키는 초고속 도시 전기 열차들의 모델에서 연쇄적인 반응들을 촉발시킬 수 있는 생태학적 선순환 구조의 단초를 파악할 수 있다. 그 밖에도 태양에너지를 활용한 건전지, 새로운 디지털 프로세스, 혁신적인 건축 자재 발명들을 손꼽을 수 있다.

또한 기계들을 통치 관리한다는 것은 사회적 조직의 기술 정치적

32) 이 점에 대해서는 다음 논문 참조.
Christophe Rymarski, "La science sauvera-t-elle la Terre?" in: Grands Dossiers, N.19, 2010, Les pensés vertes,

33) J.Haëntjens, *Le Gouvernement des machines ou le défi de la croissance verte*, L'Aube, 2010.

접근법을 개발한다는 것을 의미한다. 이 같은 접근법의 전제 조건들은 이미 무려 1,500억 달러를 에너지 전환 사업에 투자하고 있는 미국의 경제 부흥 계획에서 피력된 바 있다. 특히, 기계를 통치하는 사안에서 국가의 역할은 매우 중요한바 국가는 기업, 공동체, 개인들의 기술적 선택들에 적극적으로 개입하고, 특히 자동차 엔진의 에너지 소비에 대한 엄격한 법적 규제와 제도적 규범들을 부과시키면서 자동차 산업에 대한 지원 조건과 연계시키는 등, 이산화탄소 배출량을 줄이기 위한 다각도의 정책들을 실행해야 한다. 한 가지 사례로서, 1km당 7 *l* 이상의 휘발유를 소비하는 연비의 신자동차 판매를 허락하지 않을 수 있을 것이다. 아울러 지구온난화와 직결된 기술적 시스템들을 제어한다는 것은 정치권력이 운송, 에너지, 주택, 식량 등의 몇몇 핵심 시장들의 기본 틀을 강력하게 관리하는 것을 뜻한다. 정부의 이 같은 적극적 참여와 개입은 테크놀로지의 혁신과도 직결된다는 점을 인식할 필요가 있다. 대표적 사례로서 미국에서 현재 연구 중이며 실행을 목표로 하고 있는 초대형 프로젝트를 제시할 수 있을 것이다.

과거 오바마 행정부의 과학 자문을 맡고 있는 홀드런 박사(John Holdren)가 기후를 변화시킬 수 있는 '지리 공학' 기술들을 대규모 차원에서 작동시킬 수 있는 가능성을 상기한 것이 그것이다.[34] 예컨대, 그것은 태양 빛을 반사시키기 위해 우주에 초대형 거울들을 설치하는 작업이며, 대기권의 이산화탄소를 흡수하기 위해 몇몇 해초들의 성장을 돕기 위해서 대양의 영양 상태를 풍요롭게 만드는 일련의 작업, 그리고 태양 광선을 다시 우주 공간으로 되돌려 보내는 구름들을 파

34) Christophe Rymarski, "La science sauvera-t-elle la Terre?" in: Grands Dossiers, N.19, 2010, Les pensés vertes.

종시키는 시도들로서, 이들 작업들은 지구 표면의 온난화를 최소화하기 위한 매우 획기적인 기술적 해결 방안들이라는 평가를 받고 있다. 이 같은 계획들이 다소 환상적으로 보일지 모르겠으나, 상당수의 과학자들에 의해서 지지되고 있다는 점을 주목할 필요가 있다.

또 다른 사례를 손꼽으라 한다면 현재 가장 앞서가는 기술인 나노테크놀로지에 대한 생태학적 활용 방안에 대한 연구이다. 이 첨단 연구 분야는 전 세계적으로 천문학적인 돈을 투자하여 각국이 경쟁하고 있는 영역이다. 환경 영역에서 가장 열광적인 과학자들은 쓰레기 문제를 해결할 수 있는 나노 곤충 또는 나노 버섯들 또는 썩은 것을 먹고 사는 분식성 갑충류의 발명에 모든 공력을 기울이고 있다. 아울러, 나노 기술 덕분에 오염된 지역에서 오염요인을 제거하고 오염된 표면의 물을 청소하거나, 박테리아를 제거할 수 있는 일종의 피복제를 창조할 수 있는 가능성을 엿보고 있다. 에너지 분야에서, 나노 신기술의 기여는 전구의 에너지 효율성을 70% 이상 높이고, 가정용 에너지에서의 수요를 220볼트에서 12볼트로 획기적으로 줄일 수 있을 것으로 기대된다.[35)]

본 서는 생태복원의 주제에 대한 인문학과 사회과학의 학제적 연구이다. 최근 들어와 생태복원 문제는 국내외의 학계에서 가히 폭발적이라 할 정도로 관련 연구 성과가 쏟아져 나오고 있다. 하지만 대부분의 관련 연구는 여전히 원예학, 생태공학, 환경 경제학 등의 관점에서 이루어지고 있으며, 인문학적 시각에서 이루어진 연구물은 상대적으로 빈약한 것이 사실이다.

---

35) Y.de Kerorguen, *Les Nanotechnologies, espoir, menance ou mirage?*, Lignes de repères, 2008.

특히, 이 같은 상황은 국내의 경우 더 심한 편이라 아직까지 생태복원을 인문학적 시각에서 본격적으로 다룬 연구물은 찾아볼 수 없는 실정이다. 이 점에서 본 서는 여러 가지 부족한 점들이 있으나, 한국에서 생태복원에 대한 학제적 연구의 물꼬를 틀 수 있을 것으로 기대해본다.

본 서는 비교적 간결한 서문과 결론을 비롯해 모두 10개의 장으로 이루어진 본문으로 구성되어 있다. 기호학과 문화이론의 전공자는 생태복원 담론의 개념적 얼개와 인식론적 토대를 비롯해 생태복원의 미학적 윤리적 토대와 서사성의 차원을 집중적으로 다루었다. 아울러 문학과 비평사를 전공한 또 다른 전공자는 생태복원의 문명사적 의의와 이데올로기적 차원을 비롯해 심미적 상상력에 대한 심도 있는 논의를 마련했다. 끝으로 환경사회학 전공자는 생태복원의 사회학적 개념과 계보를 다룬 데 이어 구체적 사례로 하천복원과 한국의 4개강 사업에 대한 예리한 비판적 시각을 개진하고 있다.

생태복원은 세계 생태복원 학회가 결성된 것을 계기로 하나의 독립적인 제도적 장치를 마련하는 등, 빠른 속도로 확장되어 가고 있는 추세이다. 생태복원에 대한 개념적 정의는 전공 학자들의 분야에 따라서 차이가 없지 않으나, 특정 생태계를 다양한 환경 복원 실천들을 통해 훼손되기 이전의 단계와 수준으로 복원시키는 것이 가능하다는 점을 전제로 한다. 물론, 극단적 입장에서는 생태복원의 이 같은 전제 조건을 부정하면서, 일체의 생태복원이 한낱 인공적 허위에 불과하다는 점을 강조하기도 한다. 특히, 한번 망가진 자연환경이 자신의 모습으로 되돌아가는 데 걸리는 시간에 대해서도 의견이 분분하다. 따라서 생태복원 종사자들은 특정 자연환경의 역사적 궤도를 완벽하게 반영하려는 이상과, 매순간 변화하고 있는 생태계의 엄연한 현실

사이에서 화해를 도모할 수밖에 없다. 요컨대, 생태계의 고유한 역동적 과정을 고려하건대, 생태복원 작업을 통해 성취된 생태계는 과거의 모습을 그대로 살려내는 정적인 복제물이 될 수 없는 것이다. 한번 훼손된 자연 환경의 완벽한 복구, 치유, 회복은 불가능하다는 점에서, 우리는 다시 한 번 자연환경 보존의 중요성을 절감한다.

특히 여기서 강조할 사실은 설사 특정 생태복원이 성공적으로 이루어진다 해도 그 이후의 결과는 다시 인간이 자연에 미치는 영향력에 달려 있다는 점에서, 장담할 수 없는 형국이다. 이를테면 현재의 석유 문명에서 배출되는 이산화탄소는 지구온난화의 주범으로서 대기권에서 질소의 증가 등 치명적인 효과를 발생시키고 있다. 아울러 자연 생태계와 인간문화가 더불어 진화한다는 점 역시 간과해서는 안 될 것이며, 문화적 생태계 생태복원 문제에서 중요한 주제로 다루어져야 할 것이다.

모두 10장으로 이루어져 있는 본 서의 각장의 요지를 정리하면 다음과 같다.

제1장 '생태복원 담론의 개념적 구조'에서는 생태복원 개념의 발생과 진화를 체계적으로 제시하였다. 아울러 현재의 생태복원의 일반화된 정의를 국내외 문헌을 통하여 수립하였다. 특히 자연 훼손의 개념적 정의를 제시하고, 생태계의 회복에 대한 몇 가지 시나리오를 설명하였다. 제1장에서 무엇보다 강조한 부분은 생태복원의 가치론이라 할 수 있다. 생태복원의 인문학적 통찰을 시도한 본 서에서는 생태계 복원의 기능적 · 관료주의적 · 경제적 이윤의 실리적 차원을 뛰어넘어, 정신적 · 문화적 가치들을 강조하였다.

그 같은 논의는 제2장 '생태복원 담론의 인식론적 토대'에서 보다 심층적으로 다루어졌다. 복원의 어원에 기초한 의미론적 분석을 비롯해 특히 시간적 유추에 주목하였다. 특히 공학과 예술에 이르는, 생태복원의 모델과 은유의 문제를 논의하였다. 이를 위해 현재 생태학의 계보를 파악하면서 생태공학의 발생 과정을 사이버네틱스의 세계관과 생명관의 관계 속에서 포착하였다. 예술과 미학 분야에서 전개된 복원 개념 역시 누락시켜서는 안 될 중요한 주제이다. 90년대 초반부부터 일부 미학이론가들은 가치론에 입각하여 생태복원을 위조된 예술품에 비유하면서, 한번 훼손되거나 파괴된 환경들을 복원하려 할 때, 야생 상태의 자연은 결코 복원될 수 없다는 주장이 개진되었다. 이들 급진주의자들의 주장의 핵심을 말하자면, 자연의 모든 영역에서 진행된 인간의 개입은 자연의 내재적 가치를 완전히 파괴시킬 것이라는 것이다. 이들은 생태복원에 대한 순수주의자들이라 할 수 있을 것이다.

제2장의 중핵은 생태복원의 인간학적 의의에 대한 정초라 할 수 있다. 제2장의 필자는 이것을 기술적·중심적 생태복원에서 인문적 생태복원으로의 개념적 이동으로 압축하고 있다. 그같은 맥락에서 생태복원을 이윤 창출을 위한 하나의 상품으로 전락시켜서는 안 될 것이라는 점을 강조하였다. 생태복원을 통해서 얻는 것은 화폐가치 그 이상의 것으로서, 이를테면 맑은 강물을 보면서 산책하면서 느끼는 정신적 희열감은 그 자체로서 의미가 있는 인간학적 가치인 것이다.

제3장 '생태복원의 인문학적 상상력과 문명사적 전환의 모색'에는 보다 거시적 관점을 투시하여 생태적 위치의 다양한 요인들을 환기시키고 기후 변화의 현상에 주목하였다. 보다 구체적으로 기후 변화의 티핑 포인트에 도달했다는 점을 경계하면서, 인류 역사의 대참사 가능성을 배제하지 않고 있다. 바로 이 점에서 생태복원의 문제는 자연스럽게 지속가능성의 개념과 연계된다. 제3장의 필자는 생태복원의

가장 큰 관심사가 인간적 삶의 지속가능성이라는 전제를 설정하고 있다. 특히 지속가능성의 개념이 인간 삶의 질의 문제와 직결된다는 점에서 인간과 자연의 관계에 대한 근본적 성찰을 주문하고 있다는 것에 주목한다.

제4장 '생태복원의 미학적 · 윤리적 토대'는 생태복원과 인문학의 접점을 본격적으로 논의한 장이라 할 수 있다. 여기서 필자는 자연미학과 환경 미학 등의 비교적 새로운 학술 분과에서 이루어진 예술적 감식력과 심미적 공동체 등의 개념들을 적극적으로 수용하여, 생태복원과의 인식론적 접점을 포착하려 한다. 더 나가 생태예술의 체계적 논의를 개진하고 있다. 생태미술은 예술가들과 생물계 사이의 관계에 대한 예술가들의 인식, 태도, 지각 등을 반영한다는 점에서 생태복원에서 적극적으로 수용할 가치가 높다. 생태복원의 두 번째 주춧돌이라 할 수 있는 윤리적 토대는 인간과 자연의 관계 설정에 대한 필수적 요소이다. 이를테면 자연 속의 아름다움은 늘 관계적이며 인간들과 세계 사이에 존재하는 상호작용 속에서 창발한다. 자연 속의 아름다움을 간직해야 할 정당화는 대지 윤리의 옹호자인 레오폴드의 생태사상에서 치밀하게 논의된 바 있다.

제5장 '개발 이데올로기와 농적 기반의 생태복원'은 서두에서 생태복원의 문제가 결코 기술공학적 차원에 머무르지 않고, 정치, 경제, 사회, 문화의 복잡한 중층적 구조를 갖고 있다는 점을 천명한다. 특히 필자는 무분별하게 이루어지는 획일적 개발 논리가 하나의 이데올로기로 철옹성화되는 현상에 대해 깊은 우려를 피력한다. 특히 거대기술과 억압적 위계 체계를 반성적 성찰로서 극복할 수 있는 대안으로서 토착사회의 생활기반이었던 소농 중심의 농경 문화를 제시한다. 그것의 자연친화적이며 순환적 생활 양식이 현재의 위기 극복을 위한

구체적 대안이 될 수 있다는 소신을 피력하고 있다. 특히, 논과 밭의 전원 경관은 인간의 숭고한 노동으로 일구어낸 토지라는 점에서 자연의 근원성과 일맥상통한다는 점에서 인간적 정서와 미의식을 고취시킬 수 있다는 것이다.

제6장 '생태적 마음과 심미적 감수성'은 프랑스의 과학철학자 바슐라르에서 작가 앙리 보스코에 이르는 문학적 통찰을 제시하고 있다는 점에서 생태복원에 대한 인문학적 상상력의 진수를 보여주는 장이라 할 수 있다. 인간과 자연과의 근원적인 관계를 살피고 그것을 시적 차원에서 복원하는 작업을 문학적 상상력의 결정적 미덕으로 손꼽고 있다는 점에서 생태복원과의 접맥 가능성은 매우 높다. 특히, 문학의 언어를 자연에 대한 구체성의 바탕에서 길러낸 형이상학의 언어라고 규정하고 있다는 점에서, 생태복원의 문학적 차원에 대한 앞으로의 연구 지평에 대한 혜안을 제공한다. 이를테면 자연성의 회복에서 인간의 생태 감수성 함양의 가능성을 파악한 필자는 심미적 교감 능력의 확장 가능성을 회화를 비롯한 다른 시각 예술에서 탐색하고 있다. 이 같은 시각에서 본다면, 니콜라 푸생, 클로드 로랭의 고전 미학에서 비롯해, 컨스터블에서 모네에 이르는, 생태적 차원의 시각예술의 역사를 새로 쓸 수 있을 것이다. 물론, 이 계보에서 세잔의 위치는 독보적일 것이다. 그는 회화 행위를 자연으로부터 도래하는 강력한 분출의 에너지와 전율의 감정을 표현하는 행위로 보았기 때문이다.

특히 문학과 생태복원의 접목 가능성으로서 필자가 언급한 지오노의 문학 세계가 머금고 있는 생태적 의식은 함축하는 바가 매우 크다. 그것은 단순한 낭만주의적 자연관과 거리가 먼, 자연을 거대한 신비체로서 묘사하는 범신론적 세계관의 전범이라는 점에서 생태복원의 우주적 세계관에 대한 비전을 선사한다. 한마디로 그것은 생명의 외경이다.

제7장 '생태복원의 시간성과 서사성'은 생태복원의 준거와 관련된다는 점에서, 역사성과 시간성의 문제를 집중적으로 다루고 있다. 그것은 곧 생태복원의 통합성과 역사적 진정성의 문제와 직결된 사안이다. 이 점에서 생태복원은 인문학의 화두인 서사와 해후한다. 필자는 이탈리아 건축가 로시의 테제를 확장하여, 생태복원의 공간을 공동체의 집단적 기억을 실현하는 장소(locus)로서 파악할 것을 주문한다. 요컨대 한 장소의 서사적 연속성은 생태학적 서사와 문화적 서사, 양자로부터 형성된다. 풀어 말해 한 장소의 역사적 진정성은 인간적 차원의 서사와 나란히 생태학적 진리들과 접목되어야 한다. 양자의 통합을 통해 얻어질 수 있는 시간의 깊이는 바람직한 생태복원을 위해서 역사성의 가치를 깨닫게 해주는 궁극적 조건이다.

제8장 '생태복원의 기호학적 상상력'은 기호학의 관점을 생태복원 영역에 적용했다는 점에서 매우 특이한 시도라 할 수 있다. 이를 위해 필자는 먼저 생태기호학의 인식론적·방법론적 토대를 수립한다. 특히 경관의 생태기호학적 접근에서, 경관을 기호학적 재원으로 간주하는 시각을 개진한다. 그 같은 상징적 체계들을 이해하는 과정은 인간 사회, 자연, 환경 사이에 존재하는 복잡한 관계들을 파악하는 데 있어 핵심적이다. 이 점에서 기호들의 사회적 맥락에 초점을 두고, 기호 생산의 이데올로기적 차원을 주목하는 사회기호학은 생태복원의 기호학적 연구에서 효과적이다. 특히 쓰레기 문제에 대한 기호학적 해석을 시도한 부분은 국내에서는 처음 제시되었다는 점에서 앞으로의 심화된 연구를 통해 발전될 수 있을 것으로 기대한다. 현대 인류 문명의 어두운 단면이면서, 인간 행동 양식의 종착 부분에 해당되는 쓰레기의 문제는 기호학적 연구 대상의 차원을 포함해 인문학의

중요한 주제로 인식되어야 할 것이다. 보다 구체적으로 진술해서 쓰레기는 문화의 한 부분이며 쓰레기 매립지는 인간 사회의 본질에 대한 통찰을 상상할 수 있는 소중한 정보들의 광맥이다.

제9장 '생태복원의 사회학'은 사회학적 관점에서 발전주의의 한계를 지적하고, 지속가능한 사회를 만들기 위한 생태복원의 사회이론화를 추구한다. 한국의 생태파괴는 1960년대 이후 한국사회를 지배해 온 발전주의 프로젝트에 의해 체계적이고 지속적으로 이뤄졌다. 강력한 권위주의 국가에 의해 위에서 기획되고 추진된 발전주의는 정치, 경제, 문화 등의 전 분야에 걸쳐 여전히 지대한 영향력을 행사하고 있다. 그 같은 맥락에서 필자는 한국의 자본주의 발전 과정에서 도시와 농촌 그리고 자연과 사회의 균열 상황을 보여주기 위한 방편으로 신진대사 균열론을 소개하고 있다. 도시와 농촌의 분화는 공간, 자원, 에너지의 측면에서 자본주의 이전까지 경험하지 못했던 균열로, 사회와 자연의 지속가능성을 위협한다. 이러한 문제 제기는 도시와 산업을 유일한 발전 지향으로 본 기존의 발전주의 모델과 사회과학 자체에 대한 인식론적 전환을 요구한다. 이 같은 맥락에서 필자는 한국의 발전 경로를 신진대사 균열의 극단적 사례이며, 생태 위기의 구조적 조건으로 본다.

이어서 필자는 발전주의를 넘어선 성공적인 생태복원의 이론적 자원으로 생태주의, 신진대사, 그리고 숙의 민주주의를 제시하고 있다. 즉 이념적으로 기존 인간중심주의를 넘어설 수 있는 생태주의, 공간 및 산업의 불균형을 극복할 수 있는 신진대사의 회복, 사회적 과정으로서의 숙의 민주주의를 활용하여 진정한 생태복원의 사회적 이론화를 지향하고 있는 것이다.

제10장 '하천복원과 한국의 4대강 사업'은 제9장에서 구성한 생태

복원의 이론적 틀을 활용하여 구체적인 사례를 분석하고자 하였다. 즉 생태복원의 하위 영역에 해당되는 하천복원의 개념적 얼개를 수립한 후에, 곧바로 한국의 4대강 사업의 내용과 특징을 경험적 자료를 통해 규명하고, 그 문제점들을 지적하고 있다. 필자가 4대강 사업을 주목하는 이유는 크게 두 가지이다. 첫째, 4대강 사업의 공식 영어 명칭이 '4 River Restoration Project'로서 국제적으로 '복원' 사업으로 홍보되었다는 점이다. 이명박 정부는 4대강 개발 사업을 통해 신진대사의 균열을 심화시키고, 생태문제를 악화시키면서도 복원의 수사학을 사용했다는 점을 분명히 하고자 한다. 둘째, 비록 4대강 사업이 최근에 진행된 거대국책사업이지만, 한국의 개발의 역사, 하천파괴의 역사는 길다. 따라서 4대강 사업에 대한 심층적 분석을 통해 한국 하천파괴와 생태파괴의 특징과 의미를 선명하게 드러낼 수 있다. 1960년대 이후 급속하게 진행된 산업화와 도시화는 한국의 전통적인 하천의 개념을 송두리째 바꾸어놓았다. 4대강 사업은 공식적으로 완료되었지만, 그 사회적 · 생태적 부작용은 여전히 관찰되고 있으며 더욱 심화될 가능성이 높다. 분명한 것은 4대강 사업은 생태주의의 시각에서 복원에 대한 인식이 현저히 부족했으며, 결코 '복원'으로 미화될 수 없다는 점이다. 앞서 제시된 공진화와 신진대사의 관점에서도, 하천 주변 지역을 수변 레저시설로 변경하거나 농지 리모델링이라는 이름 아래 준설토 적치장으로 변모시키면서 4대강 사업은 농민들에게 적지 않은 피해를 입힌 것이 엄연한 현실이다. 필자의 비판은 한 단계 더 나가, 4대강 사업이 공진화의 결과인 농업, 공동체, 농촌문화를 해체했다는 결론에 이른다.

본 서는 생태복원의 주제에 대해 언어학, 기호학, 문화이론, 문학, 서사학, 환경사회학 등의 다양한 관점에서 연구한 공동 저서라는 점에서 장점과 단점을 모두 갖고 있다. 어쨌거나 자연과학과 공학 등으로 이루어진 기존의 생태복원 연구의 부족함을 보완할 수 있는 연구물로써 환경과 생태분야에 관심을 갖고 있는 연구자들과 일반인들에게 도움을 주었으면 하는 바람이다.

제1장 생태복원 담론의 개념적 구조

김성도

1. 생태복원의 개념 정의

1) 개념의 발생과 진화

산악 지방에서 행해진 토지복원이라는 표현이 남유럽의 공학자들에 의해서 사용된 것은 이미 한 세기를 넘었다. 하지만 오늘날 사용되는 생태복원의 의미는 최초의 의미와는 사뭇 다르다. 당시에 사용된 정의에서 토양복원이나 토지복원의 의미는 토양의 부식을 저지하는 작업을 의미했다. 한편 근대 생태학의 설립자로 추앙받고 있는 알도 레오폴드는 '복원'과 '복원하다'라는 의미를 주로 서식지를 재구성하려는 시도에서 사용한 적이 있으며 이때 복원 주체는 땅의 건강을 지켜주는 의사로서 비유되곤 하였다.[1)]

---

1) Zedler, J., "The continuing challenge of restoration.": In: Meine, C. and Knight, R.L.(ed), *The essential Aldo Leopold, quotations and commentaries,* The

'토지복원'이라는 표현은 복원의 의미가 생태학적으로 과거의 본래 생태를 회복하려는 기획을 지시하는 개념이라는 생각을 확산시키는 데 일조하기는 했으나, 상태복원이 정식 학술 분야로서 형식적 개념 체계를 갖추기 시작한 것은 비교적 최근에 들어와서이다. 구체적으로 명시하자면 1989년 미국 캘리포니아의 오클랜드에서 제1차 '생태복원 및 생태관리' 정기 학회가 개최되면서 생태복원 연구는 비로소 공식적인 하나의 학술 분야로 탄생하게 된다. 이때 복원은 '현재 상태를 기준으로 그 이전의 생태적 조건과 상태를 재수립하는 것'을 의미했는데, 이러한 정의는 오늘날까지 대체로 수용되고 있다. 하지만 생태복원의 목적이 '현재 상태를 기준으로 그 이전 상태를 재수립하는 것'이라는 정의는 다소 모호하거나 오히려 그 대상이 지나치게 제한된 것으로 드러날 소지가 있다.

지난 30여 년 동안 전 세계적으로 진행된 생태복원의 이론과 실천에 있어 다양한 경험들이 축적되면서 과거의 생태복원과는 다른 보다 광범위한 시각들이 계속해서 개진되고 있다. 필자의 문헌 조사에 의하면 생태복원을 직접적으로 다루고 있는 연구서 단행본은 영미권의 학계로 한정해서 보았을 때도 이미 100여 권이 훌쩍 넘는 숫자가 확인되었다. 하지만 문헌조사를 통해 살펴본 결과 노정된 한 가지 한계는, 몇 편의 예외를 제외한다면, 현재의 생태복원 연구는 거의 전적으로 원예학자, 식물학자, 생태 공학자, 환경 경제학자 등을 중심으로 한 자연과학과 공학 일변도로 이루어져 왔다는 점이다. 이 점은 세계생태복원학회의 회원들의 전공영역과 연구 경향에서도 재차 확인된다. 일례로 필자가 지난 2011년 8월 21일부터 25일까지 멕시코 유

University of Wisconsin Press, Madison, WI, 1999, pp.116-126.

카탄 반도에 소재하는 메리다(Merida)에서 개최된 세계 생태복원학회에 논문 발표를 위해 참석했을 때, 무려 1천 명이 넘는 참석자들과 500여 명의 논문 발표자들 가운데 인문학 전공자들의 발표는 채 10편에 그칠 정도로 생태복원 연구에서 인문학의 자리는 미미했다. 이 학술 대회의 전체 제목은 '자연과 문화의 연계를 재수립하기'(Re-establishing in link between Nature and Culture)라는 점에서 다분히 인문학적 성찰과 사상이 전개될 수 있는 좋은 기회였으나 그 같은 시도는 거의 부재했다고 해도 과언이 아니다.

이 같은 문제점을 의식하면서 본 장에서는 기존에 나와 있는 생태학 관련 이론서들을 중심으로 개진된 시각들을 검토하면서 생태복원에 대한 이론적 토대를 마련할 것이다. 하지만 생태복원은 이론뿐만 아니라 실천과도 유기적으로 연결되어 있으므로 비록 이 책의 공동필자들이 본 연구를 통해 생태복원에 대한 이론적 토대를 제공하는 시도를 할지라도, 그 이론은 현실 세계에 기반을 두고 언제든지 수정될 준비가 되어 있어야 할 것이다.

2) 생태복원의 현대적 정의

현재 공인된 생태복원의 정의는 세계 생태복원학회(Society for Ecological Restoration)에서 제시한 개념으로서 '훼손되거나 손상되거나 파괴된 생태계의 회복에 동반되거나 그것을 쉽게 해주는 작업'으로 요약될 수 있다.2) 국내의 생태복원 전문가들 역시 대체로 이 같은 정의

2) www.ser.org/Society for Ecological Restoration=SER 2004 SER International Primer on Ecological Restoration.
("Ecological restoration is the process of assisting the recovery of an eco-

를 그대로 원용하고 있는 추세다. 김귀곤 · 조동길(2004)은 "자연적이거나 인위적으로 훼손된 생태계를 원래의 상태 또는 원래의 상태에 가깝도록 생태계의 구조와 기능을 조성해 주어 생물서식처 및 생물종을 증진시키고자 하는 환경 기술이다"[3]라고 정의한 바 있으며, 조동길(2011)은 '생태복원은 생태계의 건강성을 다시 새롭게 하고 유지하기 위한 과정'이라고 명시하면서, 국제 생태복원 학회의 다양한 정의를 소개한 후, 생태적 측면을 강조하여 '생물종의 초합, 군집 구조, 생태적 기능, 생물상을 부양하는 물리적 환경에의 적합성, 아울러 주변 경관과의 연계성 등의 측면에서 생태계 회복을 시작하거나 가속화시키는 의도적 행위로 볼 수 있다'고 기술하고 있다.[4]

생태복원은 학자들의 상이한 관점들에 따라 재정의되기도 하는데, 생태학적 관점에서 보면 생태복원은 가능한 한 구체적이며 특수한 구성, 공동체의 구조, 생태학적 기능들, 자신의 생명계(biote)를 지탱할 수 있는 물리적 환경의 능력, 주변 경관과의 연계성 등을 존중하면서 생태계의 회복을 착발시키거나 가속화시키는 의도적 활동을 말한다. 사회경제적 관점에서 볼 경우 생태복원은 기능적 생태계가 사회에 제공할 수 있는 경제적 요인을 갖는 재화와 자연이 제공하는 서비스의

---

system that has been degraded, damaged, or destroyed."). 모두 11개의 섹션으로 구성된 이 요람은 생태복원의 이론적 실천적 차원을 일목요연하게 서술하고 있다는 점에서 생태복원의 주요 주제들을 이해하는 데 있어 중요한 핵심 자료 가운데 하나이다. 11개의 세부 내용은 다음과 같다. 1. 개관, 2. 생태복원의 정의, 3. 복원된 생태계의 속성들, 4. 용어 설명, 5. 준거 생태계(Reference Ecosystem), 6. 특이 종(exotic species), 7. 모니터링과 평가, 8. 복원 계획, 9. 복원 실천과 복원 생태학과의 관계, 10. 복원과 다른 활동들의 관계, 11. 생태복원의 보다 광범위한 프로그램들 속으로의 통합.

3) 김귀곤 · 조동길, 『자연환경 · 생태복원학 원론』, 아카데미 서적, 2004.

4) 조동길, 『생태복원 계획 · 설계론』, 넥서스 환경 디자인 연구원, 2011.

플럭스를 재정립하는 것을 의미한다. 마지막으로 개인적 가치와 문화적 가치의 차원에서 바라볼 경우 생태복원은 개인이 가진 잠재력의 실현과 경험의 공유 속에서 자연과 인간의 관계를 새롭게 갱신하는 미학적 경험과 윤리적 의미로 연구의 초점이 옮겨갈 수 있다.[5)]

생태복원 활동을 통해 복원된 시스템은 공동체와 제 문화들, 그리고 생태복원의 실천가들에게 잠재적인 수혜를 가져다 줄 수 있다. 따라서 생태복원 활동과 관련된 주민들은 복원의 참된 목적을 이해하고 그 잠재적 가치를 제대로 평가할 수 있어야 한다. 그렇지 않을 경우, 그들은 복원된 생태계를 존중하지 않거나 심지어 보호하는 것을 게을리 할 수 있다. 이 같은 이유에서 복원에 대한 결정은 민주적·참여적 과정을 거쳐 이루어지는 다양한 이해관계자들과 행위자들의 의사 수렴을 전제한다. 특히 재정을 담당하는 주체들과 그 지역에서 삶을 영위하는 지역 공동체 주민들의 대다수가 동의해야만 생태복원은 실천으로 연결될 수 있다. 생태복원의 이해관계자들과 행위자들은 프로젝트의 기획과 실현에 가장 광범위한 영향을 줄 뿐 아니라, 나아가 복원된 생태계의 관리에도 주체적으로 기여할 수 있어야 한다. 그래야 비로소 생태복원은 개인적 차원, 문화적 차원, 사회경제적인 차원에서 주민들의 행복 증진에 도움을 줄 수 있을 것이다. 생태복원의 수혜자는 지금 이 순간 그 지역에서 살아가는 주민들로 한정되지 않으며 미래의 세대로 확장된다는 점에서 생태복원의 수혜의 지속가능성을 마련하기 위해서 복원된 시스템은 지속적으로 관리되고 평가받아야 한다. 이 때문에 생태복원의 기획은 과거뿐 아니라 미래

---

5) cf. Clewell, A.F. and Aronson, J., *Restoration: Principles, Values, and Structure*, Washington, D.C, Island Press, 2007, 제1장(pp.7-13), 제7장(pp.104-111).

〈그림 2〉 뉴욕 센트럴 파크의 숲 생태복원

로도 투사되어 생태학적 지속가능성의 차원에서 조망되어야 한다.

생태복원은 하나의 생태계를 복원 실천들에 의해 그 이전의 단계와 수준으로 다시 살려낼 수 있다는 것을 전제로 한다. 이러한 방식으로 생태복원은 상실된 가치를 다시 찾으려는 인간의 근원적 욕망을 만족시킨다. 그렇다면 우리는 생태복원과 실천가들의 관계를 어떻게 정의할 수 있을까.

거의 대부분 생태계는 복원을 위해 수십 년 또는 수백 년이란 시간을 보내야 한다. 단지 몇 년 만에 최초의 단계로 되돌려놓을 수 있을 정도로 미미한 훼손 또는 교란(perturbation)을 겪은 생태계도 있지만, 이는 극히 일부에 불과하다. 대부분의 생태복원은 수십 년 또는 심지어 수백 년의 기나긴 시간을 요구한다. 이런 경우 생태복원의 실천가들은 그들이 추구하는 이상향과 현실 사이에서 모순과 충돌을 빈번하게 경험한다. 요컨대, 실천가들은 장기간의 생태복원 실천 속에서 역사적 궤도에 충실하려는 이상향과, 생태계는 지금 이 순간에도 역동적으로 변화하고 있다는 엄연한 현실 사이에서 화해를 추구해야 한다. 생태계는 환경적 플러스와 장기적인 환경 변화, 그리고 생태계 고유의 역동적 과정들 속에서 지속적으로 반응하며 스스로를 변화시킨다. 따라서 복원된 생태계는 결코 과거에 대한 정태적인 복제물이 될 수 없다는 점은 엄연한 생태학적 진리이다. 따라서 생태복원의 핵심은 생명적 차원에서 끝없이 변화하는 외부 환경의 조건들과 생태계 고유의 내재적인 과정들에 대해서 연속적으로 반응할 수 있는 차원으로 생태계를 복원하는 것이라 할 수 있다. 생태복원 실용서적을 비롯한 대부분의 개념 정의에서 복원은 훼손된 자연 상태를 원래 모습으로 되돌리는 것인 반면, 복구에 대해서는 인간의 유추를 활용하여 원래 자연 상태와 유사하게 만드는 것을 목적으로 삼는다고 구별하고 있으나 사실상 본래의 자연 생태계를 완벽하게 회복한다는 것은 불가능한 일이다. 그래서 나온 개념들이 회복(rehabilitation)과 치유(remediation), 재생(reclamation), 증진(enhancement), 대체(replacement) 등의 유사 개념어들이 사용되고 있다. 회복은 복원활동과 유사하나 완전성 측면에서 복원과 상이하며, 치유는 교정을 통해 생태계의 조건을 양호하게 만드는 활동으로서 목표 보다 과정을 중시하며 증진은 주로 미국에서 사용되는 방법으로 대체 생태계를 설치함으로써 생태계의 상태를 개선하는 것을 말한다.[6]

생태복원 실천가들은 생태계의 발달을 다시 착발시키는 역할을 맡기 때문에 그들의 역할은 때때로 의사에 비유되기도 한다. 환자는 의사의 의료 행위의 개입과 신체적 · 정신적 보살핌 속에서 치료되고, 지속적 관리와 배려 속에서 치유된다. 하지만 이 모든 노력에도 불구하고 의사는 환자의 최종 상태를 보장할 수 없다. 치료의 효과는 궁

6) 홍선기 외, 『생태복원공학』, 라이프사이언스, 2005.

극적으로 환자에 의해 완수되기 때문이다. 이를테면 동일한 약을 투입하고 똑같은 의사가 수술을 집도해도 환자의 개별 조건에 따라 결과는 다를 수 있다.

마찬가지로 생태계가 생태복원 실천가의 최소한의 개입과 더불어 즉각적으로 회복된다 하더라도 그는 복원된 시스템의 최종 단계를 보장할 수 없다. 복원은 궁극적으로 생태계에 의해서 완수되고, 생태계는 복원을 통해 자기조직화되거나 자기평형성을 유지하는 상태가 된다. 그래서 생태복원 실천가와 생태계는 주체와 대상의 관계가 아닌, 동반적 관계이다. 마치 의사가 환자의 치유에 동반되는 것처럼 실천가는 생태계의 복원에 동반되기 때문이다.

이상의 논의를 통해 강조하고자 하는 것은 생태복원 작업을 통해 이전 단계나 상태로 온전한 상태로 본래의 생태계를 완벽하게 복원할 수 없다는 사실이다. 따라서 제2장에서 다시 상세히 다루겠으나 이 점에서 생태복원은 하나의 은유적 개념으로서 그 의미를 결코 액면 그대로 이해해서는 안 될 것이다. 더구나, 생태복원의 은유는 사람들의 상상력을 사로잡은 강력한 은유로 작용한다.

하나의 생태계가 복원되었을 때, 그것은 자기조직화될 수 있어야 하며 동일한 맥락 또는 경관 속에 위치한 다른 요소들에 의해서 교란되지 않는 하나의 생태계로서 영속화되거나 유지될 수 있어야 한다. 일반적으로 야생의 생물 집단과 생태계는 자기 복원력을 통해 어느 정도 훼손된 상처를 치유할 수 있는 자생력이 있는 것으로 알려져 있으며 특히 인간의 간섭이 계속되지 않을 경우 생물상(生物相, biota)이 회복되어 가는 생태적 천이과정(遷移過程, ecological succession)으로 진행된다고 보고되고 있다. 하지만 복원된 생태계가 총체적으로 자기조직화되고 단독으로 발달할 수 있다는 논리는 언뜻 보기엔 매우 합리적인 것처럼 여겨지지만 현실적으로 실현되기에는 여러모로 어렵다.

그 첫 번째 이유는 생태계가 전적으로 인간의 영향력에서 자유로울 수 없기 때문이다. 인간이 환경에 미치는 영향은 전 지구 차원에서 이루어지고 있으며 지역적 수준에서도 역시 파상적이다. 이 때문에 모든 생태계가 심각한 훼손에 노출된 것은 아니라 할지라도, 매순간 변형의 위험에 노출된 것이 사실이다. 인간의 영향력에 대한 단적인 예가 이산화탄소 배출이다. 이산화탄소 배출은 지구온난화를 유발하고 지구온난화는 다시 대양과 대기의 오염, 산성비, 대기권에서 질소의 증가, 자연 경관들의 파편화와 침략적 외래종들에 의한 식민화 등을 유발한다. 생태계의 변형이 사회에 있어서 수용될 수 없는 수준의 것이라면, 이러한 영향을 보상하기 위해 다양한 관리 활동을 해나가야 한다.

둘째, 순전히 자연 세계에 속하는 것으로 보이는 수많은 생태계가 사실은 인간의 문화적 실천들과 공진화하기 때문이다. 인간의 전통적인 문화적 실천들은 생태계의 규범적 과정들의 부분을 이루는 동시에 그것들을 축조하고 유지한다. 화전 농업 방식에서처럼 의도적으로 불을 내는 방화 행위를 생각해보자. 과거에 이러한 행위는 매우 빈번한 전통적 실천에 해당했다. 야생 식생을 채집하고 동물을 사냥하는 행위 역시 과거에는 일반적이었으나 많은 전통 문화들이 근대 문명에 자리를 내주면서 사라진 문화적 실천들이다. 이렇듯 공동체의 구조가 변하면서 과거 전통 문화들이 형성하고 사용했던 문화적 생태계는 훼손되었다. 따라서 이러한 문화적 생태계 역시 생태학적 복원의 대상을 성립한다는 점을 유념할 필요가 있다. 일단 생태계가 복원에 의해서 그 이전의 단계로 되돌려지면, 전통적인 문화적 실천들은 다른 실천들에 의해서 변화되거나 대체될 수밖에 없다. 생태계 관리와 경영은 바로 그런 실천에 속한다. 하나의 문화적 생태계는 오직 전통적·문화적 실천들이 생태계의 정상적인 기능들로서 간주될 때 비로소 스스로에게 충분할 수 있다. 달리 말해서, 인간들은 생태계의 부분을 이루며 그것의 과정들에 참여한다.

전통적인 문화적 실천들이 환경에 미치는 영향력이 항상 약한 것만은 아니다. 인간이라는 종은 오랜 역사를 거치면서 우리 자신들의 생존과 편리를 위하여 생태계를 희생시키면서 그것들을 개발해왔다.7) 오랜 기간 동안 인간은 자연을 개발하고 남용하면서 생태계의 궤도를 증폭, 일탈시켜 왔다. 달리 말해서, 생태계는 다시 돌아올 수 없는 비회귀성의 여러 문턱들을 건넜다. 이 같은 문턱들은 때때로 훼손된 생태계를 그 이전의 단계로 되돌려 보내고, 복원이 다른 단계에 도달하기 위해서 재기획될 것을 요구한다.

하나의 생태계는 자신 이전의 역동적 단계들의 연대기적 시퀀스로 이루어지는 진화적 궤도를 갖는다. 이 같은 궤도는 미래 속에서 예측될 수 있는데 예측의 정확성은 두 가지 요인들에 달려 있다. 미래의 환경적 조건들을 해석할 수 있도록 해주는 정밀성과 정확성이며 다른 하나는 구조의 다양한 구성들과의 관계를 갖는다.

따라서 하나의 궤도가 미래로 향하는 투사는 확실성이라기보다는 하나의 확률이며, 이것은 복원된 생태계가 참조 모델 없이 복원되었을 때에 전적으로 종합적이며 새로운 생태계에 견주어서 충격에 보다 잘 견디고 안정적일 수 있는 확률을 높여준다. 투사된 궤도는 복원

---

7) Diamond, J., *Collapse: How societies choose to fail or survive*, New York, Penguin Books, 2005. 프랑스어번역판. Effondrement. Comment les sociétés décident de leur disparition ou de leur survie, Paris, Gallimard, 2000.

기획의 목적들에 대해서 기초로 사용되며 기획안을 세울 수 있는 준거 모델의 개발에 기초로 사용된다. 이 모델은 실제의 현실들을 통합시키고 역사적 생태계의 진화 궤도의 미래 방향을 예상하고 기대한다. 이 같은 관점에서, 생태복원은 생태학적 시각에서 문화적이면서 동시에 환경적인 현실들과 경향들을 포용하려는 노력을 기울이는 '홀리즘적' 시도이다.

위와 같은 시각을 통해 복원 개념을 확대할 수 있다. 확대된 복원의 개념은 시간을 통해 생태계가 진화할 수 있다는 진화의 신축성을 인정하며 아울러 지난 약 2세기 동안 전 세계에서 진행된 환경 변화의 진폭을 인정한다. 그 같은 시각은 우리가 기능적 생태계의 생명다양성과 더불어 생태계의 개인적, 문화적, 경제적 수혜들을 향유할 수 있다는 희망을 주는 동시에 우리가 최소한 생태학적 환경적 손상들 가운데 몇 가지는 치유할 수 있다는 것을 시사한다.

2. 생태복원 주요 문헌 검토

생태복원, 또는 복원생태에 대한 약 30여 권의 최근 전문서적들을 열람한 결과 대부분 공학과 생물학 등의 자연과학 중심의 연구가 대세를 이루고 있음을 확인할 수 있었다. 생태복원의 관련 연구서들은 이론적 토대를 다루거나, 개별 세부 주제를 다루는 책들로 크게 양분된다. 생태복원에 대한 주요 연구서들에서 제시된 정의를 정리하면 다음과 같다.

첫 번째로 검토한 문헌은 이 분야의 대표적 연구서로 손꼽히는

『복원 생태학의 토대』로서, 이 공동 연구서에서는 모두 16편의 논문을 싣고 있는데, 모두 3부로 나누어져 있다. 1부는 〈생태학 이론과 종과 군집의 복원〉, 2부는 〈생태학적 기능의 복원〉, 3부는 〈복원 생태학의 맥락〉이다.[8] 이 책의 편집자들은 생태복원을 다음과 같이 정의내리고 있다. "엄밀하게 말해서 생태복원은 하나의 시스템을 일정한 역사적 상태로 다시 돌려놓는 시도이다. 비록 이 같은 목적을 성취하는 어려움 또는 불가능성이 광범위하게 인정된다고 해도 말이다. 보다 현실적인 목표는 손상된 시스템을, 일정한 수용 가능한 한계 안에서 덜 교란된(disturbed) 시스템으로 옮겨놓는 데 있다. 생태복원은 그 용어의 이 같은 의미에서 생태계 구성, 구조, 역학의 자연적 범위를 다시 회복하려는 시도이다. 따라서 복원 생태학은 생태학적 시스템들의 복원을 다루는 과학적 탐구의 학술 분야이다."[9] 복원 생태학의 과학에 속할 수 있는 변별적인 다양한 학술 분야들이 열거되고 있으나, 인문학은 언급되고 있지 않다. 이를테면 생태유전자학, 군집 생태학, 진화 생태학, 통계 분석, 디자인, 종 다양성과 생태계 기능 작동, 기후 변화 생태 등의 영역들이 열거되었다.

두 번째로 확인한 문헌은 현재 나와 있는 연구서들 가운데 생태복원의 최근 동향을 총 정리한 『생태복원 핸드북』(1권 , 2권)으로서 이 분야의 지침서라 할 수 있다.[10] 제1권에 모두 21편의 논문들이 수록

8) Falk, D.A. and Palmer, M.A. and Zedler, J.B.(ed.), *Foundations of Restoration Ecology*, Washington and London, Island Press, 2006.

9) 앞의 책, p.1.

10) Perrow, M.R. and Davy, A.J.(ed.), *Handbook of Ecological Restoration, Vol.1 Principles of Restoration, Vol.2, Restoration in Practice*, Cambridge, Cambridge University Press, 2002.

되어 있고, 제2권에는 24편의 논문들이 실려 있다. 서문에서 이 책의 편집자들은 생태복원의 시대가 부상했다는 사실을 천명하면서 서식지, 종들, 인간의 문화적 가치들을 복원하려는 시도들이 다양한 전선에서 폭발적으로 늘어나고 있다는 점을 주지시켜 준다. 그들에 따르면 생태복원의 제고 필요성은 전 지구적 인구 종의 중단 없는 성장, 전체 인구의 제고되는 문화적·기술적 정교화와 그와 동시에 발생하는 자원 소비의 불가피한 결과에서 설명된다. 물론 기존의 유기체들을 손상되지 않은 상태로 보존하는 것이 두말할 나위 없이 어떤 복원보다 더 선호될 것이다. 하지만 현실적으로 세계의 종 다양성은 절멸위기로 치닫고 있다는 것이다.

생태복원은 그것의 과학적 핵심보다 훨씬 광범위한 영역이다. 그것의 경제적, 문화적, 경관, 소유권 및 토지 또는 물의 사용과 관련된 미학적·정치적 차원들 때문이다. 이 점에서 이 책의 편집자들은 생태복원이 다차원적 활동이라는 점을 분명히 한다. 하지만 생태복원이라는 신속하게 창발 중인 장은 견고하게 과학에 뿌리를 두고 있다는 점을 분명히 한다. 과학이 핵심적이라는 점, 생태복원을 위한 선결조건이라는 사실을 강조해야 할 이유는 만약 생태계가 작동하는 방식, 그리고 그것들의 유기체들이 그것들의 환경들과 어떻게 작용하는가에 대한 이해를 못한다면 가치 있는 복원 자체가 존재할 수 없기 때문이다.[11)]

복원의 의미를 과거의 상태로 다시 충실하게 되돌려 놓는다는 협소한 의미로 보려는 경향이 있으나 현실적으로 이것은 끝없는 문제들을 제기한다. 이를테면 손상되기 이전의 상태가 무엇이냐는 것, 특히

11) 위의 책, p.xv.

문화적 경관의 경우는 인간들에 의해서 크게 영향을 받는다. 종의 다양성 등과 같이 본래의 토착 생태계로 다시 돌려보내야 할 중요한 이유들이 존재한다. 하지만 아울러 인간이 과거에 만든 생태계를 그것의 옛 상태로 다시 돌려보내는 것도 중요하다. "복원에 대한 우리의 이해에 있어 맥락의 이해가 영향을 미치며 복원은 맥락적 상황들과 국면들에 의해서 규정되는 능동적 개입의 정도와 더불어 하나의 과정으로 간주되어야 한다."[12] 이 책의 두 번째 논문에서는 생태복원을 수행해야 할 네 가지 근거가 제시되고 있다.[13]

1. 인간 사회는 생태계 서비스의 제공을 보호하고 강화시켜야 한다. 정치적 관점에서 이 같은 이유는 가장 설득력이 높다. 왜냐하면 많은 사람들은 생명 유지 시스템들의 가치를 파악하고 있기 때문이다. 이 근거를 강조하는 위험성은 생태계가 그것들이 제공하는 서비스들과 상관없이 동감에 기초한 '다룸'과 '보살핌'의 가치가 있는 살아 있는 시스템이라기보다는 상품들로서 간주되어야 한다는 점이다.
2. 인간 사회의 실천들은 그것의 에토스 또는 신념 집합의 최상의 지표이다. 생태복원은 자연 시스템들과의 공조의 긍정적 진술이다. 아직 손상되지 않은 이 같은 시스템들을 보존하고 복원된 시스템들을 보호하는 것은 심지어 더욱더 긍정적인 진술이다.
3. 복원 비용을 평가할 수 있는 능력은 복원 프로젝트들의 숫자가 제고됨에 따라서 괄목할 만하게 개선될 수 있다. 생태복원의 전체 비용이 보다 우수하게 자료화된다면 더 많은 손상에 대한 억제력

12) 같은 책, p.6.
13) Cairns, J. Jr, "Rationale for restoration", 같은 책, pp.10-23.

을 갖춘 요소로서 행동할 수 있을 것이다.

4. 각 생태 지역에서 복원 프로젝트들을 갖고 그 나라의 주요 지역에서 생태복원 프로젝트를 가지면 지역 시민들에게 증명들을 제공할 것이며 이 같은 가시성은 환경 리터러시를 제고시킬 것이다.

세 번째로 검토한 문헌은 『복원 생태학과 지속가능한 개발』로서 모두 17편의 논문을 수록하고 있다.[14] 서론에서 편집자들은 왜 복원을 하려는 것인지 그 이유에 대해 심도 있는 논의를 전개하고 있다.[15] "지속가능성을 성취하는 데 있어 우리가 직면한 도전들 가운데 하나는 생태계 복원과 복구(rehabilitation)를 통해서 생태계 손상의 흐름을 거꾸로 하는 데 있다."[16]

흥미로운 것은 생태학은 자연 자원과 자연 과정들에 대한 사유 방식에 기여했다는 점이다. 즉 직접적으로 개발되지 않는 자연 시스템들을 포함하여 생태계는 인간들에게 하나의 가치를 갖는다는 것이다. 바로 그 가치를 복원하는 것이 복원 생태학의 동기 부여를 제공한다.[17]

아울러 편집자들은 본래 상태로 생태계를 복원하는 것이 불가능한 이유를 정확히 지적한다. 인간 활동들은 손상 유형들을 통해서 직접적으로, 아울러 기후 변화와 지역 오염 등의 과정을 통하여 간접적으로 생태계에 영향을 미친다. 장기적인 환경 변화 때문에, 과거에 존재했던 하나의 특수한 준거 조건으로 생태계를 복원하는 것은 불가능

---

14) Urbanska, K.M., Webb, N.R., and Edwards, P.J.(ed.), *Restoration ecology and sustainable development*, Cambridge University Press, 1997.

15) 위의 책, pp.3-7.

16) 같은 책, p.3.

17) 같은 책, p.4.

하다. “따라서 복원은 특수한 준거 시스템과 정확이 일치하는 생태계는 아닐지라도 빈번하게 바람직한 기능적 특징들과 더불어 하나의 생태계를 창조하는 보다 광범위한 의미를 갖는다.”[18] 이 책에 실린 논문에서 생태복원을 근대적 생태학 패러다임과 접맥시킨 논문은 시사하는 바가 크다.[19] 저자들은 근대 생태학 패러다임의 함의들을 읽어내야 한다는 점을 강조하면서, 생태학의 원리가 생태복원에 제공할 수 있는 이론과 개념은 무엇인가라는 물음에 집중한다. 그 같은 원리는 생태학적 시스템들을 분석하기 위해서 사용된 개념들과, 생태학적 시스템들에서 역사가 맡는 역할을 포함한다. 아울러 그것은 자연에 대한 우리의 시각에 포함된 과정들의 본질을 지시한다.

근대 생태학 원리들은 복원실천의 몇몇 경우들의 단점들을 보여준다. 복원실천은 빈번하게 자연이 고정되고 변화하지 않는다는 가정에 기초한다. 자연에 대한 이상화된(관념화된) 시각은 자연의 군집들이 항시적으로 변화하고 있다는 점을 이해하는 데 있어 어려움을 야기시킨다. 아울러 일군의 내재적 · 외재적 과정들이 이 같은 시스템들을 유지하고 있다는 사실의 이해를 어렵게 만든다. 만약 자연적 · 역동적 시스템들이 모종의 이상적 상태에 있는 것처럼 간주된다면, 시스템들은 보존될 수 있는 단일 범위의 특징들을 갖는 것으로 추정된다. 이 같은 객체화(객관화)와 이상화(관념화)는 성공적인 복원을 가로막는다. 생태계에 대한 이 같은 상식적 견해는 이 같은 시스템들을 창조한 역동적 · 다차원적 과정들의 역할의 중요성을 놓치고 있으며 제 과정들

---

18) 같은 책, p.4.

19) Parker, V.T. and Pickett, S.T.A., “Restoration as an ecosystem process: implications of the modern ecological paradigm”, pp.17-32.

과 생태계가 발생하는 인간적 맥락과 경관 맥락에 대한 이해를 결여하고 있다.[20)]

네 번째로 검토한 문헌은 초학제적 연구를 표방하고 있는 관련 논문 선집(모두 14편 수록)으로서 진지한 인문학적 문제의식을 보여주고 있음을 확인할 수 있다. 연구서의 제목은 『경관 생태학과 복원 생태학에서의 초학제적 도전들』이다.[21)]

제1부는 인간 사회가 현재 산업 시대로부터 글로벌 정보 시대로 변형되는 동안 겪고 있는 심각한 생태학적, 문화적, 사회-경제적 위기를 다룬다. 이 위기는 지구상의 모든 영역들에서 긴급하게 필요로 하는 지속가능성 혁명에 의해서만 해결될 수 있다. 이것은 경관 생태학자들과 경관 복원 연구자들로부터 그들의 과학을 보다 통합적인 초학제적 경관 과학으로 변형하려는 사유와 행동에서의 이동을 주문한다. 이어서 편집자는 그 같은 변형을 가로막는 고전적 생태학의 환원주의적·기계적 패러다임의 한물 간 신념, 태도, 개념들을 문제 삼고 있다.

지구의 역사에서 최초로 호모 사피엔스는 이제 '호모 인두스트랄리스'(Homo industralis)가 되어 생명의 대부분을, 그것의 생태계와 경관들의 생명 유지 서비스들과 더불어 박멸시킬 수 있는 힘을 획득했다. 하지만 인류는 자신의 생명 자체를 위험에 빠뜨렸다.[22)] 예컨대, 인류는 매년 수억만 톤의 독성 위험 화학 물질을 생산하며, 산업 시대 이전에 인류의 조상들에 비해서 500에서 1,000배 이상의 화학 독성 물질을 신체 속에 지니고 다닌다.[23)]

---

20) 앞의 논문, p.19.

21) Naveh, Z., *Transdisciplinary challenges in Landscape ecology and restoration ecology*, Springer, 2007.

22) 위의 책, p.357.

편집자는 초학제적 연구와 '홀리즘적' 접근법을 옹호하고 있다.[24] 이 점에서 본 연구문헌은 인문적 사유와의 접점을 시사하고 있다. 특히 인간들과 자연의 관계에 대해서 기존의 자연과학과 인문학의 원천적 분리와 파편화는 보다 정확한 인식을 가로막는 결정적 인식론적 방해물임을 지적하고 있다.[25] 저자는 이 같은 패러다임의 뿌리는 자연에 대한 기독교와 뉴턴의 기계적 관점에서 발견된다는 점을 지적한다. 그것은 정신과 물질 사이의 총체적 분열로 유도되며 세계를 인간들과 테크놀로지 파워에 의해서 지배되는 거대한 기계로 보게 만들었다. 이 같은 기계론적 관점은 모든 자연과학들의 발달에 결정적 영향을 행사했는데, 자연 과학은 전적으로 계량적, 측정 가능한 물리적·화학적 사실들을 다루는 것으로 인식되었다. 이 같은 사실로 인해서, "인간들은 다른 동물들과 마찬가지로 순전히 생물학적 피조물로서 간주되고, 그들의 정신적, 영적, 지적 능력들과 윤리적 가치들은 무시되었다."[26] 초학제적 접근법에서는 다른 인간 생태학적·정신적 구성요소들에 대한 이해가 요구되며 통일적 메타 이론을 위한 핵심으로서 총체적 인간 생태계(Total Human Ecosystem)를 제안한다.[27] 생태학을 생물학적 접근법으로부터 초학제적 과학으로 전이시키려는 시도로서 특히 정신계(noosphere)에 대해 새로운 해석을 채택하고 있다. 이를테면 정신의 세계는 시스템 안에서 작동하는 에너지의 흐름 비율과 물질과 재료의 질에 대해 갈수록 더 많은 영향을 미치고 있다.

---

23) 같은 책, p.xvii.
24) 같은 책, pp.353-402.
25) 같은 책, p.367.
26) 같은 책, p.367.
27) 같은 책, p.373.

생태학에 대한 초학제적 접근법은 "메타 과학을 아우르고, 모든 유기체들 안에서 그리고 그 사이에서 이루어지는 상호 작용과 그것들의 총체적 환경을 다루는 다수의 학술 분야들을 초월하는 것"으로 정의된다.[28]

앞에서 검토한 문헌들이 주로 생태복원의 이론적 토대를 다루고 있다면 생태복원의 개별 영역에 대한 연구들은 그 수를 헤아리기 힘들 정도로 축적되어 있다. 이를테면 『숲 조성 생태학』에서는 복원이란 용어 대신 재창조라는 말을 사용하고 있으며[29] 또는 『온대 지역의 습지대 복원』[30] 등 복원의 실제 응용 영역을 다룬 책들이 다수 나와 있다.

특히 생태복원의 개별 영역에서 멸종 위기에 처한 종들의 복원을 다루는 연구서들 역시 중요한 연구 축을 이루고 있음을 확인할 수 있다. 일례로 필자가 열람한 『위험에 처한 종들의 복원』은 모두 14편의 논문을 수록하고 있었으며 위험에 처한 종 복원의 과정에 포함된 주요 쟁점을 다루었다.[31] 또한 이론적 쟁점에서 실체적 쟁점까지 아우르고 있다.

단순 보존과 기존 자연 시스템의 관리 쟁점을 넘어서 축소된 종들의 정치적, 생물학적, 실험적 절차들을 검토한다. "복원 생태학은 보존 생태학과 마찬가지로 타깃 종들에 대한 근본적인 자생군체 지식에

---

28) 같은 책, p.374.

29) Ferris-Kaan, R.(ed.), *The ecology of woodland creation*, New York, Wiley, 1995.

30) Wheeler, B.D. et al.(ed.), *Restoration of temperate wetlands*, New York, Wiley, 1995.

31) Bowles, M.L. and Whelan, C.J.(ed.), *Restoration of endangered species: Conceptual Issues, Planning, and Implementation*, Cambridge, Cambridge University Press, 1994.

의존하지만, 복원 생태학은 아울러 기초적인 생태학 이론을 테스트할 수 있는 유일무이한 기회들을 제공한다."[32]

생태복원의 실용적 가치를 연구한 서적들도 적지 않다. 예컨대 복원을 통한 여과 산업과 생태관광 부흥을 위한 개발 차원에서 복원을 다루는 연구서들이다. 이런 유형의 복원 연구자들은 자신들의 작업을 환경복원으로 정의한다.[33] 환경복원은 가장 넓은 의미에서 새로운 자연을 창조하는 것을 함의한다. 복원 생태학과 달리, 복원 디자인(restoration design)은 가장 광범위한 의미에서 참여자들이 그들이 거주하는 생태학적 공간의 건축적 변형을 통해서 수선된 자연에 참여하기 위해서 물리적 개념적 관련성을 창조적으로 개발하는 데 그 목표가 있다.[34]

3. 자연훼손과 생태복원

인간은 환경을 다루고 환경 변화에 적응한다. 인류의 태곳적 조상들은 생존을 위해 몸부림치며 호구지책의 수단들을 개선하는 데에 그쳤다. 이러한 점에서 그들은 다른 종들과 크게 다르지 않았다. 비버가 연못을 변화시키고, 흰개미가 정교한 집을 지어 토양의 복잡한 열역학적 속성들에 유의미한 영향력을 미치는 것과 같은 수준이었다.

---

32) 위의 책, p.1.

33) 다음 문헌 참조 France, R.L., *Environmental Restoration and design for recreation and ecotourism*, London & New York, CRC Press, 2012.

34) 위의 책, p.xvii.

심지어 버섯과 박테리아조차 자신들의 작은 스케일에서 주위 환경에 있는 유기체적 물질들을 소화하는 효소들을 분비시키면서 자신들의 환경을 변화시킨다.

오늘날, 지구촌에서 상당수의 인구는 여전히 빈곤 지역에서 고단한 삶을 영위하고 있으며 그들은 자신들의 환경에 생태학적 훼손을 발생시킬 수 있는 여러 생활 수단들을 갖고 있다. 이를테면 아프리카의 기후 변화 원인 가운데 하나는 무분별한 벌채와 나무 땔감을 가사의 연료로 사용하면서 발생하고 있다. 반면 다른 지역에서는 생태계가 착취되거나 손상을 입어 더 이상 경제, 농업 경관, 도시의 이주, 팽배하는 소비 사회의 파동을 유지할 수 없게 되었다. 약 50년 전부터, 전 지구적인 불안감이 나타나면서 환경윤리와 관련된 국제적 규약이 속속 마련되고 있다. 이는 인류의 행동을 책임 있는 방식으로 유도하는 데 유용하다. 윤리는 선택의 자유, 특히 좋은 선택을 할 수 있는 자유를 전제로 한다. 하지만 빈곤국에서 호구지책의 수단으로 살아가는 사람들에게 당장의 생존을 위해 선택은 존재하지 않을 수 있다.

각자가 최소한의 자기충족, 고유한 기술, 수입의 혜택을 누릴 때 지구의 모든 시민들은 적합한 환경정책을 위한 선택에 참여할 수 있다. 이상적인 경우, 이 같은 선택들은 미래 세대의 삶을 파괴하지 않으면서도 현재의 욕구들을 만족시킬 수 있는 지속가능한 발전으로 인류를 인도할 것이다. 하지만 불행하게도 인류 문명은 이런 이상형과 동떨어져 있다. 오히려 정반대로 인류 스스로가 촉발시킨, 아울러 경제를 취약하게 만들고 세계의 대부분 지역에서 사회 질서를 위협하며, 수많은 사람들에게 빈곤한 삶을 부과시키는 환경 파괴에 직면해 있다.

지상 생태계의 대부분은 농업, 천연자원의 개발, 하부 구조, 그리고 다른 경제적 용도들을 위해 과도하게 사용되었고 그로 인해 심각한 위기 상황에 직면해 있다. 계속적인 경제성장을 위해 생태계는 회복될 수 없을 정도로 훼손되었다.[35] 보존 조치는 생태계의 변형을 늦추기는 했으나 남아 있는 자연적 시스템들의 연속적인 변형을 막지는 못했다. 보존만으로는 적절하지 못한 것이다.

지구 생태계를 지속가능한 상태로 되돌리기 위해서는 복원이 필수적이다. 만약 복원이 이루어지지 않는다면 세계 속에서 무자비하게 가해지는 경제적, 사회적 재앙은 증폭될 것이다. 세계의 시민으로서 인류는 지구의 모든 자연 생태계가 상호 종속성과 상호 연계성의 원리로 이루어져 있다는 명백한 사실을 깊이 깨달아야 한다. 예컨대, 방글라데시 등지에서 방대한 지역들에 반복적으로 어마어마한 규모의 홍수가 발생하는 이유는 방글라데시와는 무관하게 인류 스스로가 히말라야의 숲을 죽였기 때문이며 인류가 유발한 지구온난화로 인해 고산 지대의 빙하가 급속하게 녹았기 때문이다. 미시시피 강의 습지대를 개발하면, 미주리에 있는 세인트루이스 교외 지역은 파괴될 수밖에 없다.[36] 인류는 생태계 파괴로 인해 빈번해지는 자연 재앙 앞에 속수무책이다. 2005년 뉴 오를레앙 도시의 처참한 홍수 피해, 그리고 2011년 여름 서울 지역에서 발생한 초유의 홍수 사태를 상기해보라.

---

35) 다음 논문 참조. Blignaut, N., Aronson, J., Woodworth, P., Archer, S., Desai, N. and Clewell, A.F., "Restoring natural capital: an ethical reflection.": In *Restoring natural capital: science, business, and practice,* Island Press, Washintong Press, 2007, pp.9-16.

36) Hey, D.L. and Philippi, N.S., *A case for wetland restoration,* New York, Wiley-Interscience, 1999.

1) 훼손과 재전용(reaffectation)

수많은 생태계가 경제 발전의 이름으로 희생되었다. 여기서 말하는 경제 발전에는 농업, 기타 생산 시스템, 도시화, 산업화, 자원 발굴, 교통 시설 및 다른 사회 간접 시설들이 포함된다. 새로운 경제적 사용들에다 생태계를 할당하는 것을 재전용(reaffection)이라 할 수 있다.[37] 재전용은 생태계를 교체적 단계들(stades alternatifs)로 점증적으로 변형시키는 것을 막는다는 데 문제가 있다. 그 같은 변형 동안 중요한 종들의 대체가 이루어지는데, 궁극적으로 생명 다양성과 생태계 기능 작동의 변질이 없이 이루어진다. 수많은 자연적 생태계는 실상 다른 생태계 유형들의 교체적 단계들이다.

수많은 생태계들은 다양한 형식의 생태적 훼손에 직면하는데 그 같은 훼손 동안 하나의 자연 생태계는 시간 속에서 점증적으로 훼손되거나 단 한 번의 사건으로 일시에 훼손되기도 한다(예컨대, 태안반도의 기름 유출과 해양 오염, 공장폐수 배출로 인한 시화호의 수질악화). 생태계는 가벼운 교란과 동요는 감내해 낼 수 있으나 회복할 수 있는 시간의 여지를 주지 않는 연속적인 사건들은 감당해내지 못한다. 생태계 교란과 동요의 결과로 나타나게 된 자연의 체제(regime)에 따라 우리는 그것이 훼손되었는가, 손상되었는가 아니면 파괴되었는가를 기술할 수 있다. 예컨대, 하나의 숲은 성숙 단계에 이른 나무들의 제거, 즉 벌목으로 훼손될 수 있다. 만약 벌목 비율이 대체 비율을 넘어서는 빈도가 높아질 경우 숲은 점증적으로 가시덤불로 변화하면서 손상

---

37) Aronson, J., Floret, C., Floc'h, E.L., Ovalle, C. and Pontanier, R., 1993. "Restoration and rehabilitation of degraded ecosystems", in: arid and semi-arid lands. I. View from the South. *Restoration Ecology* 1:8-17.

을 입는다. 비록 이 같은 훼손이나 손상의 결과가 자연적 동요와 흡사하다 해도 우리는 생태계의 훼손을 정상적이고 연속적인 환경적 스트레스나 국부적이거나 특정 지점에서 발생하는 교란과 동요와 동일시해서는 안 될 것이다. 모든 생태계는 상이한 정도와 수준의 스트레스에 종속되기 마련이다. 스트레스의 조건과 주체 요인은 기후에 결부되기도 한다. 온랭 계절과 건습 계절의 교체가 그 한 예이다.[38] 또 다른 예를 들어보자. 해안가 지역에서 주요 스트레스 요인은 조수간만에 의한 주기적인 홍수, 그리고 이로 인한 염도의 변이와 연결된다. 계절에 따른 바람의 변화로 해수가 증발하는 것은 자연적 스트레스 요인에 해당한다. 반면 교란과 동요는 천둥이나 번개에 의한 화재와 같은 것들이다. 자연적 원인으로 인한 지표면의 화재는 나무와 다른 식물군들을 불태워 일시적 교란과 동요를 일으킨다. 바람, 눈보라, 대형동물들의 이동 등은 식물군의 메커니즘을 바꾸어놓고 해충들의 침략은 일부 식물군을 초토화시키기기도 하지만, 모든 식물군을 제거하는 광산과는 전적으로 다르다. 숲에 있던 식물군이 모두 제거되고 땅은 파헤쳐져 하늘이 완전히 드러날 정도로 모두 개발된 광산의 경우, 자연은 인간에 의해 전적으로 파괴된 것이다. 자연적 동요와 인위적 동요 체제의 기원과 차이는 훼손이라는 용어의 사용을 정당화시킨다.

---

38) Lugo, A.E., "structure, productivity, and transpiration of a subtropian dry forest", Biotropica 10, 1978, pp.278-291.

2) 훼손의 생태학적 파급 결과들

훼손은 인간에 의해서 야기되거나 집중화된 동요의 파급 결과이다. 캐나다의 서드베리(Sudbury) 근처에 있는 숲들은 니켈 제련소로 인한 대기 오염에 직면했다. 제련소에서 독성물질의 대기가 방출되면서 식물 종들이 사라지고 제련소 근처에 위치한 숲들은 완전히 파괴되었다. 훼손되거나 손상된, 그리고 의지에 상관없이 변형된 생태계에 무슨 일이 일어났는가. 훼손 현장의 거점에서 우리는 몇 가지 파급 결과를 발견할 수 있다.

(1) 특수종의 감소와 우점종의 상대적 증가

특수한 서식지를 필요로 하는 종들은 훼손 이후에 희소화되거나 사라질 확률이 매우 높다. 1급수, 그것도 강바닥이 고운 모래로 이루어진 곳에서만 서식할 수 있는 미호종개와 같은 종들이 이런 경우다. 생태학자들은 이것을 K전략이라 부른다. 환경은 특수종 K에 의해서 규정된다. 오염되었던 미호천에 미호종개가 돌아왔다고 하자. 그렇다면 미호천의 수질은 1급수로 개선되고 원래의 고운 모래톱이 형성되어 생태적 복원이 이루어졌다는 증거다.

특수종은 이처럼 환경 변화의 지표가 되는 지표종이기도 하다. 정반대로 우점종은 기회주의적 방식으로 훼손된 거점들을 식민화시킨다. 이것은 r전략으로 신속한 성장이 특징이다. 달뿌리풀과 같이 거센 여울에서도 강한 번식력을 가진 것들이 바로 r전략을 가진 우점종들이다. 생태복원을 실천하는 행동가들의 역할은 r전략종을 제거하는 데 있지 않다. 왜냐하면 그 종들은 생태계의 역동성에 본질적이기 때문이다. 반대로, 그 목표는 현존하는 K전략의 종들의 설정과 증가를 촉진시키는 데 있다. 그라임[39]은 식물 종들이 생존을 위해 세 가지 기초 전략을 갖고 있다고 보았다. 경쟁적 전략, 스트레스를 참아내는 전략, 교란과 동요를 참아내는 전략이 그것이다. 대부분의 종들은 각기 비율은 다르지만 대체적으로 이 같은 전략들을 조합시킨다. 동일한 공간에 자생하는 식물 종들은 경쟁적 경향을 보인다. 스트레스는 식물의 번식을 한계 짓는 외적인 제약들, 예를 들어 극한기온, 수량부족, 염분, 산소부족 등의 제약들에 의해 정의된다. 마지막으로 폭풍이나 홍수, 자연적 화재 등으로 인한 강한 동요는 식물종의 생명을 완전히 파괴하기도 하지만 그 공간의 생명력을 완전히 없애지는 않는다.

(2) 교란종에 의한 식민화

교란종은 비정상적으로 증식하는 종이다. 이들은 보다 특수한 다른 종들을 희생시키면서 공간과 서식지를 점유한다. 교란종의 증식은 생태계의 훼손을 유발하며, 때로는 다른 천이(succession)의 성장을 멈추게 하기도 한다. 가시박은 본래 습지에서 자라나던 다른 종들을 죽게 만들고 급속하게 번식하는 교란종의 대표적 예다. 이러한 교란종들은 일반적으로 해당 공간의 태생이 아닌, 외래종들이다.

(3) 군락(community) 구조의 단순화

군락의 구조는 크기, 형태, 그리고 종 다양성에 의해 결정된다. 식

39) Grime, J.P., *Plant strategies and vegetation processes*, John Wiley & Sons, 1979.

물 종들은 대개 뿌리를 갖고 있기 때문에 물로 이루어진 환경 속에서 군락의 구조는 주로 뿌리를 내린 수생식물(대형수초, macrophyte)에 의해서 결정된다. 군락 구조의 변화는 생존 방식이 변화했음을 의미한다. 일례로 메말라가는 습지의 경우 수생식물들 대신에 육상식물들이 자라나며 천이(succession)가 일어나는데, 이 과정 속에서 군락의 구조가 단순해진다. 그 변화는 식물군의 존재와 우점의 차원에서 수직적 성층을 단순화시키는 동시에 유기체들의 크기와 분배, 분포를 축소시킨다.

4. 생태계의 회복

생태복원은 때때로 도치된 훼손으로서 기술되기도 한다.[40] 복원 실천가의 필요한 도움과 더불어, 훼손된 생태계는 그로 하여금 본래의 상태로 되돌아갈 수 있도록 해주는 자연적 천이를 따른다. 그 결과 군락의 구성과 구조를 다시 회복하며 그 기능과 생태학적 과정들은 정상 상태로 되돌아간다. 이 같은 모델 속에서, 생태복원 실천가들은 다양한 개입을 통해 그 이전의 단계와 상태에서 생태계의 직접적인 귀환을 확실히 해준다. 브래드쇼는 다음과 같은 사실을 경계할 것을 피력했다. 자연적 천이는 생태계가 본래의 상태로 돌아가는 것

40) Bradshaw, A.D., "Restoration: the acid test for ecology". In Jordan, W.R., Gilpin, M.E. & Aber, J.D.(eds.), *Restoration Ecology: A Synthetic Approach to Ecological Research*, Cambridge, Cambridge University Press, 1987, pp.23-29.

을 지연하거나 가로막을 수 있는 확률적 장애물을 함의한다. 예컨대, 토양이 딱딱해질 수 있으며 이렇게 될 경우 전유된 식물종의 씨앗들은 사용할 수 없게 될 수 있다. 실천가는 기술적 문제들을 해결하는 사람이다. 브래드쇼 "생태학자들은 공학자들이 건설을 하면서 다리가 무너질 것인지 알아차릴 수 있는 것과 마찬가지로 생태계가 좋지 않은 상태에 있는지 알 수 있다"라고 말하고 있다. 루켄(1990)은 이 같은 과정을 생태학적 천이의 방향성(orientation)이라 불렀다.[41] 역전된 훼손은 지난 20여 년 동안의 지배적인 복원 모델이었다. 생태계를 선행하는 최적의 조건으로 다시 되돌리려는 생태학자들의 이상형은 이해하기 쉽고 포착하기도 쉽다. 하지만 최근 들어 역전된 훼손의 모델이 보편적으로 적용될 수 없다는 사실이 점차적으로 알려지고 있다. 그 기저에 흐르는 가설들은 반박되었으며, 새로운 모델들은 창발하고 있다. 다음 단락에서, 우리는 간결하게 자연적 천이 이론에 접근할 것이다. 그리고 생태복원의 목적, 도전과 더불어 그 관계에 접근할 것이다. 자연적 천이는 아울러 생물학적 천이라 불리는데, 생태학적 천이 또는 단순히 천이는 수많은 방식으로 정의되었다.[42] 그것은 간단하면서도 전체적으로 식물 변화의 과정들에서 식물 군락에서 변화의 가설적인 순서화된 시퀀스의 정의에 이르기까지 다양하다.

이 같은 정의에 따르면, 천이는 훼손된 생태계로 하여금 복잡하고 안정된 단계와 상태에 도달하는 것을 가능케 한다. 천이라는 용어는 이런 의미에서 하나의 완결점에 도달하였음을 시사하며, 전통적으로

---

41) Luken, J.O., *Directing Ecological Succession*. New York, Chapman and Hall, 1990.

42) Walker, L.R., Walker, J. and Hobbs, R.J.(ed.), *Linking Restoration and Ecological Succession,* New York, Springer, 2007.

생태학자들은 이 같은 가설적인 최종 완수점을 절정(climax)이라는 용어로 지칭한다. 이 같은 클라이맥스에서, 거점의 생명 공동체들은 안정적이며, 그것들의 환경과 균형을 이룬다. 실천가들은 일반적으로 클라이맥스를 선택하거나 또 다른 안정된 상태를 복원의 목표점으로 선택한다. 아울러 복원된 생태계가 버금가야 할 준거 모델로서 선택한다. 몇몇 이론가들은 목표점을 결과 또는 완수지점으로 부른다. 하지만 이 같은 접근법은 몇 가지 문제를 제기한다. 생태학적 균형의 개념은 단순론적 개념에 해당된다. 소박하지만 늘 유행에 처한 자연 균형의 개념을 말한다. 천이의 완수 지점은 따라서 예측 가능한 생물학적 표현으로서 간주된다. 그것은 지배적인 종들의 구성과 군락 구조들에 의해서 특징 지워진다. 위에서 기술한 훼손의 환경적 파급 결과들이 천이의 발달 단계에 해당된다. K전략을 지닌 종들이 지배적이고 군락 구조는 그것의 궁극적 표현에 도달했으며, 미시 기후적 조건들은 생물학적 · 생태학적 자격의 보호에 유리하다. 그 생산은 한계가 있으나 효율적이고 토양은 발달되었으며 습기는 우호적으로 조절된다. 요약해서 말하자면, 이 같은 선택에 천이의 행복한 끝이 있다.

클라이맥스 또는 완수지점에 이르는 천이 상태들의 총체적 시퀀스는 천이계열(series)이라고 불려진다. 하나의 천이 속에 존재하는 매개적 상태는 천이계열의 군락이라고 불려진다. 전통적인 생태천이 이론의 기초 원칙은 하나의 천이에 나타난 식물 종들이 최초의 조건들을 변경시키거나 개선시킨다는 것이다. 달리 말해서, 종들의 무리는 다른 종들의 무리를 통해서 자신의 고유한 대체를 쉽게 만들어 준다. 쉽게 해주는 것은 천이 이론의 근본적 원칙이다.

보다 최근의 생태학 언어에서, 자연적 천이의 결과는 그것의 고전적 개념에서 유일한 균형의 완결지점이다. 달리 말해서, 생태계의 유일한 유형은 하나의 주어진 장소에서 기후 및 풍토가 동일한 것으로 간주될 수 있다. 그리고 이 같은 기후 및 풍토가 동일한 군락은 자신의 환경과 더불어 균형 속에서 영속적으로 지속될 수 있다. 천이 이론은 암묵적으로 다음 사실을 전제로 한다. 환경적 조건들은 천이의 발달 과정 동안 안정된 상태로 남아 있다. 그것은 수많은 종들의 장수 때문에 수십 세기 동안 지속될 수 있다.[43] 이 같은 유일한 균형의 완수점 개념에 맞서 주된 논증은 환경적 조건들이 일반적으로 보다 신속하게 변화하여, 하나의 균형이 설정되기 위해서는 시간을 필요로 한다는 것이다. 지배적인 종의 생성 시간은 너무나 길어서, 모든 숲의 유형들의 경우가 그렇다.

생태계와 그것의 역동성을 설명하는 이 같은 모순적이면서 경쟁적인 방식들은 복원의 실천가들에게 무엇을 의미하는가. 여기서 세 가지 시나리오를 제안할 수 있는데 각각은 우리의 물음에 상이한 답변을 한다.

첫째, 몇몇 생태계는 계속의 유일한 균형과 역전된 훼손의 생태복원 모델에 일치한다. 그처럼 복원될 수 있는 생태계는 다음과 같은 두 가지 상황들 가운데 하나이다. 첫 번째 상황에서, 훼손의 정도는 약하며, 단지 해당 경관과 지형의 비생명적 조건들의 회복만을 요구할 뿐이다. 생태복원은 단순히 생명 공동체의 다룸에 의해서 완수될 수 있다. 그것은 생태계 다양성의 재성립과 같은 것이다. 다른 상황은 특히 척박한 환경 속에서 나타난다. 식물의 다양성이 잠재적으로

43) Clewell, A.F., *Wetland creation and restoration: the status of the science*, United States Environmental Protection Agency, Research and Development, Environmental Research Laboratory, 1989.

특히 지배적인 종들은 이미 취약한 상태에 놓이며 생태계 과정들은 환경에 의해서 제약된다.

둘째, 몇몇 생태계는 직접적으로 복원될 수 있다. 최초의 식물 구성 이론과 일치하여 말이다.[44] 만약 우리가 적절한 물의 주기(hydroperiode)를 구비한다면 늪지대와 습지대는 단지 몇 해 만에 복원될 수 있다. 그리고 양질의 물을 구비하고 그것을 구성하는 모든 종들이 도입된다면 말이다. 짧은 발전의 최초 상태가 존재할 수 있는데, 그 이유는 군립들은 환경 조건에 적응해야 하기 때문이다. 하지만 그 같은 적응들은 모두 자연 환경 속에서 극도의 열악한 상황 다음에 전개될 수 있다. 장기간의 가뭄이 그것이다.

셋째, 모든 생태계에 있어 연속적인 발달은 긴 과정이며 복원으로 인해 자신들의 자기 조절 능력을 되찾는 순간과 생태학적 성숙도 단계에 도달하는 순간 사이에서 진행되는 긴 과정이다. 수십 년 또는 수세기 동안 진행되는 이 같은 연장된 시기 동안 발달 중인 생태계는 파편(patch)의 역학으로부터 기인하는 흐름(flux)들을 수용할 수 있다. 생태계는 아울러 환경 조건들의 변화에 기인하는 변질, 즉 지구온난화, 해류 온도 상승, 인간의 영향력 등에 노출된다.

발달의 이슈는 정확하게 예측하기 어렵다. 그리고 생태복원 기획 시 선별된 목표를 닮을 수 있다. 따라서 복원이 만약 목표점에서 빗나간다면 한탄스러운 실패가 될 수 있다. 생태학적 가치의 더 커다란 상태에 이르면 큰 성공이다. 이 같은 모든 이유에서, 목표점의 선별은 생태학적으로 현실적이어야 한다. 그리고 그것은 잠재적인 완수점

---

44) Egler, *Vegetation management for rights of way and roadsides,* Smithson. Pub.4157, 1954.

의 목록으로서 기술되어야 한다. 생태계의 발달 속에서 플럭스는 복원을 훼손된 생태계가 그 이전의 자기 조직화로 돌아가는 것으로 기술하게 만든 주된 이유들 가운데 하나이다. 플럭스 때문에, 생태계는 지속적으로 생성 상태 속에 놓여 있다. 그리고 그것들은 결코 균형점의 안정된 균형에 도달할 수 없다. 이론적으로 그 같은 생태계의 생태학적 복원은 결코 끝나지 않고 복원 과정은 무한하게 계속될 수 있으며, 이것은 실천 관점에서 터무니없고 수용될 수 없는 것이다. 브래드쇼는 생태학적 복잡성을 역전된 훼손의 모델 속에서 복원된 생태계의 주요 특질로서 인정했다.[45] 이 같은 모델은 생태학적 복잡성의 정도와, 생태학적 기능 정도 사이의 직접적 관계를 전제로 한다. 생태복원의 실천가들은 생태계의 과정을 다시 착발시키려는 의도와 더불어 적절한 생태학적 복잡성을 복원하려는 책임을 지닌다.

5. 생태복원의 가치론

생태복원은 긴 호흡을 요구하는 노동이며, 위험성이 적지 않고 그 과정이 상당히 복잡한, 좌절할 가능성이 높은 작업이다. 또한 프로젝트 현장의 조건들이 어려울 수 있으므로 헌신과 봉사 정신을 요구하는 작업이다. 더구나 생태복원 실천가들은 자신들이 수행하는 작업의 정확한 성격을 설명하는 데 어려움을 토로한다. 생태복원이라는 용어가 아직은 일상용어가 아니기 때문이다. 그런데도 불구하고 그들은

---

45) Bradshaw, A. D., "Restoration: the acid test for ecology", 앞의 논문, 1987.

왜 생태계를 복원하려 하는가. 어떤 이유에서 일부 사람들은 생태복원에 매료되어 자신들의 직업으로 삼는가. 생태복원의 선택 동기는 다양하다. 기술 관료주의의 명분에서 시작해 과학적 인식의 확대까지, 이상적 명분에서 실용적・경제적 실리까지 다양한 이유들과 근거들이 존재한다.[46]

1) 가치론과 과학론의 논쟁

생태복원의 궁극적 목적과 관련하여 제기되는 논쟁의 핵심은 가치론의 차원에 비중을 두는 진영과 그에 맞서 생태복원의 과학적 차원을 강조하는 진영의 대립으로 압축된다. 전자의 진영에 속하는 학자들은, 생태복원이 탄탄한 과학적 토대를 갖고 있다고 믿으면서 '생태계의 건강'(ecosystem health)과 '생태계의 온전함'(ecosystem integrity) 등의 개념을 생태복원의 기본 원리로 채택하고 있는 세계 생태복원학회(SER)의 정의를 비판하고 있다. 이들의 주장에 따르면 비록 생태학이 복원 실행에 있어 중심적・핵심적 역할을 맡고 있으나 복원의 목적과 목표를 정의하는 것은 근본적으로 가치 기반의 활동이며 과학적 활동으로 보기 어렵다는 것이다.[47] 이들은 건축의 비유를 들어 이 점을 이해가 쉽도록 설명한다. 건축학은 미적・사회적 가치의 특별한 결과를 성취하기 위해 수학・물리학・공학들을 사용한다. 이와 유사한 방식으로 생태복원 연구자들은 사회적 가치의 결과를 성취하기 위

46) Clewell, A.E. and Aronson, J., "Motivations for the Restoration of Ecosystems", Conservation Biology vol.20, Issue 2, pp.420-428.

47) Davis, M. A., and Slobodkin, L.B., "The science and values of restoration ecology", *Restoration Ecology* 12. N.1, 2004, pp.1-3.

해 생태학 · 지질학 · 토양과학 등을 사용해야 한다는 것이다. 궁극적으로 생태복원 연구자들은 자신들의 과학과 그 과학이 대중과 정책 결정권자들과의 토론에서 이루어지는 가치를 명료하게 구별함으로써 최상의 결과를 낳을 수 있다는 논지를 전개한다. 요컨대, 생태복원 이론가들은 다른 이해관계를 옹호하는 무리들과 마찬가지로 동일한 사회적 · 정치적 영역에서 자신들의 활동 근거를 제시하고 사회적 · 문화적 · 경제적 · 윤리적 논거들을 사용하면서 다른 당사자들에 비해서 자신들이 갖는 장점을 정당화해야 한다는 논리이다.[48] 결론적으로 생태복원 목적의 정의는 가치에 기반을 둔 사회적 시도이다.

이와 유사한 맥락에서 또 다른 생태복원 전문가 역시 기존의 이론에서 주로 방법과 테크닉의 문제를 중시한 나머지 생태복원의 근본 원칙을 소홀히 했다고 질타하고 있다. 그의 경험에 의하면 복원 생태학에서 발생한 대부분의 실패는 기술적 부적합성에 기인하는 경우보다는 광범위하게 수용될 수 있는 명료한 복원 목적의 결여에 기인하는 경우가 더 빈번하다는 것이다. 따라서 생태복원의 목표 선정은 사회적 가치를 반영하는 공동체 정신에 입각한 선택이 되어야 한다는 결론에 도달한다. 보다 구체적으로 복원 생태학자는 과학적 또는 기술적 쟁점과 가치 판단의 경계를 명료하게 구별해야 하며, 가능한 한 최대한 정책 결정권자들로 하여금 기술적 · 과학적 논쟁보다는 가치 선택에 초점을 맞추도록 설득해야 한다는 것이다.[49]

생태복원의 가치론적 차원에 무게를 둘 것인지 아니면 과학성에 방점을 찍을 것인지, 아니면 양자를 포함하여 생태복원의 다양한 차

48) 같은 논문, p.2.

49) Lackey, R.T., "Societal values and the proper role of restoration ecologists", *Frontiers in Ecology and the Environment*. 2(2): 45-46.

원들을 통합시키려는 다원주의적 접근법을 추구할 것인지에 상관없이 생태계를 복원하는 데 '왜'라는 이유를 제기하는 것이 중요하다는 점에서는 이견이 없다. 그 이유의 근거들은 다름 아닌 생태복원의 인문적 토대를 이룰 것이다. 생태복원을 객관적으로 기술하는 학자들이 빈번하게 범하는 오류 가운데 하나는 마치 생태복원의 필요가 귀속적으로 자명하다고 섣부른 판단을 내리는 데 있다. 생태복원의 근거, 동기 부여 또는 가치의 유형론을 설정하는 데 있어 인문학적 시각에서 채택해야 할 패러다임은 당연히 인간과 자연의 불가분성을 인정하는 시각이 되어야 하며 생태복원을 단지 사회적 가치들을 만족시키기 위해서 제도적 권위를 통해 자연에 대해서 실행되는 기술 차원의 작업으로 보는 단순 기능론적 시각에 대해서 경계해야 할 것이다.

랙키(2004) 교수는 특정 생태계가 있다고 할 때, 어떤 사람에 의해서는 하나의 손상된 생태계로서 지각되는 반면, 다른 개인에게는 개선된 생태계를 구성할 수 있음을 강조한 바 있다.[50] 어떤 생태계의 상태도 하나의 개체의 가치들과 선호들을 통하지 않고는 건강하다고 간주될 수 없다. 이 같은 비판에 대해 생태복원의 주류 학자들은 생태복원에서 가치의 차원에 대한 고려와 더불어 과학 차원 역시 필수적 요소라는 점을 환기시킨다. 이를테면 일정 지역에서 생태학적 손상이나 훼손이 발생했는지의 여부를 결정하기 위해서는 정교한 생태학적 지식과 식별 능력을 요구하고 경험적 렌더링(rendering)이 필요하다는 현실적 이유를 제시한다. 생태과학은 단순히 실행 이상의 보다 광범위한 역할을 갖고 있다는 점도 강조하고 있다. 또한 생태계 개념

50) Lackey, R.T., "Societal values and the proper role of restoration ecologists", *Frontiers in Ecology and the Environment*. 2(2): 45-46.

을 비롯하여 그와 관련된 생태계 건강과 온전함 등의 개념들의 과학적 모호성과 부정확성으로 인해 용어 자체를 폐기하자는 일부 급진적 주장에 맞서 이들 주류 학자들은 여전히 많은 이론가들과 실천가들이 이들 개념을 포용하고 있으며 과학적 생태학, 사회적 가치들, 공공정책 등의 접점에서 이들 개념들을 발전시켜 나가고 있다는 현실론적 논리로 맞서고 있다. 따라서 생태계와 유기체와 더불어 사용되는 다양한 은유들과 유추들이 생태복원의 원리를 설명하기 위한 중요한 커뮤니케이션임을 인정하면서도 이것을 넘어 수학적 탐구, 실험 응용 및 공공정책 적용 차원에서 다양하게 뻗어가면서 생태복원의 이론과 실제 차원 모두에서 수확을 얻을 것이라는 주장을 내놓고 있다.[51]

2) 생태학적 가치들

객관적이면서 과학적인 관점에서, 생태복원의 본질적인 생태학적 가치는 훼손되고 손상된 생태계의 온전함과 건강을 회복하는 데 있다. 이것은 생태복원의 실천들을 위한 보다 정밀한 일련의 목적들을 파생시킨다. 이를테면 생명 다양성이 없는 환경의 기능 장애를 치료하고, 구체적인 종들을 위한 적절한 서식지를 준비해야 하며, 온전한 기능 작동을 회복해야 한다. 이 같은 목적들에 도달하면서 모든 생명계의 기능 작동이나 건강에 기여한다. 러브록은 그리스 여신 가이아의 은유를 사용하여 생명계의 상호연계성을 강조한 바 있다.[52] 지구

---

51) Winterhalder, K., Clewell, A.F., and Aronson,J., "Values and science in ecological restoration - a response to David and Slobodkin", *Restoration* Ecology, Vo.12, 1, pp.4-7.

52) Lovelock, J., *Scientists on Gaia*. Cambridge, Mass.,USA, MIT Press. 1991.

자체가 하나의 유기체로서 자기 조절 기능을 수행한다는 그의 생각은 생태복원의 가치론에서 효과적인 알레고리로서 수용될 수 있을 것이다. 그런데 이 같은 자연의 상호 연계성은 갈수록 인간적 활동들에 의해서 야기된 교란들로 인해 고통받는다.

대부분의 사람들은 생태계 복원 그 자체가 자명한 목적이라 생각한다. 하지만 모든 목적들과 마찬가지로, 복원은 일련의 특수한 가치들을 함축하며 그 가치의 내용은 인문적·문화적 차원에 걸쳐 있다. 또한 생태복원에서 빈번하게 사용되는 개념들 또는 주요 핵심 단어들이라 할 수 있는 손상, 회복, 온전함, 건강 등은 모두 주관적이다.[53] 그리고 무엇보다 이들의 개념들은 가치 판단을 담고 있다.

생태학적 가치에서 중요한 요인은 회복력이다. 이미 수많은 보존생물학자들은 생물학적 다양성과 생물학적 생산성 사이에 존재하는 강력한 연계성을 파악하고 양자 모두 생태계의 회복력과 직접적으로 연관되어 있다는 점을 주장하고 있다. 자연의 회복력은 다양한 형식들을 통해서 도래한다. 생태학자들은 공학적 회복력(engineering resilience), 즉 생태계가 교란 이전의 상태로 다시 돌아갈 수 있는 능력과, 생태학적 회복력, 즉 생태계가 스스로를 유지하기 위해 외부의 영향력을 흡수할 수 있는 능력을 구별하고 있다. 보다 생산적인 생태계는 보다 회복력이 높다는 사실이 증명된 바 있다. 또 하나 고려해야 할 사안은 최근의 연구를 통해서 문화적 다양성과 생물학적 다양성 사이에 밀접한 연관성이 존재한다는 사실이 해명되고 있다는 것이다.

Lovelock, J., *The Revenge of Gaia: Why the Earth Is Fighting Back -and How We Can Still Save Humanity,* California, Allen Lane, 2006.

53) Davis, M.A., and Slobodkin, L.B., "The science and values of restoration ecology", *Restoration Ecology* 12. N.1, 2004, pp.1-3.

3) 개인의 심미적 · 영적 가치들

개인적 가치들이라는 개념을 도입하기 위해서 다음과 같은 물음을 제기할 수 있을 것이다. 개인적 관점에서 사람들은 어떤 이유에서 생태계를 복원하려 하는가라는 물음을 제기할 수 있을 것이다. 생태계의 회복은 자연과 다시 관계를 맺는 수단을 관련 당사자들에게 제시한다.

이 같은 물음은 자연을 재통합시키려는 사실에 부여하는 가치를 다루는 사안과 관련된다. 하나의 자연을 통합시킨다는 용어는 생태복원의 태두인 윌리엄 조르단(Jordan)에게서 차용한 것이다. 그는 생태복원을 자연과 관계를 다시 맺거나 재통합시키는 것을 가능케 하는 효과적인 수단으로 보았다. 더구나 조르단(1986)은 자연과의 접촉에 들어가는 방법은 여러 갈래가 있음을 제시하고 있으며 이 같은 접촉은 예컨대, 공원의 방문자가 산책을 통하여 느낄 수 있는 것이며 걷기, 카누-카약, 등산, 새들의 관찰, 종들의 자연사 연구를 통하여 방문객이 느낄 수 있는 접촉 등 극히 평범한 일상적 행동에서 찾을 수 있다.[54] 흥미로운 것은 사냥, 낚시, 농사, 원예, 야생 식물 채집 등은 이 같은 자연과의 접촉 목록에서 배제하고 있다는 점이다. 하지만 자연과 접촉한다는 것은 자연을 재통합시키는 것에 비해서 더 심오한 은혜를 주는 것은 아니다. 조르단은 자연과 접촉하는 방식들 가운데 어떤 것도 자연 속에서 우리 인간 능력들의 총합과 더불어 착상자로서, 거주자로서, 자연 세계의 진정한 구성원들로서 완전한 몰입을 제공하지는 않는다는 점을 설명한다. 그런데 생태복원은 우리에게 바로 이 같은 소중

---

54) Jordan, W.R.III, 1986, "Restoration and the reentry of nature", *Restoration and Management* Notes 4: 2.-1989. "Restoring the restorationist", *Retoration and Management* Notes 5: 2.

한 기회를 제공한다. 실제로 그것은 내면으로부터 자연적 과정에 참여하는 기회를 제공하며, 단지 하나의 문제를 기능적으로 해결하기 위해서 요구되는 단순한 기술자들이 갖추어야 할 조건 그 이상이다. 왜냐하면 복원은 능동적인 방식으로, 자연 생태계와 환경에 의해서 감수되는 손상들을 치료하는 것을 목표로 삼기 때문이다.[55)]

21세기 초 인류는 절체절명의 환경 위기에 처해 있으며 복원을 실천하는 주체는 그 위기에 적극적으로 대처하려 한다. 이것은 복원의 실천가가 되려는 사적인 이유를 성립한다. 어떤 이는 이것을 일러 환경 위기에 대한 대응의 가치라 불렀다. 그 같은 가치인식에서는 인구의 증가와 자연 자원의 소비가 주요 환경 문제를 야기한다는 것을 겸허히 인정한다. 우리의 미래의 행복을 위해서는 바로 지금 행동에 옮겨야 한다는 것이다. 생태학적 복원은 매력적인 하나의 해결책을 구성한다. 아울러 그것은 환경 훼손의 과정을 뒤바꾸어 놓을 수 있다. 이것은 우리 자신의 개인적인 초월적 경험을 직접 체험하는 데 도움을 준다. 생태복원의 실천가들은 자신들이 생태계와 밀접한 관계를 맺고 있음을 섬광처럼 깨닫는다. 풀어 말해 생태계에 대해서 작업하면서 자신들이 생태계와 분리될 수 없다는 심오한 깨달음을 얻게 된다.

이것은 하나의 직관이며, 하나의 강렬한 감동이거나 즉흥적 의식의 선취로서 일상적인 작업 가운데서는 전혀 기대하지 못한 채 찰나에 야기될 수 있다. 또한 매우 개인적인 주관적 경험이며, 객관적으로 기술하기 어려운 생경한 경험으로서 우리는 그것이 빈번하게 일어나

---

55) Clewell, A.F., “Resistance to restoration”, Ecological Restoration 19, 2001, pp.3-4.

는 경험인지의 여부조차 가능할 수 없다.

4) 경제적 가치들

모든 인간의 삶은 자연에 의존한다. 자연은 우리가 숨 쉬는 공기, 우리가 마시는 물, 우리의 먹거리, 도시 산업의 자원을 공급하며 우리의 행복을 제공하는 일차 재료를 부여한다. 더구나 자연은 토양을 안정화시키고 그것들의 부식을 막아준다. 우리가 살고 있는 장소와 우리가 행하는 것에 따라서, 우리는 자연이 제공하는 이 같은 가치들과 서비스를 어느 정도 의식하고 있으나 대부분의 시민들은 그 같은 가치들을 매우 막연하게 알고 있을 뿐이다. 농촌 지역에서 살고 있는 사람들은 그들의 생존과 행복에 직결된 자연이 제공하는 가치들에 대해서 도시 거주자들보다 더 민감하게 그리고 더 선명하게 의식하고 있다. 자연의 진정한 경제적 가치는 오늘날까지 여전히 제대로 알려진 것은 아니며, 현재의 상업적 교역에서도 잘 알려져 있지 않다. 심지어 공공 정책에서도 잘 알려져 있지 않다. 하지만 갈수록 많은 사람들이 환경 문제를 의식하고 그 문제에 우려를 표시하면서, 전 지구적 차원에서 이루어지는 생명 다양성의 상실과 지구온난화 현상을 우려한다.

생태학적 가치는 구체적으로 기술하면 생태계가 제공하는 서비스들로 정의될 수 있다. 자연 생태계는 빈번하게 많은 생명에 대해서 지지 시스템을 제공할 수 있는 가장 저렴하고 가장 비용 효과가 우수한 수단으로 남아 있다. 자연 생태계는 가정용 식수와 농사 관개 시설용 물을 제공하고 자연 재앙과 기후 변화에 맞설 수 있는 보호 장치를 마련해준다.[56]

이처럼 자연 생태계의 첫 번째 요소는 물이다. 물 수요는 지난 세기 동안 인구 증가와 더불어 두 배 이상 제고되었다. 그 결과 약 10억 명의 인구가 식수 부족을 비롯하여 청결한 물과 위생 시설용 물을 사용할 수 없는 상태에 있다. 유엔 산하 기관의 보고에 의하면 매년 오염된 물로 인한 사망자는 200만 명을 넘어서고 있다. 이 같은 상황은 기후 변화와 더불어 더욱더 악화되고 있으며 깨끗한 물을 제공하는 것은 많은 국가들의 우선순위가 되었다. 잘 관리된 자연 숲은 늘 높은 품질의 물을 제공한다는 점에서 생태복원을 통한 양질의 물을 확보하는 것은 생태계 서비스 가운데 중요한 요소이다.

생태계 서비스의 두 번째 요소는 식량이다. 인류의 대부분은 자연의 식량에 의존한다. 야생 초목들은 빈민층을 위한 주요 식량으로 사용되고 있다. 정확하게 관리된다면 야생 초목 수집은 자연 생태계의 지속 가능하며 합리적인 사용이 될 수 있다. 야생 식량의 사용 가능성은 건강한 생태계에 의존한다는 점에서 생태복원의 이점은 자명하다.

생태계 서비스의 세 번째 요소는 다양한 재료들이다. 초목과 동물에 기초한 생산물들은 산업용 원재료를 제공한다.

이 밖에도 자연 생태계는 물을 순화시키고 질병 요인의 움직임을 막아냄으로써 신체 건강과 정신 건강을 유지하는 데 있어 중요한 역할을 맡는다. 한 가지 구체적인 사례를 들자면 자연 생태계는 우리에게 천연 약재를 제공할 수 있으며 전 세계 인구의 80%가 사용하는 일차적 약재는 전통적인 약초들이다. 끝으로 자연 생태계는 인류의 에너지 공급원을 제공한다. 세계가 화석 연료의 한계와 비용을 점차

---

56) Dudley, N., *Authenticity in nature: making choices about the naturalness of ecosystems*, London & New York, Earthscan, 2011, pp.97-111.

적으로 의식하면서 갱생 가능한 천연자원의 사용으로 서서히 이동하고 있으나, 새로운 에너지 시스템들 역시 자연 생태계의 작동에 의존하고 있다.

생태계는 지역 주민들과 글로벌 사회에 필요한 제품들과 자연적 서비스의 다양한 선택폭을 제공한다. 그 문제를 가까이에서 관찰해 보면, 모든 경제들이 바로 그 점에 종속되었다는 사실을 알 수 있다. 이 같은 재화와 서비스들은 대가 없이 사용가능하며, 어떤 생산 비용도 요구하지 않는다. 반면 재화, 농산품, 제조업 생산품은 구매되어야 한다. 생태계가 생산하는 자연적 재화의 외연과 그 중요성은 선구적인 작업들에 의해서 알려져 있다.[57]

생태복원의 경제적 가치는 현재의 인류가 생태학적 희소성(scarcity) 시대로 접어들었다고 진단하고 있는 경제학자들에 의해서 최근에 새로운 시각에서 연구되고 있다.[58] 이들 생태 경제학자들은 농업 혁명부터 현재에 이르기까지 약 12,000년 동안 이루어진 자연 자원 사용과 개발의 발달 과정이 경제 발달의 패턴에 어떻게 영향을 미쳤는가를 연구했다.

지속가능성과 환경적 우려와 관심사를 연계하는 것은 생태계 개념과 자연 자원으로서의 환경을 개념화하는 것을 돕는다. 자연은 생태계를 제공했으며, 우리에게 무상으로 그것들의 수혜를 제공한다.[59]

---

57) Westman, W., "How much are Nature's Services worth?", *Science* 197, 1977, pp.960-964.
Daily, G.C. and ali, "The Value of Nature and the Nature of Value", Science, Vol 289, Issue 5478, 395-396, 21 July 2000.

58) Barbier, E.B., *Capitalizing on Nature: Ecosystems as Natural Assets*, Cambridge, Cambridge University Press, 2011.

59) 위의 책, p.3.

아마도 그것이 무상으로 이 같은 자본이 제공되었기 때문에 인간들은 이것을 무한한 것으로 풍요로운 것으로 보는 경향이 있다. 인간의 사용, 개발, 전환에 늘 사용가능한 상태라고 착각하고 있는 형국이다. 자연 자본으로서의 생태계 개념은 보존과 대립하여 생태학적 부의 개발로 유도되는 경제적 행동 양식에 대한 분석을 도와준다. 생태계를 하나의 부의 형태로 인식하는 것이다. 만약 생태학적 희소성이 하나의 경제적 문제라면 아울러 생태계가 편익을 가져다주는 재화와 서비스들의 흐름(flow)을 생산하는 자연적 자산들로 간주된다면 자연 자원을 자본의 특별한 형식으로 모델링하는 경제학에서의 표준형 접근법이 생태계로 확장되어야 한다는 것이다.

한편, 생태복원을 자연 자본의 복원이라는 차원에서 접근하는 경제학자들도 존재한다. 자연 자본의 복원은 최근에 창발한 가장 급진적인 사상들 가운데 하나이다. 왜냐하면 그것은 경제학과 생태학의 긴박한 강령을 연계시키기 때문이다. 이런 맥락에서 자연 자본이 인간의 웰빙과 경제적 지속가능성 모두에 있어서 한계를 긋는 요인이며 아울러 자연 자본의 복원은 그것의 희소성의 사회경제적 정치적 결과들을 다시 재건할 수 있는 가장 직접적이며 효과적인 처방이다.[60] 따라서 보존과 쓰레기를 줄이는 것은 필수불가결하다. 하지만 자연 자산의 풀을 증가시키고 생태계 재화와 서비스의 공급을 자극하는 자연 자본의 복원에 대한 투자가 급선무이다. 자연 자산의 복원은 생태학적 복원을 포함한다. 하지만 그 이상이다. 자연 자본의 복원은 아울러 인간들과 자연 환경 사이에 존재하는 사회 경제적 접점을 고려한

---

60) Aronson, J., Milton, S.J., and Blignaut, J.N.(ed.), *Restoring natural capital: science, business, and practice*, Washington & London, Island Press, 2007.

다.[61] 그 접점 안에서 기능하면서 자연 자본의 복원은 경제학과 생태학 사이의 가교 역할을 맡는다. 자연 자본은 금융 자본, 제조 자본, 사회 자본처럼, 살아 있는 종들과 생태계를 포함하여 갱생 가능한 자연 자본으로 이루어지고 물리적 · 생물학적 자연 자원들의 저장으로 이어진다.

> "자연 자본의 복원은 생태계 재화와 서비스의 흐름을 개선하기 위해서 자연 자본의 비축에 대한 투자 및 보충을 통합시키는 일체의 활동이다. (…) 생태학적 복원과 공통적으로 자연 자본 복원은 모든 살아 있는 유기체들을 위한 생태계의 건강, 통합성, 자기 지속가능성을 개선하기 위해서 의도된 것이다."[62]

하지만 자연 자본 복원은 인간들의 편익을 위한 생태학적 복원의 가치와 노력을 정의하고 극대화하는 데 초점을 둔다. 자연 자본의 생태학적 중요성을 강조하는 경제학자들은 기존의 경제학이 지닌 결정적 한계로서 윤리적 성찰을 비롯한 규범성에 대한 공백을 지적하고 있다.

주류 경제학에서는 원칙적으로 윤리적 입장이나 규범적 판단으로부터 독립된 실증적 경제학에 기초를 둔다. 실증적 경제학에서는 효율성의 기준, 즉 계산이 다른 모든 가치들에 비해서 우세한다. 상품화의 시각은 자연 환경이 그것의 다양성과 복잡성에 있어서 고유한 가치가 있다는 사실을 무시한다. 화폐적 가치로 산술하기가 어렵기

61) 위의 책, p.3.
62) 같은 책, p.5.

때문이다. 많은 생태학자들은 생태계가 그 자체로 가치가 있는 것, 즉 인간의 사용 가치를 넘어서 내재적 가치를 가진다고 주장한다. 윤리적으로 이것은 강한 주장이다. 하지만 지구의 자원 자본을 손상과 훼손으로부터 구하는 데 있어 사회에 충분한 영향력을 행사하지 못하고 있다. 반면, 자연 자본의 복원 주장은 경제학적 사례들과 생태학적 사례들을 상호 연계시킴으로써 보다 광범위한 호소력을 갖는다.

5) 문화적 가치들

문화 한복판에서 집단적으로 공유되는 가치들을 만족시키기 위해서 생태계를 복원할 수 있다. 예컨대 수많은 복원 프로젝트는 상징적인 장소들에서 훼손된 생태계를 회복하려는 목적을 지닌다. 공원, 저수지 등은 지역 주민들이 자연을 향한 여과 활동을 이용하기 위해서 모이는 곳이다. 영적이거나 정신적인 의미를 갖는 성스러운 장소들에 모인다. 몇몇 프로젝트들은 미학적 목적을 지닌다. 다른 사람들은 관광이나 지나치게 여과적 사용에 의해서 훼손된 공적 토지들을 치료하는 것을 도와준다. 스키 코스나, 사막 속에서 교통 자동차를 위한 노선들이 그것이다. 생명 다양성을 보존하고 있는 장소들을 보호한다는 것은 생태계 복원의 주요 이유들 가운데 하나이다. 일반적으로, 학자들은 무엇보다 생명 다양성을 그것의 과학적 가치를 위해서 고려한다. 때로는 경제적 가치를 위해서 말이다. 하지만 우리는 그것의 문화적 가치를 위해서 그 가치를 인정해야 한다. 왜냐하면 그것은 인구의 상당 부분의 관심을 촉발시키기 때문이다. 생명 다양성을 다루는 방송에 대한 교육 프로그램의 상당수는 그 점을 증명한다. 생명 다양성의 가치라는 표현은 점차적으로 더 빈번하게 사용되며, 과학학술

자료와 미디어에서 모두 사용되었다. 생태복원은 최상의 경우, 삶의 질을 개선하는 목적을 지닌 프로젝트 속에서 동일한 비전을 갖는다. 그것은 또 다른 문화적 가치에 부응한다. 즉 하나의 장소와 하나의 공동체에 속한다는 감정을 말한다. 농부가 마치 그의 고향에 속하는 그런 감정을 말한다. 이 같은 유형의 프로젝트는 미국에서 공적인 축제를 낳았으며, 동시에 실천가들 사이의 유대를 강화시켰다. 실제로, 하나의 장소에 대한 소속을 축으로 모아진 운동은 공동체 복원의 노력에 의해서 유지되며, 그것은 1990년대 미국에서 그 빛을 보았다. 미국인들이 제2차 세계 대전 이후 빈번하게 거주지를 변경하고 지리적 장소를 변경하는 타성에 대한 반응이었다. 이 같은 이주적 삶의 양식은 특정 장소에 대한 그들의 소속 감정에 종지부를 찍게 만들었다. 그리고 자신들의 주위 환경에 있는 자연 경관에 대한 이해에 있어서도 빈곤함을 가져왔다. 환경의 질은 분명 도처에서 약간씩 훼손되었으며, 그 이유는 새로운 거주자들이 그 장소에서 뿌리를 내리지 않았기 때문이며, 땅의 사용, 물의 사용, 다른 천연자원의 사용에 대해서 적절한 결정을 취하기에는 미흡했다.

교육, 지식 탐구 등은 심오하게 뿌리를 내린 문화적 가치들이다. 수많은 복원 프로그램들은 초중고 학교에서 실행된다. 생태학적 지식을 제고하려는 목표를 두고, 이른바 에코리터러시(ecoliteracy) 교육을 시킨다.[63)]

끝으로, 생태복원은 자연과 문화의 관계를 새롭게 갱신할 수 있도록 실행된다. 자신들의 전통적 경관과 새롭게 관계를 맺을 수 있는 이동

---

63) Janzen, D.H., "Tropical ecological and biocultural restoration", *Science* 239, 1988, pp.243-244.

된 부족들 가운데서 말이다. 그들의 전통과 문화적 관계에 새로운 생명력을 불어넣을 수 있다.[64] 생태복원의 문화적 가치에서 지적할 사항은 수 없이 많은 성스러운 장소들이 자연 생태계 안에 존재하기 때문이다. 그 같은 성스러운 곳에서 자연성의 가치는 높이 평가된다.

64) Anderson 2005.
Rogers-Martinez(1992)는 하나의 문화적 경관의 복원은 아울러 그것의 문화 복원을 필요로 한다. 그 두 개의 요소를 분리하는 것은 불가능하다. 이 같은 주제는 Janzen(1988, 1992, 1998, 2002)에 의해서 심도 있게 논의되었으며, Farina (2000), Naveh(2000)에 의해서 다루어졌다.

제2장 생태복원 담론의 인식론적 토대

김성도

1. 복원의 의미론과 세계관: 어원과 시간적 유추

re-라는 접두사가 붙는 많은 영어 단어들, repair, revert, renaissance, reform처럼 복원(restoration)이라는 단어는 초기의 조건, 원초적 조건으로 다시 돌아간다는 것을 의미한다. 또한 이 단어에는 이전 것이 더 좋다는 생각이 암묵적으로 깔려 있다. 지금 존재하는 것보다 과거가 더 건강하고, 더 안전하고, 더 순수하며, 더 지구력이 있으며, 더 아름다운, 또는 더 진정한 것으로 간주된다.[1] 분실되거나 도난당한 소유물, 손상을 입은 회화, 훼손된 건강, 비난으로 인해 손상 받은 평판, 산산 조각난 신뢰와 관계 등, 그 어떤 상황이건, 목적은 본래의 선호하는 조건을 재생시키고 복원하는 데 있다. 그것은 곧 과거의 위

---

1) 본 절의 주요 내용은 다음 문헌에 기초하여 작성되었음을 밝혀둔다.
Lowenthal, D., "Reflections on Humpty-Dumpty Ecology", in Hall, M.(ed.), *Restoration and History*, Routledge, New York, London, 2010, pp.12-34.

상 회복(status quo ante)을 의미한다.[2)]

영어 단어에서 're-member'와 're-concile'이 시사하듯이, 복원의 목적은 본질적으로 치료하는 데 있다. 이를테면 신체 건강을 다시 일으켜 세우고, 사회적 상처를 치료하는 것이다. 복원은 불일치에 의해서 훼손되거나, 분해되거나 찢겨진 상태를 말한다(복원의 서사적 차원이 여기서 제시될 수 있다. 역사 복원도 그 한 경우이다). 무엇인가를 복원한다는 것은 전체를 다시 만들어내는 것이다. 그러나 자연적 아름다움의 한 지역을 완전하게 복원할 수 없으며, 회화를 완벽하게 복원할 수도 없다. 그 점은 흘러간 세월 속에서 중년 여인을 소녀로 다시 돌려보낼 수 없는 것과 흡사하다.[3)]

복원은 상이한 분야에서 개념의 부대를 형성한다. 숲, 강, 정원, 정부, 건물, 가구, 조각, 회화, 음악, 의료, 한물 간 이데올로기와 왕조, 메이지 유신 등 그 예들은 헤아리기 어렵다. 이미지 복원처럼 흐릿해지거나 퇴락한 사진들의 디지털 수리에서 국가나 기업의 실추된 평판을 다시 치료하는 것에 이르기까지 그 범위가 다양하다.[4)] 하지만 복원의 세계는 결코 균질적이며 획일적인 것으로 이루어져 있지 않다. 문학, 역사학, 인류학, 철학은 복원의 목적들과 관련된 쟁점들을 다루는 반면, 이 같은 인문학 학술 분야에서 진행되는 문헌들과 생태학적

---

2) R.A. Duff, "Restorative punishment and punitive restoration", in Walgrave, L.(ed.), *Restorative Justice and the Law*, Cullompton, England, Willan, 2002, pp.82-100.

3) Torpey, J.(ed.), *Politics and the Past: On Repairing Historical Injustices*, Lanham, MD, Rowman and Littlefield, 2003.

4) Benoit, W.L., *Accounts, Excuses, and Apologies: A Theory of Image Restoration Strategies*, Albany, NY, SUNY Press, 1995.
Miller, B. and Miller, B.A., *Divine Apology: The Disourse of Religious Image Restoration*, Westport, Praeger, 2002.

문헌 사이에 서로 대화가 없다는 점에서, 횡단적 성격의 연구는 찾아보기 힘든 실정이다.[5)] 영미권에서 출간된 *Restoring Nature*의 부제는 'Perspectives from the Social Sciences and Humanities'로서 주요 저자들은 철학자들과 사회과학자들이지만, 그 주제는 전적으로 환경을 다루고 있다. 이렇듯 복원의 의미론적 장을 구성하면서 자연 복원과 문화 복원 사이의 보다 생산적인 학술적 대화가 필요하다는 점을 절감하게 된다.[6)]

복원은 또한 시간의 사이클(주기)과 역사와 인간사에서 화살이라는 은유와 깊은 연관성을 맺는다. 인간은 시간을 사이클로서 그리고 화살로서 감지한다. 시간의 사이클은 자연의 항상성에서 비롯되는 끊임없이 반복되는 순환을 지시한다. 조수, 밤과 낮, 계절의 주기, 행성의 축, 숨쉬기, 잠자기, 걷기 등 시간의 순환과 주기는 복원의 사유를 생성하기에 적절한 현상이다.[7)] 반면 시간의 화살은 복원을 전복시키고 거부한다. 화살은 오직 돌이킬 수 없는 과거로부터 미지의 미래로 날아간다. 따라서 그것은 두 번 다시 동일하지 않다. 시간이 겨냥하는 화살의 과녁은 우발적 사건들이며 인간사와 자연사의 산발적인 예측불허의 변화들이다. 자연 법칙의 기계적 시간과는 구별되는 시간적 차원이다. 사이클과 화살의 상호 놀이는 연속적으로 우리의 삶을 축조한다. 타성적 습관은 (법칙적, 규칙적, 예측 가능한) 역사에서 방향

---

5) Hobbs, R.J., "Setting effective and realistic restoration goals: key directions for research", *Restoration Ecology* 15, 2007, pp.354-357.

6) Hall, M., *Earth Repair: A Transatlantic History of Environmental Restoration*, Charlottesville, University of Virginia Press, 2005, p.245.

7) Lowenthal, D., "Reflections on Humpty-Dumpty Ecology", in Hall, M.(ed.), *Restoration and History*, New York, London, Routledge, 2010, p.15.

적이며 단일한 사건들의 불확실성과 상호 작용한다. 생물학은 조상의 상동성(ancestral homology)과 더불어 반복적 유추와 결합하는 것처럼, 사회는 새로운 소용돌이와 방해와 더불어 리듬의 안정성과 중첩된다.

요컨대 먼 과거와 먼 미래는 닮아 보일 수 있다. 하지만, 전통적 사회에서 경험하는 시간은 화살보다는 순환의 개념을 표상하며 자연적 편년기와 인간의 편년기는 압도적으로 반복적이다. 태양 아래서 새로운 것이란 없다. 신성한 법칙과 자연의 법칙의 고정성과 인간 본성의 지속적인 동일성은 과거에 발생할 수 있었던 것이 언제든 다시 발생할 수 있다는 것을 보여주었다. 부활과 재연은 종교적 신념을 널리 퍼트린다. 세속의 연대기는 반복적이었다. 지구가 매년 새롭게 탄생했던 것처럼, 각각의 지배자의 시작을 알리는 해는 달력을 최초 연도에서 시작했다. 정치 체제의 변화 패턴 역시 반복적이다. 왕권은 폭정으로, 이어서 귀족정치로, 민주주의로, 무정부 등으로 그리고 다시 왕정 복권을 통해서 왕권으로 돌아갔다.[8]

성서, 계몽주의, 진화, 엔트로피 등 복원을 거부하는 서구의 종교적·지적 패러다임을 간략하게 상기할 수 있을 것이다.[9] 시간의 화살 모델은 유대교와 기독교 편년에서 비상했다. 구약은 하나의 시간인 창조와 아담의 타락의 우발적 역사를 연대기로 만들었다. 신약은 세속적 편년체에 탄생, 생명, 죽음, 신의 아들의 부활, 그의 두 번째 재림 등 몇 개의 유일무이한 성스러운 사건들을 도입했다. 유대교와 기독교는 매우 특이한 시간의 흐름을 제시했는데, 신의 의지, 인간의 의지로부터 오는 사건들은 오직 단 한 번만 발생할 수 있다는 것이

---

8) Lowenthal, D., 같은 논문, p.16.

9) 같은 논문, pp.16-20.

다. 그 같은 시간적 의식은 일상생활의 습관적 체제에서는 부재한다. 그것은 18세기까지 결코 평범하지 않은 채로 남았다.

계몽주의 지식인들은 인간사를 더 이상 반복적이거나 주기적인 현상으로 보지 않기 시작했으며, 지속되는 개선에 의해서 영향을 받는 것으로 보기 시작했다. 혁신은, 과거에는 안정된 질서에 대한 위협이었으나, 그것은 진보의 관점에서 환영받는 조짐이었다. 세속적 진보는 불경스러운 것과는 거리가 먼 오히려 성서의 계명을 완수하는 것이다. 신은 인간에게 세계를 미완성인 채로 남겨 놓았으며, 이와 동시에 인간의 수고를 통해 완벽하게 만들어야 할 것으로 남겨 놓았다. 따라서 이 같은 진실의 비전을 채택했을 때 이따금씩 뒤로 되돌아가는 일은 있으나, 전체적인 퇴보는 없다. 진보는 축적적이며 각 세대는 진전을 근거로 보다 발전된 사회를 세워나간다.[10)]

그 결과 일방향적 화살은 복원의 개념을 담지하는 시간의 순환 모델에서 탈피하여 서구 사회를 후기 18세기부터 변형시켰다. 안정성은 직선적 진보에 길을 내주었다. 미리 정해진 생명의 사이클은 스스로 축조되는 생명 흐름의 과정이 되었으며[11)] 자연사 역시 변형되었다. 하지만 사이클의 규칙성들은 단지 전적으로 포기된 것은 아니었다. 하지만 그 같은 규칙성들은 중단되었고 가속화되었으며, 또는 지연되거나 이따금 발생하는 대재앙들에 의해서 새로운 궤도들로 휘감겨졌다. 그것은 유일무이하며 반복될 수 없는 역사를 포용한다. 기독교의 역사가는 실제 유일하며 반복되지 않는 자연사라는 관념이 성서

---

10) 같은 논문, pp.16-17.

11) Demos, J., *Circle and Lines: The Shape of Life in Eearly America*, Cambridge, Harvard University Press, 2004, pp.61-77.

의 믿음과 갈등을 일으키지 않고 자연의 우발적 사건들을 의식하게 만든 주된 자극이다. 인간 역사로서의 지구는 점증적으로 산발적인 개별성에 맞서 영속적 규칙성을 부여하였다.

진화 생물학은 사이클 모델에서 화살 모델로 이동하는 것을 촉진시켰다. 경쟁적 선별은 지속적으로 반복적이며, 그것은 새로운 조건들로 유도되었으며, 옛것을 소멸하고 새로운 생명 형식을 파생시킨다. 생태복원 담론의 인문적 토대에서 종교, 역사, 신학, 과학, 생물학 등 모든 복원의 담론에 깔려 있는 형이상학적 비전을 언급할 필요가 있다.[12)]

다른 한편으로 자연적인 것으로 느끼는 것 복원하기, 자연 복원하기 등을 주창한 지적 흐름도 간파될 수 있다. 이를테면 복원론자들은 자연과의 유추를 내세웠다. 버크(Edmund Burke)는 자연의 안정성을 프랑스 혁명의 새로운 소용돌이에 대한 대척점으로 명명했다. 관습은 자연적인 도덕적 성향이었다. 국가의 지도자들은 자연의 순환적인 항상성을 강조한다. 그들은 국가의 행동양식에 있어서 자연의 방법을 보존하면서 인간이 개선하는 바에 있어서, 인간은 결코 완전히 새롭지 않으며, 인간이 다시 취하는 것에 있어서 완전히 전적으로 한물간 것이 아니라고 말하고 있다. 전통의 존중에서, 그 어떤 철저한 단절도 생활의 규칙적인 리듬을 단절시키지 않는다. 주체들은 옛 권위에 대해 만족한 채로 남았다. 예컨대 17세기 왕정 복권자들은 회복되지 않는 부분들을 통하여 오래된 헌법의 결여된 부분들을 다시 생성했다.[13)]

---

12) Demos, J., 앞의 논문, p.17.
13) 같은 논문, p.18.

성서의 에덴처럼, 영국의 자연은 농촌, 정원 등으로 인간화된, 그리고 집중적으로 제어되는 것이었다. 손상되지 않은 에덴의 복원으로서 자연을 고양시킨 최초의 사람들은 19세기 말 미국인들이었다. 그들은 땅의 잃어버린 순수성과 사라져가는 황야에 겁에 질린 상태였다.[14)]

19세기 말부터 서양 사회에서 복원은 모든 것을 구해주는 것으로 사유되었다. 기업의 탐욕을 정복하고, 기계 시대의 독약은 잘려내고, 자연은 치유되어야 하며, 에덴의 충만성은 지속적인 평정 속에서 지속된다. 복원 생태학의 구원적 취향은 성서적 전통을 반영한다. 다시 동일한 상태로 복구하는 것은 버넷(Burnet)이 말하는 신의 섭리의 방법과 일치한다. 그가 쓴 『지구의 성스러운 역사(*Sacred Theory of the Earth*)』(1691)의 두 번째 황금기에서 모든 땅들은 어떤 무질서가 자연세계 또는 도덕적 세계에 도래하기 전에 처음 상태와 동일한 자세와 모습으로 복원될 것이다.[15)] 그는 자연의 일반 경제에서 신성을 증명할 수 있는 디자인의 증거가 충분하다는 점을 보여주려 했다. 우리가 알고 있는 세계는 신이 디자인했던 세계가 아니다. 반대로 세계는 폐허이며 손상된 천국이다. 그것은 신의 분노의 증명을 제공하는 것이며 신의 본래 의도의 증거를 제공하는 것이 아니다. 버넷에 의하면 이 같은 카오스적 조건은 죄악으로부터 나온 것이며 그것을 야기한 재앙은 홍수였다는 이론에 근거한다. 버넷에 따르면 지구가 카오스로부터 형성되었을 때 요소들은 그것들의 제자리에 있었으며 천국은

---

14) 다음 문헌 참조. Merchant, C., *Reinventing Eden: the Fate of Nature in Western Culture*, New York, Routledge, 2003.

15) Burnet, T., *The Sacred Theory of the Earth*, London & Fontwell, Centaur Press Limited, 1965.

지상의 특정 지점에 국한되지 않았고 지구 전체에 퍼져 있었다.[16]

결국 생태복원 담론에는 기독교의 세계관과 모종의 연루 관계가 있음을 확인할 수 있다.[17] 2세기가 지나서, 다른 영국의 목사는 요한 계시가 인간의 복원과 자연의 복원을 나란히 놓았다는 신념을 불사른다.[18] 유대교와 기독교의 환경 남용에 대한 린 화이트(Lynn White)가 1967년에 쓴 맹렬한 비판적 논문을 반박하면서, "기독교는 세계에서 존재한 가장 인간 중심적인 종교이다"라며 복원 신학자들은 우리들로 하여금 창조된 세계를 신이 예정하셨던 것의 완벽한 복원으로 가능한 한 가장 가까이 가져다놓을 것을 촉구한다.[19]

2. 생태복원의 모델과 은유: 공학에서 예술까지

최근에 들어와 서구 학계에서는 환경론과 자연 보존 분야를 중심으로 다양한 이론들과 모델에서 사용되는 은유들의 역할에 대한 관심이 늘어났다. 따라서 은유의 문제는 생태복원 담론과 인문학의 접점 가운데 하나가 될 것이다. 은유들은 우리가 세상을 어떻

16) Burnet, T., 앞의 책, Basil Willey의 서론 참조, pp.5-9.

17) Lowenthal, D., 앞의 논문, p.20, p.27.

18) Westcott, B.F., *The Gospel of Life: Thoughts Introductory to the Study of Christian Doctrine*, London, 1892, p.243.

19) White, L.Jr., "The historical roots of our ecologic crisis", *Science* 155: 3767 (1967):1203-7, Moo, D.J., "Nature in the new creation: New Testament eschatology and the environment", *Journal of the Evangelical Theological Society* 49, 2006, pp.449-88.

게 지각하는가와 생각하는가를 구조화시킬 뿐만 아니라 우리가 어떻게 행동해야 하는가를 축조한다. 예컨대 자연을 한 권의 책으로 보는 은유[20]는 자연을 하나의 기계로 보거나 하나의 유기체로 보거나 또는 하나의 네트워크로 보는 은유에 비해서 자연 관리에 대한 상이한 태도 또는 상이한 종류를 촉발시킨다. 따라서 이번 장에서는 생태복원을 '프레이밍'하는 데 있어서 빈번하게 사용되는 은유들의 네 개의 클러스터 가운데 두 개를 선별하여 간략하게 언급하고자 한다. 1) 공학과 사이버네틱스 영역에서 취한 은유들, 2) 예술과 미학에서 사용되는 은유, 3) 의학과 치료, 4) 지리학이 그것이다.

이 같은 다양한 은유들은 모든 은유들과 마찬가지로, 그 범위와 변별성에 있어서 제약을 받는다. 아울러 우리는 은유에 대한 다중적 비전을 채택해야 할 것이다. 다중적 비전의 채택과 개발은 자연 관리와 경영의 상이한 종류들을 분리하는 경계선들을 가로질러 학제적 소통과 공조를 쉽게 해줄 것이다.[21]

1) 공학과 사이버네틱스

환경 손상(environmental damage)을 치유하려는 활동들은 먼저 환경공학에 의해서 착발되었다. 환경 공학은 1970년대 초기부터 위생 공학으로부터 진화되어온 학술 분야로서 생화학, 미생물학, 유체 공학, 해양학, 기상학 등이 전통적인 식수 문제, 물 낭비, 수질, 공기 오염

---

20) 이 점에 대해서는 데리다, 『그라마톨로지』, 김성도 역, 민음사, 2010 참조.

21) 본 절은 다음 문헌에 기초하여 작성되었음을 밝혀 둔다. Keulartz, J., "Towards a Multiple Vision of Ecological Restoration", in *Restoration and History*, pp.236-252.

과정 등에 통합되면서 출현한 분야이다.[22)]

1980년대에 생태공학이라는 새로운 학술 분야의 탄생을 목격한다. 생태공학자들은 1992년 자신들의 전문 학술지 '*Ecological Engineering*'을 창간했다. 생태공학자들은 환경 공학자들이 완수하지 못한 빈 곳을 채웠으며 특히 습지 창조와 생태계 복원 영역에서 새로운 활동 분야를 개척했다. 생태공학은 다음과 같이 정의되었다. "인간 사회를 그것의 자연 환경과 더불어 디자인하는 것이며, 양자의 수혜를 지향한다."[23)]

생태공학은 소위 말하는 신(新)생태학의 중요한 자손으로서, 신생태학은 경관 조경과 보존 생물학 장 안에서 하나의 중요한 새로운 접근법으로 자리매김되었다. 보존 생물학은 미국에서 2차 대전 이후 번창한 사이버네틱스로 거슬러 올라간다.[24)] 사이버네틱스는 비범한 커뮤니케이션 파워를 과시하였는데, 그 이유는 그것이 서구 전통에서 오랜 역사와 더불어 신념 체계 또는 세계 가설을 축조한 두 개의 포괄적인 은유들과 더불어 양립하고 있기 때문이다. 즉, 그것은 유기체성과 메커니즘(organicism and mechanism)이다.[25)] 이 같은 양립가능성은 사이버네틱스의 설립자 비너(Norbert Wiener)의 작업 속에서 분명히 관찰할 수 있다. 그가 1945년 처음으로 cybernetics란 단어를 창시했

---

22) 전문 학술지 *The Journal of Environmental Engineering*은 미국 토목공학학회가 출판한다.

23) McCutcheon, S.C. and Walski, T.M., "Ecological Engineers: Friend Or Foe?", *Ecological Engineering* 3, 1994, pp.109-112.

24) Keulartz, J., "Towards a Multiple Vision of Ecological Restoration", in *Restoration and History*, p.237.

25) Pepper, S., *World Hypotheses: a study in evidence*, Berkeley, University of California Press, 1942.

을 때, 그는 그것을 "동물과 기계에서 진행되는 커뮤니케이션과 제어"라고 정의했다. 비너는 두 개의 장을 더불어 동반시킨 것이다. 한편으로 그는 공학 기반의 연구를 구축하여 그것을 기계에서 컨트롤과 커뮤니케이션의 기구의 본질 속으로 투입시켰는데, 이때 그는 정보 흐름, 소음, 되먹임, 안정성 등의 관념들을 사용하였다. 다른 한편으로 그는 캐논(Walter Canon)과 같은 생리학자들이 항상성(homeostasis)이라는 표제어 아래 발전시킨 것에 기초하여 자신의 이론을 개발했다. 즉 항상성이란 유기체가 혈당, 혈단백질, 비만도, 칼슘 등 정해진 수준을 유지하려는 다양한 메커니즘을 말한다. 비너가 그의 사이버네틱스 프로그램을 사회 시스템에 적용시키려 했던 반면, 허친슨(Hutchinson)과 그의 제자들은 이 같은 프로그램을 생태계에 적용하려 했는데 그들은 생태계가 자기 조절과 되먹임 메커니즘을 통하여 항상성을 유지하거나 복원하려는 경향을 강조했다.

생태계에 대한 사이버네틱스 개념이 유기체적 세계관과 기계적 세계관 모두와 일관적으로 일치하기 때문에, 그것은 국제 생물학 프로그램 준비 기간(1963-68) 동안 생태학자들과 정치가들 사이의 매개적 역할을 충족시킬 수 있었다. 이 프로그램은 환경적 의식 속에서 총체적 파동과 일치하였다. 즉, 그것은 기술 관료주의자들과 환경론자들 모두에게 어필했다. 기술 관료주의자들에게 이 같은 개념은 외부의 위치로부터 또는 시스템보다 상위에 있는 위치로부터 제어, 조종될 수 있는 닫힌 시스템의 이미지를 제공했다. 그 결과 엄청난 기술적 낙관론을 낳을 수 있었다. 다른 한편, 사이버네틱스 개념은 환경론자들로 하여금 생태계를 부분들의 합 그 이상의 것으로 방대한 상호 종속적 전체로서 간주하고 찬탄할 수 있게 해주었다. 그렇지만 1970년대 초부터 생태계에 대한 사이버네틱스 개념은 견고했던 개념적 통합이 해체되기 시작했고 환경론자들로부터 매력을 잃었다.[26] 일견 보면, 그것의 홀리즘은 17세기 과학 혁명 동안 창발했던 자연의 기계적이며 유물론적 은유들의 환원주의적 함의들과 충돌하는 것으로 보였다. 바로 그 같은 은유들은 공동체 정신의 쇠락, 그리고 자연으로부터 소외를 일으킨 책임을 져야 할 요인으로 지목되었다.[27]

페미니즘과 생태학 사조의 연계성에 천착했던 멀천트는 그의 주저 『자연의 죽음』에서 이렇게 진술한 바 있다. "여성적 대지는 유기체적 우주론에서 핵심적이었으나 초기 근대 유럽의 과학 혁명과 시장 기반의 문화에 의해서 산산 조각났다. 생태학 운동은 역사적으로 근대 이전의 유기체적 세계와 결합되었던 가치들과 개념들에 대한 관심을 다시 각성시켰다."[28] 생태학 모델과 그것과 결부된 윤리가, 우주가 하나의 유기체로서 간주되는 것을 멈추고 그 대신 하나의 기계로 인식되기 시작한 결정적 시기에 도래한 근대 과학에 대해서 새로운 해석을 제공할 수 있다는 것이 그의 지론이다. 따라서 여성 운동과 생태학 운동은 자본주의, 테크놀로지, 진보 등과 결부된 무제한의 성장이 가져온 파급 결과들에 대한 비판을 수행한다는 점에서 전복적 시도이다.

특히 17세기에 성립된 새로운 기계주의적 철학은 기계라는 새로운

---

26) Keulartz, J., "Towards a Multiple Vision of Ecological Restoration", in *Restoration and History*, p.238.

27) Bergson, H., *L'Evolution Creatrice*, Paris, Alcan, 1907.
Whitehead, A.N., *Science and the Modern World*, New York, Macmillan, 1925.
Merchant, C., *The Death of Nature, Women, Ecology and the Scientific Revolution*, New York, Harper and Row, 1980.
Berman, M., "The Cybernetic Dream of the Twenty-First Century", *Journal of Humanistic Psychology* 26: 2(1986): pp.24-51.

28) Merchant, C., 앞의 책, p.xvi.

은유 차원에서 우주, 사회, 자아의 재통일을 성취하였다. "질서와 파워는 제어를 구성했다. 자연, 사회, 그리고 자아에 대한 합리적 제어는 새로운 기계 은유를 통해서 현실 자체를 재정의함으로써 성취되었다."[29] 기계주의적 질서는 하나의 개념적 프레임워크로서 권력에 기초한 가치들의 프레임워크와 그것을 결합시켰으며, 그 가치들은 상업자본주의가 취한 방향들과 완전히 양립 가능했다. "기계주의의 부상은 우주, 사회, 인간에 대한 새로운 종합의 초석을 놓았으며 법칙에 의한 지배에 종속된 기계적 부분들의 질서화된 시스템들로 파악되었다."[30]

기계론은 자연을 죽은 것, 부동의 것, 외부로부터 조종 가능한 것으로 만들었고, 하나의 사유 시스템으로서 그것은 17세기 중반기에 신속하게 개연성을 얻었으며 자연에 대한 유기체적 견해의 전제 조건을 흡수하고 변형시키면서, 결국 과거의 자연관을 무너뜨리면서 성취되었다.

그렇지만 더 깊이 고려해보면, 환경론자들은 '사이버네틱스'의 은유들이 동일한 오래된 기계적 은유 이상의 것이 아니라는 점을 확신하게 되었다. 사실 일부 전문가들에 따르면 시스템 생태학이 고전적 자연과학에 비해서 덜 환원적인 방식으로 진행된 것은 아니다. 하지만 그것의 환원주의는 총체적으로 상이한 질서에 속한다. 고전적인 자연과학에서 환원주의는 요소에로의 환원을 의미하며, 이를테면 원자나 분자로서 이것은 물질적 의미에서 동일하다. 반면, 시스템 생태학은 기능적 의미에서 동일한 성분요소들과 관련된다. 왜냐하면 그것들은 생산자(녹색 플랜트), 소비자(초식동물, 육식동물, 잡식동물) 또는 분해자(박

29) Merchant, C., 같은 책, p.193.
30) 같은 책, p.214.

테리아, 균류)처럼 생태계에서 동일한 기능을 수행하기 때문이다. 그 같은 환원은 유사한 기능과 더불어 유기체들 사이에서의 교역을 가능케 한다. 생물량 생산을 극대화시킨다는 목적과 더불어서 말이다.[31)]

생산자, 소비자, 생물량 산출(biomass yield) 등의 용어들은 신 생태학의 윤곽을 형성하는 데 있어서 중요한, 은유들의 또 다른 영역에 대해서 조명을 가할 수 있다. 그것은 근대 경제학이다. 자연에 대한 기계론적 시각은 인간과 자연의 상호 작용에 대한 경제적 모델을 지지한다. 생태학 사상의 역사적 기원을 천착하면서 생태학의 도덕적·윤리적 차원을 부각시킨 월스터 교수의 명저 『자연의 경제: 생태 사상의 뿌리』는 경제 시스템으로서 자연을 파악한 20세기 사상의 궤적을 탁월하게 보여주고 있다. 구체적으로 그는 레인헤이메르(Reinheimer)의 저서 『공조를 통한 진화: 생물-경제학 연구*(Evolution by Co-operation: A Study in Bio-Economics)*』를 그 경제적 생태학의 원조로 보고 있다. 레인헤르메르는 경쟁 개념에 기초한 다윈 이론을 거부하면서 공조를 중시하고 그것을 자연의 진리로 삼았으며 생태학적 집단주의를 경제적 생산성의 필요성과 연계시킨 최초의 인물이다.[32)]

또한 월스터의 이 명저는 신 생태학의 토대를 정초한 인물로 캠브리지 대학의 동물학자 엘튼(Charles Elton)을 손꼽고 있다. 엘튼의 이론적 목적은 자연에서의 새로운 군집(community) 모델 수립을 위해 기존의 생태학 지식을 도입하는 것이었으며 군집의 형태 또는 조직화는 핵심 문제가 되었으며, 자연의 군집을 하나의 단순화된 경제로 파악

---

31) Keulartz, J., *The Struggle for Nature. A critique of radical ecology*, London and New York, Routledge, 1998, p.149.

32) Worster, D., *Nature's Economy: The Roots of Ecology*, San Francisco, Sierra Club Books, 1977, pp.291-293.

하는 엘튼의 설명 방식에서 20세기 생태학은 가장 중요한 패러다임을 발견하였다.[33)]

엘튼은 지구 도처에서 작동되는 것으로 가정된 자연의 경제를 기술해줄 수 있는 4개의 원리를 제안하였다. 그중 하나가 바로 먹이사슬 원리로서 먹이는 자연의 경제 질서에서 핵심적 자본이며 초식성 동물과 그 포식자 사이의 관계를 설정하고 있다. 이 밖에 엘튼은 먹이의 사이즈와 종의 개체수가 먹이 사슬 구조에 미치는 효과를 비롯해서 생태계의 적소(niche) 원리를 제안했다. 신 생태학을 향한 두 번째 초석을 놓은 인물은 옥스퍼드 대학 교수였던 식물학자 텐슬리(A.G. Tansley)였다. 그는 군집이라는 모호한 용어 대신 정량화와 분석이 가능한 보다 객관적 개념을 모색하면서 생태계라는 용어를 최초로 사용한 학자이다. 그의 생태계 개념은 자연 현상에 대한 보다 정밀한 이해를 가능케 한 20세기 초의 에너지 장과 시스템 등의 새로운 개념을 생산한 물리학으로부터 지대한 영향을 받았다.

생태계 개념을 사용하면서 유기체들 사이의 모든 관계들은 에너지의 순전히 물질적인 교환 차원에서 기술될 수 있다. 전통적인 생태학적 군집 개념에서는 생명체와 비생명체가 분리되었던 반면, 텐슬리의 생태계 개념은 모든 자연을 물질적 자원의 공통적 질서화 속에 갖다 놓을 수 있었다. 아울러 그의 생태계 개념은 생태학의 낭만주의적 스타일과 달리 자연을 개발 가능한 물질적 자원으로 파악하는 산업적 시각과 맞아떨어졌다.[34)]

특히, 열역학과 경제학에 기초한 환경 모델을 수립한 신 생태학 옹

33) Worster, D., 위의 책, p.295.

34) Worster, D., 같은 책, pp.301-304.

호자들은 자연을 현금 가치를 지니는 자원의 집합으로서 간주했다는 점을 보여주었다. 그들은 자연을 근대 기업 국가의 반영, 공장들의 체인, 생산 조합 라인 등의 반영으로 변형시켰다. 즉 경영 윤리로 향하는, 아울러 인간 경제의 최상 이익에 봉사하는 제어된 환경으로 향하는 이미 세워진 억견을 신 생태학의 기계론적, 에너지 기반의 바이오 경제학에 부여하는 것은 결코 허무맹랑한 것이 아니다.[35] 월스터 교수는 다음과 같이 결론 맺고 있다. "신 생태학은 자연과 자연 안에 존재하는 인간의 자리에 대해서 수축된 시각을 제안한 것으로 보인다 (…) 대중적인 환경 사유는 이와 유사하게 편협한 생물 경제적 윤곽으로 환원되었다."[36]

자연에 대한 기계적 · 경제적 은유는 노골적인 인간 중심적 성격을 공유한다. 많은 환경론자들은 그 같은 인간중심주의의 파괴적 파급 효과에 대해서 깊이 우려한다. 인간이 스스로를 모든 사물의 척도로 올려놓을 때마다 (즉 환경론자들의 인간 중심주의에 대한 비판이 작동한다) 인간 본성을 포함하는 자연은 가치의 독립적이며 고갈되지 않는 자원이 되기를 멈추며 그 대신 마음껏 의지에 따른 것의 구비되어야 할 재원이 된다. 환경에 대한 파괴적 파급 결과와 더불어 말이다. 환경 철학자들이 동의하기를, 만약 우리가 재앙으로 끝나는 환경 위기를 막으려면, 우리는 비인간중심주의로 전환해야 한다. 생명의 형식들을 그것들의 내재적 가치에 근거해서 판단해야 하며 결코 도구적 가치에 근거해서 판단하면 안 될 것이다. 철학자 하이데거를 따라서, 많은 환경론자들은 우리가 더 이상 자연을 그것의 공리성에 따라

35) 같은 책, pp.291-338.

36) 같은 책, p.315.

서 접근하면 안 될 것이라는 점을 확신했으며, 권력에 대한 우리의 마르지 않는 의지에 대한 사용 가능성 차원에서 보면 안 될 것이다. 그 대신 반응성과 구속으로부터의 해방 태도를 채택해야 할 것이다. 인간은 존재의 주인으로서보다는 양치기로서 처신해야 할 것이다. 생태복원의 이론과 실제에 영감을 준 예술과 미학 장에서 은유의 다른 근원으로 돌아간다면 그 같은 태도에 더 가까이 갈 수 있을 것이다.

2) 예술과 미학

1981년 최초로 생태복원, 즉 ecological restoration이라는 용어를 제시한 조르단 3세(William R. Jordan III)는 생태계 복원 주제를 다루는 가장 오래된 학술지를 창간했다. 최초 학술지명은 '*Restoration & Management Notes*'였으며, 1999년 이후로는 '*Ecological Restoration*'으로 변경되었다. 조르단은 아울러 1988년 세워진 국제 생태복원 학회의 창립 회원이다. 1993년 SER은 학회 기관지 '*Restoration Ecology*'의 창간호를 출판했다.

생태복원은 하나의 생태계가 그것의 역사적 기원으로 다시 귀환하는 것을 착발시키거나 가속화시키는 의도적 활동으로 간주된다. 생태복원은 부산물의 예측 가능성 차원에서 생태 공학과는 차이가 있다. "예측 가능성은 모든 공학 디자인에서 일차적 고려 사항인 반면, 생태복원은 예측할 수 없는 전개 과정을 인정·수용하고 엄밀한 실용주의를 넘어서는 목적을 내걸며, 생명 다양성, 생태계 통합성과 건강을 포괄한다."37)

---

37) SER Science & Policy Working Group, *The SER International Primer on Ecological*

생태복원은 하나의 생태계를 그것의 역사적 궤도로 돌려보내는 것을 시도하기 때문에, 역사적 조건들은 복원 디자인을 위한 이상적・관념적인 출발점이다. 비록 심각하게 영향을 받은 생태계의 정확한 역사적 궤도를 결정하는 것이 어렵거나 불가능할지라도, 그 같은 궤도의 일반적 방향과 경계선들은 어째든 손상된 생태계의 앞서 존재하던 구조, 구성, 기능 작동에 대한 이해를 통해서 수립된다. 아울러 다른 곳의 영향을 받지 않은 안전한 비교 가능한 생태계의 연구를 통해서 정립될 것이다.[38]

전체적으로 보면, 훼손된 생태계를 그것들의 기원 상태로 되돌리려는 생태복원의 시도는 예술 작품의 복원 차원에서 해석되어 왔다.[39] 이같은 은유는 특히 환경 철학자들에 의해서 전면에 부각되었다. 예술과 자연 비교의 시작은 생태복원의 신뢰도를 떨어뜨리기 위해서 제시되었던 것으로 판단된다. 오스트레일리아 출신 철학자 엘리엇(Robert Elliot)은 자신의 1982년에 쓴 유명한 논문, 「자연 위조하기(Faking Nature)」에서 생태복원은 예술 위조품과 흡사하다는 급진적 논증을 펼친 바 있다. 복제품이 원작품의 가치를 복제할 수 없듯이, 복원된 자연은 본래 자연의 가치를 복사할 수 없다는 의미로, "환경 공학자들이 제안하고 있는 것은 우리가 진짜 대신 하나의 위조품이나 모사품을 수용하라는 것이다."[40]

Restoration, 2004, http://www.ser.org, p.12.

38) Keulartz, J., "Towards a Multiple Vision of Ecological Restoration", in *Restoration and History*, p.239.

39) Keulartz, J., 위의 논문, pp.239-240.

40) Elliot, R., "Faking Nature", *Inquiry* 25, 1982, pp.81-93.
Gobster, P.H. and Hull, R.B.(ed.), *Restoring Nature: Perspectives from the Social Sciences and Humanities*, Wash., D.C. Island Press, 2000.

그는 이 논문에서 생태복원론의 두 가지 가정, 즉 오염되고, 훼손되거나 파괴된 환경들은 복구되거나 복원될 수 있다는 점, 아울러 본래의 자연 환경과 결부된 가치들 역시 복원될 수 있다는 가정을 검토한다. 엘리엇은 이 두 번째 가정을 문제 삼고 있다. 그는 야생 자연은 복원될 수 없는 하나의 가치와 특질을 갖고 있다고 주장했다. 자연 과정들의 결과로 얻어진 고유함은 야생 자연에 의해서 소유된 가치의 기초들 가운데 하나라는 주장이다. 복원된 자연 또는 복권된 자연은 이 같은 고유성을 주장할 수 없다는 것이다. 따라서 위조된 자연은 본래의 자연에 비해서 그 가치가 떨어지며 이것은 마치 위조품이 진품에 비해서 가치가 떨어지는 것과 같은 원리이다.

엘리엇의 논리에 대한 보다 상세한 기술을 하면 다음과 같다.[41] 그는 예술 위조와 자연 위조 사이의 유추가 생태계의 다양한 평가를 정당화하는 데 중심적 역할을 맡는다는 점을 강조한다.[42] 결국 그는 본래의 자연이 대체될 수 없다는 반 대체(代替) 테제(the anti-replacement thesis)를 옹호하고 있는데, 그것은 "과거 속에 뻗혀 있는 본래성, 자연성, 자연적 연속성은 자연적 가치의 중요한 결정적 요소들"[43]이라는 것을 의미하며, 복원된 환경은 경우에 따라서는 하나의 자연 환경이 될 수 있으나 그것의 멀리 떨어진 과거와의 자연적 연속성은 이미 깨졌을 것이라고 논증한다.

Throop, W.(ed.), *Environmental Restoration: Ethics, Theory, and Practice, Amherst*, NY, Humanity Books, 2000.

41) Elliot, R., *Faking Nature: The ethics of environmental restoration,* London and New York, 1997, pp.74-115.

42) Elliot, R., 앞의 책, pp.97-111.

43) Elliot, R., 같은 책, p.109.

1992년 논문, "엄청난 거짓말: 자연의 인간적 복원"에서 환경 철학자 카츠(Eric Katz)는 더 나가 복원은 필연적으로 인공물의 창조를 포함시킬 수밖에 없다고 주장한다.[44]

하지만 카츠는 자연적 과정들과 자연적 디자인이 복원에서 맡는 역할을 참작하지 않았으며 복원이 성취할 수 있는 엄청난 가치의 대체능력을 고려하지 않았다. 그의 논지는 자연의 모든 영역에서 이루어지는 인간의 개입은 그 지역의 내재적 가치를 완전히 파괴할 것이라는 주장으로 요약될 수 있다.

복원된 경관에서 생산되는 것이 무엇이건 그것은 자연이 지닌 본래의 가치를 가질 수 있다고 간주될 수 없을 것이 분명하다. 특히 야생 자연의 경우가 그렇다. 그것은 필시 가치 절하의 형식, 자연을 지배하는 형식을 표상한다.

> "한 번 우리가 자연을 지배하면, 즉 우리가 자연을 우리의 목적에 맞게 복원하고 재디자인하면, 우리는 자연을 파괴시킨 것이다–우리는 인공물적 현실을 창조한 것이고 어떤 의미에서는 가짜현실을 창조한 것이며 이것은 단지 우리에게 자연 환경의 즐거운 환영을 가져다주는 외관을 제공할 뿐이다."[45]

하지만 엘리엇은 복원의 가치와 복원해야 할 의미를 강조한다는 점에서 맹목적인 반복원론자는 아니다. 계속 방치할 경우 상황이 악

---

44) Katz, E., "The Big Lie: Human Restoration of Nature", *Research in Philosophy and Technology* 12, p.232.

45) Elliot, R., "Faking nature", in Light, A. and Rolston III, H.(ed.), *Environmental Ethics. An Anthology*, Blackwell Publishers, 2003, p.396.

화되는 경우에서 그는 당연히 복원의 의무를 강조하고 있다.[46)]

> "복원해야 할 의무는, 복원이 막을 수 있는 가치 상실론만 전적으로 결합된 것은 아니다. 그 의무는 복원의 의무에 의해서, 즉 자연적 가치를 복원해야 한다는 의무에 의해서 추동된다 (…) 그 같은 경우들에서 복원적 행위는 단지 가치를 재도입할 것을 목표로 삼는 것이 아니라 제거되었던 것과 동일한 종류의 가치를 재도입하는 것을 목표로 삼아야 한다."[47)]

특히, 엘리엇은 그 어떤 경우에서건 복원 행위를 수행할 수 있다는 핑계를 대면서 오염 행위를 정당화할 수 없다는 점을 누차 강조했다.

다른 환경 철학자들은 앞의 급진론자들의 판단에 비해 덜 가혹하다. 예컨대 라이트 교수는 엘리엇 교수와 카츠의 비판은 오직 복원의 사악한 종류에 대해서만 타당하다는 점을 지적하였다.[48)] 즉 자연의 방해나 파괴를 정당화시키기 위해서 사용되는 나쁜 복원을 말한다. 이를테면 산업 활동의 수혜를 위해 악용되는 경우이다. 하지만 더 넓은 무대와 장소에서 동일한 가치와 더불어 자연의 한 조각을 창조하는 것이 가능하다는 것이다. 하지만 라이트 역시 이 같은 종류의 복원은 상대적으로 희소하다는 것을 인정한다. 대부분의 복원 인간이 과거에 남긴 해악을 교정하기 위해서 착수된다. 이 같은 경우들에서

---

46) Elliot, R., F*aking Nature: The ethics of environmental restoration,* London and New York, 1997, pp.111-115.

47) Elliot, R., 앞의 책, p.112.

48) Light, A., '"Faking Nature" revisited', in Michelfelder, D. and Wilcox, B.(eds), *The Beauty Around Us: Environmental Aesthetics in the Scenic Landscape and Beyond.* Albany, NY, SUNY Press, 2003.

생태복원은 예술 작품 복제나 예술 모조품 보다는 예술 복원에 더 가깝다.[49)]

하지만 이 같은 은유는 문제가 없지 않다. 왜냐하면 예술 작품 복원이라는 관념 바로 그 자체가 논쟁의 여지를 갖고 있기 때문이다. 앞서 라이트 교수는 사고프(Sagoff) 교수의 초기 미학 이론을 참조하면서 그 점을 지적한 바 있다.[50)] 1978년 그는 환경 문제를 다루기 전에 "예술 복원과 예술 복제에 대해서"라는 논문을 발표한 바 있다. 논문에서 그는 모든 예술 복원이 적법한 복원으로 간주될 수 있는 것은 아니라는 점을 주장했다. 여기서 그는 통합적인 예술 복원과 순수주의적 예술 복원 사이의 구별을 긋는다. 통합 복원은 상실된 본래의 파편들의 자리에 새로운 조각을 갖다 놓는다. 통합적 복원의 요점은 전체 작품을 본래의 작품처럼 보이게 만드는 데 있다. 사고프는 이 같은 종류의 복원을 미학적 · 윤리적으로 문제의 소지가 있는 것으로 간주한다. 그는 명백히 순수주의적 복원을 선호한다. 그에 따르면 "순수주의적 복원은 그 자체를 예술 작품의 청소에 한계를 긋고, 낙하될 수도 있었을 수 있는 본래의 조각들을 다시 결합시키는 것이다. 순수주의자는 본래의 예술가가 생산하지 않은 그 어떤 것도, 즉 비진정한 그 어떤 것도 보여주어서는 안된다는 것이다. 순수주의적 복원은 감상하는 이로 하여금 예술 작품을 하나의 완결된 결과물로 보도

49) Keulartz, J., "Towards a Multiple Vision of Ecological Restoration", in *Restoration and History*, p.240.

50) 사고프의 환경 사상 및 환경법에 대한 종합적 견해에 대해서는 그의 다음 저서 참조
Sagoff, M., *The economy of the earth*, New York, Cambridge University Press, 1988.

록 하고, 진정한 것과 진정하지 않은 것을 동시에 보게 만들며, 통합적 복원의 성공은 오직 관람객이 본래의 작품과 복원된 작품 사이의 차이를 말할 수 없을 경우이다. 순수주의자들은, 통합적 복원은 오직 예술 작품의 본래의 가치를 줄이거나 심지어 파괴시킬 수 있으며, 대중을 기만할 수 있다는 것이다.[51)]

통합적 복원에 대한 사고프의 부정적 판단을 생태복원 영역으로 확장시키면서, 라이트는 자연의 모든 통합적 복원은 비록 그것이 호의를 갖고 있다 해도, 본래의 자연과 동일한 가치를 가질 수 없다는 주장을 펼친다. 하지만 사고프에 비해서 보다 신축적 태도를 보여주는데 이를테면 상이한 종류의 통합적 생태복원들을 구별해낼 수 있다는 것이다. 하지만, 더 중요한 것은 많은 생태복원들은 앞서 언급한 통합적 복원보다는 순수주의적 복원에 더 가깝다는 것이 그의 요지이다. 그는 정화 작업을 가장 명백한 예로 보고 있다. 이 같은 경우들은 기존의 미생물체의 생명 활성화를 포함하여 토지가 본질적으로 스스로 정화하도록 만들고 외래 식물종을 청소하여 원산지의 식물들이 다시 자리 잡을 수 있도록 해준다. 그에 따르면 이 경우 순수주의적 예술 복원과 동일한 목적들을 위한 자연 속에서의 인간적 간섭을 겪게 된다. 새로운 작품이 생산된 것이 아니며, 자연의 제거되거나 억압된 요소들이 다시 자신들의 기능들을 수행할 수 있도록 여건을 마련해준 것이다.[52)]

---

51) Sagoff, M., "On Restoring and Reproducing Art", *The Journal of Philosophy* 74: 9, 1978, p.457.

52) 다음 문헌 참조할 것. Light, A., "Faking Nature Revisited", in The Beauty Around Us: Environmental Aesthetics in Michelfelder, D. and Wilcox, B., (eds.), *The Scenic Landscape and Beyond*, Albany, NY, SUNY Press, 2003.

그렇지만 생태복원에 대한 순수주의적 견해 역시 문제가 없지 않다. 순수주의자들은 예술 작품을 특별한 과정의 결과물로 존중하며 특정 장소와 시간에서 특별한 예술적 작업의 창조로 간주한다. 즉 미학적 속성들의 담지자로만 보는 것은 아니다. 하지만 여기서 예술과 자연의 유추는 궁극적으로 파기된다. 심지어 우리가 자연의 작가성을 귀속시킬 수 있는 장인의 존재를 받아들일지라도, 그의 생산품은 특별한 장소와 시간으로 되돌려질 수 없다. 생태학자들과 보존 옹호론자들 사이에서도 역사적 준거와 참조에서 어떤 것을 선택해야 할 것인지를 놓고 논쟁이 진행 중이다. 농업의 발생 이전의 상태로 되돌려야 하나, 아니면 산업 시대 이전의 상태로 되돌려하나, 어느 정도까지의 농업 기술을 전통적인 것으로 수용할 수 있는가라는 물음이 제기될 수 있다.[53]

이 물음에 대한 답변은 인간들과 자연 사이의 관계를 어떻게 고려할 것인가에 달려 있다. 이 같은 관계는 단지 심각하게 한계가 그어진 방식으로 예술 작품에 대한 우리의 미학적 태도에 비교될 수 있을 뿐이다.[54] 이러한 태도는 그 자체를 위하여 하나의 오브제에 대한 동감적 명상의 하나이다. 철학자 칸트에 따르면, 예술 작품은 목적이 없는 목적성(Zweckmässigkeit ohne Zweck)이 있다. 그는 우리가 예술 작품의 아름다움을 무관심적 쾌락(interesseloses Wohlgefallen)으로 경험하는 방식을 기술하고 있다. 하지만 자연은 결코 아름다움의 경험 대상만은 아니며 숭고함의 대상도 아니다. 그것은 다른 기능들을 갖고 있다. 물은 교역, 운송, 식량 공급, 관개, 레크리에이션을 위해서 중요

---

53) Keulartz, J., 앞의 논문, p.241.

54) Keulartz, J., 같은 논문, p.241.

하다.

예술과 자연 사이의 또 다른 중요한 차이점은 예술 작품은 전적으로 수동적이고 그것 자체에 남겨진 것이며 부식이 불가피하다. 우리는 그것들을 복원한다. 하지만 그 자체들을 복원하지 않는다. 이와 대조적으로, 자연은 스스로를 복원시킬 수 있다. 하지만 이 같은 논증이 타당한 것은 오직 시각 예술에 국한될 경우이다. 공연 예술로 가면 복원 은유는 다른 의미를 갖는다. 발레, 심포니, 희곡은 결코 정태적이지 않으며, 다시 계속해서 창조됨으로써 그 생명력을 얻는다. 이러한 예술 작품은 오직 연속적인 공연을 통해서 자신의 정체성을 얻는다. 생태복원과 예술 공연 사이의 이같은 방정식은 조르단(Jordan)에 의해서 반복적으로 이루어졌는데, 그는 환경주의가 복원의 수행적 표현적 양상에 대한 맹목화를 비난한다. 즉, 복원의 의례적 차원이라 불릴 수 있다.[55]

더구나 공연 예술은 청중 없이는 진행될 수 없다. 예술 공연은 전적으로 그 정의상 공적인 의례들이기 때문에 이 같은 예술 복원 은유의 버전은 공동체 은유와 가까이 있고, 이것은 생태학에서 오랜 전통을 갖고 있으며, 알도 레오폴드의 대지 윤리에서 특히 그 기원을 찾을 수 있다.[56] 레오폴드의 유명한 진술을 환기할 필요가 있다. "대지 윤리는 호모사피엔스의 역할을 대지 공동체의 정복자로부터 대지의 평범한 구성원과 시민으로 변화시킨다."[57] 공동체 은유를 채택했던

---

55) Rolston, H., "Restoration", in *Throop, Environmental Restoration*, pp.127-132: W.R. Jordan III, "Restoration and Management as Theater", *Restoration & Management Notes* 5: 2(1987), Jordan, W.R., "Sunflower Forest", in *Throop, Environmental Restoration*, p.215.

56) Keulartz, J., 같은 논문, pp.241-242.

복원주의자들은 스스로를 박물관 작품들의 학예사로서보다는 참여자들로서 지각한다. 참여는 인간들 사이의 유대를 강화시키며, 인간 공동체와 보다 큰 생태학적 공동체 사이의 유대를 강화시킨다.

생태계 복원과 예술적 재창조 사이의 유추는 자연 자원에 대한 인간의 다중적 사용으로부터 귀결되는, 자연과 문화 사이의 역동적 상호 놀이를 정당화한다. 따라서 생태복원을 미술관에서 소장하고 있는 작품들의 부분적 복원과 나란히 놓는 것은 무리가 따른다. 이 점에서도 앞서 언급한 공학과 사이버네틱스의 영역에서 취한 은유들과의 흡사함이 발견된다. 인간을 배제하기보다는 인간을 포함하는 은유들이기 때문이다.[58] 하지만 그것들은 생태학적 복원이 평가되어야 할 기준에 견주어서 차이를 노출한다. 첫 번째 경우, 진정성은 있는 그대로 하나의 척도로 기능한다. 하나의 예술 공연은 본 작품의 악보, 스크립트, 또는 시나리오에 견주어서 참이어야 한다. 다른 한편, 공학과 사이버네틱스의 영역에서 제안되는 은유들은 '본래성' 또는 독창성에 대한 것이 아니라 기능성에 대한 것이다. 이 점에서 이 같은 은유들은 최근에 나타나는 의학과 건강 치료의 영역에서 창발한 은유들의 클러스터와 공통점을 지닌다.[59]

실제로 건강 은유는 매우 강력한 담론 도구이다. 그것은 과학적 접근법들의 다양성을 포용하기에 충분할 정도로 광범위하다. 아울러 생태계의 사이버네틱스 개념처럼, 기계적 유기체적 세계관과 양립될 수 있다. 그것은 자연적, 사회적, 의학의 과학자들 사이의 공조를 쉽게

---

57) Leopold, A., *A Sand Country Almanac*, New York, Oxford University Press, 1949, p.240.

58) Keulartz, J., 같은 논문, p.242.

59) Keulartz, J., 같은 논문, p.242.

해줄 뿐만 아니라, 일반 대중을 위해서 중요한 의사소통적 기능을 갖는다. 그것은 징후, 신드롬, 진단적 지표소의 요소들 등을 갖는다.[60] 평범한 사람들 역시 친숙하게 이해할 수 있는 은유들이다.[61]

지난 수십 년 동안 건강 은유는 생태복원에서 중요한 인식론적 토대를 수립했다. 일부 전문가가 지적했듯이, 생태계 건강과 생태복원이라는 두 개의 창발하는 장들은 서로가 서로를 편안하게 완결시킬 수 있는 잠재성을 갖는다.[62] 이를테면 생태계 건강은 진단을 내리는 도구 상자로서 간주하고, 생태계 복원을 손상된 생태계 관리를 위한 처리 도구 상자로서 간주한다면, 확실히 유용한 시너지를 위한 잠재력이 존재한다는 사실을 깨닫게 된다.[63]

그렇지만, 건강 은유를 생태계 복원에 포함시키려는 것은 일부 학자들로부터 비판을 받았다. 그들은 공동체와 생태계가 건강과 온전함과 같은 특질들을 소유한다는 생각을 거부한다. 왜냐하면 이 같은 생각은 한물간 생태계적 관념인 군집과 생태계를 통합된 실재들로서 보는 것을 환기시키기 때문이다. 이를테면 클레먼트(Clement)의 초목 공동체를 슈퍼 유기체로서 보는 것이 그 한 예이다. 그들은 건강이나 온전함과 같은 속성들은 오직 진화에 의해서 직접적으로 형성되어 온 실재들에 대해서 유의미하게 적용될 수 있으며, 군집과 생태계는 진화에 의해서 실재들로서 형성되지 않는다는 것이다.[64]

---

60) Keulartz, J., 같은 논문, p.244.

61) Rapport, D. et al.(ed.), *Ecosystem health*, Malden, MA, Blackwell Science, 1998.

62) Keulartz, J., 같은 논문, p.244.

63) Harris, J.J. and Hobbs, R.J., "Clinical Practice for Ecosystem Health: The Role of Ecological Restoration", *Ecosytem Health* 7: 4(2001), p.200.

64) Davis, M.A. and Slobodkin, L.B., "The Science and Values of Restoration Ecology", *Restoration Ecology* 12:1, 2004.

3. 생태복원의 인간학적 의의: 기술중심적 생태복원에서 인문적 생태복원으로

경관의 변화는 결코 물질적 과정이 아니라, 사람들의 정신 상태를 변화시키는 생태학적 과정과 문화적 과정의 얽힘으로 이루어진다는 사실을 확인하였다. 따라서 만약 복원의 경로를 이해하기를 원한다면, 현대의 삶을 규정하는 패턴들을 파악하고 있어야 한다. 기술은 물론 이 같은 패턴들의 심장부에 놓여 있다.[65] 이것은 특별히 직관적 논거는 아니다. 여기서 결정적으로 기술에 대한 평범하지 않은 정의를 환기시킬 필요가 있다. 중요한 것은 인공물들과 기계들 자체가 아니라, 그것들이 우리의 삶 속에서 창조하는 패턴들이다. 미국의 철학자 보르그만(Albert Borgmann)은 이 점에서 중요한 철학적 영향력을 행사했다.[66] 그의 이론은 기술은 구별적인 패턴을 성립하는데, 그 같은 패턴에서 우리는 상품들을 선호하면서 우리에게 중요한 사물들과 활동들을 이동시킨다. 그렇다면 이것은 생태학적 복원과 어떤 관련이 있는가.

단도직입적으로 말해서 생태복원이 하나의 상품으로서 전환되는 것은 우려할 사항이다.[67] 생태계조차 하나의 상품으로 변질될 우려가

---

65) 본 절은 다음 문헌에 기초하여 작성되었음을 밝혀둔다.
Higgs, E., *Nature by design: people, natural process, and ecological restoration*, London, The MIT Press, 2003, 제5장과 제6장, 각각 pp.179-223, pp.225-263.
힉스 교수의 이 책은 미국의 기술 철학자 보르그만으로부터 결정적 영감을 받았다는 점을 알게 되었다. 따라서 보르그만의 원저를 다시 확인하여 참조하는 과정을 밟았다.

66) 그의 대표적 저서 참조. Borgman, A., *Technology and character of contemporary Life: A philosophical Inquiry,* University of Chicago Press, 1984.

있다. 사회에서는 완만하면서도 가차 없는 표류가 존재하며, 테마파크의 호텔을 통해서, 혹은 야생의 자연을 모방하거나 기술적으로 종속된 레저 활동들을 지지하는 테마파크들을 통해서 말이다. 이는 가치의 모든 것을 판매가 가능한 무엇으로 전환하려는 목적을 지닌다.

문제는 단순한 화폐 가치 이상의 것을 우리에게 의미하는 것들이 존재한다는 것이다. 생태복원으로 새롭게 야생 조류가 날아든다든지, 마을 공동체의 새로운 친구가 생기는 것 등이 그렇다. 그리고 맑은 물을 보며 생태 하천을 산보하면서 느끼는 생활 속의 작은 희열감 등이 그런 것들이다. 이런 것들은 기술적 · 경제적 경험을 넘어서는 정신적 만족감들이다. 하지만 이것들은 효율성과 현금을 강조하는 프로젝트와 사유 타성들을 위해서 곁으로 밀려난다. 우리는 다음과 같은 몇몇 난해한 어려움들에 봉착한다. 우리는 어떻게 단순한 영리사업으로 전락되는 것을 벗어나 복원의 실천들에 동력을 제공할 수 있는가? 우리는 어떻게 이식 유전자를 가진(transgenic) 유기체의 사용에 적응하는가? 우리는 복원에 사용되는 새로운 기술들에 대해서 한계를 장착시킬 수 있는가? 또는 우리가 건설하는 도로블록 주위에서 미끄러지게 만드는 것을 넘어서는 패턴을 존재하게 하는가? 다른 한편, 우리는 어떻게 복원 실천이 정교한 기술을 지닌 실천가들이 유의미한 작업을 제시하는 윤리적 직업 활동으로 창발하는가?

이 같은 기술적 표류를 지적하면서, 두 개의 핵심 사안을 도출할 수 있다.[68] 첫째, 우리는 복원이 이해되는 방식에서 중요한 이동의 시작 지점에 놓여 있다. 복원에 동원된 직접적인 신체소통에 기초한

67) Higgs, E., 앞의 책, pp.188-194, pp.203-213.
68) Higgs, E., 같은 책, pp.180-181.

참여적 활동을 규정해 온 가치들은 서서히 더 상업 중심적이면서, 기술적 접근들에 의해서 모퉁이로 밀려난다. 패턴들은 빈번하게 미묘하며, 우리는 때때로 그것들의 함의를 실현해야 한다. 이 같은 추상적 사항은 바로 이 장의 핵심이다. 둘째, 그 같은 기존의 기술 중심적 생태복원에서 벗어나기 위해서, 대안들을 유념에 두는 것이 중요하다. 따라서 인문적 복원 개념을 제안할 수 있으며 이것은 기술 중심적 복원에 대한 대안이다.

야생 자연 또는 야생성에 대한 우리의 이해는 변화하고 있는데 그것은 마치 자연 그 자체가 변화하고 있는 것과 마찬가지이다. 자연은 더 이상 사람들이 덜 붐비는 장소, 산의 경관, 동떨어진 접근 불가능한 계곡들로 구성되지 않는다. 이 같은 만화적 왜곡은 유럽과 미국의 문화적 가치들로부터 도출된 것으로, 서구에서는 야생으로서의 자연을 생산하였으며, 에덴의 장소로서 이미지화된다. 따라서 그 같은 가치들이 부분적으로 문화적 투영에 뿌리를 내리고 있다는 점을 점차로 의식하면서, 생태학적 경영의 주제는 형태를 변화시키고 있다.

실제로 야생성에 대한 새로운 이해는 다양한 분야에서 개진되었다.[69] 수많은 생태복원으로부터 얻는 교훈은 다음과 같다. 하나, 기술적 시스템은 복잡하며 취약하다. 우리가 장소에서 어떤 주의를 기울이더라도 예기치 못한 사건들이 발생한다.[70] 우리는 기술 시스템의

---

69) Soulé, M., and Lease, G.(ed.), *Reinventing Nature?: Responses to Postmodern Deconstruction*, Washington, DC., Island Press, 1995., Nabhan, G.P., *Cultures of Habitat: On Nature, Culture, and Story*, Washington, DC, Counterpoint Press, 1997.

70) 다음 문헌 참조. Perrow, C., *Normal Accidents: Living with High-Risk Technologies*, New York, Basic Books, 1984.

정교함에 놀라지만, 그것들 역시 오류가 발생할 수 있다는 점을 망각한다. 둘, 현대 기술의 많은 부분은 우리의 발밑에 있는 케이블과 도관들 속에 숨어 있어 우리의 시야에 보이지 않는다. 우리는 전기가 어디로부터 오는 것인지, 전자 우편은 어떻게 작동되는 것인지, 광섬유 커뮤니케이션의 기본 원칙은 무엇인지 이해하려고 애쓴다. 하지만 기술이 작동되는 것에 대한 우리의 지식은 부적합하다. 우리는 기술의 바다 속에서 수영을 한다. 삶의 속도는 가팔라지고, 온갖 정보의 수량은 폭증하며, 생활에 대한 비전은 오락 산업에 의해서 지배된다. 전통은 전통의 소비에 의해서 대체된다. 전통의 바다는 전통을 씻어내며, 때때로 전통을 박물관으로 전환시킨다.[71)]

기술은 때때로 사회적 과정을 관찰할 수 있는 인공물이며 그 힘은 가공할 만한 것이다. 이미 기술의 본질을 비인간적인 것으로 비판한 엘륄, 멈퍼드, 마루쿠제 등의 문화 비평가들이 기술의 위험성을 경계한 바 있다. 하지만 대부분의 경우, 이들 사상학파는 기술을 우리의 삶에 미치는 외적 효과들에 초점을 둔 나머지, 사회적 정치적 힘으로서의 기술을 무시한다. 기술은 문화적 · 정치적으로 부동의 것이었다. 기술 철학자들을 통독하면, 단지 우리의 관심을 끄는 것은 기계물 또는 사람들만이 아니라, 사람과 기술의 끊을 수 없는 관계이다. 이같은 관계에서 부분들만큼 중요한 것은 관련성이다. 이 같은 관찰은 우리가 기술을 바라보는 방식에 대해서 놀라운 효과를 갖는다. 기술철학자 위너(Langdon Winner)는 현대 사회를 "잠을 자면서 걷는 것"으로 기술한다.[72)]

71) Higgs, E., 앞의 책, pp.182-183.

72) Winner, L., *The Whale and the Reactor: A Search for Limits in an Age of High*

생태복원의 인문적 토대를 정초할 때 우리가 참고할 수 있는 철학적 탐구로서 보르그만의 명저 『기술과 현대 생활의 성격』을 손꼽을 수 있다.[73] 생활의 기술 방식은 통상적으로 철저한 혁신을 품고 있으며 전도유망한 미래에 열려 있는 다양한 스타일과 기회가 주어진 것으로 간주된다. 아울러 기술 사회가 노정하는 문제들은 테크놀로지 외부에 있는 것으로 사유된다. 이를테면 그 문제들은 정치적 비결단성, 사회적 부당함, 또는 환경적 제약들로부터 도래하는 것으로 가정된다. 하지만 보르그만은 이것은 우리가 처한 상황에 대한 심각한 오해로 간주한다. 그는 우리의 삶을 축조하는 전체 구조에는 특징적이며 제약적인 패턴이 존재한다는 점을 보여주려 한다.[74] 그 같은 패턴은 가시적이며 기술 사회에서 일상의 수많은 이목을 끌지 못하는 오브제들과 절차들에서 부각된다. 그것은 그 발현에 있어서 구체적이며 우리의 삶과 가장 가까이 놓여 있으며 그 범위에 있어서 파상적이다.[75]

그가 먼저 주목하는 것은 현대 사회에서 기술의 전면적 부상이다.[76] 그는 기술을 오늘날 우리가 세계를 점유하고 그것을 마음껏 사용하는 특징적 방식으로 정의했다. 기술은 상식으로서 군림하고, 사물을 작동시키는 가장 자명한 방식으로서 지배한다. 가장 자명하다고 생각되기 때문에 본질적인 것이 숨겨져 있다. 계몽주의 시대는 우리 시대의 근원적 해방 사조였다. 그는 기술의 약속이 계몽 시대 초반기

Technology, Chicago, University of Chicago Press, 1986.

73) Borgmann, A., *Technology and the Character of Contemporary Life: A Philosophical Inquiry*, Chicago and London, The University of Chicago Press, 1984.

74) Borgmann, A., 앞의 책, p.3.

75) Higgs, E., 앞의 책, pp.184-185.

76) Borgmann, A., 앞의 책, pp.35-40.

에 정식화되었다는 점을 주목한다. 여기서 그가 제시하는 독특한 개념은 장치 패러다임(device paradigm)이다.[77] 즉 기술의 패턴 또는 패러다임에 대한 명시적 설명을 제공할 것을 시도한다. 기술은 자연의 힘과 문화의 힘을 제어할 수 있다는 약속을 한다. 그리고 우리를 비천함으로부터 해방시킬 것과 우리의 삶을 풍요롭게 만들 수 있다는 약속을 한다. 하지만 보그르만은 누가 누구에게 약속을 발설한다는 것은 정치적 책임의 문제라는 점을 주목하며 그 약속의 수혜자들이 누가 될 것인지의 문제는 사회 정의의 사안이라는 점을 강조한다. 그리고 해방과 풍요화의 개념들은 사용 가능성 개념과 결합된다는 점에 주목한다.[78] 그는 사용 가능성의 세밀한 구별을 위해 사물과 장치를 구분할 것은 제안한다. 하나의 사물은 그것의 맥락, 즉 그것의 세계와 분리될 수 없으며 사물과 그것의 세계와 우리가 접촉하는 것, 즉 참여와 분리될 수 없다. 사물의 경험은 사물의 세계와의 하나의 신체적 · 사회적 참여이다. 하나의 사물은 다면적인 참여를 불러오면서 반드시 하나의 재화 이상의 것을 제공한다. 난로는 단순한 온기 이상의 것을 제공한다. 난로는 하나의 '포커스(focus)', 난로, 한 가족의 노동과 여과를 모아놓는 장소이며 집에서 하나의 중심부를 제공한다. 난로의 땔감을 준비하는 과정 자체는 신체적 참여를 요구한다. 어머니는 불을 지피고, 아이들은 아버지가 만든 땔감을 난로에 채워 넣는다. 물리적 참여는 단지 신체적 접촉이 아니라 신체의 다면적 감수성을 통해서 이루어지는 세계의 경험이다.

난로와 같은 하나의 사물은 온기를 제공하지만 불가피하게 난로의

77) Borgmann, A., 앞의 책, pp.40-48.
78) Borgmann, A., 앞의 책, p.41.

세계를 구성하는 다른 많은 요소들을 제공한다. 통상적으로 우리는 이 같은 첨가적 요소들이 귀찮은 부담으로 사유하는 성향이 있다.

반면 중앙난방과 같은 하나의 장치는 단지 온기를 제공하며 다른 요소들로부터 일체의 부담을 덜어 준다. 그 같은 부담들은 장치의 기계에 의해서 전담된다. 기계는 우리의 스킬, 힘, 주의에 대해서 사물보다 훨씬 덜 요구하기 때문에 그것의 존재를 훨씬 덜 느끼게 된다. 기술의 진보에서 하나의 장치의 기계류는 은닉되거나 오그라드는 경향을 보여준다. 하나의 장치의 모든 속성들 가운데서 오직 결정적인 것은 장치가 제공하는 상품을 성립하는 속성들이다. 따라서 모든 장치들은 기능적 등가를 갖는다. "기계류의 은닉과 장치의 부담을 덜어주는 성격은 나란히 진행된다."[79]

이른바 선진국에서, 이 같은 패턴은 가장 눈에 띈다. 우리는 물질적 재화들을 추구하며, 광고의 양상과 새로운 장치들의 파워에 의해서 압도당한다. 제반 장치들은 강력하다. 많은 것들은 보다 신속하게, 이를테면 컴퓨팅 기술과 더불어 성취될 수 있다. 디지털 기술과 더불어 수많은 가상 세계들을 실현했다. 제반 기술 장치들의 파워는 바로 기술의 두 가지 약속으로부터 도래한다. 해방과 풍요화가 그것이다.[80] 가사 용품들은 힘들고 단조로운 일로부터 해방을 약속하는 탁월한 예이다. 예컨대 세척기는 우리로 하여금 손으로 접시를 닦는 일을 해방시킨다. 우리가 제대로 이해하지 못하는 것은, 우리가 제반 함의들 이전의 장점만을 보기 때문에, 바로 이같은 세척 노동으로부터의 해방이 돈을 지불하는 것, 즉 노동력을 포함한다는 점, 그리고 접시 사

---

79) Borgmann, A., 앞의 책, p.44.
80) Higgs, E., 앞의 책, pp.188-189.

용과 각종 식사 용기를 제고시키면서, 보다 전통적인 실천의 사회적 연결의 상실을 함의한다는 점이다. 두 번째 약속, 풍요는 해방의 반대되는 부분이다. 기술은 우리를 개인적 성장을 위해서 해방하고, 다른 풍요화의 형식을 위해서 자유롭게 만들어 준다. 하지만 아이러니하게, 시간이 자유로워지면서 더 많은 여가를 위해서가 아니라 보다 많은 노동과 소비를 위해서 사용된다는 점이다.

기술의 약속은 제 장치들의 사용 가능성에 의해서 추동된다. 보르그만(Borgmann)에 따르면, 사용가능성(availability)이란 보다 안전하고 사용하기 쉬우며 순간적이고 편재(遍在)성을 갖고 있는 장치들의 전달을 의미한다. 전형적인 최첨단 자동차 모델은 바로 이 같은 특징들을 반영한다. 이를테면 최근의 인체 공학적 디자인, 사용자 중심의 특질들을 사용하면서 보다 작동하기 쉬운 자동차가 그것이다.

그 같은 변화의 속도는 너무나 신속하게 제고된 나머지, 보다 많은 기술에 대한 충동은 바로 우리 자신이 존재하는 부분, 즉 사회에서 살아가는 것의 자연적 특질이 된다. 기술은 바로 우리가 숨 쉬는 공기가 되며, 우리는 우리의 삶이 기술에 의해서 조건 지어진다는 것을

〈그림 3〉 극단적인 기술적 편리함이 가져온 미래의 이미지를 현실화한 애니메이션 필름 Wall-E의 한 장면

거의 주목하지 못할 정도가 된다. 우리는 보다 많은 장치들을 획득할 뿐만 아니라 보다 많은 절차들을 획득한다. 그리고 기술적인 사유 방식들을 획득한다. 기술은 하나의 시스템이며, 그것은 개별적 · 물질적 부품 이상의 것을 포함한다. 테크놀로지는 조직, 절차, 상징, 새로운 단어들, 방정식, 정신 상태를 포함한다.81)

우리는 기술 중심적으로 사유할 때, 개인적 · 사회적 어려움들이 마치 깨어진 메커니즘의 부품들인 것처럼 다루면서 기술적 포화 지점에 도달한다. 보다 더 파상적일수록, 역설적으로 그것은 은닉된다. 우리는 우리 주변에 있는 것을 주목하지 않은 경향을 보여준다. 우리가 점차적으로 사유의 기술적 타성에 빠지면서 기술을 하나의 패턴으로 보는 것을 방해한다는 점을 깨달으면 이것은 증폭된다.

기술은 해방과 행복의 약속을 건네주는 데 실패한다. 그 이유는 일차적으로 기술이 우리를 중요한 것들로부터 멀어지게 만들고 산만하게 만들기 때문이다. 보르그만에 따르면 정작 중요한 것은 초점화된 성질을 갖는다. 그것들은 다면적인 사회적, 생태학적 관계들을 가져다준다. 그는 초점적 사물(focal things)이라는 관념을 제안한다. 그것은 인간적 가치에 초점을 둔 실천(focal practices)을 필요로 한다.82) 능력과 탁월함에 필요한 기술들의 발달을 장려하는 규칙적인 장치들을 말한다.

보르그만이 제시하는 설명 가운데 독특한 개념은 초점적 사물과 초점적 실천이라는 단어들이다.83) 자연의 힘이 다른 많은 장소들에서 유사하게 마주친다는 사실을 보기 위해서 그는 이 두 가지 개념들을

81) Franklin, F., *The Real World of Technology*, *rev.ed*, Toronto, House of Anansi Press, 1999, pp.2-3.

82) Higgs, E., 앞의 책, p.242.

83) Borgmann, 앞의 책, pp.196-210.

발전시켜 나가야 한다는 점을 강조한다. 라틴어 'focus'라는 단어의 의미와 어원은 이 같은 과제를 수행하는 데 있어서 최고의 안내자이다. 라틴어 'focus'는 난로를 의미한다. 난로 또는 난롯가(fireplace) 등, 하나의 사물은 중앙난방 시설 등의 장치와 대척점을 이룬다. 기술이 도입되기 이전의 집에서 난롯가는 온기와 빛, 그리고 일상적 실천들의 중심부를 성립했다. 로마인들에게 'focus'는 성스러운 곳이었으며, 집안의 신들이 있던 장소였다. 고대 그리스에서 아이는 그가 난로 속으로 운반되고 그 앞에 놓일 때 비로소 가족 구성원으로 결합된다. 로마시대 결혼식의 결합은 난로에서 성스럽게 수행되었다. 불은 상징적이고 매우 드물게 충분한 온기를 제공하기 때문에 난롯가는 빈번하게 집 안에서 중심적 소재지가 된다. 그런데 오늘날 '포커스(focus)'라는 단어는 기하학과 광학의 전문 용어가 되었다. 그런데 포커스의 이 같은 기술적 의미들은 다행스럽게도 일상 언어에서 본래의 의미와 수렴되었다. 비유적으로 하나의 포커스가 그것의 맥락 관계들을 결집시키며, 그것의 주변 환경으로 퍼져나간다는 점을 시사한다. 무엇인가에 초점을 맞춘다는 것은 그것을 중심적으로, 명료하게, 그리고 분절시키는 것을 의미한다.[84] 바로 'focus'의 이 같은 역사적 의미와 살아있는 의미의 맥락에서 보르그만은 초점적 사물과 초점적 실천의 의미를 제시하고 있다.[85]

이 같은 인간적 가치에 초점을 둔 실천을 인문적 관점에서 해석할 수 있을 것이다. 대부분의 사람들은 그들의 삶 속에서 그 같은 실천들을 갖고 있다. 이를테면 정원을 가꾸거나 요리를 하거나 노래를 배

84) Borgmann, 앞의 책, p.197.

85) Higgs, E., 앞의 책, pp.243-244.

운다. 기술 중심의 사회에서 삶이 우리를 압도하는 것은, 바로 이 같은 개인의 실존적 실천들이 주변부로 몰려났기 때문이다. "만약 우리가 기술의 규칙에 도전을 하려 한다면, 우리는 오직 참여의 실천을 통해서만 그렇게 할 수 있을 것이다."86)

하나의 실천을 수립하고 스스로 그것에 헌신할 수 있는 인간적 능력은 세계를 이해할 수 있는 우리의 능력을 반영한다. 하나의 실천 토대를 세우는 것은 하나의 초점적 관심사(focal concern)를 지키는 것이며, 운명과 우리의 취약성의 영고성쇠에 맞서 그것의 은신처를 만들어내는 일이다. 즉, "초점적 실천(focal practice)의 목적은, 실천에 있어 중심적인 사물을 그것의 줄어들지 않은 깊이와 정체성 속에서 지켜내는 것이며, 수단들과 목적으로 기술적인 괴리에 맞서 그것을 방패로 막는 일이다."87)

실천들은 단지 기술적 전복으로부터 초점적 사물들(focal things)을 보호할 뿐만 아니라, 인간의 취약성에 맞서 초점적 사물을 지켜낸다.

초점적 실천(focal practice)의 의미는 다음과 같다. 즉, 그 같은 실천은 기술의 패턴화된 파상적 침투에서 이루어지는 기술에 맞서기 위해서 요구된다. 그리고 초점적 사물들을 그것의 깊이와 통합성 속에서 지켜내는 데 있다. 결국 하나의 실천을 통해서 기술에 맞서는 것은 기술적 산만함에 대한 우리의 감수성을 설명하는 데 있으며 이해라는 특별히 인간적인 힘을 참여시키는 데 있다.

초점성(focality)이라는 개념의 세련된 점은 그것의 직관적 호소력이

86) Borgmann, 앞의 책, p.207.

87) Borgmann, 앞의 책, p.209.

다. 일단 기술되면, 모든 사람은 의미를 동반하는 하나의 사물이나 실천을 선택할 수 있다. 더구나 그것은 결정적으로 우리의 경험을 가능하게 만드는 인공물들과 과정들이다. 보르그만은 우리가 기계 장치들에 매료되면서 우리가 초점적 인간적 실천에 대한 우리의 능력을 이동시키고 때때로 파괴시킨다고 하였다. 사물과 구별되는 장치들은 투박하게 말해서 대량 생산 인공물들이다. 그것들은 연속성을 결여하고 있으며, 전형적으로 공동체에 대한 참여와 서약에 대한 영감을 불러오지 않는다.

초점적인 것들, 인간적인 것들이 그것들의 사회적·환경적 맥락과 분리되고 기계류와 상품들로 전환되는 광범위한 패턴들이 존재한다. 장치 패러다임은 상업화로서 생각할 수 있으며, 중요한 것들이 상품으로 전환되는 것이다. 우리는 그것이 결혼 카운슬러인지, 작업장 효율성에 대한 전문가인지, 디지털 텔레비전 장치이건 세계를 상품의 차원에서 본다. 세계에서 우리의 일차적 경험은 소비이며, 보르그만에 따르면 소비한다는 것은 준비, 공명, 파급 효과가 없이 분리된 실재를 사용하는 것이다. 소비에서 상실되는 것은 상품 이면에 있는 사물의 깊이와 더불어서 참여하는 것이다. 생태학적 복원은 탁월한 초점적 실천이다.[88]

우리는 여기서 기술 중심적 생태복원(technological restoration)과 인문적 복원을 구별할 필요가 있다.[89] 양자의 수단들은 비슷할지 모르지만, 목적은 판이하게 다르다. 전자는 기술적 문화의 패턴과 연계되며, 인간과 문화를 중심에 둔 복원은 사람과 생태계 사이의 참여적

---

88) Higgs, E., 앞의 책, p.241.

89) Higgs, E., 같은 책, pp.241-249.

관계에 의해서 형성된다. 많은 사람들에게 복원은 기술의 완벽성에 대한 것이며, 실천의 전문화로 향하는 경향으로 유도된다. 반면 인문적 복원은 자연적 과정들과 패턴들과 관련하여 공동체를 건설하는 작업의 중요성을 강조한다. 물론 이 두 가지 접근법은 서로 배타적인 것은 아니나, 하나의 결정적인 길을 형성하기 시작하였다. 크고 넓은 도로, 그리고 편리한 서비스 시설이 있는 생태 공원이 가능한가 하면, 예측할 수 없는 인간적 경험으로 구불구불 난 길들과 계속되는 과정들에 의해서 형성된 길도 가능하다.

제3장 생태복원의 인문학적 상상력과 문명사적 전환의 모색

김동윤

생태환경의 위기는 20세기 후반 가장 중요한 전지구적인 사건으로 자리 잡게 되었음은 주지의 사실이다. 생태환경의 열악화는 근본적으로 과학기술의 발달과 산업혁명 이후 인간에 의한 자연의 절대적인 지배로부터 비롯된 것이다. 이른바 인류세(Anthropocene)가 도래한 것이다. 인류세는 자연과 미래 세대에 대한 현재 인류의 책임과 그것이 함의하는 개인과 집단의 행동의 변화 방식을 뜻한다.[1] 인류세는 자연의 운명이 인간의 손 안에 들어왔다는 사실뿐만 아니라 자연과 미래 세대에 대한 막중한 책무를 의미하기도 한다.

오늘날 생태환경의 문제는 단순한 '자연을 보호하자는' 구호의 차원을 넘어서 앞으로 인류가 지구에서 어떻게 살아갈 것인가, 라는 근본적인 질문을 제기한다. 이제 인류는 지구에서의 새로운 삶의 방식을 모색해야 하는 시점에 와 있다. 따라서 생태환경의 문제는 정치

---

1) Esprit, N° 420, 2015 Décembre, p.5.

경제 사회 문화의 가장 큰 이슈가 되었고 이에 대한 깊은 우려와 대안의 모색은 전 지구적으로 확산되고 있다.

구체적인 사례로, 1992년 리우 회의, 1997년 교토의정서 채택은 생태환경의 측면뿐만 아니라 중요한 정치 역사적 사건으로도 기록되고 있다. 그러나 미국 중국 등 주요 경제국가들이 교토의정서 비준을 거부함으로서 실효성에 많은 의문이 제기되기도 하였다. 특히 세계 자원의 20% 이상을 사용하고 있는 미국의 반대는 생태환경의 미래에 매우 어두운 전망을 드리웠으며, 그 후 코펜하겐 환경회의도 각국의 입장차이만 확인하고 구체적인 실천계획 없이 끝나고 말았다. 그러나 2015년 파리환경회의는 금세기 지구 대기의 온도를 1.5도 이내에서 상승을 억제하고 기후 변화를 촉발하는 이산화탄소 배출을 법적으로 규제하자는데 대다수의 국가들이 합의에 이르게 된 것은 그나마 다행스러운 일이다.(그러나 이산화탄소 배출권 등 생태환경 이슈는 각국의 이해관계가 첨예하게 대립되는 만큼, 그 실질적인 실행 여부는 여전히 숙제로 남아 있다.)

오늘날 인류가 당면한 생태환경의 위기는 지금까지 있었던 각종 위기들과 근본적으로 성격을 달리한다. 기후 변화, 온난화, 환경파괴 등 생태환경의 급속한 변화는 산업혁명 이후 200년 동안 인류역사에 있어서 전개된 —제대로 대처하지 못한다면— '재앙' 수준의 문명사적 사건이 될 수 있기 때문이다. 그러므로 생태학과 생태복원의 문제는 단지 기술공학이나 경제적 관점에서만 다뤄져야 할 단차원적 사안이 아니라 문명사적 관점에서 총체적으로 접근해야 할 긴급하고도 복합적인 이슈이다.

생태복원 연구에 지속적인 관심을 보인 '생태복원 인터내셔널 소사이어티'[2)]에 따르면, 지구생태환경은 급속히 악화되고 있으며 그 변화의 결과는 예측할 수 없는 상태에 있다고 경고하였다. 그 가운데 기후 변화는 가장 두드러진 징후로서 인간 삶의 조건과 문명의 기반을 송두리째 뒤흔들어 놓을 수 있는 중차대한 사안이다. 니콜러스 스턴 영국정부 경제 고문은 2006년 '기후 변화의 경제학 보고서'[3]에서 의미 있는 기후 변화에 따른 커다란 경제적 사회적 파장을 예고하면서 인간문명의 존속을 위해 적극적인 대처를 주문한 바 있다.[4] 기후 변화는 한 국가나 지역의 국지적인 문제가 아니라 전지구적 현상이므로 협소한 의미의 생태복원의 차원을 훨씬 넘어서는 위중한 자연 현상이다. 『기후변화의 정치학』의 저자 앤소니 기든스도 문제의 심각성을 인식하고 이에 따른 도전 과제들을 심도있게 분석, 제시하면서 기후 변화가 기존 환경운동의 패러다임을 획기적으로 바꿀 수 있다고 주장한다.[5]

생태복원 학자 프란시스코 코민(Franscisco Comin)도 기후 변화가 인류가 당면한 생태위기의 핵심이고 그것의 예측불가능성을 깊이 인식하고 있다.[6] 영국 왕립 철학원 교수인 제임스 가비(James Garvey)는 『기후변화의 윤리』[7]에서 과학적 데이터를 근거로 기후 변화 현상이 가져올 미래에 대해 다음과 같이 기술하고 있다. "지구는 확실히 더

---

2) The Society for Ecological Restauration International.

3) *Stern's Review on the Economics of Climate Change.*

4) 정혜진, 『착한 도시가 지구를 살린다』, 녹색평론사, 2007, p.18.

5) Giddens, A., *Politics of the Climate*, Polity, 2009.

6) Comín, F.A.(ed.), *Ecological Restauration A Global Challenge*, Cambridge, 2010. pp.3-20.

7) James Garvey(Secretary of Royal Institute of Philosopohy), *The Ethics of Climate Change, Right and Wrong in a warming world*, Continuum International Publishing Group. 2008.

워지고 있다. (…) 고기후학자들(paleoclimatologists)에 따르면 이것은 1만 년 동안 일어난 것에 비해 비교할 수 없을 정도로 예외적인 것이다. 어떤 기상학자들은 적어도 40만 년 동안 이렇게 더웠던 적이 없었다고 말할 정도이다."[8]

달리 말한다면, 기후 변화의 티핑 포인트(tipping point)가 다가오고 있다는 우려의 목소리가 점점 커지면서 그것이 점점 더 과학적 객관성의 설득력을 얻어가고 있다. 티핑 포인트는 어떤 현상이 임계점에 도달했을 때 매우 작은 변화가 엄청난 결과를 가져올 수 있음을 의미한다. 2008년 미국 항공우주국 기후학자인 제임스 한슨 박사는 작은 변화가 급격하게 파괴적인 기후 변화의 결과를 낳을 수 있음을 경고하였다.[9] 다소 극단적인 그의 주장에 따르면, 기후 변화가 티핑 포인트에 이르게 되면, 극지방의 얼음이 녹고, 알래스카, 캐나다, 시베리아의 동토층이 해빙되면서 온실기체의 엄청난 탄소가 배출되며, 지구 전체를 흐르는 해수의 순환이 멈추게 된다는 것이다.[10] 만일 남극의 빙하와 그린란드의 빙하가 모두 녹을 경우, 바다의 수위는 수 미터나 높아질 것이라는 예측이 가능하고,[11] 이것은 엄청난 바다 수위의 증가로서 바다와 인접한 연안지역의 커다란 피해가 불가피할 전망이다. 방글라데시와 같이 국토의 상당부분이 저지대인 경우 문제가 심각할 수 있다.[12] 남극과 북극, 그린란드의 해빙 외에 아마존의 열대우림의

---

8) Garvey, 위의 책, pp.24-25.

9) 김수병 외 지음, 『지구를 생각한다』, 해나무, 2013, p.59.

10) 김수병 외 지음, 위의 책, pp.60-67.

11) Garvey, 위의 책, p.29.

12) 바다의 수위가 1미터만 높아진다고 하더라도 1,500만 명가량이 살고 있는 국토의 20% 이상을 상실할 것이다. 그러나 더욱 어두운 전망은 2050년까지 1미터, 2100년에는 심지어 2미터가 높아질 것이라는 예측이다. Garvey, 위의 책, p.27.

축소 또는 소멸은 궁극적으로 지구환경생태계의 붕괴를 야기하는 결정적인 요소로 작용할 수도 있을 것이다. 그리고 아마존 열대우림의 사막화는 그 곳에 살고 있는 원주민의 삶의 피폐화는 물론, 궁극적으로 그곳의 생태계, 기후 그리고 다른 지역과의 관계에 치명적인 상처를 입히고 생명체의 소멸을 야기할 수도 있다.[13)]

기후 변화는 생태계 교란 현상 가운데 심각한 것이다. 만일 기후 변화가 티핑 포인트에 다가간다면 지구 생태계는 예측 불가능하게 될 것이다. 물론 지구의 역사에서 다양한 형태의 크고 작은 기후 변화가 일어났음은 잘 알려진 바이다. 그러나 오늘날 우리가 목도하는 기후 변화는 인간에 의해 야기된 전지구적인 규모의 물리적 사건으로서 지금까지 인류가 경험하지 못한 초유의 현상이라는 점에 문제의 심각성이 있다. 지구 곳곳에서 폭우와 홍수, 극심한 가뭄과 물부족 사태 등 상반된 현상이 벌어지고, 이것은 식량위기, 사회불안, 심지어 전쟁과 같은 상황으로 이어질 수 있다.

일련의 생태계 교란 현상으로 인해 생태계의 붕괴 가능성이 조심스럽게 제기되고 있다. 그것을 현재로서는 언제 그리고 어느 정도의 규모인지 말할 수 없다. 이러한 예측이 의미하는 바는 인류 역사상 전대미문의 '대참사'(catastrophe)의 가능성으로서, 이러한 가능성을 낮추기 위해 필요한 것은 생태적 위기에 대한 전지구적 경각심과 아울러 생태복원의 절박성을 일깨우는 일이다. 인간문명의 지속성을 추구하는 생태복원의 작업은 지금 인류가 생태환경의 위기에 적극적으로 대처할 수 있는 유의미하고 효과적인 행동 가운데 하나일 것이다.

---

13) Garvey, 앞의 책, p.29.

1. 생태복원과 인문학적 상상력

오늘날 생태복원은 '훼손된 환경의 복원, 생태적 복원, 복원의 생태학' 등으로 표현되고 있다. 이것은 20세기 후반 지속가능성과 생태학의 전반적인 논의와 깊은 관계가 있다.[14] 우선적으로 말해 생태복원이란 훼손되고 망가지고 파괴된 생태계의 회복을 도와주는 과정이라고 정의할 수 있다.[15] 그러나 생태복원 개념을 이미 있었던 것(자연과 문화)의 온전하고 완벽한 복원으로 정의한다면, 오늘날 직면하고 있는 생태위기에 대해 심도 있는 논의를 어렵게 만들뿐더러 대안 제시의 가능성에 의문이 제기될 수 있다. 그러므로 생태복원이 추구해야 할 바는 망가지고 훼손된 자연의 부분적인 복원을 포함하여 당면한 생태위기 전반에 관한 진단과 대안을 모색하는 일이 되어야 한다. 생태위기에 대한 진단과 분석은 과학기술의 일면적 접근으로 이뤄지는 것이 아니라 총체적이고 입체적 조망이 수반되어야 하므로 그것은 근본적으로 학제적이고 그리고 인문적일 수밖에 없다.

영국 캠브리지 대학 출판부에서 출간된 공동연구 저서 '생태복원학'에 따르면 생태복원이란 우선적으로 "인간과 자연 간의 건강한 관계를 회복하는 일이며 (…) 희귀종의 보호, 자연경관, 유기농업 실천, 자연자본의 복원, 환경정의 구현, 군비감축 등을 포함"하는 개념으로 정의된다."[16] 즉, 생태복원 개념은 단순히 훼손된 환경의 복원을 말

---

14) Comín, F.A.(ed.), *Ecological Restauration A Global Challenge*, Cambridge University Press, 2010. p.xv.

15) Comín, F.A.(ed.), 위의 책, p.13.

16) Comín, F.A.(ed.), 위의 책, p.xvi.

하는 것이 아니라 종의 다양성과 자연경관 보존, 유기농업 실천, 자연의 복원, 환경정의와 같은 생태학의 중요한 이슈들을 대부분 포함하는 광의적 개념으로 정의되고 있다. 여기서 우리는 생태복원이 현재의 수준의 물질적 소비를 유지하면서 이뤄지는 친환경적 도시재생이나 성장을 전제로 한 이른바 '지속가능한 경제'만을 뜻하는 것이 아니라 인간과 자연과의 조화로운 관계 회복이라는 근본적인 개념을 담고 있음을 알 수 있다.

생태복원이란 생태적 삶으로의 근본적인 전환과 녹색 문명의 탄생을 위한 총체적인 모색과 도전을 포괄한다. 이러한 모색과 도전은 필연적으로 새로운 상상력을 요구한다. 새로운 상상력은 과학기술을 넘어서는 초학제적이고 총체적인 상상력이며 그것은 궁극적으로 인문학적 상상력이다. 이때 인문학적 상상력은 공허한 추상적 관념의 유희가 아니라 바람직한 생태문명의 구현을 위한 대안적 상상력이 될 것이다.

에드가 모랭의 생태학은 『지구는 나의 조국』[17]과 『생명의 방법론』[18]에서 매우 과학적인 자료와 사회과학적인 분석을 바탕으로 일관된 생태인문학의 한 모습을 보여주고 있다. 에드가 모랭에 의하면 생태학과 생태복원의 논의는 과학적인 접근과 동시에 근본적으로 인문적 성찰이 수반되어야 하는 분야이다. 생태복원과 관련하여 제기되는 문제는 인간과 자연의 관계, 구체적인 삶의 가치와 태도, 자연과 문화, 환경미학, 환경 윤리 등 근본적으로 인문학의 핵심을 이루는 미학과 윤리의 문제이기 때문이다.

---

17) Edgar Morin, *Terre-Patrie,* Seuil, 1993.

18) Edgar Morin, *La Méthode: La Vie de la vie*, Points, 2014.

그러나 안타깝게도 오늘날 생태학과 생태복원에 관한 연구는 여러 분야 간의 소통없이 단절적이고 분절적으로 진행되고 있다. 특히 생태복원을 위한 자연환경에 관한 연구는 대부분 과학기술적 자료를 토대로 이뤄지고 있는 형편이다. 그러나 역사적으로 볼 때 과학기술은 자연을 보호하는 방향으로 사용되기보다 오히려 자연을 위해하는 힘으로 작용한 것이 사실이다. 이에 대해 미국의 지식인 리 호이나키는 과학은 자연에 대해 객관적이나 중립적이지 않다는 점을 지적하고 있다. "생태운동의 심각한 부문들은 과학, 즉 '실제'와 그것을 어떻게 사유할 것인가에 대한 하나의 역사적으로 우연적인 견해에 의존하고 있다. 인간이 중립적이거나 객관적이지 않듯이, 과학도 중립적이거나 '객관적'이지 않다."[19] 여기서 호이나키는 과학기술에 근거한 시스템적 치유책이 거의 설득력을 지니지 않음을 예리하게 지적하고 있다. 본디 과학의 모든 명제는 마땅히 도덕적이고 윤리적인 입장을 견지해야 함에도 불구하고, "근현대 과학이 생물의 공통 서식지를 파괴하는 데는 엄청난 기여를 해왔을지라도, 그것은 구제의 수단으로서는 무기력"한 모습을 보여준 것도 사실이다.[20] 물론 과학의 생태적 순기능을 완전히 부정할 수는 없을 것이다. 그러나 전적으로 과학기술적 방법론에 의존하는 생태복원은 제한적일 수밖에 없을 것이다.

그러므로 과학기술 중심의 생태복원 접근은 인문적 지혜와 상상력으로 보완되어야 한다. 인문적 접근과 상상력의 요구는 과학기술의 유용성을 부정하는 것이 아니라 기술(거대 기술)중심의 세계관이 지니는 한계, 달리 말해 획일적인 기술주의의 한계와 문제점을 지적하고

19) 리 호이나키, 『正義의 길로 비틀거리며 가다』, 김종철 역, 녹색평론사, 2007, p.124.
20) 리 호이나키, 위의 책, p.124.

인간과 자연의 조화로운 관계를 회복하기 위함이다. 구체적인 것이 가장 진실된 것이라는 벤야민의 말을 신뢰한다면, 생태복원의 문제도 지극히 구체적인 경험의 세계와 맞닿아 있어야 할 것이다.

인문학적 조망과 상상력은 산업혁명 이후 250여 년 동안 자연을 파괴하고 자원을 고갈시킨 산업기계문명 자체를 반성적으로 되돌아 보게 하는 유일한 사유의 방식이다. 서구 근대산업문명에 대한 비판은 지극히 전문화된 과학기술의 영역에서 다루어질 성질의 것이 아니라 근본적으로 인문학적 맥락에서 이뤄질 수밖에 없다.

서구 근대 문명은 인간의 삶의 물질적 조건을 크게 개선하는 데 기여한 것은 사실이다. 그러나 자연에 대한 인간 욕망의 무한한 확대가 오늘날 환경위기를 초래한 것도 분명한 사실이다. 인간은 과도한 물질적 욕망과 안락을 위해 자신이 자연의 일부라는 자명한 사실을 잊고 살아간다. 인간이 자연의 일부라는 엄연한 사실을 인정하고 인간과 자연의 관계를 다시 생각하는 것은 지극히 인문적인 물음이 될 것이다. 인간과 자연의 관계에 대한 물음은 현대문명에 대한 총체적 관점에서, 그리고 전지구적인 차원에서 접근되어야 할 것이다. 그러므로 생태복원을 위한 인문학적 성찰이란 협의의 분절적 인문학의 영역에 머무는 것이 아니라, 자연과학, 사회과학, 문화 예술 등 다양한 영역을 포괄하는 총체적인 조망에 바라본 생태환경의 회복과 인간적 삶의 지속가능성에 대한 사유이어야 할 것이다.

2. 생태복원과 지속가능성

생태복원은 기존의 삶의 방식에 대한 근원적인 질문과 함께 문명의 지속가능성(sustainability)을 모색하는 일이다. 생태복원의 가장 큰 관심사는 인간적 삶의 지속가능성이다. 지속가능성이란, 우선적으로 현재와 미래에 인류에 있어서 인간다운 삶이 지속적으로 뒷받침되는 상태를 말한다. 더 적극적인 의미에서 지속가능성이란 현재 인간다운 삶의 수준을 지속적으로 영위하고 미래 세대의 삶에 필요한 것들을 훼손하지 않는 모든 기획과 실천들을 의미한다.[21]

유엔에 제출한 브룬드란드 보고서에 따르면 "지속가능성이란 미래 세대의 생존에 필요한 것을 훼손하지 않고 오늘의 요구를 맞추는 것"을 말한다.[22] 말하자면 지속가능성의 개념은 오늘날 현재 인류만 물질적 안락을 누리는 것이 아니라, 가깝거나 먼 미래 세대의 생존까지 책임지는 윤리적 태도를 포함한다. 그러므로 지속가능성은 단지 물질적 생존의 조건의 차원에 머무는 것이 아니다. 지속가능성을 보다 적극적으로 해석한다면, 동식물의 생태적 조건이 개선되고 인간이 인간다운 삶을 영위하기 위해 자연환경이 순환적이고 지속적으로 뒷받침되는 상태를 말한다. 그러나 안타깝게도 현대 문명의 생산과 소비구조, 특히 석유를 포함한 화석연료 및 —체르노빌과 후쿠시마 원전사고에서 보듯이— 원자력 에너지중심의 산업구조는 생태환경을 크게 위협하면서 인간 문명의 지속가능성을 매우 어둡게 하고 있다. 그러

---

21) Comín, F.A., *Ecological restoration*, A global challenge, Cambridge, 2010. p.xv.
22) James Garvey, *The Ethics of Climate Change, Right and Wrong in a warming world*, 2008, Continiuum International Publishing Group, p.85.

나 지속가능성의 문제는 생태복원의 기본조건일 뿐만 아니라 인간 문명존속 가능성의 조건임은 분명한 사실이다.

생태복원이 훼손된 환경을 '원래의 상태'로 되돌리는 것—거의 불가능하지만—을 의미하는 것이 아니라면, 그것의 논의는 자연의 일부로서의 인간 삶의 지속가능성을 모색하는 일일 것이다. 지속가능성은 인류의 현재와 미래의 생존만을 생각하는 단선적인 개념이 아니라, 유장한 인류역사의 과거-현재-미래를 긴밀하게 연결하는 맥락적이고 관계적인 개념이다. 오늘날 급속한 과학기술의 발달로 인해 인간은 빠르고 분절된 시간을 살고 있으므로 연속적이고 유장한 긴 시간의 느낌을 상실하였다. 심각한 과거의 기억과의 단절은 현재의 삶의 의미를 가난하게 만들고 의미의 고갈은 현대인의 불행으로 이어진다. 행복의 충일감과 진정한 매순간의 누림은 과거-현재-미래가 긴밀하게 이어져 있다는 실존적인 느낌에서 비롯된다. 과거-현재-미래의 유기적인 연결의 느낌은 자연과 조화로운 삶의 조건에서 우선적으로 가능한 것이다.

지속가능성은 결코 과학기술의 문제만은 아니고 삶의 질이나 행복과 같이 윤리적이고 실존적인 차원과 연결된 문제이다. 그러므로 '지속가능성'의 가능성은 자연과 인간이 분리된 삶의 방식에 관한 근원적 반성에서 시작된다고 볼 수 있다. 근원적 성찰은 개인적 사회적 웰빙, 삶의 의미와 행복, 문화의 향유 등 인간다운 삶을 위한 전제조건이다. 그러므로 지속가능성은 자연과 인간과의 근원적인 관계를 질문하고 자연에 대한 인간의 책임을 묻는 윤리적 문제, 더 나아가 인문학적 의제로 재설정될 수 있다.

3. 생태복원과 인간중심주의

생태복원의 인문학적 태도는 우선적으로 인간과 자연의 관계, 근대 산업체제와 과학기술적 세계관에 대해 비판적으로 성찰하는 일이다. 이것은 오랫동안 서구사상의 근간이 되었던 인간중심주의(anthropocentrism)와 휴머니즘(humanisme), 그리고 이것이 함의하는 민주주의적 가치와 민주주의의 기반을 다시 검토함으로서 새로운 생태담론을 재구성하는 일이 될 것이다.

오늘날 생태환경에 위협을 가하고 있는 산업기술체제가 서구의 근대로부터 비롯되었다면 근대 문명을 배태한 합리주의 사상의 배경을 반성적으로 되짚어 보는 일이 요구된다. 17세기 데카르트가 인간의 관점에서 자연과의 관계를 정의한 이후, 인간중심주의적인 발상이 서구 근대문명의 기반인식으로 자리 잡았다고 보는 것이 일반적 견해이다. 데카르트의 합리주의적 사고는 모든 자연 현상과 사물의 작용을 명징한 이성으로 분명하게 파악함으로써, 마치 장인이 도구와 사물을 사용하듯이 인간이 자연을 다룰 수 있게 되었다. 그러므로 서구 합리주의에서 바라본 인간과 자연과의 관계는 더 이상 조화로운 관계가 아니다. 이제 인간은 자연을 지배할 수 있고 자연은 더 이상 관조나 경이로움의 존재가 아니라 인간에 의한 지배와 착취의 대상이 되는 것이다.

> "우리는 불, 물, 공기, 별, 하늘 및 우리 주변에 있는 모든 물체의 힘과 작용을 —마치 우리가 우리 장인의 온갖 기교를 알듯이— 판명하게 앎으로써 장인처럼 이 모든 것을 적절한 곳에 사용하고, 그래서 우리는 자연의 주인이자 소유자가 된다는 것이다."[23)]

이러한 인간중심주의적 발상은 인간에 의한 자연의 지배를 정당화하는 기제로 작용한다. 인간 중심적 합리주의의 발단은 부단한 의심과 회의의 끝자락에서 데카르트의 머리를 스치는 생각, 즉 오로지 개인 주체의 사유만이 확실하다는 생각이었다. 이것이 그 유명한 데카르트가 수립한 인식주체로서의 코기토(나는 생각한다. 고로 존재한다. Cogito ergo sum)이다. 가히 혁명적인 발상이라고 말할 수 있는 데카르트의 코기토는 이전과는 전혀 다른 근대의 모든 사유체계와 형이상학의 틀을 형성하는데 결정적으로 기여하였다. 개인 주체의 코기토가 밀어낸 것은 고대 그리스적인 코스모스의 세계관과 기독교의 신관이다. 데카르트 이전에 인간은 우주의 질서(코스모스), 기독교적인 신성과 유기적인 조화의 관계를 이루었다. 그러나 이제 인간은 오로지 자신의 사유와 그 확실함으로 인해 자연과 우주 앞에 홀로 서게 된 것이다. 근대적 주체로서의 인간의 출현은 합리주의의 시작을 의미한다. 합리적 사고의 주체는 중세 기독교나 고대 그리스의 신화로 인해 '신비의 너울'로 마술걸린 세계를 철저히 탈주술화(le désenchantment du monde)한다.

합리적 이성에 의한 탈주술화는 자연의 대상화와 인간에 의한 자연의 지배로 이어지고 그것은 다분히 기계론적 자연관을 낳게 된다. 기계론적 자연관을 잘 보여주는 예는 동물에 관한 데카르트의 발상에서 찾아 볼 수 있다. 데카르트의 코기토는 인간처럼 몸을 갖고 움직이는 동물을 한낱 자동기계로 인식하였다. 그에게 동물은 인간과 달리 영혼이나 감정이 없이 단지 움직이는 자동기계에 불과하다.

23) 르네 데카르트, 『방법 서설』, 이현복 옮김, 2010, p.220.

“〔인간은〕 신의 손으로 만들어진 동물의 신체를 인간이 만들어낼 수 있는 그 어떤 기계와는 비교가 안 될 정도로 잘 질서지워져 있고, 스스로 탁월한 운동을 하는 기계로 간주할 것이다.”[24]

그러나 역사적으로 볼 때 동물은 단순한 자동기계가 아니라 인간에게 따뜻하고 친근한 반려자의 역할을 해온 것 또한 사실이다. 그러므로 동물을 의식이나 감정이 부재한 존재로 파악한 데카르트의 태도는 동물을 단지 도구적 이용과 착취의 대상으로 인식하는 입장을 강화하였다고 볼 수 있다.

데카르트가 동물을 의식이 없는 자동기계로 본 것과 대조적으로, 르네상스 시대의 인문학자 몽테뉴는 동물에게 각별한 애정을 보이면서 동물을 인간의 필수적인 반려자로 삼았다.[25] 몽테뉴는 동물들이 생각보다 영리하고 인간에게 여유로운 마음을 갖게 한다고 믿었다. 몽테뉴가 동물을 인간과 교감할 수 있는 존재로 여긴 반면, 데카르트는 동물을 냉정하고 객관적인 시선으로 바라보았다. 몽테뉴가 고양이와 같은 동물들과 함께 사귀는 것을 즐겨한 것과 달리, 데카르트는 동물이 의식도 없고 생각하지도 못하는 존재로 규정함으로써 인간과 동물 사이의 간격을 결정적으로 넓혀 놓았다. 이제 데카르트로 인해 인간과 동물의 우애적인 관계는 더 이상 기대할 수 없게 된 것이다.

인간이 문명의 태동기부터 동물과 더불어 살아왔다는 사실을 상기할 필요가 있다. 동물과 짐승은 자연 속에서 늘 인간과 함께 있었고

24) 르네 데카르트, 위의 책, p.213.

25) Bakewell, S., *How to live, A life of Montaigne,* New York, Other Press, 2010. pp.133-134.

가축의 경우 한 가족처럼 지내왔으며 가장 가까운 인간의 동반자이었다. 비록 맹수들이라고 할지라도 이들은 인간 사유와 상상력, 상징의 지평에서 친근한 존재였음은 틀림없는 사실이다.[26] 오늘날 각종 이유로 인간이 동물에게 가하는 가혹한 행위는 어찌 보면 인간의 자기 부정이라고 말할 수 있다. 따라서 동물에 대한 관심과 배려는 인간과 동물과의 관계복원을 위해서 그리고 생태적 차원에서 중요한 사안이다.

바람직한 생태 공동체의 구성이 인간과 동물이 조화로운 상태를 가꾸어 나가는 것이라면, 데카르트의 인간 중심적이고 합리주의적인 발상은 인간과 자연의 조화로운 생태적 균형을 깨뜨린 결정적인 계기를 마련한 것이 사실이다.

생태복원의 본 뜻이 인간이 자연에 대한 지배적인 지위에서 벗어나 자연과의 조화로운 관계의 회복에 있다면, 자연이란 무엇인가에 대한 근본적인 질문이 선행되어야 할 것이다.

생태주의자 다카기 진자브로는 자연이 무엇인가에 대해 매우 진지한 접근을 하고 있는 과학자이다. 진자브로는 역저 『지금 자연을 어떻게 볼 것인가』[27]에서 —P. 클라우드를 인용하면서— "인간은, 조상을 서로 나눠 갖는 하등 영장류, 그보다도 더욱 인연이 먼 동식물과 더불어, 생물권의 일부"이므로 인간과 생물권과의 필연적인 관계라는 점을 역설하고 있다.[28] 비록 인간이 생물 진화의 사닥다리에서 높은

---

26) 호랑이나 곰과 같은 맹수들은 한국의 신화 민담 설화에 자주 등장하는 대표적인 상징적 동물임은 주지의 사실이다.

27) 『지금 자연을 어떻게 볼 것인가』, 김원식 옮김, 녹색평론사, 2006.

28) 위의 책, pp.152-153. Cloud, Preston Ercelle, 『宇宙, 地球, 人間(Cosmos, earth, and man) II』, 一国 외 옮김, 岩波現代新書.

단계에 위치하더라도, 인간의 '생태적 지위'는 다른 생물과 동일하다. 그러므로 인간과 모든 생물은 서로 얼크러져 전지구적인 생태계를 이루며 공생하고 있는 것이다. 거대한 생태계의 차원에서 볼 때, 지극히 일부에서 일어나는 일이라도 전체와 교호(交互)한다. 개체와 전체의 상호작용은 짧은 기간이 아니라 오랜 세월 동안 긴 호흡으로 진행되는 것으로서 생태계 전반에 영향을 미치는 것이다.29) 진자브로는 이러한 클라우드의 생태계 개념을 데카르트가 말하는 '기계로서의 자연' 개념과 대립되는 살아 숨쉬는 거대한 생명체로 파악한다. 지구는 단순한 물질이나 광물질의 덩어리가 아니라, 수많은 생명들이 서로 상호작용하고 대사(代謝)하는 생명의 질서이다. 생명의 장소인 지구 생태계는 생명의 내부적 흐름의 공간으로서 "대사라고 하는 무수한 작은 흐름이 서로 연결되어 있고, 순환하는 수많은 흐름이 존재"하는 곳이다.30) 지구 생태계에서 모든 생명은 순환적인 대사의 흐름을 유지하려고 전력을 다하고 있으며 생태계의 균형과 평형상태는 모든 생명의 생에 대한 충동으로 가능한 것이다. 그런 관점에서 볼 때, 지구는 고립되고 닫혀있는 물질 또는 광물질의 체계가 아니라 우주로 향해 열려 있는 큰 생명의 질서가 되는 것이다.

무수한 대사의 작은 흐름들로 짜여 있는 지구행성은 다양한 생명

---

29) "인간은 생물권 높은 데 서 있긴 하지만. 생물권보다 한 단계 높은 데 있는 것은 아니다. (…) 개개의 생물은 각각 특징적이고 한정된 장소와 방법 −이것을 '생태적 지위'라고 한다− 으로 살고 있다. (…) 이러한 생태적 지위, 즉 생물과 환경의 계약관계는 다른 생태적 지위와 서로 겹쳐져서, 모두가 연결된 더 커다란 '생태계'가 되고, 최종적으로는 '전지구적인 생태계'가 되어, 지구상에서 생명이 존재하는 전역과 그 안에 있는 생명 전부를 포괄하게 되는 것이다." 위의 책, pp.152-153. Cloud, Preston Ercelle, 『宇宙, 地球, 人間(Cosmos, earth, and man) II』, 一国 외 옮김, 岩波現代新書.

30) 진자브로, p.157 재인용, 스치다 아쓰시, 『資源物理學入門』, NHK.

의 종과 개체들이 거주하는 거대한 생명의 그물로 비유될 수 있다. 우주로 열린 생태계는 제임스 러브록이 말하는 거대한 '가이아'이다.[31) 지구는 스스로 조절하는 기후조건과 온생명이 함께 살아가는 조건을 만들어내는 자동 조절시스템, 메타포적 표현으로 '지구-어머니'인 것이다.[32)]

그러나 갈릴레오나 뉴턴과 같은 근대의 과학자들은 거대한 생명체로서의 자연을 몇 가지 과학 구성의 원리로 환원 가능한 체계나 물질 덩어리로 파악하였다. 결정론과 환원론에 기초한 서구 근대과학은 자연을 인간이 정복 가능한 대상으로 만드는데 필요한 인식론적 기반을 제공한 것이다.[33)] 17세기 근대 과학기술의 급속한 발달과 18세기 산업혁명의 본격화로 인해 인간의 자연에 대한 전면적인 지배와 가혹한 착취가 더욱 가속화하였다. 이제 서구는 신적이고 유기체적인 중세의 세계관을 포기함에 따라, 오랜 동안 신비의 베일에 싸여 있던 자연과 대지는 하나의 거대한 물질 덩어리로 탈바꿈하고 인간에게 스스로의

---

31) "인간은 아직까지 개별적 생활을 선호하는 그러한 생물로 남아 있는 셈이다. 그런데 이제부터 인간의 운명은 가이아로 길들여지도록 되어 있으며, 그렇게 됨으로써 인류가 종족주의와 국가주의의 공격적 탐욕적 파괴적 욕망은 가이아를 구성하는 모든 생물들의 복지에 부속하는 의무적 충동에 융합될 수 있을 것이다. 이것은 어쩌면 인간의 자연에 대한 항복으로 여길 수도 있으리라. 그러나 나는 우리들이 우리 자신보다 훨씬 커다란 실체의 한 역동적 부분이라 것을 깨달음으로써 얻는 행복과 만족의 감정이 인간의 자존심을 잃는 손실을 충분히 보상하고도 남는다고 믿어 마지 않는다." 제임스 러브록, 『가이아』, 홍욱희 역, 갈라파고스. 2004, pp.235-236.

32) "지구상의 생물은 총체로서 자기가 살아 있는 기후조건을 자신이 만들어 냈으며, 온도조절기(Thermostat)처럼 스스로 조절했다고 밖에는 생각할 수 없다." 진자브로, 위의 책, pp.162-163.

33) 자본주의와 과학혁명이 어떻게 자연환경을 파괴하고 지배하게 되었는가에 대한 역사적 배경은 다음을 참고할 것. 이상헌, 『생태주의』, 책세상, 2011, '자본주의와 과학혁명 그리고 자연의 지배', pp.55-57.

운명을 맡기게 되었다.[34)]

그러나 인간은 자연을 떠나서 살 수 없다는 것은 틀림없는 사실이다. 인간과 자연은 분리될 수 없고 인간과 자연은 오로지 하나의 살아있는 생명의 몸을 이룬다. 따라서 인간이 자연을 마음대로 이용하고 착취할 수 있다는 생각은 지극히 오만한 태도이다. 인간 문명사는 다름 아닌 인간과 자연의 부단한 교섭의 역사이고 자연과 인간의 교호적 관계는 매우 중층적이고 복잡한 양상을 보여왔다. 인간이 자연을 '길들이기' 이전 자연은 인간에게 공포와 두려움의 대상이었을 것이다. 자연이 인간에게 끔찍한 재앙을 야기하고 인간에게 가혹한 시련을 가한 것도 사실이다. 그러나 수많은 시와 노래의 칭송의 대상인 자연은 인간에게 삶과 문명의 기본적인 조건을 제공한 '너그러운 존재'였음을 상기할 필요가 있다.

17세기 과학기술발달과 산업혁명 이전까지 인간은 대체로 자연과 조화로운 관계를 유지해왔다. 그러나 과학기술문명의 급발진을 계기로 자연의 운명은 인간의 손 안에 들어왔고, 역설적이게도 인간에 의해 정복된 자연은 기후 변화 등으로 생태계의 균형을 깨면서 인간문명의 미래를 매우 불투명하게 만들고 있다. 이러한 맥락에서 자연을 정복의 대상으로 삼고 생태환경에 커다란 위해를 가한 기술산업 문명의 근저에는 인간중심주의적 발상이 자리잡고 있다고 말할 수 있다.

오늘날 다양한 생태학의 논의와 흐름 가운데 심층생태학(Deep Ecology)과 이를 대표하는 아르네 네스의 입장은 인간중심주의와 서구 근대의 성취에 대해 근본적이고 급진적인 물음을 제기한다는 점에서 이에 대한 검토가 필요하다.

---

34) 이상헌, 『생태주의』, 책세상, 2011, pp.55-57.

4. 아르네 네스와 심층생태학

현대 생태담론의 흐름 가운데 아르네 네스(Arne Næss. 1912~2009)가 차지하는 위상은 매우 특별하다. 노르웨이의 철학자이자 산악인 아르네 네스는 1937년 이래 2,000미터 고지의 트베르가스타인이라는 곳에 오두막을 짓고 살면서 평생 '모든 살아 있는 존재는 궁극적으로 하나'라는 화두에 정진하였다.[35] 젊은 날 비트겐슈타인의 논리실증주의와 정신분석학에 몰두하였고 제2차 세계대전 당시에는 레지스탕스 운동에 참가하기도 했다. 그는 30년간의 교수생활을 떠나 사회정의 구현을 위해 심층생태학 운동(Deep Ecology Movement)을 주창하였다.[36] 심층생태학은 인간과 자연의 관계를 근본적으로 반성하고 세계 환경운동과 오늘날 생태사상에 커다란 영향을 끼쳤다는 점에서 매우 큰 의미를 갖는다.

심층생태학이 주장하는 급진적인 테제 가운데 하나는 동식물 나무 암석을 포함하는 자연도 인간과 동일한 권리를 가지므로 그들에게 부여하자는 것이다. 심층생태학에 따르면, 자연환경에 거주하는 모든 존재들에게 인간과 동일하거나 유사한 권리를 부여함으로써 인간은 생태파괴적인 현대 문명을 인간중심주의적인 발상으로부터 벗어날 수 있다는 것이다.

이미 널리 알려진 아르네 네스의 심층생태학의 선언적 주장은 다

35) 데이비드 로텐버그, 『생각하는 것이 왜 고통스러운가요? 산 위 오두막의 생태철학자 아르네 네스와 20세기를 가로질러 나눈 대화』 박준식 역, 낮은산, 2011, pp.15-16. 문순홍, 『생태담론』, 아르케, pp.87-96.

36) 데이비드 로텐버그, 박준식 역, 위의 책, p.16.

음과 같이 정리될 수 있다. 1) 인간과 비인간적 존재의 삶은 지구상에서 고유의 내재적 가치(intrinsic value)를 지닌다. 2) 지구상 생명 형태의 다양성과 풍요로움은 고유한 가치를 지니며 그 자체로서 중요하다. 3) 인간은 삶의 유지에 필요한 경우를 제외하고 풍요로움과 다양성의 가치를 축소할 권리를 지니지 아니한다. 4) 인간 삶과 문화는 인구의 감소를 통해 가능하다. 비인간적 존재도 인구의 감소를 요구하고 있기 때문이다. 5) 현재 비인간적인 세계에 대한 인간의 간섭은 지나치게 과도한 것으로 지속가능하지 않다. 그리고 지속가능성은 점점 약화되고 있다. 6) 인간이 지구 전체와의 관계 속에서 보여왔던 지배적인 행동양식은 변해야 한다. 정치적 사회적 경제적 기술적 이데올로기적 차원에서 변화와 개선이 있어야 한다. 7) 이데올로기적 변화는 단지 물질적 수준의 개선에 머무는 것이 아니라 삶의 질을 고양시켜야 한다. 8) 이에 동의하는 사람들은 근본적인 변화가 일어나도록 기여하고 직 간접적으로 실천할 의무를 지닌다.[37)]

아르네 네스의 생태사상이 인간과 자연의 문제를 근원적으로 생각하게 하는 계기를 마련한 것은 분명하다. 그의 생태학은 생명과 다양성과 풍부함, 삶의 질, 비인간적 존재에 대한 배려 등을 통해 모든 생명체의 조화로운 관계를 강조하고 있기 때문이다. 생명과 삶에 대한 보다 깊은 성찰과 배려의 마음이 조화로운 생태계를 구성하고 헐크러진 생태계의 질서를 복원할 수 있는 것이다. 아르네 네스는 "삶의 풍요로움과 다양성에 대한 감수성을 키우고 자유로운 자연 경관을

---

37) Arne Naes, *The Ecology of Wisdom*, Counterpoint, 2008. p.28. Luc Ferry, *The New Ecological Order,* pp.67-68. *Main Current Western Environmental Thought,* Peter Hay, 2002, Indiana University Press, p.44. 데이비드 로텐버그, 박준식 역, 위의 책, p.265.

더 소중히" 여기는 일을 통해, 기쁨과 행복을 누리는 것이 삶의 지혜라고 보았다.[38] 여기서 말하는 지혜란 작은 자아에서 출발하여 큰 자아에 이르는 과정에서 얻어지는 생태적 지혜를 말한다. 커다란 자아는 자연 세계의 통일성으로써 인간의 소자아가 동일시해야 하는 완전한 생명인 것이다.[39] 완전한 생명이란 스피노자적인 의미에서 수많은 연결가지로 묶여진 하나의 세계와 같은 것을 말하며 그것은 인간의 작은 자아가 자연환경의 훼손으로 신음하는 지구전체의 고통을 감내하는 순간에 불현듯이 느껴지는 그 무엇이다.[40] 인간의 소자아는 거대하고 완전한 생명과 일체가 되기 위해서 인간이 만든 윤리적 테두리를 넘어 '생태적인 참 나', 생태적인 실재와 조응한다.[41] 생태적인 실재란 자연과 생명과 인간이 친밀한 관계로 인해 커다란 하나를 이루는 상태, 은유적으로 말한다면 가이와와 같은 것이다. 물리적 생물학적 화학적 환경을 스스로 조절하는 존재로서의 지구를 '가이아'(러브록)라고 한다면, '가이아'의 생명공동체 안에서 인간은 다른 생명들에 대한 지배력을 상실하게 된다. 존재론적으로 말해 인간은 바위나 산과 같은 광물적 존재와 동일한 위상을 지님으로써 본래의 생태적 지위를 복원한다고 말할 수 있다. 이것이야말로, 심층생태학의 입장에서 볼 때, 자연환경을 극심하게 훼손하는 서구 근대산업체제와 그것의 인식론적 뿌리인 이른바 인간중심주의 세계관을 극복하는 유일한 길이 되는 것이다.

---

38) 아르네 네스 외, 『산처럼 생각하라—지구와 공존하는 방법』, 이한중 옮김, 2012, 소동, p.38.

39) 데이비드 로텐버그, 박준식 역, 위의 책, p.25.

40) 데이비드 로텐버그, 박준식 역, 위의 책, p.26.

41) 아르네 네스 외, 이한중 옮김, 위의 책, p.38.

자연의 근원적 모습에 주목하는 심층생태학의 관점에서 본다면, 바위, 산, 나무, 동물들도 인간에 버금가는 위상을 지닐 수 있다. 그러나 인간이 아닌 존재들, 즉 동식물, 심지어 돌 바위에 대해 인간과 동등한 권리의 부여하자는 논리는 근대가 구축한 인간 중심의 인본주의와 여러 지점에서 상충할 수 있다. 따라서 이에 대한 검토는 생태학의 인식론적 지평을 확장하는 데 기여하게 될 것이다.

5. 인본주의(휴머니즘)와 생태학: 뤽 페리의 논의를 중심으로

철학적인 관점에서 나무나 돌멩이 그리고 풀 한포기와 동물에게도 인간과 동일한 권리를 부여하자는 주장은 흥미롭고 치열한 논쟁을 불러일으킬 수 있다. 이것은 심층생태학의 주제의식과 겹치는 부분이기도 하다. 그러나 문제는 자연에 대한 인간과 동등한 권리 부여가 인간 중심적인 태도의 산물인 인본주의(휴머니즘)와 길항관계에 놓일 수 있다는 점이다.

뤽 페리는 심층생태학의 인식론적 토대와 그것이 지니는 문제점에 대해 치열한 논의를 전개한 대표적인 경우이다.[42] 그는 만일 동식물을 비롯한 비인간적 존재에게 인간과 동등한 권리를 부여한다면 서구 근대가 쌓아 올린 인본주의(휴머니즘)과 배치되는 것으로 보았다. 휴머니즘은 보편적인 인간권리, 사회계약과 같은 민주적 가치의 근본으로서 서구 근대문명의 근간을 구성하는 토대로 정의될 수 있다.[43]

---

42) Luc Ferry, *Le Nouvel Ordre Ecologique,* Grasset, 1992.

15세기 이탈리아 사상가 죠바니 피코 델라 미란돌라(Giovani Pico della Mirandolla)가 주창한 것으로 알려진 '휴머니즘'이란, 인간과 인간의 번영을 목적으로 하는 모든 지식과 담론을 말하는 것으로서 주로 서구의 근대가 이룩한 인간 중심의 인식이나 가치체계와 동일시된다. 예컨대 19세기 사상가 르낭에게 순수한 휴머니즘이란 '인간과 관계된 모든 것을 숭배'하는 것이고, '실존은 본질에 앞선다'는 명제로 잘 알려진 사르트르의 실존주의도 휴머니즘의 한 형태라고 볼 수 있다.[44) 넓게 보아 르네상스 이후 서구 근대가 쌓아 올린 인간과 인간 문명을 위한 모든 노력과 성취는 휴머니즘이라는 커다란 흐름에서 정의될 수 있다. 그런 관점에서 데카르트의 인간 중심적인 합리주의 세계관도 휴머니즘 전통의 한 가운데 놓이게 되고, 한 걸음 더 나아가 계몽주의에서 배태되어 보편적 가치로 널리 받아들여진 민주주의와 가치, 덕목, 제도 역시 휴머니즘의 중요한 영역으로 이해될 수 있다. 예컨대 오늘날 전세계에서 인간의 보편적인 권리의 확산에 결정적으로 기여한 프랑스 혁명 당시 인권선언도 휴머니즘의 전통에서 핵심을 이루는 사건이다.

그러나 자연을 구성하는 나무와 돌, 식물과 동물에게도 인간과 동일한 권리를 부여하자는 심층생태학의 급진적인 주장에 따르면, 데카르트의 인식론을 비롯하여 서구 근대가 쌓아 올린 인본주의(또는 인문주의) 전통, 인권과 같은 민주주의의 기본 개념과 근거가 위협받을 수 있다. 뤽 페리는 바로 이것이 심층생태학과 운동이 점화한 가장 첨예한 인식론적 문제라고 지적하고 있다.

---

43) 위의 책 p.138.

44) Alain Ray, *Le Nouveau Petit Robert,* 1993, Humanisme 항목.

온전한 자연에 대한 향수와 그것을 훼손한 문명에 대한 반감은 낭만주의와 같은 문예사적 배경에서 찾아 볼 수 있다. 그런 맥락에서 심층생태학의 근본 개념이 낭만주의의 뿌리와 맞닿아 있다. 잘 알려진 바대로, 보편성을 바탕으로 한 계몽적 이성(Aufklärung)과 합리주의에 대한 반작용으로 괴테와 실러의 '질풍 노도'(Strum und Drang) 운동이 일어났으며 운동은 낭만주의의 태동으로 이어졌다. 비슷한 시기(1774년)에 헤르더 역시 프레데릭 2세의 프로이센에서 지배적인 위치를 차지하고 있던 계몽주의 사상을 비판한 바 있다.[45] 헤르더는 조국 독일에서 계몽주의가 프랑스의 정치적 지배력을 뒷받침한다고 보고 민족의 영혼성(Volksgeist)을 고취시키고자 하였다. 이는 당시 여러 공국들로 나뉘어져있던 독일에 민족 단일성의 이념을 불어 넣고자 하기 위함이었다.

독일의 낭만주의는 근본적으로 숲과 자연, 땅과 향토, 민족의 영혼을 강조하는 문예운동이다. 낭만주의 운동이 민족정신을 강화한다고 하더라도 그것이 내면의 확장과 시적 세계관, 근대 미학의 탄생 등 서구 인문학의 형성에 크게 기여하였고, 오늘날에도 여전히 문학과 예술의 고갈되지 않는 영감의 원천으로 남아있다는 점은 부정될 수 없다. 종교나 신화로부터 길어온 고전주의의 미적 기준이 오랜 동안 서구 문화에 있어서 따라야 할 규범으로 자리 잡은 것과 달리, 낭만주의는 고전주의적 미적 규범을 부정하고 자연과의 친밀한 관계와 그로부터 길러지는 생태적 감수성과 일체감을 강조하였다. 낭만주의적 감수성과 시적 표현으로 인해, 그 이전까지 거칠고 공포스러운 물리적인 대상으로 인식되었던 자연은 신비하고 신성한 존재로서 인간에

45) Finkielkraut, A,, *La Défaite de la Pensée*, Gallimard, 1987, pp.18-19.

게 다가오게 되었다. 셸링, 하이네, 키츠, 워즈워스, 베를렌, 횔덜린, 릴케 등 서유럽의 시인들은 자연의 신비로움과 경이감, 그리고 서정성 등을 예찬한 대표적인 경우이다. 낭만주의 시인들, 특히 횔덜린, 릴케에 큰 관심을 보인 하이데거는 자연을 세계와 대지(Erde)로 이해하고 특히 대지와 땅을 신비한 존재의 근원으로 파악함으로써 생태적 사유의 지평을 크게 확장하였다.

그러나 다른 한편, 자연 그 자체에 대해 내재적인 가치를 부여하려는 낭만주의의 입장은 서구 근대가 일궈놓은 휴머니즘의 성취에 근본적인 물음을 제기할 수 있다. 나무, 돌멩이, 풀포기 등 자연에 인간과 거의 동일한 위상과 권리 부여하자는 주장은 자연을 훼손하고 인간이 자연에 가한 모든 인위적 행위와 결과를 비판적으로 보는 관점이다. 한마디로 오늘날 생태위기의 근본 원인(遠因)은 휴머니즘이고 그 결과는 반 생태적인 현대 문명이라는 비판적 지적이다. 따라서 서구 근대가 이룩한 성취, 예컨대 민주주의, 문화 예술 등 휴머니즘의 성과의 인식론적 토대가 흔들리게 되는 것이다.

다시 정리한다면, 인간 중심적인 세계관을 비판하는 심층생태학은 동식물 등 자연의 내적 가치를 인정함으로써 원시적 자연과 그 야생성을 복원하고자 하는 급진적인 입장이라고 말할 수 있다. 그러나 자연을 보호하고 기계 산업문명을 비판하는 입장은 1970년대 심층생태학(Deep Ecology)에서 처음으로 비롯된 것이 아니다.

환경파괴의 심각성과 그에 대한 경각심이 전 세계적으로 확산되기 이전, 이미 1930년대 나치 독일은 최초로 환경의 문제를 국가의 차원에서 다루고 법령을 제정하였다.[46] 나치 독일이 환경문제를 정치적

---

46) Peter Hay, 2002, pp.182-185.

이데올로기화 하여 최초로 환경관련법을 제정하였다는 사실은 역사적인 아이러니이다. 생태학자 브램웰의 주장에 따르면 '피와 땅'(Blood and Soil)의 이데올로기는 민족적 신비주의(folk mysticism)와 불가분의 관계에 놓인다.[47] 독일의 민족적 신비주의와 '피와 땅'에 대한 맹목적인 숭배의 이데올로기는 훼손되지 않은 대지와 전원에 대한 강렬한 향수와 야생의 자연에 대한 환상에서 뿌리를 찾을 수 있을 것이다.[48] 독일 나치의 반인륜적인 경험에서 보듯이, 지나치게 순수한 땅과 대지에 대한 숭배는 인종주의와 연결되면서 인간을 혐오하고 서구 근대 문명의 바탕이 되는 인본주의 가치마저 부정될 수 있다.

이러한 맥락에서 심층생태학이 내장한 '근본주의적' 국면과 낭만주의적 뿌리가 만나 서구 근대 문명의 핵심적인 가치들과 상충될 수 있는 것이다. 그것은 서구 근대가 일구어 놓은 것들, 특히 계몽주의와 프랑스 대혁명을 통해 인류가 쟁취한 인권이나 민주주의의 가치들과 배치되는 것이다. 그러한 관점에서 자연을 신성화하고 동식물에게 인간과 동일한 권리를 부여하자는 자연평등주의에 대한 비판적인 독법이 요구된다.

뤽 페리는 심층생태학이 지니는 내재적인 문제점을 지적하고, 그것의 급진적인 태도가 지나치게 자연을 신성화하고 자연과 관계된 모든 것을 아름다움과 심미적인 관점에서만 바라보려는 태도를 지적하고 있다.

---

47) Peter Hay, 2002, p.190.

48) 나치는 자연에 대한 순수한 낭만적 감수성과 자연에 뿌리 박은 삶에 대한 무한한 동경을 악용하여 인종우월주의와 민족주의를 결합하였으며 급기야 홀로코스트라는 전대미문의 대학살을 자행하였음은 잘 알려진 바이다. 자넷 빌, 피터 스타우든마이어, 『에코파시즘』, 김상영 옮김, 책으로만나는세상, 2003, pp.18-27.

"심층생태학은 자연 속에 존재하는 끔찍한 것들을 감추고 있다. 심층생태학자들은 단지 조화, 평화, 아름다움만을 부각시킬 뿐이다. 단지 이러한 관점에서 몇몇 학자들은 그러한 생각에서 영향을 받아 심층생태주의자들은 자연이란 지고의 존재일 뿐만 아니라 완벽한 존재(ens perfectum)라고 보는 것이다. 그러므로 이것을 변형시키거나 개선한다는 것은 신성 모독인 것이다."49)

그러나 엄밀하게 말한다면, 자연 그 자체는 인간의 미의식이나 윤리적 범주를 넘어서 독립적으로 존재하는 것이다. 인간의 차원을 벗어난 자연 그 자체는 선하지도 악하지도 않고, 아름답거나 추하지도 않다. 자연이 아름답다고 말하고 표현하는 것은 인간이다. 예컨대 아름다움에 대한 생각이 만들어지고 그것이 오랜 세월 동안 하나의 미적 규범으로 굳어진 예를 우리는 고전주의 미학에서 찾을 수 있다.

자연은 인간에게 아름다움의 쾌락을 선사하지만 동시에 천재지변과 같은 각종 재앙이나 끔찍한 질병을 가져다주는 존재이기도 하다. 인류문명사적으로 볼 때 자연은 인간에게 두렵고 무서운 존재였다. 그러나 공포의 대상인 야생의 자연을 길들이고 그것을 인간이 거주할 만한 편안한 곳으로 만든 것은 인간 노력이라는 점은 분명하다. 인간이 야생의 거친 자연에 도전하고 일구어 놓은 그 총체를 우리는 문명이라고 부른다. 문명을 구성하는 것은 우선적으로 정치 경제 사회 문화의 제도 그리고 과학기술 체계 등이다. 그러나 자연을 인위적으로 조작하고 생태환경에 위해를 가한 과학기술이나 산업체계 등 물질문명만으로 인간문명을 정의할 수 없다. 인간이 일구어 놓은 문명 안에

49) Luc Ferry, 1992, p.246.

는 정신적 활동과 그것의 결과인 문화 예술의 성취도 당연히 포함되는 것이다. 자연의 아름다움을 상찬하고 그것으로부터 시적 감흥을 길어올리는 것은 돌과 나무, 강과 산, 하늘과 땅 그 자체가 아니라 그것의 존재에 감응하는 인간 정신과 감수성의 섬세하고 깊은 작용에서 비롯되는 것이다.

따라서 야생적인 상태에 놓여있던 자연이 부단한 인간의 노력에 의해 거주 가능성의 차원으로 편입되었음을 기억하는 일이 중요하다. 인간은 심미적 감응력을 통해 자연을 더 완전하게 창조할 수 있는 존재이고 그것은 동식물들이 갖지 못한 인간만의 고유한 능력이다. 자연과 세계를 미적 차원으로 고양시켜 그것을 외포와 경이의 대상으로 만드는 것은 깊은 마음의 영역에 속하는 것이다. 자연과의 관계에서 휴머니즘을 옹호하는 입장에서 본다면 인간이 세상의 척도이고 윤리적 심미적 판단의 주체가 되는 것은 이상한 일이 아니다. 자연과 인간과의 관계에서 인간이 '최종결정자'라고 보는 입장은 인간에 의한 자연의 지배를 정당화시키는 것은 아니다.

> "〔인간은〕 알곡과 가라지를 구별할 줄 아는 존재이다 그렇다고 해서 자연이 그 자체로서 '탁월하게' 아름답거나 '너그럽다'는 사실을 부정하는 것이 아니다. 단지 자연이 자발적으로 그리고 지속적으로 아름답거나 너그럽지 않다는 점을 강조하고자 한다. 그것은 신이 그렇지 않다는 것처럼 말이다. 최종적 심급에서 우리, 인간이 결정해야 한다. 인간은 자연을 변화시킬 수 있고, 변화시켜야 한다. 인간만이 자연을 보호할 수 있기 때문이다".50)

---

50) Luc Ferry, 위의 책, p.246.

앞에서 살펴본 바와 같이 뤽 페리는 심층 생태론자들의 입장이 서구가 르네상스 이후 온축해온 휴머니즘의 성과를 부정할 위험이 있다고 주장한다. 휴머니즘의 인식론적 뿌리가 자연에 대한 인간중심주의의 결과라고 하더라도 그것이 인간 삶을 풍요롭게 한 동학임을 잊어서는 안된다는 것이다. 예컨대 휴머니즘의 커다란 생태문화적 기여 가운데 하나는 인간이 예술을 통해 자연에 대해 다양한 차원의 의미를 부여한 것이다. 인간중심주의적 사고가 자연 파괴의 근본 원인이기도 하지만, 다른 한편 인간만이 예술행위를 통해 자연을 더욱 아름답게 만들 수 있는 것도 부정할 수 없는 사실이다. 이것은 인간에 의한 자연의 예술화 가능성과 그 지평이다.

> "자연이 예술을 모방할 때 자연은 아름답다. 이러한 생각은 인간 중심적인 판단이 아니라 단지 자연의 아름다움과 신비함을 인정하는 것일 뿐이다. 이러한 아름답고 신비한 현상을 통해 세상은 (…) 우리가 생각하는 것보다 훨씬 더 인간적이 되는 것이다."51)

말하자면 자연은 그 자체로 선하지도 아름답지도 않기 때문에, 자연이 아름다움과 신성한 대상으로 다가오는 것은 인간의 치열한 지적 감성적 노력의 결과인 것이다. 비록 예술이 자연의 모방을 통해 창조된 것이지만, 역으로 자연이 예술을 모방할 때 더욱 아름다워질 수 있는 가능성이 열리는 것이다. 구체적인 예로써 서구 근대 미술의 한 경지를 보여준 고흐의 프로방스 풍경화는 프로방스 경관을 더욱 아름답게 만드는 데 결정적으로 기여하였음을 상기할 필요가 있다. 프로

---

51) Luc Ferry, 1992, p.261.

방스 풍경의 아름다움에 매료되어 이룩한 예술적 성취가 프로방스 풍경을 더욱 아름답게 만드는 미의 선순환관계가 형성되는 것이다.

자연에 대한 인간의 모방은 단순한 모사가 아니라 예술적 창조의 대상이 된다. 자연은 예술을 통해 '인간화'되고 아름다움의 지평에 놓이게 되는 것이다. 심미적 대상으로서의 자연을 재창조하는 일은 단지 인간이 자연을 정복하고 길들이는 물리적 행위와 다른 차원을 지닌다. 인간은 자연을 표상으로서의 세계로 창조하고자 하는 심미화의 능력, 달리 말해 상징능력을 지녔기 때문이다.

인간에 의해 상징화, 표상화된 자연은 근본적으로 인간과 깊은 교응 관계에 놓인다. 동서양의 문예사가 증언하듯이, 예술의 원천으로서의 자연은 주로 인간에게 커다란 감흥의 원천이자 경외의 대상으로 재현되었음을 알 수 있다. 인간은 항상 자연과 완전한 하나를 이루려는 열망을 예술작품에 투영함으로써 자연을 '완성'하려 하였다. 이러한 심미적 태도는 자연을 완전히 인간과 분리하고 차갑게 대상화하는 기계론적 관점과 근본적으로 다른 것이다. 예술의 태도는 인간 주체가 자연을 차갑게 객관적으로 바라보는 것이 아니라 자연에 다가가 하나됨을 이루려는 따뜻한 태도라고 말할 수 있다. 자연과 하나가 되려는 예술의 태도는 대개의 경우 경이와 외포의 마음으로 나타난다. 경이와 외포감은 자연과 인간과의 경계를 순간이나마 흐릿하게 함으로써 예술을 경계의 지점에 서게 만든다.

이렇듯 서구 인문학과 예술은 휴머니즘의 중심축을 이루면서 인간 내면과 정신적 차원을 풍부하게 하는 데 크게 공헌하였다. 서구 근대 자체를 부정한다면 바로 인문 예술의 바탕이 되는 휴머니즘의 미덕마저도 인정하지 못하는 결과를 가져올 수 있다. 뤽 페리가 언급한 것처럼, 자연의 아름다움, 신비스러움 등은 자연에 내재된 가치가 아니라 인간의 사유와 —칸트가 말하듯이— 심미적 판단에서 비롯된 것이다. 인간만이 자연을 의미화할 수 있으며 자연에 가치를 부여하고 그것을 언어의 세계로 재구성할 수 있는 것이다.[52] 달리 말해 지리적 물리적 생물권으로서의 자연은 재현과 형상화, 상징화를 통해서 만이 인간 삶의 공간으로 들어올 수 있다.

그런 관점에서 조망한다면, 자연과 예술과의 선순환의 관계를 인간 중심적인 사고의 한 갈래일 뿐이라고 획일적으로 비판하기는 어려울 것이다. 인간에 의한 자연의 예술적 형상화는 분명 휴머니즘의 산물이기 때문이다. 그렇다고 해서 심층생태학의 철학적 비전과 미덕이 모두 부정될 수는 없다. 심층 생태담론의 큰 미덕은 오늘날 생태환경을 크게 훼손하는데 기여한 인간중심주의 인식론과 산업문명의 부정적인 국면을 정면으로 비판하면서 자연이 사라진 인간 세계는 불가능하다는 것을 일깨워 준다는 점이다. 그러나 자연에 대한 인간중심주의와 산업기술문명이 끼친 부정적인 국면을 비판하더라도 서구 근대가 성취한 것의 전체를 부정하는 것은 많은 논란을 불러일으킬 수 있다. 서구 근대 개념 안에는 산업기술혁명 뿐만 아니라 우리가 일상적으로 누리는 민주적 가치, 문화예술과 미학 등이 포함되어 있기 때문이다. 서구 근대는 오늘날 우리의 세계관의 중심축이며 인문 예술의 기반이기도 하다.

정리한다면, 자연과 문화는 갈등이나 모순관계가 아니라 서로 보완적인 관계에 놓여있다고 보아야 할 것이다. 그것은 뤽 페리가 말하는 야생의 자연과 문화적 개념을 서로 섞고 종합하려는 이중적 '모호성'이다.[53] 자연의 거친 야생적 물질성은 인간의 정신과 감성을 경유할

---

52) Luc Ferry, 1992, p.260.

때 만이 인간이 거주가능한 공간이 된다는 생각이다. 자연이 지니는 많은 긍정적인 모습과 가치는 인간이 부여하는 것이기 때문이다. 자연은 중립적으로 인간과 관계없이 물리적인 대상(physis)으로서 '거기에' 있는 반면, 물리적 상태의 자연을 문화의 차원으로 끌어 오는 일은 전적으로 인간의 상징능력, 인문학적 상상력과 생태적 감수성으로서만 가능하다. 생태의 감수성은 인간과 자연의 친밀한 교섭과 자연에 대한 인간의 배려의 마음으로 표현된다. 자연에 대한 배려의 마음의 근원은 시적인 마음이다. 인간과 자연의 관계가 시적이고 상징적인 교웅으로 이뤄진다면, 자연에 내재적인 가치나 권리를 부여하지 않고도 근대의 이분법적인 구도를 넘어설 수 있다. 자연과 문화, 전통과 현대, 민족과 보편주의 등 이분법적인 구도가 지니는 결함과 위험성을 넘어서 새로운 생태담론의 가능성을 여는 길은, 자연을 아름다움과 경이로움의 원천으로 삼되 그것을 절대화 신성화하지 않으려는 태도, 그리고 인간 정신이 성취한 인문주의와 민주주의적 가치, 보편정신을 모두 포괄하는 복합성의 전체적 조망이라는 커다란 테두리에서 비롯될 수 있을 것이다. 이것은 오늘날 생태복원에 주어진 중요한 임무이자 과제이고 그것의 윤리는, 마땅히 자연에 대한 보살핌과 타생명에 대한 환대의 윤리이어야 한다.

53) Luc Ferry, 앞의 책, pp.262-263.

제4장 생태복원의 미학적 윤리적 토대

김성도

근본적인 인문학적 물음에서 시작해보자. 인류와 자연 사이에 존재하는 고유한 관계의 본질은 무엇인가. 이 물음은 최소한 1만 년 전으로 거슬러 올라가는 신석기 시대의 농업 혁명의 발생 이후로 모든 인간 활동의 배경에 자리 잡고 있다. 인간들은 삶을 영위하기 위해서 자연을 개발하고 사용한다. 인간들에 의해서 이루어지는 이 같은 자연 환경 개발은 생물학적 진리에 속하는 불가피한 사실이다. 따라서 인간들이 자연을 사용하는 방식, 즉 그들이 자연 속에서 어울려 자연의 과정들을 통하여 살아가는 방식은 환경 정책의 모든 분야에서 핵심적 쟁점 가운데 하나이다. 과연 인간들은 자신들의 생존을 위해 자연을 굴복시키고, 자연을 조작하고, 결국 자연을 지배할 수밖에 없는 숙명에 놓여 있는지 아니면 그 같은 체념에서 벗어나 새로운 문명양식을 창조할 수 있는 가능성이 존재하는 것인지 진지하게 물어볼 계제이다. 요컨대 자연 과정 속에 인간의 간섭과 개입을 최소화하려는 방안을 강구해야 할 시점에 도달했다. 인류의 삶을 자연과 조화롭게 운영하면서 자연 세계에 대한 인간의 영향력을 적절하게 조절하여 인류와 자연이 모두 공생하며 번영할 수 있는 방도를 모색해야 한다.

자연 환경의 보존 및 생태복원과 관련된 주요 쟁점들에 대한 인문학적 분석과 사유는 새롭고도 유의미한 작업이 될 것이다. 특히, 우리가 주목할 것은 생태복원의 미학적·윤리적 차원으로서, 인간과 자연이 맺는 관계성에 대한 정당한 윤리적 토대를 마련함에 있어 자연세계 속에서 인간문화가 갖는 의의에 대한 종합적 이해를 포함시켜야 한다.

1970년대 초반에 출현한 이후로 환경 철학은 여러 가지의 이의와 반박에 직면해 왔다. 이를테면 인간 세계가 아닌 자연 세계에 대한 그것의 주장이 너무 급진적이어서 작동 가능한 윤리가 될 수 없다는 비판을 받았다.[1)] 즉 자연에 대한 철학적 추론과 사유는 실천적인 환경 정책 입안자들에게는 너무 추상적이라는 것이다. 환경 윤리는 반인간적이라는 것이 요점이다. 우리는 그 같은 비판을 넘어서, 윤리학과 미학을 융합시켜, 인간문화의 개념과 현실을 그것이 자연 환경과 연계된다는 사실을 다시 사유해야 할 것이다. 문화와 자연 환경과의 연계성을 강조하면서 생태복원의 인문학 차원에서 환경과 관련된 논쟁들과 문제들의 해소를 위한 통합적 문제설정을 마련해야 할 것이다.

---

1) 환경 철학의 주요 연구 문헌 참조.

1. Jameson, D.(ed.), *A companion to environmental philosophy*, Oxford, Blackwell Publishers, 2001.
2. Brennan, A. and Lo, Y.S., *Understanding environmental philosophy*, Durham, Acumen, 2010.
3. Belshaw, C., *Environmental philosophy: reason, nature and human concern*, Chesham, Acumen, 2001.

1. 자연 미학과 환경 미학: 예술적 감식력과 심미적 공동체

1) 자연의 문화: 자연의 구성

자연 세계에 존재하는 아름다움에 대한 감상(appreciation)은 인간의 삶을 이해하는 데 있어 지극히 근본적이어서 인간과 자연의 관계에 대한 의미를 진지하게 성찰할 경우 그 물음을 누락시킬 수 없을 것이다. 하지만 생태복원을 비롯하여 환경 정책과 관련된 주요 주제나 쟁점 사항에 있어 미학적 고려는 변별적이지 못하고 주관적이거나 또는 비 정량적인 것으로 치부되기가 일쑤다. 우리는 자연의 미학적 차원에 대한 이 같은 협소하고 소극적인 비전을 교정할 수 있는 대안으로서 자연 미학(aesthetics of nature)의 관점을 개진하려 한다. 자연 미학은 자연 세계와 인간이 맺는 관계에 대한 견고한 분석의 틀을 제공한다.[2] 진정한 환경 철학은 자연 세계에서 차지하는 인간의 자리를 올바르게 이해하고 있어야 하며, 자연 속에 존재하는 동식물을 비롯한 인간 이외의 다른 실재들에서 내재적 가치들의 의미에 대한 무미건조한 진부한 물음들의 테두리를 넘어서야 한다. 이런 맥락에서 우리는 자연의 문화(culture of nature)에 대한 독특한 관념을 검토할 필요가 있다.[3] 인간들은 다양한 목적을 달성하기 위해 행동할 수밖에 없다는

---

2) 자연 미학에 대해서는 다음 문헌을 참조할 것.

1. *Allen Carlson and Sheila Lintott, Nature, aesthetics, and environmentalism: from beauty to duty*, New York, Chichester, Columbia University Press, 2008.
2. Brady, E., *Aesthetics of the natural environment*, Tuscaloosa, University of Alabama Press, 2003.
3. Budd, M., *The aesthetic appreciation of nature: essays on the aesthetics of nature*, Oxford, Oxford University Press, 2002.

점에서 자연을 변화시키며 이 같은 변형은 불가피한 것이다. 예컨대, 윌슨 교수는 북미 경관이 늘 새로운 의미를 취한다는 점을 논증한 바 있다. 일례로 그가 선택한 디즈니 월드는 북미의 지배 문화가 어떻게 역사적 생태학적 변화의 의미를 만들어 가는가에 대한 생동감 넘치는 설명을 제공하는 탁월한 장소이다. 이를테면 대지의 의미에 대한 상이한 표상들이 충돌하는 장소가 발생한다. 고향으로서의 대지, 서식지로서의 대지, 은신처로서의 대지, 영감으로서의 놀이터와 실험실, 이윤 추구의 중심지로서의 대지 등, 인간의 경제와 자연의 경제가 만나는 장소에서 이 같은 다양한 관념들은 꽃을 피웠다. 그 장소는 다름 아닌 자연이라고 불려진다. 이 주제는 곧 자연의 문화사라고 명명될 수 있으며 그것은 현대 사회에서 자연 환경이 어떻게 체험되고, 더불어 작업되며, 복제되고, 언급되는가의 문제를 다룬다. 잘라 말해 자연은 문화의 부분이다.[4] 자연 세계에 대한 우리의 환경은 늘 매개화되어 있다. 그것은 늘 사진, 산업, 광고, 미학 등에 의해서 수사학적 구성물들에 의해서 축조되며 종교, 관광, 교육 등의 제도들에 의해서 형성되기도 한다.

우리가 물질문화를 생산하는 방식, 즉 공원들, 도로들, 영화들은 물리적 환경과 맺는 우리의 관계들로부터 파생되며, 또한 그 관계를 축조한다. 윌슨 교수는 이 활동의 모든 것을 경관이라 부른다.[5] 경관은 그것의 가장 넓은 의미에서 세계를 보는 방식이며 자연과 더불어 인간이 맺는 관계를 상상하는 방식이다. 그것은 우리가 사유하는 그

---

3) cf. Wilson, A., *The culture of nature: North American landscape from Disney to the Exxon Valdez*, Cambridge, Mass: Blackwell, 1992.

4) cf. Wilson, A., The culture of nature, 앞의 책, p.12.

5) cf. Wilson, A., 같은 책, p.14.

무엇이며, 행동하는 그 무엇이며 하나의 사회적 집합물로서 만들어 내는 그 무엇이기도 하다.

하지만, 인간들이 자연의 자율성을 존중하기 위해서, 그리고 자연의 내재적 가치와 아름다움을 존중하기 위해서는 자연 세계를 축조하는 데 있어서 인간문화의 역할을 이해해야 한다.[6] 요컨대 자연과 문화의 이분법적 사유를 넘어서 양자의 유대를 위한 심오한 사유를 준비해야 할 것이다.[7] 최근까지 자연 환경에 대한 대부분의 성찰은 환경 윤리에서 이루어진 반면, 환경 미학은 상대적으로 소홀히 다루어져 온 것이 사실이다. 하지만 자연 환경에 대한 우리의 태도가 자연에 대한 감상 능력과 공감의 방식들에 의해서 조율된다는 관점에서 이 같은 불균형을 교정하기 위해 환경 미학의 중요성을 새삼 강조할 필요가 있다. 다행히 환경 미학은 최근 20여 년 동안 엄청난 발전을 거듭해왔다.[8]

---

6) Heyd, T., *Encountering Nature: Toward an Environmental Culture*, Ashgate, Burlington. 2007.

7) 자연과 문화의 새로운 관계 수립에 대한 생태학적 인류학적 토대에 대한 최근의 대표적 연구물을 소개한다.
   1. Pilgrim, S. and Pretty, J., *Nature and culture: rebuilding lost connections*, London, Earthcan, 2010.
   2. Descola, P., *Par-delà nature et culture*, Paris, Gallimard, 2005.

8) 환경 미학의 주요 연구물을 언급하면 다음과 같다.
   1. 영국에서 발간되는 Journal of Aesthetics and Art Criticism, 56, 2(Spring 1998), edited by Arnold Berleant and Allen Carlson, reprinted in The Aesthetics of Natural Environment, Peterborough, Ont: Broadview Press, 2004.
   2. Berleant, A., *The aesthetics of environment*, Philadelphia, Temple University, 1992.
   3. Porteous, J.D., *Environmental aesthetics: ideas, politics and planning*, London, Routledge, 1996.

2) 환경 미학의 개념

환경 미학 분야에는 미학, 환경 디자인, 철학, 인문과학 등 학제적 연구 형태가 활발하게 이루어졌으며, 철학, 문화 인류학, 건축학, 도시계획, 경관 건축 등의 다양한 전공자들이 동참하였다. 환경 미학의 권위자인 벌런트 교수에 의하면 '환경 미학에 대한 관심은 환경 문제, 즉 국내 및 국제적 차원의 환경 정책과 환경 쟁점들에 대한 공적 의식과 행동에 대한 반응이며 환경에서 제기되는 미적 가치들에 대한 한층 높아진 의식을 반영한다.'[9] 그의 견해에 따르면 환경 미학은 오늘날의 지적 문화적 진화에 속한다.

따라서 환경의 문제가 미학에 대한 하나의 도전으로서 제기되었다는 점을 인식할 필요가 있다. 미적 양상의 정체를 파악하는 것은 환경에 대한 우리의 감각을 확대시킬 수 있다. 하지만 그 역도 마찬가지다. 환경에 대한 풍요로운 파악은 미학에 대한 기존의 이해방식에 대해 크게 영향을 미친다.[10] 종래의 전통적 미학은 미학의 범위를 자연적 아름다움으로까지 확대하는 것을 가로막았다. 그렇다면 환경을 포함하는 미학의 차원들은 무엇인가라는 물음을 던져야 할 것이다. 환경은 넓은 의미에서 거주자들로서의 우리들 자신과 분리되고 구별된 영역이 아니다. 우리는 환경과 연속체를 이루고 환경 과정들의 통

---

4. Carlson, A., *Nature and landscape: an introduction to environmental aesthetics*, New York & Chichester, Columbia University Press, 2009.
5. Nasar, J.L.(Ed.), *Environmental aesthetics: theory, research, and applications,* Cambridge, Cambridge University Press, 1988.

9) Berleant, A., *The Aesthetics of Environment*, Philadelphia, Temple University Press, 1992, p.xii.

10) Berleant, A., 앞의 책, p.10.

합적 부분을 형성한다.11) 종래의 미학 전통이 이 점을 파악하는 데 있어 어려움을 갖고 있었던 것은, 감상은 수용적, 명상적 태도를 요구한다는 주장을 펼치고 있기 때문이다. 그 같은 태도는 초연한 관찰자에 걸맞는다. 하지만 자연은 그 같은 관찰자를 수용하지 않는다. 왜냐하면 자연 세계에서 그 어떤 이해관계로부터 완전히 동떨어질 수 있고 참여하지 않는 상태로 남아 있을 수 있는 것은 아무것도 없기 때문이다. 이 점에서 두 개의 근본적으로 대립되는 양자택일적 선택들이 가능한 것으로 보인다. 통상적 선택은 환경 미학을 예술과는 구별되는 감상적 평가의 일종으로서 간주하는 것이다. 다른 선택은 자연의 감상과 예술 감상을 본질적으로 동일한 것으로 취급하는 데 있다. 첫 번째 선택은 미학에서의 전통을 변화하지 않은 채로 유지할 수 있도록 해준다. 반면 두 번째 선택은 우리로 하여금 예술과 자연을 동일한 차원에서 수용하는 미학을 위해 그 같은 전통을 포기하도록 만든다. 벌런트는 이것을 참여 미학(aesthetics of engagement)이라 부르고 있는데 그것은 미학 이론의 재구조화 방향으로 나간다. 자연 세계에서의 참여로 인해 획득되는 연속성은 아름다운 대상이나 장면의 명상적 감상을 대체한다.

통합된 환경 미학은 단지 미학 이론에 대해서 함의를 갖는 것이 아니라, 지각과 사유에 대한 보다 광범위한 사회적 매트릭스에 대한 이해방식에 대해 지대한 영향을 미친다. “따라서 환경 미학은 건물들과 장소들만 관련된 것이 아니다. 환경 미학은 사람들이 하나의 통합된 상황에서 참여자들로서 결합하는 조건들을 다룬다. 인간적 요인의 중심적 자리 때문에 환경 미학은 인간관계에 대한 우리의 도덕적 이

---

11) Berleant, A., 앞의 책, p.12.

해와, 우리의 사회 윤리에 대해서 심오하게 영향을 미친다."[12]

벌런트에 의하면 참여(engagement)는 자연 미학이 우리를 이끌 수 있는 방향이다. 참여 미학을 채택하는 것은 단지 자연에 대한 우리의 감상뿐만 아니라 우리가 행하는 감상의 본질을 변형시킨다.[13] 이런 점에서 자연 미학은 예술을 감상할 수 있는 모델로서 사용될 수 있다. 연속성과 지각적 몰입은 예술 경험과 자연 경험 모두에서 발생한다. "따라서 참여 미학은 예술과 자연 모두를 포용한다."[14]

미학적 참여는 이론적 장점 이상의 것을 제공한다. 그것은 배제를 통하여 생존해온 다양한 이론들에 의해서 미적 감상에서 닫혀졌던 경험의 지대들을 개방시킨다. 감상을 자연으로 확장하면서 전체의 감각 세계는 미학의 시야 안에 포함된다.

한편, 칼슨 교수는 환경 미학을 다음과 같이 정의내린 바 있다. "우리의 미적 감상의 많은 부분은 예술로 국한되지 않으며 보다 넓은 세계로 향하고 있다. 우리는 예술뿐만 아니라 자연을 감상한다."[15]

더 나가 감상의 대상은 청정 자연을 넘어서 우리의 일상적 주변 환경들을 아우른다. 예컨대 비오는 저녁 동네 공원의 고즈넉한 풍경을 상상해 보라. 따라서 환경 미학의 필요성이 존재하며, 그 같은 경우에서 우리의 미학적 감상은 우리의 주변 환경들, 즉 환경을 포용한다. 환경은 자연적일 수도 있고, 그렇지 않을 수 있으며 크거나 작거나, 일상적이거나 이국적일 수 있다. "각각의 경우에 우리가 감상하

---

12) Berleant, A., 앞의 책, pp.12-13.

13) 같은 책, p.171.

14) 같은 책, p.174.

15) Carlson, A., *Aesthetics and the Environment: The appreciation of nature, art and architecture*, London and New York, Routledge, 2000. p.xvii.

는 것은 하나의 환경이다. 그 같은 감상이 바로 환경 미학의 연구 대상이다."

하나의 환경에서 미학적으로 무엇을 그리고 어떻게 감상할 것인가의 문제는 상이한 접근법들을 생성한다. 하지만 가장 근본적 층위에서 두 개의 관점들을 파악할 수 있다. 첫 번째 것은 주관주의적 또는 회의론적 관점으로 특징지어질 수 있다. 그 핵심을 말하면 그 같은 시각은 환경 감상에 있어 우리는 미적 감상에 규범적으로 관여하는 재원들을 결여하고 있기 때문에, 이 같은 물음들은 적절하게 대답될 수 없다는 것이다. 달리 말해서, 우리는 프레임, 디자인, 디자이너 등의 재원들을 결여하고 있기 때문에, 주관주의 또는 회의론을 포섭해야 한다는 것이다. 환경에 대한 적절하거나 정확한 미적 감상이 존재할 수 있거나, 그 같은 감상이 존재한다 해도 참된 미적 평가는 아니라는 것이 요지이다.

두 번째 관점은 객관주의적 관점으로 특징지어질 수 있다. 그 관점의 본질은 다음과 같이 압축된다. '무엇'과 '어떻게'의 물음을 제기하면서 사실상 두 개의 재원들이 존재한다. 감상의 주체와 대상이 그것이다. 따라서 디자이너와 디자인에 의한 전통적 예술 오브제들의 감상에서 맡았던 역할들이 환경의 미적 감상에서도 작동한다는 것이다. 그 같은 감상에 있어서 디자이너의 역할은 감상 주체와 오브제의 디자인에 의해서 선취된다. 달리 말해서 넓은 세계에 대한 우리의 미적 감상에 있어 우리는 감상 주체들로서 예술가의 역할을 맡으며 세계가 우리에게 하나의 디자인과 같은 그 무엇인가를 제공하도록 만든다.

환경 미학에서는 미학을 포함적이며 팽창적 개념으로 고려하고 있으며 '자연의 문화', 문화의 '자연 범위'로 개방시킨다. 즉 전통적 미학의 배타적이며 환원주의적 방법들 아래서는 고려될 수 없는 자연과 문화의 조건들을 말한다. 미학을 환경과 더불어 그 성격을 정의할 때는 적용 또는 응용이라는 관념이 제기된다. 환경 미학에서는 미학이 복잡하며 다양한 환경들에서 미학적 가치들을 기술하는 수단들과 방법들을 찾으려는 도전을 수용하면서 그 지식의 적용으로 이어질 잠재력에 주목한다. 보다 중요한 것은 환경과 미학의 조합에서 다시 구성되는 포스트모던 개념은 배타적인 미학적 진리를 추구하는 환원주의적 게임으로 기술될 수 있는 편협성에서 벗어나게 해줄 수 있다는 점이다. 환경 미학에서, 자연-문화 발현의 전 범위는 다차원적인 감각적 지각, 정서적 · 지적 분석, 사회 미학적 평가로 개방된다.

이 밖에 벌런트 교수가 제안한 능동적 '참여의 미학'(aesthetics of engagement)이라는 용어도 빈번하게 사용되는 용어 가운데 하나이다. 그는 철학자로서 자신의 저서에서 참여의 미학을 자연과 문화의 통일을 추구하는 것으로 소묘하고 있다. 그의 지론에 따르면 "자연의 포함성으로부터 벗어난 성소는 없다"는 것이다. 그는 전통 미학에서 설정한 주체-대상의 관계를 논외로 하는 급진적인 미학적 이론의 윤곽을 제시하고 있으며, 이 같은 이론에서 자연과 인류는 하나의 장을 형성한다. 자연의 물질적 생산물과 같은 인공물들은 더 이상 고립되지 않으며, 미학적 철학의 두 세기를 특징지었던 초연함과 무관심성은 맥락적 경험과 열정적인 참여에 길을 내준다. 그에 따르면, 미학은 환경에 대한 인간의 지각에 있어 결정적이다. 미학은 인간 경험 일반의 형태와 성질을 포함한다. 환경은 모든 경험들에 대한 조건으로서 간주될 수 있으며 여기서 미학은 우리의 일상생활의 질적 경험에서 주변부가 아닌 중심부를 점유한다. 그의 제안은 다음과 같은 세 가지 사실에 기초한다. 첫째, 예술과 삶의 연속성, 둘째, 예술의 역동적 성격, 셋째, 미적 행위의 인문주의적 기능주의가 그것이다. 그는 이 같은 관념들을 도시 공간에 적용하면서, 그 자신이 도시 생태학에 대한 미학적 패러다임이라고 명명한 영역을 개발하기 위해서 작업한다. 이를테면, 자본의 문화와 도시에 대한 그것의 공리적 접근은 지배적인 경제적 정치적 권력이며, 자본의 문화의 인문주의적·미학적 가치를 다시 정립하는 것은 이 같은 권력을 인식할 수 있는 계기라는 점에서 동시에 자본과 미학적 가치의 바람직한 관계를 성취할 수 있는 전략을 개발할 수 있는 가능성을 제공해줄 수 있다는 것이다.

끝으로 지적할 용어는 자연적 환경 미학(a natural environmental aesthetics)으로서 앞서 여러 번 언급된 칼슨(Carlson) 교수의 저서 『미학과 환경(*Aesthetics and the Environment: The Appreciation of Nature, Art and Architecture*)』(2000)에서 그 효시를 찾을 수 있으며 환경 미학에 대한 보다 단호한 접근법으로 알려져 있다. 그의 입장은 자연에 대한 미학적 감상을 위한 쟁점들과 모델들의 개념적 조직화에서 반영된다. 그는 환경 미학의 영역을 인간들이 고려하는 사물들의 범위 차원에서 정의하는 것으로 시작한다. 그는 아울러 환경 미학의 스케일을 작은 오브제에서 숲에 이르는 범위를 모두 아우르고 있으며 경험의 범위를 세속적인 일상사에서 대형 '이벤트'와 '볼거리'에 이르기까지 광범위하게 포함시킨다. 그는 자연을 미학적으로 감상하려는 시도를 할 때, 두 개의 기본적인 방향을 기술한다. 첫째 것을 그는 주관주의적, 회의적인 것으로 보는데, 여기서 보는 사람은 자연의 결여, 즉 프레임, 디자인, 디자이너의 결여에 실망한다. 그가 제시하는 두 번째 점은 객관주의적인 것으로 기술될 수 있는데 그는 자연 환경 모델과 그것이 과학적 지식과 더불어 맺는 연대가 올바른 접근법이라고 결론짓고 있다. 그는 이 같은 자연과 과학의 연대성을 고취한 사상적 뿌리를 쏘로우(David Thoreau), 레오폴드(Aldo Leopold), 뮤어(John Muir) 등과 같은 미국의 생태학적 창시자들의 전통으로부터 도래하는 것으로 간주하고 있다. 미학을 과학적인 것과 더불어 성격 짓는 것이 중요한 이유는 미학이 실제적인 환경 평가에 대해서 임펙트를 가질 수 있다는 희망을 걸 수 있기 때문이다. 그의 입장에 미학적 감상을 비롯한 모든 평가는 대상 자체의 참된 본질에서 가능하다. 벌런트와 칼슨은 자연과 환경에 대한 미학적 평가를 위한 적절한 모델에 대한 입장에서 서로 대립한다. 벌런트는 주체와 객체의 이분법을 무너뜨릴 필요성을 진술하는데, 그 이유는 자연과 문화를 통합시키기 위해서이다. 반면 칼슨은 미학적 감상은 사실상 주체와 대상의 이분법에 의존한다는 진술을 하고 있다.

3) 예술 감상과 자연 감상

환경 미학에서 축적된 다양한 이론들과 개념들이 존재하나 자연과학이 자연에 대한 인간의 감상 능력에 대한 일차적 설명이나 이야기 형성을 제공해야 한다는 주장은 대부분의 학자들에게서 설득력을 얻었다.[16] 하지만 이 같은 가설에는 적지 않은 문제점들이 도사리고 있다는 점 역시 지적되어야 할 것이다. 이를테면 자연 환경에 대한 심미적 감상은 자연과학적 인식 이외에도 수많은 다양한 이야기들로부터 영감과 통찰을 가져올 수 있다. 생활양식과 문화들의 다양성을 비롯해 원주민 문화에서 수집한 이야기들 속에는 자연에 대한 수많은 혜안과 교훈이 존재한다.

---

16) Carlson, A., *Aesthetics and the Environment: The Appreciation of Nature, Art and Architecture*, London and New York: Routledge, 2000.

환경 미학의 석학인 칼슨(Carlson) 교수는 미학적 감상은 평가와 판단의 한 종류를 포함한다는 것, 즉 감상되어야 할 사물에 대한 지식을 요구한다는 점을 제안한 바 있다.[17] 예컨대 현대 미술 작품의 특정 장면에 대한 감상을 할 때 그 작품들이 르네상스의 작품들로서 평가된다면, 감상의 인식적 근거는 그릇된 것이 될 것이다. 왜냐하면, 각각의 작품들은 상이하게 평가되도록 의도되었기 때문이다. 칼슨 교수는 이 같은 상황을 위한 처방은 미술사라는 점을 시사한다. 미술사는 예술 작품들의 다양성 속에서 실현된 다양한 목적들과 의도들에 대해서 작품 해석자에게 길잡이를 제공하기 때문이다. 자연은 예술적 디자인의 결과가 아니기 때문에 심미적 평가가 표현된 목적과 의도에 대한 이해에 기초를 둘 수 없다는 이의 제기가 가능하나, 예술 작품과 마찬가지로 자연에 대한 최소한의 지식은 필수적이다.

자연을 심미적으로 감상하는 것이 무엇인지를 설명하기 위해서 칼슨 교수는 우리에게 몇몇 아방가르드 작품들과 반 예술 작품들을 고려해 볼 것을 제안한다. 그가 던지는 암시는 폴록의 추상표현주의 회화 작품이나 우연시 자연 세계와 유사하게 예술적 디자인의 결과가 아니라는 점을 일러준다. 자연의 경우들과 마찬가지로 위의 사례에서 미학적 감상의 대상은 작품을 통해 노출된 질서이며 사전에 디자인된 의도와 의미가 아니다.

감상 개념은 예술 감상과 자연 감상에 공통적이지만 이론적 작업에서 통상적으로 검토되지 않는다. 미적인 것의 본질에 대해서는 많이 언급하나 감상에 대해서는 별로 심도 있는 연구가 없다. 미학적

---

17) Carlson, A., "Nature, Aesthetic Appreciation, and Knowledge", in *Journal of Aesthetics and Art Criticismm 5\3,* 4(Fall 995), p.396.

감상에 대한 통찰들 가운데 가장 근본적인 것은 그것의 영역으로 명명될 수 있는 것과 관련된다. 비록 그것의 역사에서 초연성의 전통이 몇몇 오브제의 종류들을 특정 관심을 벗어난 초연하는 주의와 관심과 연관되는 것으로 판단했으나, 감상을 위한 광범위한 범위를 강조했다.[18] 미적 감상의 범위의 인지는 특별히 자연 감상을 위해서 중요하다. 감상의 두 번째 유의미한 차원은 그것이 사용되는 전통에 따라서 그 성격이 상이하다는 점이다.

예술 감상의 전범적 계열이 무엇인지에 대한 물음을 제기할 수 있다. 감상의 오브제 방향 설정이 주어졌을 때, 다양한 종류의 예술 감상들이 존재한다. 각각은 상이한 물리적 정신적 행위의 기대 속에 참여한다. 각각은 상이한 능력들과 기술들을 요구한다. 예술로서의 예술 감상은 예술가의 창조로서의 감상이어야 한다. 디자인 감상의 유의미한 특질들은 다음과 같다. 오브제는 하나의 디자인된 대상물로서 감상되어야 한다. 디자인된 오브제들은 세 가지 핵심 실재들을 포함한다. 최초의 디자인, 이 같은 디자인을 체현하는 오브제, 그리고 그 오브제 속에서 그 디자인을 체현하는 개인이다.[19]

디자인 감상은 세 개의 실재들과 그것들의 핵심적 속성들에 대한 의식과 이해를 포함한다. 특히, 그것들 사이에서의 상호 놀이의 의식과 이해가 중요하다. 자연 감상은 빈번하게 예술 감상과 동화된다. 그 같은 동화는 이론적 오류이며 유감이다.[20] 이론적 차원에서 그것은 전형적으로 감상에 대한 오해를 포함할 뿐만 아니라, 예술과 자연

---

18) Carlson, A., *Aesthetics and the Environment: The appreciation of nature, art and architecture*, London and New York, Routledge, 2000, pp.102-125.

19) 같은 책, p.109.

20) 같은 책, p.114.

모두에 대한 잘못된 이해를 포함한다. 자연 감상과 예술 감상을 동화시키는 이론적 오류의 뿌리는 초연함의 전통으로 거슬러 올라간다.

이 같은 아방가르드와 반미술 작품들의 경우에서, 우리의 작품 감상은 작품 배후에 있는 이야기에 대한 지식에 의해서 유도된다. 즉 예술가가 특정 테크닉이나 상황을 사용하여 작품 속에서 감상될 수 있는 질서를 생성한다. 칼슨 교수는 이렇게 주장한다. 자연의 경우, 이와 유사하게 우리들은 그것의 생성 배후에 있는 이야기를 찾아야 하며 이 경우 그 고유한 이야기는 자연 과학에 의해서 제공된다는 것이다. 그의 결론은 자연에 대한 고유한 감상을 위해서는 그것의 원인론(etiology)에 대한 과학적 지식을 갖고 있어야 한다는 것이다.

여기서 세 가지 문제를 제기할 수 있다. 예술 작품의 원인론 또는 자연의 한 가지 양상의 원인론이 그것들의 각각의 미학적 감상과 평가를 위해서 필요조건이나 충분조건이 될 수 있다는 생각을 비판할 수 있다. 둘째, 많은 경우에 있어서 과학적 지식은 자연에 대한 우리의 미학적 감식과 감상에 있어서 중립적이거나 때로는 해가 된다. 왜냐하면 그것은 우리의 주의를 이론적 층위와 일반적 경우로 방향을 미리 정할 소지가 있기 때문이다. 셋째, 과학의 범주를 심미적 감상과 평가 영역에 수용하는 것은 감상자의 고유한 발견 능력에 대해서 방해가 될 수 있다. 즉 심미적 감상을 통해서 자연이 무엇이냐는 본질적 탐구에 대한 발견 과정을 과학적 인식이 가로막을 소지가 있다.

물론 미술가에 대한 지식이 미술 작품 감상을 도울 수 있는 기초자료로 활용될 수 있다. 미술사의 지식 체계가 예술관을 빈번하게 방문하는 개인들에게 있어 유용한 도구가 될 수 있을 것이며, 전시 중인 작품들에 대해서 범주화가 가능할 것이다. 하지만 심미적 평가와 감상의 폭과 깊이는 미술사적 분류를 요구하지도 않으며, 그것에 의해서 고갈되지 않는다. 칼슨 교수의 설명을 따르자면, 미술사는 작품 감상자에게 원인 설명을 제공하면서, 심미적 평가에 있어 도움을 준다.

몇몇 상황에서 과학적 지식은 자연에 대한 미학적 감식에 도움을 줄 수 있을 것이다. 하지만 다른 경우에서는 오히려 해가 될 수 있다. 그랜드 캐니언을 산책하면서 만약 다양한 지질층에 대한 관심과 더불어 각 시대별 변화상을 인식할 수 있도록 해주는 지질학 지식은 자연 경관에 대한 예술적 감상에 도움을 줄 수 있을 것이다.

다른 한편, 칼슨 교수는 심미적 감상은 작품과의 거리가 아닌 적극적 참여(engagement)와 동감을 요청한다는 점을 지적한다. 만약 이론적 지식이 그 같은 참여의 일차적 지식이 된다면 심미적 감상의 일정한 대상은 개별 지식보다는 감수성, 감성적 주의를 요구한다. 음악작품도 특정 장소나 계절을 상기시키기 때문에, 다른 무엇보다도 상상력의 일정 부분을 생성한다. 자연은 많은 것을 포함하는 단어이다. 심지어 우리가 자연 경관으로 한정하더라도 자연에 대한 우리의 감상에서 우리를 안내할 수 있는 수많은 설명들과 이야기들이 존재한다. 예컨대 세잔의 작품 배경이 된 프랑스 프로방스의 셍트 빅트와르 산을 전혀 사전 지식이 없는 문외한이 보면 밋밋한 바위산 형세에 실망하고 말 것이다. 반면 이곳을 정신적 순례지로 삼아 방문했던 오스트리아 출신의 독일 작가 한트게(Peter Handke)가 1980년 발표한 작품 『셍 빅트와르의 교훈』의 이야기를 읽은 독자의 경우는 같은 공간에서 전혀 다른 미적 경험을 할 것이 분명하다. 세잔의 수많은 회화로부터 영감을 받아 나온 한트케의 설명을 읽은 다음에 몽 셍트 빅트와르를 방문하는 사람은 이 산에 심미적 열광을 갖고 산을 탐사할 것이다. 그에게는 바위 하나하나가 예사롭지 않게 다가올 것이다. 따라서 작가와 예술가들이 들려주는 문학적 · 예술적 서사는 중요한 자연을 심미적으로 감상하는 데 있어서 중요한 기능을 수행한다. 왜냐하면, 자연에 대한 심미적 감상은 지극히 평범한 사람들에게도 열려 있는 가능성이기 때문이다. 특히 평범한 사람들의 경우 자연 경관과 예술 작품에 대해서 지식과 경험이 많은 심미안의 소유자들이 들려주는 눈높이에 맞춘 이야기들에 의해서 매개될 경우, 그들의 이야기가 쉽게 다가올 것이다. 그들의 설명은 과학적 스토리들에 비해서 보다 많은 미학적 평가를 가능케 할 것이다. 예컨대, 특정 산에 대한 지리적 설명과, 그곳에 대한 시인의 글을 비교해보면 어느 것이 더 많은 영감을 불러올 것인가에 대한 답은 자명하다. 시인은 자연에 대한 감상에 있어 하나의 관점을 우리에게 제공할 뿐만 아니라 자연 감상에 대한 시각을 제공하는 차원을 넘어 우리를 명상의 반열에 올려놓을 수 있는 마술적 능력을 지닌 인간이다.

자연의 미적 가치와 환경 보존과 보호 사이에 존재하는 관계는 오랫동안 흥미로운 역사였다. 미국의 경우 미적 가치는 북미의 가장 멋있는 환경들의 보존과 관련하여 이정표가 될 만한 결정들에 있어서 영향력을 행사했다.[21] 이를테면 생태학자 캘리코트(J.Baird Callicott)는 이렇게 진술한 바 있다. "자연에 대한 심미적 감상은 미국의 보존 정책과 관리에 있어 엄청난 차이를 가져다주었다. 우리가 몇몇 자연 지역을 국립공원으로 별도로 나눈 것은 그것들이 아름답다고 간주되었기 때문이다. 보존과 자원 관리에 있어서 자연 미학은 역시 역사적으로 환경 윤리학보다 훨씬 더 중요했다. 우리가 사용한 많은 보존과

---

21) Carlson, A. and Lintott, S., "Natural Aesthetics and Environmentalism", in: *Nature, Aesthetics, and Environmentalism: From Beauty to Duty*, New York, Columbia University Press, 2008, pp.1-21.

관리 결정들은 윤리적 가치보다는 미적 가치에 의해서, 의무보다는 아름다움에 의해서 동기 부여가 이루어졌다."[22] 그에 따르면 우리가 어떤 종류의 전원을 특히 아름다운 것으로 간주하는 판단은 우리가 어떤 장소들을 구할 것인가를 결정하는 데 엄청난 차이를 만들어 낸다는 것이다. 따라서 건강한 자연 미학은 보존 정책과 토지 관리에 있어서 결정적이다. 자연의 미적 가치에 대한 건강한 개념화의 중요성은 여러 환경 사상가들에 의해서 강조된 바 있다. 환경주의를 위해서 환경 미학의 유의미성을 강조한 여러 진술들이 존재한다. 이를테면 헷팅거 교수는 이렇게 진술한 바 있다. "환경 윤리는 환경 미학을 보다 진지하게 고려함으로써 많은 수혜를 받을 수 있다."[23] 그 외에도 일군의 환경 윤리학 전공자들은 미학이 환경 윤리의 적절한 토대가 될 수 있다는 점을 여러 차례 강조하였다.[24]

이처럼 환경 보존 윤리에서 자연의 미학이 중요하다는 점에서 자연 미학의 선구자라 할 수 있는 칼슨 교수의 사상을 이해하는 것은 매우 중요하다. 특히 자연 환경에 대한 미적 감식에 대한 그의 견해를 파악하는 것이 관건이다.[25] 이어서 자연 미학과 환경 윤리와의 관계에 대한 이해로 진행함으로써 생태 보존의 미학적·윤리적 토대와

---

22) Callicott, J., "Leopold's Land Aesthetic", in *Nature, Aesthetics, and Environmentalism: From Beauty to Duty*, New York, Columbia University Press, 2008, pp.105-118.

23) Hettinger, N., "Allen Carlson's Environmental Aesthetics and the Protection of the Environment", in *Environmental Ethics* 27, 2005, p.76.

24) Rolston III, H., "From Beauty to Duty: Aesthetics of Nature and Environmental Ethics", in Berleant, A.(ed.), *Environment and the Arts: Perspectives on Environmental Aesthetics*, Aldershot, Ashgate, 2002, p.141.

25) Carlson, A., "Aesthetic Appreciation of the Natural Environment", 앞의 책, pp.119-132.

그 관계가 해명될 수 있을 것이다.

자연 경관은 어떤 의미론으로도 한정할 수 없는 비결정성과 난삽한 성격을 갖고 있다.[26] 무엇을 감상하고 평가하기 위해서는 구성이 되어야 한다. 하지만 자연 경관은 그 암시성, 다양성, 정서적 자극에 있어서 너무 풍요로워, 그것의 선별, 강조, 범주화에 있어서 지나칠 정도의 자유를 선사한다. 따라서 문제는 무엇을 그리고 어떻게 선별할 것인지, 적절한 감상을 위해서 어떻게 구성할 것인지의 문제가 생겨난다. 예술 감상에 있어서는 그 같은 문제가 존재하지 않는다. 전통적인 예술 작품과 더불어서 우리는 유형적으로 미적 감상과 평가가 무엇이며 그것이 어떻게 이루어지는가를 알고 있다. 이를테면 우리는 유서 깊은 공연장에서 진행되는 명연주자의 피아노 연주는 감상해야 한다는 것을 알고 있으며 반면, 관객의 재채기는 감상의 대상이 아니라는 점을 알고 있다. 예술과 더불어 우리가 무엇을 감상하고 어떻게 감상할 것인가에 대한 지식은 예술 작품들이 우리의 창조물이라는 사실에 뿌리를 두고 있다.[27] 우리는 예술 작품들의 부분들이 무엇이며 그것들의 성질들이 심미적으로 변별적인지, 어떻게 그것들을 감상할 것인지를 알고 있다. 왜냐하면 우리는 예술가가 그 같은 미적 감상을 목적으로 작품을 만들었다는 점을 알고 있기 때문이다.

자연의 미적 감식에 대한 예술에 기초를 둔 다양한 접근법들이 제시되었다. 예컨대, 그 가운데 하나는 경관 모델(landscape model)이다. 이것은 일정한 관점에서 거리를 두고 보이는 전망(prospect)을 의미한

---

26) cf. Santayana, G., *The Sense of Beauty: Being the Outline of an Aesthetic Theory*, (1896), New York, Collier, 1961, p.99.

27) Carlson, A., 앞의 논문, p.120.

다. 풍경화는 전통적으로 그 같은 전망들을 재현하며 경관 모델은 이 같은 장르와 밀접하게 결합되어 있다.[28] 풍경화를 감상하면서 초점은 실제 대상, 즉 회화 또는 재현된 대상에 있지 않고 대상과 그것의 자질들의 재현에 있다. 따라서 우리의 감상능력은 하나의 전망을 재현하는 데 있어 본질적인 성질들에 있다. 선, 색, 전체적인 디자인 등으로서 그 같은 특질들은 풍경화와 경관 모델에서 핵심적이다. 역사적으로 경관 모델은 자연의 미적 평가에 있어서 큰 의미를 가졌다. 그것은 18세기의 아름다운 풍경(picturesque) 개념에서 탄생한 것이다.[29] picturesque는 액면 그대로 '한 편의 그림 같다'는 것을 의미하며 자연 세계를 경관들로 분할시키는 감상 방식이다. 특히 풍경화와 같은 예술에 의해서 지시되는 이상형을 목표로 삼는다. 하지만 경관 모델은 자연 미학의 적합한 모델이라 할 수 없다. 자연에서 무엇을 그리고 어떻게 감식할 것인가의 앞서 제기된 문제에 대해서 경관 모델은 자연 환경의 감상을 마치 일련의 풍경화처럼 감상할 것을 미리 지시하고 있기 때문이다. 그 모델은 자연을 멋진 풍경들과 장면들로 분할시킬 것을 요구한다. 각각의 장면은 적절한 공간적 거리에 의해서 분리된 보는 주체의 특수한 위치에 의해서 관조된다. 이를테면 이 모델에 의하면 마치 미술관에서 거닐듯 자연 환경에서 하나의 산책을 그런 식으로 환원시킨다. 그 때문에 인문 생태학자 쉐퍼드는 경관 모델은 자연 미학으로서의 접근법으로 부적합하다는 주장을 내놓았다.[30]

---

28) cf. Tuan, Yi-Fu, *Topophilia: A Study of Environmental Perception, Attitudes, and Values*, Englewood Cliffs, N.J., Prentice-Hall, 1974, pp.132-133.

29) cf. Rees, R., "The Scenery Cult: Changing Landscape Tastes over Three Centuries", in *Landscape* 19, 1975, pp.39-47.

30) Shepard, P., *The Tender Carnivore and the Sacred Game*, New York, Scribner,

경관 모델은 미학적 토대 측면에서도 문제가 될 수 있다. 왜냐하면 그것은 자연 환경을 마치 그것이 정태적이며 이차원의 재현인 것처럼 파악하고 있기 때문이다. 하지만 자연 환경은 하나의 장면이 경관이 아니라 재현도 아니며 정태적이지도 이차원도 아니다.

이 같은 상황에서 일부 학자들은 자연에 대한 미학적 접근법 자체에 대해서 회의적이다. 즉 자연에 대한 미학적 감상 자체를 부정한다. 자연은 자연적이며 예술이 아니고 우리의 창조물이 아니라는 것이 그 주된 이유이다. 이 같은 회의적 비판의 주장에 따르면, 미학적 감상은 반드시 미학적 평가를 포함할 수밖에 없다. 그리고 이 같은 미학적 평가는 그것의 창조자의 성취로서 감상의 대상을 판단한다. 전통적인 미학적 접근법에 대한 대안으로 나온 또 다른 모델은 추상 대신 참여(engagement)를, 거리 대신 몰입을 강조한 참여의 미학이다. 이것은 철학자 벌런트에 의해서 논의된 바 있다. "자연 세계의 무한정성은 단지 우리를 에워싸는 것이 아니라 우리를 동화시킨다. 단지 우리는 단지 자연 속에서 절대적 한계를 감지할 수 없을 뿐만 아니라, 자연세계로부터 우리 자신을 거리두기 할 수 없다. 우리가 자연 환경을 단지 쳐다보는 것이 아니라 그 안에 있을 때 자연 환경은 우리가 관찰자가 아닌 참여자로서 경험하는 세계로 변형된다. (…) 그 같은 모든 시간들의 미학적 표시는 자연 세계에서의 총체적 참여이며, 감각적 몰입이다."31)

1973, pp.147-148.

31) Berleant, A., "The Aesthetics of Art and Nature", in *Aesthetics of Environment*, Philadelphia: Temple University Press, 1992, pp.169-170. 그의 다른 저술들 참조
-Living in Landscape: Toward an Aesthetics of Environment, Lawrence,

그렇다면 자연은 비결정적이고 난삽한 상태로 그리고 미적 감상을 넘어선 상태로 남아 있어야 하는가? 칼슨의 답은 부정적이다. 그에 따르면 자연 환경이 자연적이라는 사실은 결코 우리가 자연에 대해서 지식을 가질 수 없다는 것을 말하지 않는다. 인간은 자연의 창조에 있어 어떤 참여와도 독립된 채로 자연에 대한 것들을 발견할 수 있다. 비록 인간이 자연 세계를 창조하지 않았다 해도, 인간은 그것에 대해서 많은 것을 알 수 있다.[32] 따라서 자연에 대한 날 것 상태의 원초적 경험은 조화롭고 유의미한 것으로 변형될 수 있다는 것이다. 칼슨은 자연 세계와 환경과학이 자연 환경에 대한 미학적 감상에 있어서 핵심 열쇠가 될 수 있다는 제안을 하면서 이것을 자연 환경 모델로 칭하고 있다.[33] 이 모델은 미학적 모델을 거부하면서 자연에 대한 상식과 과학적 지식을 활용하면서 미학적 감상 일반에 대해서 청사진을 제공할 수 있다는 비전을 제시하고 있다.

2. 생태예술

1) 생태예술

미국의 경우 이미 1970년대부터 예술가들은 다양한 생태복원 프로젝트에 참여해왔던 것으로 보고되었다. 하지만 아쉽게도 그들의 예

University Press of Kansas, 1997.

32) Carlson, A., 앞의 논문, p.126.

33) Carlson, A., 같은 논문, p.127.

술 작품은 대부분의 생태복원 전문가들의 공동체에서 알려진 것이 별로 없다. 본 절에서는 생태복원 영역에서 예술가들의 본질적인 통합, 즉 그들의 예술 활동장 속에서 전문가들로서, 토지와 물의 복원 프로젝트에 예술 작품이 어떻게 삼투될 수 있는가를 소략하고자 한다. 생태예술가들과 그들이 창조한 작품들에 대한 논의는 국내의 관련 연구자들에게 생태 미술을 비롯한 생태예술 전반에 걸친 최근 동향을 알려주는 데 일조할 것이다. 아울러 지구상에서 삶의 질을 개선하려는 공동의 투쟁에서 예술가가 맡을 수 있는 핵심적 역할에 대한 보다 투철한 의식을 갖게 해줄 것이다.[34)]

생태예술의 개념을 논할 때는 먼저 몇 가지 용어상의 명료화가 필요하다. 무엇보다 '생태적'이라는 형용사와 '환경적'이라는 형용사를 구별해야 할 것이다. '환경 미술'(environmental art)은 종합적인 상위 용어로서, 광범위하게 환경을 참조하는 모든 미술과 예술을 지시한다.[35)] 풍경화, 재생된 소재들의 집합체, 대지 미술가 크리스토 부부가 만든 대부분의 작품들에서처럼 실외에 설치된 것들 모두는 환경예술이라 불릴 수 있다. 환경 미술 개념이 대지의 이미지를 우리들에게 제시한다면, 환경은 자연적이건 인공적이건 물리적으로 우리들 주

---

34) 생태예술에 대한 최근 동향은 다음 문헌 참조.
RANE Research Cluster, Artful ecologies: Art, Nature & Environment Conference 2006: how can artists create work that is both ecologically responsible and valid as art?, *Falmouth: RANE Research Conference,* University College Falmouth, 2006.

35) 환경미술에 대한 상세한 논의는 다음 문헌 참조.
1. Kastner, J. and Walls, B., *Land and environmental art*, London, Phaidon, 2005.
2. Grande, J.K., *Art nature dialogues: interviews with environmental artists,* Albany, State University of New York Press, 2004.

변에 있는 모든 것, 아울러 우리도 그 한 부분을 이루는 문화를 포함한다. 따라서 환경 위기를 비판하는 퍼포먼스는 이 같은 정의에 포함된다. 환경 미술이라는 일반적 범주가 하위 범주들의 긴 목록으로 분할될 수 있음은 자명하다.[36]

한편 1960년대에 주로 생산된 대지미술 작품들은 대지 자체를 조각하는 거대한 프로젝트들로서 엄격하게 말하자면 생태 미술 프로젝

〈그림 4〉 크리스토 부부가 제작 및 설치한 대지미술작품 '러닝펜스'(Running Fence)(캘리포니아 1972-76)

36) 다음 문헌 참조
Brown, J., "Ecological Art: Visible, Visionary, Practical and Restorative", in France, R.L, *Healing Natures: New Perspectives on Restoring Ecological Spaces and Consciousness*, 2008. pp.141-156.

트의 범주에 속한다고 말하기 어렵다. 대지 미술 작품의 유명한 예는 수많은 환경론자들의 비난을 무릅쓰고 로버트 스미슨(R.Smithson)이 1970년 제작한 〔나선형 방파제〕(Spiral Jetty)로서, 6,650톤의 바위들과 토사가 유타 주의 호수가(Great Salt)에 거대한 나선형의 방파제 형상으로 만들어졌다. 다른 하나는 또 다른 대지미술가 하이저(Michael Heizer)의 작품 〔이중부정〕(Double Negative)으로서 네바다 사막에 만든 깊이 40피트, 길이 100피트의 두 개의 큰 구덩이로서 작은 협곡의 마주보는 양편에 제작했다.

이 같은 환경 미술과 차이를 선명하게 하기 위해서 생태예술의 선구자인 해리슨 부부(Helen Meyer Harrison과 Newton Harrison)는 자신들의 예술을 생태예술로 지시했다. 그들은 앞서 언급한 대지 미술 작품들이 경이롭지만, 환경적으로 파괴적이라고 비난하였다.

생태미술을 포함하는 보다 큰 범주로 파악되는 대지 미술의 한 연구서에서는 대지 미술의 토대에 대해서 다음과 같이 말하고 있다.

> "우리는 경관 안에 우리의 관찰들과 몸짓들을 각인시키면서, 우리가 놓여 있는 공간을 번역하고 위반하려는 시도를 하면서 우리의 표식을 남기기를 갈망한다. 만약 우리의 문화가 이 같은 충동의 발현이라면, 그것이 대지와의 연속적인 매료는 우리의 지상의 조건들의 잠재력과 구조들 모두에 대한 증언이다. 경관은 과학과 예술의 주제로서 하나의 거울과 렌즈로서 기능한다. 즉 그 속에서 우리는 우리가 점유하는 공간을 보며, 우리가 그곳을 점유함으로써 우리들 자신을 본다."37)

---

37) Kastner, J. and Wallis, B.(ed.), *Land and environmental art*, London, Phaidon, 1998, p.11.

우리는 늘 일정 수준에서 경관과 더불어 연계하기를 추구했다. 인간들은 대지의 명예를 위해, 형태들을 창조했으며, 그것에 맞서 도전 행위로서 형태를 창조했다.

대지에 대한 예술적 반응들의 가장 복잡하며 가장 매력적인 것들 가운데 대지 미술(Land Art)이라고 불려지는 것에 도달한 작품들이 있다. 대지 미술은 다양하고 복잡하고 문제들로 가득하다. 다양한 방식들에 있어, 본질적으로 미국의 예술 형태로서, 대지미술이라고 알려진 최초의 발현은 대지 미술, 생태 및 환경 미술을 포함하기에 이르렀다.[38] "대지미술은 개념적 친족성의 모호성을 비롯하여 광범위하게 상호 연계된 브랜드를 위한 불완전한 동음이의어이다."[39]

대지 미술은 후기 산업 사회의 생물계의 실제 조건들에 대한 보살핌의 프로그램으로서 대지를 기본 축으로 삼고 대지에 대한 개인들의 반응들과 대지 안에서의 활동을 다룬다. 그 작품들은 근본적으로 조각적이다. 즉 삼차원의 공간에서 창조하는 작업이며 퍼포먼스 기반의 활동이다.

지구의 표면과 정신의 피그먼트(figments)는 예술의 이산적 지역들

---

38) 대지 미술의 작품들은 헤아릴 수 없을 정도이나, 가장 주목받았던 작가들과 작품들을 열거하면 다음과 같다.

1. Walter DE MARIA, Las Vegas Piece, Desert Cross
2. Denis Oppenheim, Time Line, Cancelled Crop
3. Michael Heizer, Isolated Mass, Circumflex, Double Negative
4. Robert Smithson, Spiral Jetty, Sunken Island, Asphalt Rundown
5. James Turrell, Roden Crater
6. Christo and Jeanne-Claude, Running Fence, Wrapped Coast
7. Betty Beaumont, Cable Piece
8. Ian Hamilton Finlay, Signature of the Artist Holder

39) 같은 책, p.12.

로 해체되는 방식을 갖는다. 한 사람의 정신과 대지는 항시적인 부식 상태에 놓여 있다. 정신의 강물들은 추상적 강둑을 차츰 닳게 한다. 뇌파는 사고의 절벽을 산산 조각낸다. "예술 제작으로부터 기술 과정을 배제함으로써 우리는 보다 근본적 차원의 다른 과정들을 발견하기 시작한다. 물질의 파편화의 풍비박산은 대지의 하위 기층을 의식하게 만든다. 그것이 산업에 의해서 강철, I-빔들로서 정련되기 이전의 상태에서 말이다."[40)]

또한 스미슨은 자신의 작품 〔나선형방파제(The Spiral Jetty)〕(1972)에 대해서 다음과 같이 진술한 바 있다.

> "사이트와 비 사이트에 대한 나의 변증법은 하나의 비결정적 상태로 휘감기며 그곳에서 고체와 액체는 스스로 각자가 상실된다. (…) 분류들과 범주들에 대해서 짐작하는 것은 넌 센스이다. 거기에는 아무것도 없다."[41)]

한편, 생태미술은 예술가들과 생물계(biosphere) 사이의 관계에 대한 예술가들의 지각을 다루고 있다. 그것은 지구의 자연 법칙 안에서 차지하는 인간들의 장소를 인지하는 것을 도와주기 위한 것이다. 아울러 예술이 인간들에게 자연 시스템에 대해서 행한 손상들 가운데 일부를 회복하거나 치유할 수 있다는 점을 부각하고 있다.[42)] 이를테면

---

40) Kastner, J. and Wallis, B.(ed.), *Land and environmental art*, London, Phaidon, 1998, p.213.

41) 같은 책, p.215.

42) Oakes, B.(ed.), *Sculpting with Environment - A Natural Diaologue*, New York, Van Nostrand Reinhold, 1995.

예술이 전 시대를 걸쳐 생태학적 관심을 표명해왔다는 점을 유념할 필요가 있다.

생태예술(ecological art)의 정확한 정의는 아직도 미해결된 상태라 할 수 있다. 하나의 생태예술 프로젝트는 전체 생태계 안에서 자신의 위치를 고려하는 것은 분명하다. 그것의 목적은 단지 훼손된 지역을 미화시키는 것이 아니라, 실제로 그 지역을 복원하거나 최초 상태를 되찾는데 있으며 일정 경우에서는 환경의 더 많은 파괴를 막는 데 있다. 그렇게 함으로써 그것은 다양한 교육적 기회들을 제공할 수 있으며 장소의 역사를 기억하는 매체가 된다. 생태예술은 사람들로 하여금 해당 지역의 자연 환경과 더불어 직접적 접촉을 하게끔 만들어 준다. 아울러 그것은 대지의 한 부분과 그곳에 존재하는 대기와 생명 사이에서 조화를 만들어내는 다른 방식들을 위한 모델로서 작동한다. 하나의 전형적인 생태예술 프로젝트는 박물관의 테두리를 벗어나서 수행되며, 도시 환경 안에서 또는 촌락에서 수행되는 등, 다양한 공동체들과 결합된다. 사용되는 매체들 역시 대지 자체로부터 인간이 만든 재료들에 이르기까지 광범위하다. 생태예술 프로젝트의 광범위함과 복잡성 때문에 그것들은 대부분 빈번하게 단일 인물, 한 명의 아티스트에 의해서 실현되지 않으며, 다양한 분야들에서 온 전문가들 사이에서의 공조를 통해서 실현된다.

환경 예술 작품들은 1960년대부터 등장하기 시작해서 오늘날까지 이어지고 있다. 환경 예술이 미치는 환경적 생태학적 파급 효과들에 대한 다양한 비판적 물음들이 제기되었다.[43] 크리스토의 작품 〔치단

---

43) Carlson, A., *Aesthetics and the Environment: The appreciation of nature, art and architecture*, London and New York, Routledge, 2000.

는 펜스(Running Fence)]를 비롯해서 그가 제작한 [에워싸인 섬들(Surrounded Islands)](1983) 역시 논쟁을 낳았다. 일부 비평가는 환경 미술 일반의 도덕성에 문제를 제기하기도 했다. 험프리(Peter Humphrey)는 자신이 대지미술작품들로 부른 광범위한 작품들을 논하면서 다음과 같이 결론 맺었다. "대지미술 작품들은 윤리적인가? 그 답은 의심스럽다."[44]

생태학적, 법률적, 도덕적 쟁점들을 제기하지 않고, 칼슨은 오직 예술과 자연에 대한 미학적 쟁점을 다룬다. 자연이 예술 속으로 통합되고, 그 부분이 되는 방식 때문이다. 많은 사람들은 환경 미술 작품들이 자연에 대한 미적 치욕을 형성한다고 주장한다. 어떤 비평가는 대지 미술 작품들은 자연에 부과된 일방향적 미적 부과로서 간주하였다. 자연에 맞서 자신들의 인공성을 강요한다는 것이다.[45] 그렇다면 과연 환경 미술은 자연에 대한 미적 상처를 구성하는가라는 물음을 던진다. 환경 미술 작품들은 단지 그 외관에 있어서 유사한 것을 넘어서 기술 사회의 미적 상처로 나타난다.

환경 미술의 특징은 자연 자체의 한 부분이 미적 대상의 한 부분이라는 것이다. 환경 거점은 작품의 한 양상이다. 환경 예술가는 때로는 대지 위에 약간의 표식을 하면서 자연의 한 부분을 변화시킨다. 환경 거점은 따라서 자연의 한 부분에서 예술 작품의 한 부분으로 변화된다. 아울러 그 같은 변화와 더불어 자연의 미적 성질들은 변질된다. 헤이저(Heizer)는 이렇게 말한 바 있다. "작품은 하나의 장소에 놓인 것이 아니다. 그것은 바로 그 장소이다."[46]

---

44) Humphreay, P., "The Ethics of Earthworks", in *Environmental Ethics,* vol.7, 1985, p.21.

45) Crawford, D., "Nature and Art: Some Dialectical Relationships", in *Journal of Aesthetics and Art Criticism,* vol.42, 1983, p.57.

환경 미술이 자연에 대한 미학적 상처라고 주장하는 사람들에 맞서 그 같은 혐의를 부정하는 비평가들도 적지 않다. 이들 비평가들의 주장에 따르면, 환경 미술 작품들은 그것들이 어느 정도 한시적이기 때문에 상처를 성립하지 않는다는 것이다. 예컨대 크리스토의 '밸리 커튼(Valley Curtain)'은 2년의 제작 기간을 필요로 했으나 단 며칠만 그 장소에 전시되고 철거되었다. 하지만 미적 상처의 쟁점은 전혀 다른 본질에 속하는 사안이다. 상처는 환경에 대한 임팩트의 문제가 아니라 모욕이다. 또 다른 옹호 이유는 환경 작품들이 자연의 미적 성질들을 변질시킴으로써 자연을 개선한다는 주장이다. 본래의 거점이 거의 긍정적이지 않거나 부정적인 미적 성질들을 가진 곳으로 여겨졌으나, 그곳에 개선으로서 예술 작품이 결과물로 생산되었다는 주장이다. 환경 예술가들의 주장은 대지를 예술적 소재로 다룸으로써 스스로 자연으로서의 의식할 수 있는 것을 더 심오하게 만들었다는 것이다.

생태예술 프로젝트는 다면적이며 은유와 서사, 형태의 미와 디자인, 아울러 목적의 강력한 의미를 삼투시킨다. 완성된 생산품들은 한 가지 이상의 방식으로 기능적이며, 있는바 그대로 예술에 대한 당대의 기성 개념들에 대한 개념적 실천적 차원에서 도발적인 제안을 내놓는다. 생태예술 작품들은 본질적으로 조각적이다. 따라서 그들 작품들이 조각가로서 경력을 시작한 예술가들에 의해서 창조된다는 것은 당연한 결과이다. 즉 생태예술 제작을 위해서는 삼차원적으로 사유할 수 있는 능력이 큰 도움을 준다. 아울러 이들 예술가들은 자신의 작업실에서 생산된 오브제들이 아무리 아름답거나 새로운 사유를

46) Carlson, A., *Aesthetics and the Environment: The appreciation of nature, art and architecture*, London and New York, Routledge, 2000, p.155.

촉발시키고, 상상적이라 해도, 위기에 빠진 지구에서 삶을 개선하는 데 있어서 실제적인 방식으로 기여하지 못한다는 깨달음을 공유한 사람들이다.

최선이건 최악이건, 우리는 이미 참여적 생태학이라 기술할 수 있는 시대로 진입했다. 생태계는 진정으로 '좋은 삶'과 행복(웰빙)을 추구하려는 결정적 노력 없이는 인류가 지구에 대해서 행하는 무차별적 맹습에 맞서 저항할 도리가 없다. 인류의 다양한 활동들로 인해 지구 기후 변화가 이루어지고 있으며 인류는 지구상에서 심각하게 종의 다양성을 격감시켜놓았고 최근에는 유전자 풀을 조작할 수 있게 되었다. 자연을 제어하고 물질문화를 팽창시키려는 추구에 있어서, 우리는 그 같은 세계관에 있어서 한계가 노출됨을 발견하였다.[47]

2) 공적 공간과 공유지(commons)

탈산업사회의 공공계로서 이해될 수 있는 경험들을 창조하는 다양한 시스템과 생태학에 주목할 필요가 있다. 탈산업사회는 탄소 기반의 산업 파워와 생산으로부터 컴퓨터에 기반을 둔 정보경제로의 이동을 말한다. 공공계는 두 개의 차원에서 정의될 수 있다. 하나는 공적 공간으로서의 개인들 사이의 관계를 파악하는 것이며, 다른 하나는 공유지의 사회 정치적 개념을 포괄하는 것으로서 개인들 사이의 관계를 보는 것이다. 공적 공간은 그것의 공간적 형식들과 담론 형식들을 모두 갖고 있으며, 지각 가능한 경계선을 갖는다. 우리는 공적 공간

---

47) Collins, T., "Art Nature and Aesthetics in the Post Industrial Public Realm" in "Healing Nature, Repairing Relationships: Restoring Ecological Spaces and Consciousness", Editor Robert France, MIT Press, Boston MA., 2006.

의 활동들 속에 참여하거나 아니면 참여하지 않거나를 선택할 수 있다. 이와 대조적으로 공유지(commons)는 실재적인 경계선을 갖지 않으며 장소 경험의 부분들이라 할 수 있다. 공유지는 하나의 공유된 경험으로서, 그것은 사회적 정치적 렌즈를 통하여 진행된다.[48] 공적 공간이 공유지와 맺는 관계는 신체에서 피부가 호흡과 맺는 관계와 같다. 피부는 우리 신체의 지각 가능한 공적 장소인 반면, 호흡은 우리가 공유하는 신체-공공재로서 생명을 지속하게 만들어준다. 하나는 자명한 물리적 인공물이며, 다른 하나는 편재해 있는 필요이나 쉽게 간과된다.

공적 공간의 경험은 빈번하게 장소에 의해서 프레임되며, 경관, 수력학, 건축 등에 의해서 분절되고, 사회적 행동에 의해서 규정된다. 공적 공간은 땅의 조건에서도 물의 조건에서도 발견된다. 또 다른 공적 공간은 시민들의 목소리들에 의해서 프레임되고 규정된다. 생명의 공유 양상들에 대한 논의, 그리고 일상생활의 쟁점에 대한 논의에 참여하는 시민들의 목소리를 말한다. 두 개 이상의 목소리가 이 같은 공간을 만들어 낸다. 공적 공간에 참여하는 상대자들은 그들의 사적 이해관계를 위해서 공적 공간의 공간적 형태와 담론 형태를 모두 전유할 수 있다.

공간에 담벼락을 칠 수 있으며, 토지를 매입해서 개인 소유물로 만들어 접근이 통제될 수 있다. 시민의 토론들은 강력한 이해관계를 반영하기 위해서 그리고 힘없는 이해관계의 목소리를 최소화하기 위해

---

48) 공공재에 대한 상세한 논의는 다음 연구서 참조

1. Collis, S., *The common*, Vancouver, Talonbooks, 2008.
2. Ostrom, E., *Governing the commons: the evolution of institutions for collective action*, Cambridge, Cambridge University Press, 1990.

서 정의될 수 있다. 공적 공간은 공유지에 비해서 더 친밀한 경험이다. 공유지는 다양하며 편재적인 재원들로서 너무 역동적이거나 너무 분산되어 있거나 인간 생활의 짜임 속에 너무 통합되어 사유화로 유도되는 가치를 갖게 된다. 공적 공간의 경험은 친밀하며 공유지의 경험은 팽창과 확산에 기초한다.

탈산업 사회의 시대는 대기, 토양, 물에 남아 있는 산업 오염물로 인해 심각한 생태학적 위기에 처해 있다. 인류는 이제 막 자연과 전 지구적 차원의 공유지에 치명적으로 영향을 미친다는 사실을 인식했다. 자원 추출이라는 개념은 이제 미시 생물학적 수준으로 내려와, 시장의 이해관계와 더불어 유전자의 매핑, 조작, 특허를 통하여 화폐 가치를 포획하는 데 이른다. 이러한 예를 통해서, 우리는 공적 공간과 공유지의 개념들 안에서 체현된 자연 개념을 철저하게 재정의하는 의미, 형식, 기능의 범위에 대해서 새로운 인식을 터득할 수 있을 것이다.

3) 생태복원과 예술

생태복원 프로젝트는 비판적이면서 철저한 문화적 구성 요소들을 요구할 뿐만 아니라, 이와 동시에 실용적이면서 엄밀한 과학과 기술을 요구하는 복합적 성격을 띠고 있다. 생태복원 프로젝트가 견지하는 정신은 산업 경관을 고려할 수 있는 안목을 길러주고 자연 속에서 공리적 가치를 찾으려는 실용적 문화로부터 자연 속에 있는 내재적 가치들을 추구하려는 인문적 문화로 이동함을 말한다. 즉, 탈산업 사회의 오염물과 전 지구적 임팩트에 대한 본질적 비판적 대응으로서 복원을 간주하는 인문적 토대를 말한다.

앞서 언급된 개념적 명료화 차원에서 생태복원과 예술과의 관계를 심도 있게 논의해야 할 것이다. 첫째, 양자의 관계는 조형 예술 활동으로서 예술사에서 이루어진 아방가르드에서 표현된 의도적으로 사회적으로 변형적 구성 요소들과 맺는 관계와 더불어 이루어진다. 이것은 아울러 디자인 활동으로서, 형태를 생산하는 의도의 명료성과 더불어 알려진 맥락 안에서 내용의 조직과 적용에 대한 것이다. 전자는 창조적 자율성의 전통에 토대를 두고 있으며, 비판적이면서 급진적인 입장에 대한 경향을 띤다. 반면 후자는 고객의 니즈에 대한 창조적 반응에 토대를 둔다. 예술은 비판적 지식을 통하여 프레임 되지만 궁극적으로 지배적 이해관계와 더불어 복잡한 양상을 띤다. 이를테면 예술은 자연과 문화에 봉사하고, 생태복원의 프로젝트에 기여하는 두 가지 작업 방식을 모두 취할 수 있다.

앞에서 진술했듯이, 생태복원은 자연과 맺는 인간의 관계를 변화시키려는 의도를 갖는다. 예술의 한 가지는 이와 유사한 생각과 더불어 공진화했다. 이를테면 대지의 풍경화, 대지 작품, 생태계 접근법 차원에서 환경과 더불어 작업한 예술가들의 풍요로운 전통이 존재한다. 그렇지만 이 같은 작업의 대부분은 높은 엔트로피(예측성이 낮고 위험성이 높은)를 생산한 아방가르드의 철학적 입장과 더불어 창조되었다. 그것들은 모두 창조적 표현에 초점을 두고, 형태적 맥락적 혁신의 추구를 강조하는 사회적 정치적 배경과 맺는 모든 관계들에 봉사하였다. 1970년대의 환경 예술가들의 일차적 역할은 길들여지지 않은 창조적 자유였으며, 그것은 혁신에 대한 추구에 의해서 유도되었다.

생태예술은 자연 경관을 소재로 다룬 전통적인 회화, 사진, 조각 등의 전통적 조형 예술 범주 그 이상의 것이다. 생태예술은 생태적 관계들의 시스템에 초점을 둔다. 이 같은 관계들은 단지 물리적 생물학적 경로를 포함할 뿐만 아니라, 공동체 또는 생태학적 시스템의 문화적 양상들을 포함한다. 생태 예술은 현재의 소비 패턴과 자원 사용의 패턴들이 위험할 정도로 더 이상 지속될 수 없다는 인식에 의해서 동기 부여가 되어 있다. 개별적 획득에 초점을 두는 대신, 생태예술은 공동체와 상호 의존성을 강조하는 '에토스'에 토대를 두고 있다. 예술 작품의 초점은 생태계의 복잡한 구조를 해명하는 작업에서부터 주어진 지역적 쟁점에 대한 반응에 이르기까지, 아울러 복원의 기능과 처방의 기능을 수행하는 등, 그 범위가 다양하다. 생태예술은 과정, 즉 디자인과 기획, 그리고 예술의 친밀한 작업 형식에서 이루어진 생산물 모두를 포함한다. 생태예술은 생명과 자연에 대해 새로운 비전을 제공할 수 있으며, 또는 훼손된 생태계를 치유하려는 시도이며, 전혀 주목받지 못한 채 진행해 온 자연 환경의 양상들에 대한 새로운 관점을 제공할 수 있다. 또한 생태예술은 하나의 사회적 맥락 안에서 존재한다. 몇몇 작품들은 개인적 비전을 표현할 수 있는 반면, 그 본래 의도는 표현하고, 대화를 장려하면서 사회적 변형에 그 목표가 있다.[49)]

생태복원과 관련된 예술과 미학의 범주들과 개념들은 다양한 학술 명칭으로 제시되고 있어 다소 혼란스러운 상태이다. 이 가운데 몇 가지 대표적 학술명을 정리하면 다음과 같다. 첫째, 미학적 생태학(aesthetic-ecologies)이라는 학술명을 손꼽을 수 있다. 이 학술 분야의 기본적 가정은 자연은 예술적 실천의 근본적 주제였으며 역사를 통하

---

49) 이 분야에서 두 편의 연구물은 수작으로 손꼽히고 있다.

1. Oakes, B., *Sculpting with the Environment: A natural dialogue*, Wiley, 1995.
2. Strewlow, H., Prignann, H., and David, V.(ed.), *Ecological Aesthetics*, Birkhaüser Architecture, 2000.

여 미적 탐구의 대상이었다는 확인에 기초한다. 하지만 자연은 예술가들에게 공포와 경이를 불러일으켰으며 오직 최근에 와서야 예술가의 물질적 생산물은 미학과 철학의 유일한 대상이었다. 18세기 이후로, 미학의 지배적인 철학은 즐거움을 주는 사물에 대한 감상을 비롯하여 숭고함의 경험을 상기시킬 수 있는 잠재력과 관련되었다. 그 개념 모델은 간단하다. 인간이라는 감상자가 있고 감상되는 사물은 중립적으로 프레임 된다. 두 번째 유사한 학술명은 환경 미학을 지적할 수 있을 것이다. 환경 미학의 영역에서는 중요한 이론가들을 열거하자면, 환경 심리학의 관점에서 작업하는 사람들로서 애플튼(J.Appleton)과 캐플런(R.Kaplan, S.Kaplan) 등이 있으며, 환경 철학의 관점에서 작업하는 사람들로서 나사르(J.Nassar)와 포스터(Foster) 등이 있다. 특히 두 권의 저서가 학술적 지명도가 높다. 벌런트(A.Berleant)가 쓴 『환경 미학』(The aesthetics of the environment)(1992), 그리고 칼슨(A.Carlson)이 쓴 『미학과 환경』(Aesthetics and the Environment: The appreciation of nature, art and architecture)(2000)이다. 이들은 공동으로 편집한 학술지 『미학과 예술 비평』 특집호(Journal of Aesthetics and Art Criticism, vol.56, n.2, 1998)에서 환경 미학을 미학적 관심을 환경에 적용한 핵심적 가치로 정의한 바 있다.

3. 생태복원의 윤리적 토대

1) 아름다움에서 의무로: 생태복원의 윤리적 토대

미학과 윤리학 모두에 있어서 가치의 문제가 제기된다. 그렇다면 미학과 윤리와 같은 상이한 규범적 모델들의 관계는 무엇인가? 만약 무엇인가가 아름다움이라면 곧 그것을 지켜야 할 의무가 생긴다는 논리로 이어지는 것이 통상적 추론이다. 만약 그렇다면 예술과 자연에서는 동일한 논리가 존재하는 것인가? 어떤 대상이 아름다움이 아니라면 그것을 지켜야 할 의무가 없는 것인가? 모든 의무들이 아름다움과 연대되는 것은 아니다.[50] 미학적 명령들은 통상적으로 도덕적 강령에 비해서 덜 긴박한 것으로 사유된다. 모든 미학적 경험이 아름다움과 결부되는 것도 아니다.[51] 아마도 윤리 역시 늘 의무와 결합되는 것은 아니며 논리적으로 심리적으로 보살핌에 연대된다. 미적 경험은 환경 윤리를 위한 가장 상식적인 출발점들 가운데 하나이다.[52]

사람들에게 왜 우리가 설악산 공원과 한라산을 보호해야 하는가라고 물으면 십중팔구 사람들의 대답은 두 산은 너무나 아름답기 때문이라 대답할 것이다. 미국의 경우 자연 보호의 궁극적인 역사적 토대는 미적인 것이다.[53] 더 정확히 말하자면 사실 확인으로부터 미학적

---

50) 자연 미학과 환경 윤리학의 관계, 특히 자연의 미와 인간의 의무 사이의 관계에 대한 다음의 종합적 연구를 참조할 것.
Carlson, A. and Lintott, S.(ed.), *Nature, Aesthetics, and Environmentalism: From Beauty to Duty,* New York, Columbia University Press, 2008.

51) Rolston III, H., "From Beauty to Duty: Aesthetics of Nature and Environmental Ethics", pp.325-338.

52) 위의 논문, p.325.

가치로 이동하는 것이다. 그리고 미학적 가치로부터 다시 도덕적 의무로 이동하는 논리의 순서를 보여준다.

예를 들면 우리는 한라산과 지리산을 보호해야 하며 미학적 가치를 포함하여 그곳의 가치 있는 어떤 것도 파괴시켜서는 안 될 것이다. 하지만 아름다움으로부터 의무에로의 이 같은 전이가 비록 쉽게 보일지라도 면밀한 분석을 필요로 한다. 인식론적으로는 미학이 좋은 출발점이다. 하지만 형이상학적으로 미학에 기초한 윤리는 문제가 될 수 있다. 미학은 환경 윤리에서 좋은 출발장소가 아니며 오히려 환경 윤리의 중심을 잡는 데 있어 잘못될 소지가 있다.[54]

물론 자연 속의 아름다움을 축성해야 할 것이다. 미적 경험은 인간들이 자연을 향유할 때 최고의 가치이다. 하지만 그것은 자연이 수반하는 모든 가치들을 위한 최상의 모델은 아니다. 문제는 인간 관심사의 만족을 위해서 미적 모델의 가치가 핵심적일 수 있냐는 물음이다. 아름다움과는 무관한 인간의 수많은 관심사가 존재하며 이것들은 미적 가치들의 양보를 얻어내거나 심지어 희생시킬 것을 요구한다. 따라서 미적으로 정향된 접근법과 더불어 출발하는 것은 우리의 방향을 이탈시킬 수 있으며 자연 속에 존재하는 모든 가치들을 보호하기 위해서는 너무 미약한 거점이다.

그렇지만 미학은 자연 보호 담론에서 우세한 자리를 차지한다. 알도 레오폴드는 그의 대지 윤리에서 미와 윤리를 다음과 같이 결합시킨 바 있다. "생명 공동체의 통합성, 안정성, 아름다움을 보존하려 할

---

53) Hargrove, E., *Foundations of Environmental Ethics, Englewood Cliffs*, N.J., Prentice-Hall, 1989, p.168.

54) Rolston III, 앞의 논문, p.326.

때 그것은 올바른 것이다."[55] 그 결과 미학은 의무로 제기된다. 하지만 롤스톤의 견해는 다르다. "환경 가치 이론은 보다 근본적이고 생물학적으로 기초한 설명을 필요로 한다."[56] 환경 윤리가 관련된 가치 형식들 가운데 미적 가치는 특히 역설적이다.

환경 윤리의 정의를 다음과 같이 내릴 수 있다. "자연 환경의 맥락 안에서 간주되는 유의미한 타자들에 견주어서 행동의 적절한 태도들과 패턴들에 대한 성찰을 지시한다."[57] 그리고 그 같은 맥락에서 몇몇 행동들은 칭찬할 가치가 있으며 어떤 행동들은 검열할 필요가 있다고 가정한다. 환경과 관련된 도덕성에 대해서 성찰한다는 것은 우리를 에워싸는 사물들에 우리가 영향을 미치는 한에 있어서 우리가 어떻게 행동해야 하는가에 대해서 성찰하는 것을 말한다.

자연 속의 아름다움, 특히 자연 보존을 위해 주어진 첫 번째 정당화는, 레오폴드의 정교한 대지 윤리에서 핵심적 자리를 갖는다. 그런데 최소한 이 같은 종류의 미적 경험은 인간이 아닌 다른 자연에 어디에서도 현존하지 않는다. 아마도 동물적 쾌락에는 미적 경험에 선행하는 몇 가지 있다. 하지만 자연에 대한 비판적 감상은 그 자체로 경험을 갖는 것으로서 인간적 의식에서만 발생한다. 사실상, 레오폴드가 대지 윤리를 생성하는 생태계의 세 가지 특질들, 온전함, 안정성, 아름다움에서, 회의적 비판자는 이렇게 이의를 제기할 것이다. 이 가운데 어느 것도 자연 속에 객관적으로 존재하지 않는다. 생태계는 안정적이지 않으며 역동적으로 변화하고, 빈번하게 우발적이며 카오

---

55) Leopold, A., *A Sand Country Almanac*, New York, Oxford University Press, 1968. pp.224-225.

56) Rolston III, 앞의 논문, p.327.

57) Heyd, T., *Encountering Nature*, Hampshire, Ashgate, p.39.

스적이다. 그것들은 온전함을 거의 갖지 않는다. 어떤 아름다움도 실제로 자연 속에 존재하는 것이 아니라 보는 사람의 눈 속에 존재하는 것이다.[58)]

정확히 말해서, 사물을 보는 사람의 눈 속에 있는 것은 아닐지라도 자연 속의 아름다움은 늘 관계적이며 인간들과 그들의 세계 사이에 존재하는 상호 작용 속에서 발생한다. 철학적 세계관을 갖고 있는 다른 피조물이 존재하지 않는 것처럼, 그 무엇도 아름다움에 대한 감각을 개발한 것은 없다. 생태계 접근법을 갖춘 윤리는 어떻게 아름다움이 무엇인가를 늘 생성하는 자연의 신비스러운 산물인가를 발견할 것이다.

미학과 윤리학을 어떻게 결합시킬 것인가? 당연히 사람들은 아름다움을 파괴시켜서는 안 될 것이다. 아름다움을 파괴시킬 것을 마음 속에서 바래서도 안 될 것이다.

"미학은 환경 윤리를 위해서 적합한 토대가 될 수 있는가? 이것은 당신의 미학이 얼마나 심오한 것인가에 달려 있다."[59)] 대부분의 평범한 미학자들이 시작하는 곳에서는, 비록 그들이 미학적으로 정교하다고 해도 그 같은 심오함을 기대하기 어렵다. 반면, 점차적으로 미학 자체가 자연사의 중요성을 발견하고 자연사에 토대를 두는 곳에서는 그 대답은 긍정이다.[60)]

---

58) Rolston III, 앞의 논문, p.328.

59) 같은 논문, p.337.

60) 미학과 환경 윤리의 관계에 대한 다른 문헌을 참조할 것.
Brady, E., "The Aesthetics of the Natural Environment", in Pratt, V.(ed), *Environment and Philosophy*, London, Routledge, 2000, pp.142-163.
Cooper, D.E., "Aestheticism and Environmentalism", in Cooper, D.E. and Palmer, J.A(Ed.), *Spirit of the Environment: Religion, Value and Environmental*

미학과 윤리적 가치 사이의 충돌은 학자들에 따라서 상이한 표현들을 갖고 있으며 그것을 해결하는 상이한 방식들이 제시되었다. 브래들리는 몇몇 미학적 목적 또는 고려가 자연에 대한 우리의 도덕적 의무와 상충된다는 문제를 다룬다.[61] 그의 목표는 미학적 가치가 다른 환경적 윤리와 더불어 갖는 관계들에 대해서 심층적인 이해를 시도한다. 쉬운 예를 들자면 완벽하거나 미적으로 호소력 높은 조건들을 갖고 있는 꽃들과 다른 초목들을 생산하기 위해서 정원과 농업에서 비료와 제초제를 사용함으로써 생태계에 손상을 가져오고 차단시킬 수 있다. 다양한 형식의 디자인들과 계획들이 어떤 식으로든 자연에 해를 가져다 줄 수 있다.

철학에서 미학과 윤리적 가치 사이에 존재하는 충돌의 가능성은 일차적으로 예술의 맥락에서 연구되어 왔다. 그 문제는 도덕주의와 자율주의(또는 심미주의)라는 두 개의 입장 사이에서 존재하는 논쟁을 통해서 검토되었다. 플라톤과 같은 도덕 주의자들은 예술이 갖고 있는 도덕 교육을 위한 공리적 가치를 옹호했다. 그리고 예술 작품에서의 도덕적 결함은 미적 결함으로 간주된다고 주장했다. 칸트를 포함하는 자율주의자들은 예술적 가치는 비도구적이며 그것의 가치는 하나의 구별되고, 도덕적 고려사항들에 의해서 영향을 받지 않는 자율적 영역이라고 주장했다. 예술은 따라서 그 자체로 감상되며 도덕

Concern, London, Routledge, 1998, pp.100-112.
Seel, M., "Aesthetics of Nature and Ethics", in Kelly, M.(ed.), *Encyclopedia of Aesthetics*, New York, Oxford University Press, vol.3, 1998, pp.341-343.

61) Brady, E., *Aesthetics of the Natural Environment*, Tuscaloosa, The University of Alabama Press, 2003. 제8장. Aesthetics, Ethics and Environmental Conservation, pp.224-267.

적 결함은 결코 미적 가치를 감소시키지 못한다.[62)]

윤리적 가치와 미적 가치는 서로 구별되지만 무관한 것은 아니다. 양자는 서로가 자양분을 제공한다. 그렇다면 환경과 관련하여 양자의 관계를 어떻게 수립할 것인가. 윤리적 실천은 자신의 신념과 가치와 관련하여 다른 사람의 행동들을 평가하는 것과 관련된다. 윤리적 관심사는 미학적 관심사보다 더 명료하게 인지적이며 목표 지향적이다.

윤리적으로 올바른 것을 이해하기 위해서 레오폴드는 우리에게 자연을 향한 우리의 미적 감수성을 개발할 것을 일러준다. 몇몇 환경철학자들은 자연과 더불어 미적으로 예민한 관계가 자연에 대해서 호의적인 태도를 생성할 것이라는 생각을 시사했다. 이 같은 매력적 생각은, 자연 속에서 아름다움을 발견하는 사람은 그것에 해를 끼치지 않을 것이라는 강력한 믿음으로부터 그런 생각을 주장한다. 하지만 그 문제를 고찰했던 대부분의 저자들은 긍정적인 미적 가치 매김과 자연에 대한 도덕적 태도 사이에는 필연적 연계성이 존재하지 않는다는 점을 인정하고 있다. 미적 실천이 도덕적 실천을 지지하고 그것의 기초를 제공한다는 견해가 철학자들 사이에 팽배해 있으나, 문제는 환경에 대해서 미적으로 예민한 감상을 하는 동일 사람들이 자연에 해를 끼친다는 사실이다.[63)]

결론적으로 브로드리는 자연을 향한 미적 윤리적 태도는 자연 환경에 대한 두 가지 유형의 구별적인 관계들로 기술될 수 있다는 점을 강조한다. 그들은 서로가 가치 있는 방식으로 상호 호혜적이다. 특히

62) 위의 책, p.248.
63) 같은 책, pp.258-259.

통합 미학은 이기적 관심사 또는 지나치게 인간화된 시선이 없이 자연을 가치 매김하기 위해서 내부가 아닌 외부로 향하면서 보다 큰 입지를 제공한다. 그런 식으로 해서, "통합 미학은 인간과 자연 사이에 존재하는, 자연을 위한 '미적 존중'의 한 종류에 기초한 관계를 지지할 수 있다."[64]

레오폴드는 환경적 생태학적 사실들에 대한 지식과 더불어, 환경보호를 위한 절박한 필요 앞에서 행동하지 않는 것(inaction)의 놀라운 결합을 주목한 바 있다. 그는 자신의 동시대인들이 관념적으로 자연에 대해서 연민의 정을 갖고 있으며, 생태학적 의식은 대지의 건강을 위한 개인의 책임의 확신이다. 바로 그것이 결여되어 있다고 믿었다. 레오폴드에 따르면 필요한 것은 이론적 정당화보다는 대지와 그것의 생명을 위한 존중을 표현하는 방식으로 행동하려는 새로운 의지가 요구된다.[65] 대지 윤리를 위한 레오폴드의 오소는 일차적으로 새로운 개인과 사회의 에토스의 채택에 대한 호소라고 말해야 될 것이다. 새로운 생활양식 또는 도덕이다.[66] 전 세계적인 자연 환경의 훼손은 그 규모와 속도에서 제고되어 간다. 어떤 사람들은 이 같은 흐름들에 맞서기 위한 방식으로 사람들의 이기심에 의존해야 한다고 주장하는가 하면 다른 사람들은 새로운 환경 윤리의 이론의 개발과 더불어 진행해야 한다고 주장했다.

물론 다른 접근법들도 존재한다. 예컨대 세르의 제안을 참조할 필요가 있다. 즉 지금 필요한 것은 새로운 자연 계약 또는 심오한 생태

64) 같은 책, p.260.

65) Leopold, A., *A Sand County Almanac*, New York and Oxford, Oxford University Press, 1981.

66) Heyd, T., *Encountering Nature*, Hampshire, Ashgate, 2007, p.21.

학적 제안으로서, 우리 스스로를 자연과 더불어 동일시하려는 태도이다.[67] 문제는 우리로 하여금 그 같은 계약에 서명을 하도록 만드는 것이 무엇이며 왜 자연은 우리와 더불어 동일시될 수 있는 가치를 가지는가에 대한 문제를 해명하는 일이다. 문제는 자연 환경과 관련하여 기존의 도덕에 대해 초점을 두는 것이다. 인간은 자연에 대한 도덕적 관심을 개발할 수 있는 존재라는 점이다. 결정적으로 우리는 자연 환경을 가치가 있는 것으로 지각할 수 있는 방식들을 개발할 필요가 있다.[68]

2) 생태복원의 의례적 차원과 이타성

생태복원의 윤리적 차원을 강조한 것은 특히 조르단이다. 그는 주저 『해바라기 숲』에서 문학 비평가이며 역사학자인 터너가 전개한 가치 이론에 기초하여 자신의 생태이론을 구성한다.[69] 그는 터너가, 생태윤리학의 초점으로 자리 잡은 인간과 자연 사이의 관련성에 대한 이론을 적용한다.[70] 환경 역사가이자 환경 윤리학자이며 생태복원 실천가인 조르단은 터너의 가치 창조 이론이 인간과 자연의 관계에 적용될 수 있다는 점을 시사한다. 더 나아가 그는 생태복원 행위가, 단순한 공학적 실천에 머무르지 않고, 의례화될 때 인간과 자연 환경

---

67) Serres, M., *Le Contrat Naturel*, Paris, Editions François Bourin, 1990.

68) Heyd, T., *Encountering Nature*, Hampshire, Ashgate, 2007, p.36.

69) Jordan III, W., *The Sunflower Forest: Ecological Restoration and the New Communion with Nature*, Berkeley, University of California Press, 2003.

70) Turner, F., *Beyond Geography: The Western Spirit Against the Wilderness*, New York, Viking, 1980.

사이의 관계를 탐구할 수 있는 가치 있는 맥락을 제공한다고 주장했다. 이것은 자연과 문화 관계의 생태학적 경제적 차원들을 포함한다.[71] 아울러 그것은 터너의 가치 이론의 핵심적 요소인 의례의 개발을 위한 가치 있는 가능성들을 포함한다.[72] 그 같은 생태 의례는, 인간들로 하여금 자연과의 보다 심오한 관계를 성취할 수 있도록 해주는 보다 고차원의 가치 창조의 씨앗을 파종하는 것이라 할 수 있다.[73] 이 관계는 의례를 통하여 매개되는 능동적 참여이고 보살핌이며 상호 작용에 기초한 고유한 수행성의 차원을 갖는다.

조르단의 통찰에 의하면 그 같은 관계는 아름다움, 의미, 공동체 등의 초월적 가치들과, 세계에 대한 우리의 의식으로부터 발생하는 수치심의 경험 사이에 존재하는 본질적이며 단절될 수 없는 연결고리가 존재하는 정서적 깨달음을 말한다. 특히 조르단은 "수치심은 우리의 천성적, 근본적, 실존적 종속의 정서적 레지스터라고 말하고 있으며, 우리가 책임지지 않고 우리가 지불할 수 없는 하나의 부채"라고 말한다.[74] 달리 말하면, 그의 수치심 개념과 그것이 수행성과 가치와 맺는 관계는 부족함에 대한 정서적 반응이며 가치를 창조하는 데 있어 중요한 요소이다. 수치심은 인간 경험의 보편적 양상이기 때문에 우리 모두는 우리에게 생명을 선사하는 타자로부터 우리가 행하는 것

---

71) LeVasseur, T., "Shame, Ritual and Beauty: Technologies of Encountering the Other-Past, Present and Future", In: Clingerman, F. and Dixon M.H.(ed.), *Placing Nature on the Borders of Religion, Philosophy and Ethics,* Farnham & Burlington, Ashgate, 2011, pp.25-43.

72) 생태복원의 의례적 차원에 대한 논의는 위 논문 참조.

73) 위 논문, p.27.

74) Jordan III, W., *The Sunflower Forest: Ecological Restoration and the New Communion with Nature*, Berkeley, University of California Press, 2003, p.47.

에 대해서 진작부터 깊이 성찰해야 한다. 이를테면 우리는 인간 이외의 동물들에 해를 입히고 고통을 주는 이 같은 생명 양식에 대해서 그것이 발생시키는 피해의 대가를 다시 지불할 수 없다. 모든 생명 형식들이 포함된 보다 큰 생태계에 고통을 끼치며 아무것도 해줄 수 없다는 사실에서 수치심을 경험한다는 것이다. 조르단은 현재의 환경주의의 활력을 불어넣는 공동체 개념, 이를테면 조화, 동질성, 연대성에 기초한 공동체 철학을 감상적인 수준에 머물러 있다고 비판한다. 그 이유는 생명과 죽음의 과정에 대한 우리의 수치스러운 의존성을 포함하여 인간들의 문제적 양상들과, 지구와 맺는 우리의 관계에 대해서 전혀 사유를 하지 못하기 때문이다.

조르단의 생각으로는 터너의 저술에 기초하여 작업한다면 대지는 정의상 우리가 다시 지불할 수 없는 생명들을 제공하며 이 점에서 우리는 수치심을 경험한다. 다시 말해 조르단의 비판에 따르면 공동체와 같은 궁극적 가치와, 공포 또는 수치심 등의 부정적 감정들 사이에 존재하는 본질적 연계가 존재한다는 생각은 기존의 환경주의에서 생소한 채로 남아 있다. 문제의 본질을 지적하자면 그는 환경주의가 실패한 이유는 그것이 이 같은 보다 심오한 인간적 경험을 제기하지 않았으며 그 결과 우리의 직접적 환경들과 관련된 새로운 가치들을 창조할 수 있는 기회를 놓쳤기 때문이다. 따라서 서구에서 발전해온 감상적 환경이론과 환경운동은 그가 수치심이라 부르는 것을 다룰 수 있는 정신적이며 영성적인 방식들을 제공하지 못했다는 것이다. 조르단의 주장에 의하면 이 같은 실존적 수치심을 다룰 수 있는 한 가지 방식은 의례를 수행함으로써 우리의 정서를 참여시키는 과정을 통하여 이루어질 수 있다. 의례를 통하여 비로소 수치심은 명명될 수 있고 그 가면을 벗을 수 있으며 미와 존경 등의 보다 높은 가치들

은 우리에게 생명을 주는 타자와 우리와의 관계들 속에서 창발할 수 있다.75)

따라서 저자는 인간들은 의례의 기술을 사용하여 공동체와 더불어 관계 속에 진입할 수 있으며 수행적이며 의례화된 생태복원 속에 참여할 수 있는 효율적 방식이라 할 수 있다. 조르단에 있어 의례화된 복원은 모두 4단계로 이루어진 공동체 건설의 과정이다. 1) 타자에 대한 의식 성취(예컨대 복원되어야 할 경관), 2) 타자와의 생태학적 경제적 관계 개발, 3) 타자와의 선물 교환(이것은 모든 생태학적 관계는 그 기초에 있어서 경제적이라는 인식에 기초한다. 이때 재화와 서비스의 불공평한 교환이 발생하고 선물들의 모든 교환의 수치스러운 불공평성을 극화시킨다), 4) 의례와 신화를 통해서 이 같은 교환에 귀속된 애매모호함을 해소함으로써 우리의 수치심을 응시하도록 하며 이것을 통해 보다 초월적 가치들로 이동할 수 있게 해준다. 조르단의 요지는 결국 의례는 근본적으로 창조적이라는 사실이다.

조르단은 자신의 이론 수립을 위해 인류학자 라포르트의 의례 이론을 수용한다. 구조적 기능주의적 접근법에 기초하여 그는 다양한 의례들이 환경에 대해서 경험적 효과를 갖는다는 점을 강조한다. 실제로 의례는 유기체가 자신의 환경에 적응하면서 사용하는 행동 레퍼토리의 부분이다. 라포르트는 의례가 인간 무리들로 하여금 하나의 생태계 안에서 하나의 유기체로서 기능하도록 기능한다고 주장한다. 더 나가 의례는 복잡한 시스템들 속에서 다양한 관계들을 조절하여 사회 무리의 행동이 하나의 준거 가치 내부 안에 속하도록 만들어 준다.76)

---

75) LeVasseur, T., 앞의 논문, p.29.

76) Rapport, R., *Ecology, Meaning, and Religion*, Berkeley, North Atlantic Books,

일정 수준에서 우리는 어떻게 생태복원이 라포르트의 의례 개념과 부합되는가를 볼 수 있다.77) 의례적 생태복원은 인간들로 하여금 환경 속에 포함된 유기체로서 행동하면서 문화적으로 생물학적으로 생태계와 더불어 상호 작용하고 그것을 복원하도록 해준다. 복원은 우리가 자연과 맺는 관계를 강화시켜주는 의례들의 발명을 위한 하나의 맥락을 제공하는 환경과 더불어 경제적 참여 형식이 된다.

한편, 생태복원의 윤리학적 토대에서 중요한 요소는 타자에 대한 배려, 즉 이타성의 문제라 할 수 있다. 흔히 생태복원에서 편안함에 대해서 강조한다. 편안함에 대한 성찰은 장소의 경험에도 적용된다. 지나친 편안함은 감각적 단조로움 또는 경험의 단조로움의 종류를 낳는다. 한 장소에서 지나칠 정도로 자기 집이나 고향과 같은 편안함을 느끼는 것은 지방주의의 위험성을 포함할 뿐만 아니라, 권태로움, 뿐만 아니라 정체성의 상실을 포함할 수 있다.

장소는 물리적 차원에서 편안할 수 있다. 하지만 그것은 그저 물질적 장소에 불과할 것이다. 오랜 경험과 기억, 연상, 의미들의 축적에 의해서 익숙해진 환경은 약간의 차가움과 생소한 공간이 없으면 갑갑하고, 밀실공포증을 느끼게 할 수 있고, 억압적일 수 있다. 그렇다면 공간과 타자의 경험을 익숙한 것으로 이루어진 조경된 환경 속에 어떻게 갖다놓을 수 있는가? 생태복원의 실천은 그 같은 상황에서 어떤 역할을 맡을 수 있는가?

여기서 조르단은 단지 생태계의 선별된 특질들을 복원하는 것이 아니라, 전체의 특질들을 모두 복원하려는 야심찬 시도를 제안한다.

1979, p.28.

77) LeVasseur, T., 앞의 논문, p.30.

따라서 다분히 비실용적이고 이타적 요소가 개입한다.[78] 그의 기획은 인간의 서식지를 유지하려는 것이 아니라, 전통적인 장소 중심에서 살아왔던 민족들의 토지 관리 실천의 기저에 깔려 있는, 생태학자 버크가 '생기'의 모티브라고 부른 것에 대한 것이다.[79]

요컨대 그의 생태학적 비전은 우리의 이해관계에 대한 것이 아니라, 이해관계를 의식적으로 논외로 하면서 오래된 생태계와 주어진 것으로서의 자연에 대한 경외감을 고취시키는 데 있다. 그 같은 구별이 중요한 이유는 이타성과 사익 사이의 구별이며 이것은 인간의 도덕적 삶의 심장부에 놓여 있다. 이것을 일러 그는 생태 중심적 복원(ecocentric restoration)으로 부르고 있으며 이것은 특정 이해관계를 벗어나 전체 생태계의 복원 그 자체를 위해서 수행하는 작업이다.[80]

3) 생태복원의 진정성에 대한 윤리적 성찰

성공적인 생태복원을 위해서는 환경 과학에서 상호 연대를 이루는 상이한 학술 분야들의 공조를 필요로 한다는 점은 바로 생태복원의 태생적인 학제성을 말해주고 있다. 하지만 생태복원 프로젝트에서 과학과 디자인 관련 물음들에 견주었을 때 상대적으로 윤리적 쟁점들을 소홀히 다루어왔던 것이 사실이다. 이 점은 심지어 환경 윤리학자들조차도 과소평가해 온 주제이다. 생태복원 개념을 환경 윤리학자들이

---

78) Jordan III, W.R., "Restoration and Place" IN: Clingerman, F. and Dixon, M.H., in *Placing Nature on the Borders of Religion, Philosophy and Ethics*, Farnham & Burlington, Ashgate, 2011, pp.19-24.

79) Fikret Berkes, *Sacred Ecology*, New York, Taylor & Francis, 2008.

80) Jordan III, 앞의 논문, p.21.

다루었을 때, 그 결과는 대부분 부정적이다. 물론 주목할 만한 예외들이 있기는 하다.[81] 이 주제에 대한 환경 철학자들의 가장 영향력 있는 작업은 바로 카츠(E.Katz)와 엘리엇(R.Elliot)의 저술로서 이들의 비판에 따르면 대부분의 경우 생태복원은 본래의 자연 복원이라는 결과로 이어지지 않으며, 도덕적 고려의 가치가 있는 주체로서 간주되어야 할 자연에 오히려 해를 입힐 수 있는 소지가 농후하다는 것이다.[82]

이 같은 비평들은 환경 윤리의 주된 관심사에서 파생되었다고 말할 수 있다. 이를테면 비인간중심적인 것, 그리고 자연의 비도구적 가치를 기술하는 시각을 말한다.[83] 만약 자연이 내재적 또는 귀속적 가치를 갖는다면, 임무, 사명, 권리의 광범위한 범위의 도덕적 · 윤리적 강령이 자연을 다루는 것과 관련해서 요구된다. 이것은 윤리적 체계에서 한 인간이 다른 인간들에 대해서 도덕적 임무를 갖는 이유들에 대해서 사유하는 방식과 동일하다. 칸트가 말하는 의무론은 윤리

---

81) Light, A., "Restoration, the Value or Participation, and the Risks of Professionalization", in Gobster, P.H. and Hull, R.B.(ed.), in *Restoring Nature: Perspectives from the Social Sciences and Humanities*, 163-184. Washington, D.C., Island Press, 2000.
Scheerer, D., "Evolution, Human Living, and the Practice of Ecological Restoration", in *Environmental Ethics* 17, pp.350-379.
Throop, W., "Eradicating the Aliens: Restoration and Exotic Species" in Throop, W.(ed.), *Environmental Restoration: Ethics, Theory, and Practice,* New York, Humanity Books, 2000.

82) Katz, E., "The problem of Ecological Restoration", in *Environmental Ethics* 18, pp.222-224.
- Nature as Subject: Human Obligation and Natural Community, Lanham, MD, Rowman & Little-field Publishers, 1997.
Elliot, R., *Faking Nature*, London, Routledge, 1997.

83) Light, A., "Faking Nature Revisited", In: Michelfelder, D. and Wilcox, B.(ed.), *The Beauty Around Us*, Albany, NY, SUNY Press, 2008.

학에 기초한 것으로서, 각 인간은 고유한 가치를 지니고, 목적 달성을 위한 수단들로서 인간들을 다루어서는 안 되며, 그들 자신들을 하나의 목적으로 간주할 것을 주문한다. 하지만 만약 자연이 비교 항들 속에서 하나의 가치를 갖는다면, 이 같은 종류의 가치를 갖는 것과, 이 같은 가치를 갖지 못하는, 따라서 동일한 정도의 도덕적 존중을 보장하지 못하는 것들 사이에서 식별 가능한 선이 그어져야 한다. 비록 도덕적 존중을 인간 공동체를 넘어서 확대시킴으로써 우리들 주변에 있는 모든 것들에 대해서 도덕적 의무를 준수해야 하는 터무니없는 상황의 결과를 낳을 수 있다 해도 그 같은 분할 선은 결정적으로 중요하다. 따라서 도덕적 의미에서 자연적 가치를 지칭하는 분할 선은 자연적 인공물과 비자연적 인공물 사이에서, 또는 자연과 문화라는 정체를 파악한 세계에서 그어져야 한다.

생태복원의 윤리적 문제를 제기했던 엘리엇과 카츠의 다소 급진적 비판에 의하면 복원된 경관들의 한 가지 문제는 상실되었던 가치, 아울러 생태복원 전문가들이 대체하려 하는 본래 자연의 가치를 결코 재생할 수 없다는 것이다. 복원이 자연의 본래 가치를 재생할 수 없는 이유는 형이상학적 스펙트럼에서 생태복원 작업들이 자연세계보다는 오히려 인공물에 더 가깝기 때문이다. 복원의 생산물은 이 점에서 인간들의 생산물이며, 단지 표면적으로 부드러운 녹색을 띤 인공물들에 불과하다. 엘리엇 교수가 사용하는 효과적 은유를 사용해서 말한다면, 그것들의 가치는 본래의 진품의 명작이라기보다는 위조 미술의 한 조각과 보다 흡사하다. 우리가 복원하는 것을 선택했을 때, 우리는 자연을 우리의 선호에 일치하려는 강요를 함으로써 자연을 지배한다. 카츠는 이렇게 주장한다. "생태복원의 실천은 오직 자연 세계를 제어하려는 인간권력의 헤게모니와 완벽성에 대한 그릇된 신념을 표상한다."[84)]

카츠는 이 점에서 나중에 나온 그의 논문에서 자신의 입장을 다소 누그러트렸다. 즉 재매개화는 빈번하게 우리가 갖고 있는 최상의 옵션이라고 말한다. 이를테면 훼손된 생태계의 재매개화는 망쳐진 경관을 있는 그대로 방치하는 것보다는 그래도 더 나은 정책이다. 어쨌거나 그의 추론에 의하면 인공적으로 꾸며진 경관은 더 이상 실제로는 자연적이지 않으며 대부분의 복원을 제재해야 한다는 결론에 이른다. 아쉽게도 그의 비판적 견해는 생태복원 실천가들에게 철학 또는 인문학은 생태복원 실천을 위한 미래의 방향을 설정하는 데 도움을 주지 못한다는 그릇된 인식을 심어주는 부작용을 낳았다.

이 점에서 우리는 생태복원 실천에서 야기되는 윤리적 문제를 새롭게 제기할 필요가 있다. 즉 일반 시민이 보다 능동적으로 환경에 참여하게 만드는 기회로서 복원을 사용할 수 있는 잠재력에 초점을 두는 방안을 강구해야 할 것이다.[85)] 그 같은 논지의 토대는 직접적이며 참여적인 관계, 즉 지역 공동체와, 그들이 거주하는 자연 사이의 참여적 관계가 사람들이 자연계를 보호하고 그들 주위의 경관을 보호하려는 것을 장려하기 위한 필수적 조건이라는 것이다. 시민들이 자신들 주위에 있는 대지와 더불어 강력한 유대 관계를 갖는다면, 그들이 대지가 해를 입는 것을 방치할 공산은 적어진다. 그 같은 관계를

---

84) Katz, E., "The Problem of Ecological Restoration", *Environmental Ethics* 18, pp.222-224.

85) Light, A., "Urban Ecological Citizenship", *Journal of Social Philosophy* Vol.3, Issue.1, pp.44-63.
Light, A., "Ecological Citizenship: The Democratic Promise of Restoration", in: Platt, R.(ed.), *The Humane Metropolis. People and Nature in the 21st Century*, Amherst, MA, University of Massachusetts, 2005.

형성하는 데 있어 우리가 자연을 반드시 일정한 종류의 행동 주체로 볼 필요는 없다. 그것은 단지 우리가 우리 주변의 대지에 대해서 보다 많은 보살핌을 갖고, 인간의 삶 속에서 고유한 자리를 갖는다는 것을 말한다. 우리가 우리 주위의 대지에 대해서 보살피는 한 가지 방식은 어떤 방식으로 그것에 대해서 능동적으로 작업하는 것을 말하며, 생태복원은 우리에게 그것을 실천하기 위한 기회를 제공한다.

여기서 다시 카츠와 엘리엇의 생태복원에 대한 이의를 환기할 필요가 있다. 두 사람의 공통적 견해는 복원된 경관들은 자연의 부분이 될 수 없으며 인공물에 불과하다는 것이다. 하지만 자연과 문화 사이의 구별이 그처럼 선명하게 구별될 간단한 성질의 것이 아니라는 점에서 문제는 그렇게 간단치 않다. 이 같은 가정에 암묵적으로 존재하는 가정은 일단 우리가 자연계가 존중되어야 할 직접적인 도덕적 가치를 갖는다는 점을 인정한다면 인공물들과 맺는 우리의 관계가 자연계와 맺는 관계만큼 유대가 강하지 못하다는 것이다. 하지만 그 같은 견해에서 간과될 수 있는 것은 인공물들 역시 규범적 의미에서 의미를 가질 수 있다는 것이다. 물론 이때 신비주의로 빠져서는 안 될 것이다. 최소한 오브제들은 강력한 규범적 내용을 지니는 인간들 사이에서 존재하는 관계들을 위한 의미에서 유일무이한 수반 주체들이 될 수 있다. 하나의 도덕적 의미에서 더 좋거나 더 나쁜 것으로 기술될 수 있는 방식들 속에서 그것들과 더불어 우리가 상호 작용할 수 있다는 단서가 붙는다.

우리가 오브제들과 더불어 다른 사람과 어떻게 관계를 맺을 수 있는가에 대해서는 수없이 많은 사례들을 열거할 수 있을 것이다. 이를테면 결혼반지는 인간들 사이에서 그 오브제가 지닐 수 있는 관계성의 중요성을 지시하는 간단한 예이다. 일상의 사물들의 가치를 설명하는 한 가지 방식은 일정한 방식으로 그 같은 관계를 지시하는 그 오브제를 파괴하는 경우를 상상해 보는 일이다. 개별 인간들 사이의 관계의 의미를 지시하는 오브제의 파괴는 그 같은 오브제를 파괴하는 사람 그 자신에게 부정적인 효과를 가져온다.

이 점에서 관계의 가치에 대한 쉐플러의 저술은 중요한 원천이 된다.[86] 그는 사람들이 대인 관계에서 임무와 사명의 토대를 어떻게 설정하는가의 문제에 천착한 바 있다. 그는 오브제의 기능과 상관없이, 우리가 다른 사람들과 맺는 관계로서 가치를 언급할 수 있다는 사실로부터 찾는 관계의 가치에 대한 비환원적 해석을 옹호한다. 풀어 말해, 특정 사람과 맺는 관계의 가치는 비도구적인 차원에 속한다는 사실이다.

---

86) Scheffler, S., "Relationships and responsibilities", in *Philosophy and Public Affairs,* 26, 1997, pp.189-209.

제5장 개발 이데올로기와 농적 기반의 생태복원

김동윤

프랑스 환경부 장관을 역임한 이브 코세는 생태학은 '전 지구적 사상'이며, 책임과 법적 정의를 요구하고, '긴급한 현실과 미래에 관한 지금 이 순간의 사상'이라고 정의하였다.[1] 그는 환경문제가 이미 심각한 상태에 이르렀고 이러한 상황을 방치할 경우, 인간 문명은 돌이킬 수 없는 자연 재앙에 직면할 것이라고 경고하고 있다. 인류가 전대미문의 환경 위기에 직면해 있다는 객관적 사실의 관점에서 볼 때, 생태복원의 문제는 과학기술과 분과학문적 접근으로 해결될 성질의 것이 아니라 근대 기술 산업문명 자체에 대한 반성과 논의가 필요한 의제이다. 그러므로 서구 근대문명이 내장하고 있는 자연환경파괴적인 동인을 규명하고 그 지점으로부터 해결의 실마리를 풀어나가야 하는 것이 옳은 방향이다.

생물지역주의 관점에 따르면, 생태복원이란, 우리의 일상을 재구성하고 지역의 토착문화를 되살려냄으로써 파괴되고 해체된 유기적 공

1) 이브 코세, 『불온한 생태학』, 배영란 옮김, 사계절, 2012, p.17.

동체를 복원하는 행위와 실천이다.[2] 생태복원이란 많은 에너지와 과잉 소비를 조장하는 현대인의 일상을 지속가능한 삶으로 전환하고, 근대화 이전 지구상에 산포했던 토착문화를 되살리며, 토착문화 중심의 공동체를 복원하는 일이라고 정의할 수 있다. 토착 공동체의 삶에 주목하는 생물 지역주의는 생태복원을 다시 봄(revisioning), 다시 삶(reinhabitating), 다시 있게 함(restoration)의 개념으로 설명하고 있다.[3]

그렇다면 우리는 어떻게 생태환경을 다시 보고, 잃어버린 생태적 삶을 복원할 수 있을 것인가? 과학기술적 복원에 앞서 생태적 삶과 생태적인 문명에 대한 숙고와 담론 구성이 선행되어야 마땅하다. 생태적으로 지속가능한 문명에 대한 큰 그림 없이 진행되는 복원은 근시안적이고 비전부재로 인해 지엽적이고 부분적인 '환경 땜질' 행위로 그칠 가능성이 크기 때문이다. 지속가능한 문명의 기획은 근본적으로 인문적 사유와 윤리적 행위이다.

인문학적 성찰과 상상력은 생태환경의 급속한 파괴를 야기한 인간의 자연에 대한 지배적 태도의 인식론적 근원에 대한 질문으로부터 출발한다. 일반적으로 말해, 17세기 이후 과학기술 중심적인 세계관, 산업혁명, 그리고 개발의 논리 등이 구성하는 정치 · 사회 · 경제 체제에서 문제의 근원을 찾을 수 있을 것이다. 한마디로 서구근대문명 그 자체를 반성적으로 돌아보는 과정에서 생태복원의 가능성을 찾을 수 있다는 얘기이다.

---

2) 문순홍, 『생태학의 담론』, 아르케, 2006, p.350. 이상헌, 『생태주의』, 책세상, pp.82-83.

3) 문순홍, 위의 책, pp.349-350.

1. 개발의 논리와 생태복원

앞서 말했듯이, 생태복원은 단순히 오염되고 훼손된 생태환경을 과학기술 중심의 부분적인 회복의 차원에 국한되는 것이 아니다. 생태복원의 문제는 과학기술적 차원뿐만 아니라, 정치 경제 사회 문화적 맥락 등 매우 복합적인 층위를 지니고 있기 때문이다.

원론적으로 말해 인간에 의한 자연의 이용은 생존을 위해 불가피하다. 인간 문명은 자연을 착취하는 과정이었으므로 조화와 균형을 이루는 삶의 조건을 구성한다는 의미에서의 자연 이용은 부정적인 것이 아니다. 자연에 대한 배려와 두려움의 마음을 갖는다면, 인간의 자연에 대한 적절하고 절제적인 이용이 문제가 될 것이 없다. 과거 존재했던 농촌 마을 공동체의 유기적인 삶의 모습이, 인간에 의한 과도한 착취가 아니라, 바로 자연에 대한 인간의 겸손의 태도와 배려의 마음이었음을 기억할 필요가 있다.

그러나 생태위기는 무분별한 개발의 논리와 각종 착취의 형태로서 비롯되었다. 장구한 세월동안 지구 전역에 산재해 있으면서 인류문명을 지켜온 토착적 농경의 삶의 형태가 오로지 이윤 추구를 위한 무분별한 개발로 인해 멸절의 위기를 맞게 된 것이다. 특히 거대 산업 자본과 과학기술을 바탕으로 진행되는 과도한 개발로 인해 오랜 세월동안 일구어온 순환적인 농적 삶의 방식들이 급속하게 사라지고 있다. 역사적으로 인간문명은, 적어도 산업혁명 이전까지 대부분 농사에 기반을 두어 왔다는 것은 상식에 속한다. 따라서 우리는 자연생태계를 파괴하고 있는 개발 논리의 뿌리를 간단하게나마 점검할 필요가 있다.

독일의 녹색 운동가 볼프강 작스(Wolfgang Sachs)에 따르면, 제2차 세계대전 종전 이후 미국 대통령을 지낸 해리 트루먼의 정치 경제적 비전에서 개발 이데올로기의 뿌리를 찾을 수 있다. 더 정확하게 말한다면 트루먼의 대통령 취임 연설에서 장차 전 세계적으로 벌어질 개발의 열풍의 전조를 읽을 수 있다는 것이다. “1949년 1월 20일 펜실바니아 가에 바람과 눈이 몰아치고 있을 때 미국 대통령 해리 트루먼은 국회에서 취임 연설을 하면서 세계의 가장 큰 부분을 ‘저개발 지역’이라고 규정하였다.”[4] 미국과 극히 일부 선진국을 제외한 전 세계의 나머지 지역들이 개발의 대상이 된 것이다. 당시 대통령 트루먼이 주장한 개발의 논리가 의미하는 바는, 경제적 개발과 문화적 진보 개념으로 정리될 수 있다. 1929년 미국 개발법령에 적혀있는 개발의 임무는 이중적이다. 우선적으로 그것은 “토지와 광물과 삼림과 같은 자원에 대한 경제적 수탈에만 적용되고” 다른 하나는 ‘진보’나 ‘복지’로서 개발이다.[5] 이후 개발의 논리에 의해 비경제적인 가치들, 즉 정신적 문화적 가치인 무형의 자산들이 원래의 뜻을 상실하고 단순히 경제적 생산의 범주에 흡수된 것이다. 이제 경제 산업 개발의 잣대로 전 세계 곳곳에 산재한 토착 농경 사회들을 ‘저개발의 상태’ 또는 미개 또는 야만의 상태로 규정하기 시작한 것이다. 토착문화와는 반대로 서구 문명은 이미 개발되어 있으므로 본받아야 할 유일한 문명으로서 비서구권 토착 농경사회는 개발과 ‘진보적 트랙’에 올려져야 한다.[6] 개발 이데올로기의 메시지는 간단하고 분명하다. 그것은 세계를 서구는 문명이고 비서구권은 야만이라는 이분법적 대립구도로 분할

---

4) 볼프강 작스, ‘개발—파멸로 가는 길’, 『녹색평론 선집 2』, 김종철 엮음, 녹색평론사, 2008, pp.200-201.

5) 위의 책, p.202.

6) 위의 책, p.202.

하고 차별화함으로써 토착적인 전통 농경사회를 개발의 대상으로 바라보는 것이다. 따라서 미국과 같은 서구국가들은 비문명으로 정의되는 저개발 국가들을 개발을 통해 발전시키고 문명화해야 하는 임무를 띠는 것이다.

티베트의 전통마을 라다크에서 '오래된 미래'를 발견한 노르웨이의 생태학자 헬레나 노르베리 호지는 서구인들이 일반적으로 "기술적 변화나 진보를 날씨가 변화하는 것보다 더 자연스럽다"고 지적하고, 현대화로 인해 급속하게 파괴된 라다크 공동체가 이분법적 개발 이데올로기의 희생이었음을 증언하고 있다.[7)]

이러한 이분법적 개발 이데올로기와 인간에 의한 자연지배의 정당성의 근원은 더 거슬러 올라간다. 그것의 근원적 맹아는 인간이 지상에서 다른 동물들에 비해 특권적 지위를 차지할 수 있다는 유대 기독교 사상에서 배태되었다고 할 수 있다.[8)] 자연의 질서 속에서 인간의 특권적 위상은 과학 실증적 사고와 서구 합리주의 사상으로 인해 강화되었고 결과적으로 인간에 의한 자연의 지배를 정당화하였다. 인간은 이성과 합리성을 도구적으로 사용함으로써 자연은 철저히 대상화한 것이다. 자연 지배의 논리는 개발 논리를 잉태하고 개발 이데올로기는 지구 곳곳에 남아 있는 생태환경을 결정적으로 파괴하고 있다.

개발 이데올로기를 떠받치고 있는 커다란 축은 자본의 논리와 함

---

7) 헬레나 노르베리 호지, 『오래된 미래』, 양희승 옮김, 중앙 북스, 2007, p.43.

8) 그러나 낸시 라이트, 도날드 킬은 하나님의 말씀에서 생태복원의 새로운 가능성을 찾고 있다. 이들은 가난한 사람들의 고통에 귀를 기울이며, 오염된 물과 땅, 황폐한 삼림, 다양한 종의 소멸 현상에 깊은 관심을 가짐으로써 생태적 치유에 앞장서는 것이 오늘날 그리스도인들의 임무라고 적시하고 있다. 『생태적 치유–기독교적 전망』, 박경미 역, 이화여대 출판부, 2003, p.18.

께 과학 실증주의적 사고, 그리고 기계론적 세계관이다.[9)]

근대 과학 실증주의, 하드 사이언스의 기계론적 세계관은 —슈마허가 말하듯이— 형이상학이나 윤리, 정신세계 등 인간의 문제를 다루지 않고 오로지 '수렴하는' 문제에 집중되었다. 수렴하는 문제란 과학기술적 수행성과 경제적인 효율성을 추구하는 것을 말한다. 이러한 '수렴하는' 문제에의 몰두는 근대과학문명의 진보적 태도와 직결되며 이것은 인문적인 것('휴마니타스')의 퇴화, 조락을 수반하게 되었다. 우리는 그 예를 대표적인 근대과학자 찰스 다아윈의 고백에서 찾을 수 있다.

> "〔다아윈은 자서전에서 다음과 같이 적고 있다.〕 나는 서른 살이나 그 이후까지 시들에서 커다란 기쁨을 얻었으며, 학창시절에도 세익스피어, 특히 그의 사극에서 커다란 즐거움을 얻었다. 또한 이전에는 그림에서 상당한 기쁨을 얻었으며, 음악에서는 굉장한 큰 기쁨을 얻었다. 그러나 꽤 오래 전부터 단 한 줄의 시도 읽을 수 없었다. 최근에 세익스피어의 책을 읽으려고 시도했지만, 견딜 수 없을 만큼 지루해서 구역질이 날정도 있다. 그림이나 음악에 대한 취미도 거의 잃어버렸다. (…) 내 정신은 엄청나게 끌어 모은 사실들을 갈아서 일반 법칙을 만들어 내는 일종의 기계가 되어버린 듯하다."[10)]

다아윈의 고백은 '수렴하는' 문제에만 몰두하는 과학실증주의적 사

---

9) 이때 과학은 하드 사이언스를 말하는 것이고 —프리고진이 비판하듯이— 기계론적인 과학은 "세상을 마법에서 풀어버린" 것이다. 이브 코세, 앞의 책 p.27.

10) Nora Barlow(edited by), *Charles Darwin's Autobiography*, London, Collins Sons & Co. Ltd, 1958. 재인용, E F 슈마허, 『작은 것은 아름답다』, 이상호 옮김, 문예출판사, 2002, p.126.

고가 얼마나 반(反) 인문적이며 인간의 마음과 영혼을 피폐하게 만드는가를 잘 보여주는 예라고 볼 수 있다. 다아윈은 경제적 효율성과 수렴하는 문제에 골몰한 나머지 과학자로서의 명성을 얻었을지 몰라도 삶은 황폐화되었고 더 이상 인문적 삶이 주는 행복을 맛볼 수 없게 되었음을 토로하고 있다. 그에게 있어서 되풀이 되는 수행적 작업에서 잠시 벗어나 세익스피어 등 고전문학 작품을 읽는 것이 바로 기쁨의 원천이었다. 그에게 문학적 취향이 결여된 수행적 연구는 정서를 고갈시키고 행복감을 앗아가며 궁극적으로 윤리 도덕적으로 위해한 결과를 초래하였다. 다아윈이 말년에 고백하듯이, 수행성이 강조되는 근대과학은 후마니타스나 인문적 태도에 등을 돌리고, 오로지 수학적 논리의 틀에 자연현상을 꿰맞추는 환원론적 사고방식에 갇힘으로서 인류에 해악을 끼칠 수 있는 것이다.[11)]

이러한 환원론적 과학실증주의는 18세기 계몽의 이성과 역사적 진보관의 바탕을 이루고 더 나아가 획일적이고 무분별한 개발에 논리적인 근거를 제공하였다. 그러나 장 자크 루소가 '자연으로 돌아가라'라고 외친 것은 장차 미래의 인류의 운명을 직관으로 감지하고 산업 기계 문명이 가져올 위험성을 경고한 것이리라.[12)]

---

11) Nora Barlow(edited by), *Charles Darwin's Autobiography*, London, Collins Sons & Co. Ltd, 1958. 슈마허, 『작은 것은 아름답다』, 같은 곳.

12) 물론 계몽의 긍정적인 측면도 언급해야 할 것이다. 그것은 볼테르나 루소, 디드로를 비롯한 18세기 계몽주의자 들이 보편적인 합리성과 이성적 사고를 바탕으로 무능하고 부패한 카톨릭과 구제도(앙시앙 레짐, L'Ancien Régime)를 혁파하고 근대 참여민주주의의 초석을 마련한 것은 주지의 사실이다. 그러나 계몽 사상의 부정적인 측면은 —아도르노와 호크하이머가 지적하듯이— 이성과 합리성을 도구적 이성과 동일성의 법칙으로 환원하고 그것을 절대적 보편주의로 확장한 부분이다. 우리가 계몽주의 세계관을 문제 삼는 것은 관용(톨레랑스), 개인의 자유, 시민적 권리와 같은 민주주의적 보편가치들이 아니라 오늘날 생태환경을 크게 위협하고

전후 미국 행정부가 취한 개발의 논리는, 확장된 계몽주의 진보관의 20세기적 버전이라고 볼 수 있다. 이러한 진보와 개발의 이데올로기는 자본주의와 근대 국가 체제로 인해 더욱 강화되었고 이에 대한 일차적인 희생양은 자연이었으며, 그리고 자연환경－비록 그것이 매우 거칠고 힘들지라도－에 순응하며 살아가던 전 세계 '미개발지역'에 산포한 수많은 토착적인 농경 공동체들이었다.13)

토착민들은 장구한 세월동안 한 지역에 머무르면서 자연과 친밀하게 교섭하고 생태적 질서에 순응하며 살아왔다. 토착민들은 주위에 함께 사는 동물과 식물 등 인간이 아닌 존재자들과 긴밀한 상호작용함으로써 우주와 자연에 대한 경외의 마음을 갖고 살아온 사람들이었다. 그들은 전통과 제의를 통해 "자연과의 사귐 속으로 들어오라는 지구의 외침"에 경청할 줄 알았으며 자연과 더불어 사는 방식을 체득한 지혜로운 자들이었다.14) 생태환경을 크게 파괴하고 있는 현대산업기계문명을 비판적으로 바라본다면, 토착민들이 가꾸고 누렸던 자연친화적인 농경문화야말로 미개한 삶이 아니라 우리에게 있어서 '오래된 미래'인 것이다.

그러나 역사적 진보의 이념과 문명 대 야만의 이분법적 구도에 기초한 급진적인 개발의 이데올로기는 토착민들이 일구어온 인간과 자연의 유기적이고 생태적인 관계를 파괴하고 있다. 토착민, 원주민들

있는 거대 기술체계의 바탕이 되는 도구적 이성과 동일성의 법칙, 과도한 진보의 믿음의 근거를 제공한 부분이다. 계몽의 기획, 도구적 이성과 동일성의 법칙에 관한 논의는 아도르노와 호크하이머의 『계몽의 변증법』(김유동 옮김, 문학과지성사, 2001)을 참고할 것.

13) 낸시 라이트, 도날드 킬, 『생태학적 치유』, 박경미 역, 이화여자대학교출판부, 2003, p.60.

14) 낸시 라이트, 도날드 킬, 『생태학적 치유』, p.63.

의 생활근거지였던 삼림과 농경지가 파괴된 자리에는 빠른 속도로 도시화와 산업화가 진행되고 있는 것이다.

전지구적으로 나타나고 있는 급속한 도시화는 인간이 일구어온 땅과 농토를 잠식하고 인간 삶의 생태적 환경을 열악하게 만든다. 인간의 노고가 깊숙이 스민 논과 밭, 흙과 땅은 인간의 가장 기본적인 삶의 터전일 뿐만 아니라, 식량생산, 환경 보전의 차원에서도 크게 기여하였다. 그러나 안타깝게도 거대 기술체제와 자본의 복합적인 결합으로 인해, 토착적이고 농경적인 것들은 —그것이 지극히 순환적이고 생태적인 것임에 불구하고— 현대 문명의 가장자리로 내몰리고 있다. 특히 신자유주의, 자유무역, 글로벌화가 대세인 상황에서, 지극히 순환적인 농적 기반의 삶은 이윤추구와 화폐의 논리로 간단하게 치부되고 있는 것이 현실이다.

따라서 자연에 대한 인간의 사고와 행동방식이 변하지 않는 한, 단순히 과학기술을 바탕으로 한 부분적인 생태복원은 근본적인 한계에 봉착할 수밖에 없다. 그러므로 생태복원은 산업 기계문명이 간과한 좋은 삶을 회복하려는 적극적인 태도이고 보살핌, 환대와 같은 인문적인 가치를 담아내면서 대안적 삶을 모색하려는 태도일 수밖에 없다. 한마디로 생태복원의 사유는 인간의 삶과 존재방식에 대한 근원적인 질문으로부터 출발한다.

2. 생태복원과 기술문명비판

인류가 직면한 생태위기 해결을 위해서는 무엇보다도 진정한 의미의 비판적 상상력과 커다란 그림의 생태적 기획이 필요하다. 이에 대한 진정한 인문적 태도는 인간의 규모를 크게 넘어가는 거대 기술과 자본의 결합이 만들어낸 산업문명을 되돌아보면서 대안적인 비전을 제시하는 일일 것이다. 특히 생태환경을 급격하게 파괴하고 있는 거대 기술과 시스템, 대량생산과 소비에 대해 비판적 담론을 구성하고 그것을 구체적인 실행에 옮기는 선순환 고리를 만드는 것이 시급하다. 우리는 이러한 선구적인 노력들을 E. F. 슈마허나 L. 멈퍼드와 같이 미래의 생태적 비전을 제시한 경제학자나 사회과학자들에게 그 예를 찾을 수 있다.

에른스트 슈마허[15]는 루이스 멈퍼드와 함께 인간문명과 과학기술과의 관계를 지속가능한 관점에서 바라본 대표적인 경우이다. 슈마허는 『작은 것이 아름답다』에서 현대산업기술이 전적으로 화석연료에 의존하고 있으며, 권위적이고 억압적인 성격을 지닌 거대기술체제의 성격을 지니고 있음을 지적하고 있다.[16] 그는 현대인들이 거대주의를 숭배하면서 동시에 고통받고 있으므로 "작은 것－이것이 적용되는 곳에서－의 미덕을 고집하는 게 필요하다"고 역설한다.[17] 거대기술체제는 가난한 나라의 사람들을 더욱 소외시키고 삶의 의미가 담긴 진정한 노동을 불가능케 한다. 거대기술체제는 거대산업도시를 양산하고 그곳에 사는 인간의 삶은 피폐해지게 마련이다.

---

15) 독일 출신의 경제학자. 1911-1977. 본에서 태어나 옥스퍼드 대학에서 경제학을 공부하고 스물 두 살의 젊은 나이에 미국 콜럼비아 대 교수되었으나 이를 포기하고 독일로 돌아갔다. 그는 가난한 나라에 중간기술을 이전하여 자립경제건설을 위해 공헌한 바 있다.

16) 슈마허, 『작은 것이 아름답다』, 이상호 역, 문예출판사, 2002. 제5장 규모의 문제. p.83.

17) 위의 책, p.86.

거대 기계는 거대 기술을 바탕으로 하고 있으며 그것은 다른 말로 노동기계, 군사기계라고도 불리운다.[18] 거대 기계는 문명을 이루는데 기여한 바도 있지만, 근본적으로 인간 노동을 착취하고 생태환경에 위해를 가하는 가공할 만한 동력으로 작용한 것도 사실이다. 산업화 이후, 거대 기계는 거대 시스템을 구성하는 원리가 되었고 커다란 공장과 기계시설의 집적뿐만 아니라 첨단화된 정보통신과 교통수단의 체계를 포괄하는 개념으로 발전하였다. 거대 시스템은 운송과 통신 영역을 포함한 근대기술로 구성되어 있으며 그것이 지니는 엄청난 힘으로 현대인들을 "뿌리 뽑힌(footloose) 존재"로 만드는 것이다.[19]

거대시스템과 기계는 과잉생산 과잉소비를 부추기고 궁극적으로 엄격한 위계적 권력 지배구조를 낳게 된다. 거대 기술 체제는 자연을 파괴하고 인간 스스로 삶을 꾸려가는 유기적 촌락 공동체를 불가능하게 만드는 비인간적인 체제이다. 그러므로 거대 기계와 거대도시에 기초한 문명은 필연적으로 인간의 규모를 넘어가는 반(反) 생태적 문명일 수밖에 없는 것이다.

각종 첨단 기술의 집적체인 현대 도시는 그 자체로서 커다란 힘과 권력을 구성하며, 인간사회를 위계화하고 억압구조를 만들어 내는 거대 시스템이다. 모든 종류의 거대 시스템은 근본적으로 인간과 자연, 인간과 인간 사이의 지배-피지배 관계와 기계에 의한 통제사회를 만들어 낸다.

거대 시스템에 대한 깊은 통찰을 보여준 루이스 멈퍼드에 따르면, 원래 기계는 효율성을 추구하면서 전문적 기능으로 움직이는 부품들

---

18) 루이스 멈퍼드, 『기계의 신화 I』, 유명기 옮김, 아카넷, 2013, p.356.
19) 슈마허, 『작은 것이 아름답다』, p.88.

의 조합으로써 인간의 통제가 가능한 도구였다. 그러나 일단 거대 기계가 만들어진 후, 그것을 작동시키기 위해 명확하게 계산된 목적에 봉사하는 수많은 사람들이 동원되었다. 이제 인간은 거대기계의 원활한 작동을 위해 마치 군대조직처럼 절대 순응하는 존재가 되어버린 것이다.[20] 멈퍼드의 말대로, 기계는 하나의 신화가 된 것이다. 거대화한 기계는 권력의 복합체적인 성격을 지니며 권력 복합체는 더 많은 동력과 생산력을 지향하는 진보의 이데올로기를 내장한다.[21] 여기서 진보란, 과학기술발전에 의해 인간의 삶이 더 나아질 수 있다는 집단적 믿음을 의미한다. 그러나 진보가 각종 권력기제들을 동원하여 사회구성원들에게 일면적인 역사적 방향을 강제한다면 그것은 이데올로기가 되는 것이다. 진보 이데올로기로서의 거대 기계는, 세계 어느 곳에서나 막강한 파괴의 힘을 휘두르는 소수의 엘리트에 의해 지배되는 '권력의 팬타곤'이 되는 것이다.[22] 달리 말해 권력의 팬타곤은 각종 거대통제시스템으로써 사회구성원의 사적인 모든 생활을 감시할 수 있는 '원형감옥'(파놉티콘)과 같은 것이다.

미셸 푸코는 역저 『감시와 처벌』에서 근대사회를 거대 시스템으로 파악하고 그것을 '파놉티콘'(panopticon)이라는 개념으로 정의하였다.[23] 원래 제러미 밴담에 의해 고안된 —극소수의 간수가 모든 죄수를 감시할 수 있는— 감옥의 형태였으나 미셸 푸코는 현대사회를 하나의

---

20) 루이스 멈퍼드, 『기계의 신화 I』, 유명기 옮김, 아카넷, 2013, p.360.

21) 루이스 멈퍼드, 『기계의 신화 2: 권력의 팬타곤』, 김종달 옮김, 경북대학교출판부, 2012, p.229.

22) 루이스 멈퍼드, 김종달 옮김, 『기계의 신화 2: 권력의 팬타곤』, 경북대학교출판부, 2012, p.589. 옮긴이의 후기.

23) Michel Foucault, *Surveiller et Punir,* Gallimard, 1975, pp.228-264.

거대 통제체제로 파악하고 그것을 은유적으로 사용한 것이다. 오늘날 비대해진 통제 시스템은 각종 첨단 기술의 집적체로써 일종의 원형감옥으로 기능한다. 원형감옥과 같은 사회는 필연적으로 위계적 사회로써 자연은 인간에 복종할 뿐만 아니라, 개인마저 거대한 익명의 권력과 힘에 의해 예종의 상태에 놓이게 된다. 푸코가 말하는 현대판 '원형감옥'은 거대 기술관료 사회와 다름 아니며 이곳에서 개인의 자유와 권리는 쉽게 경시되고 심지어 생체권력(bio-power)을 통해 인간의 몸을 철저히 통제하는 감시와 처벌의 사회인 것이다. 이미 카프카는 거대 시스템으로서의 미래사회가 개성을 상실하고 철저하게 익명성의 관료사회로 전락할 수 있음을 그로테스크(grotesque)와 환상성(fantastique)의 문학으로 예언한 바 있다.[24] 생체권력이 실핏줄처럼 퍼져나가 개개인 모두에 파고드는 사회에서 인간과 인간, 인간과 자연의 진정한 관계, 그리고 진정한 민주주의는 더 이상 불가능하게 된다. 민주주의는 껍질만 남게 되고 그 실체적 내용과 가치는 형해화(形骸化)한다.

과학기술에 의해 만들어진 거대한 시스템은 그 자체로서 독립된

---

24) 여기서 우리는 카프카의 작품들을 통해 문학적 상상력이 얼마나 깊은 생태적 통찰을 보여줄 수 있는가를 읽을 수 있다. 프란츠 카프카는 『변신』, 『성』과 같은 소설을 통해 이미 20세기 전반 비인간적인 거대 관료사회의 등장을 예고한 바 있다. 비록 카프카가 생태학의 언어로 표현하지 않았더라도 오늘날 환경 파괴의 근원인 거대관료 체계의 등장과 정체를 소설 속에서 드러냈다는 점에서 '생태적'이라고 할 수 있다. 카프카는 메마른 논증과 과학의 언어가 아니라, 그로테스크나 판타스틱과 같은 소설 미학적 기법으로 거대 관료기구의 정체를 정확히 기술한 점에서, 그 자체가 높은 수준의 문명 비판의 언어라고 할 수 있다. 이러한 문학적 성취는 어떠한 통계적 분석이나 논증적인 글보다 더 날카로운 직관과 통찰로 관료사회의 부조리를 읽어냈다는 점에서 찾을 수 있다. 그런 의미에서 카프카의 문학은 생태적 관점에서 새롭게 조명되어야 할 것이다.

생명력을 지닌다. 거대 시스템은 스스로 살아남기 위한 내적 원리로 인해 필연적으로 통제 관료 체제를 갖게 된다. 근대 산업 체제는 바로 거대 기술로 통제되는 관료 시스템과 유사한 것이 된다. 모든 거대시스템은 그것을 구성하는 개개인의 삶의 고유성을 희생하는 대가로만 유지, 존속이 가능하다. 그것은 한마디로 개인이 지니는 자율성을 억압하는 형태로 나타난다. 인간의 개체성과 자율성을 억압하는 기계중심의 파놉티콘의 사회는 진정한 의미에서의 민주주의와 양립하기 어렵게 되는 것이다. 그러므로 거대 기술이 지배하는 획일적이고 권위적인 사회로부터 벗어나는 지름길은 자율적인 토론과 합의가 가능한 다원적 민주사회를 상상하고 실천하는 일이고 그것은 생태복원을 향한 중요한 발걸음이라고 할 수 있다.

3. 작은 것이 아름다운 공생사회[25)]

슈마허는 화석연료에 의존하고 있는 현대 거대 산업사회는 곧 위기를 맞게 될 것이며. 이러한 위기에 대응하기 위해 중간기술을 적극 개발하고 보급해야 한다고 보았다.

---

25) 우리는 슈마허에서 일리치, 그리고 마하트마 간디에서 웬델 베리로 이어지는 생태철학과 농적 기반의 녹색대안문명의 비전을 격월간지 『녹색평론』과 발행인 김종철 교수의 노작에서 발견할 수 있다. 이러한 문명 비판과 생태적 상상력은 생태복원의 인문학의 창발을 위해 마땅히 소개되어야 할 부분이다. 따라서 이 장은 1991년 이후 『녹색평론』이 꾸준히 그리고 용기 있게 보여준 생태철학에 영감을 받아 작성되었음을 밝혀둔다.

"잔치는 끝났고, 이제 우리는 잔치 이후 무슨 일이 벌어지고 있는지 봐야 합니다. (…) 풍부한 화석 연료와 (…) 풍부한 노동력 덕분에 지금의 기술이 나왔기 때문입니다. 이 기술은 자연의 모든 생명체에 매우 불친절합니다."[26]

슈마허는 이미 21세기 인류문명이 화석연료와 거대기술체계에 의해 환경재앙을 맞을 것이라는 점을 정확하게 꿰뚫고 있었다. 슈마허는 박학한 경제지식을 갖춘 경제학자였지만, 동시에 경제적 지식을 넘어서는 명철한 의식과 눈으로 문명과 역사의 흐름을 예리하게 통찰하였다. 경제학의 전문영역을 넘어서는 그의 날카로운 통찰은 ―그의 연구(예컨대, 『작은 것은 아름답다』, 『굿워크』)에서 보듯이― 현대문명에 대한 깊은 반성과 성찰에서 나온 것임을 알 수 있다. 인문학 전반에 관한 폭넓은 독서와 인용이 뒷받침하는 슈마허의 인간 규모의 생태경제학은 학제적 통찰과 비판적 상상력의 산물이라고 할 수 있다.

슈마허의 '작은 것이 아름다운' 사회를 위한 생태적 비전은 이반 일리치의 사상에서도 발견된다. 인간과 도구와의 관계를 연구한 이반 일리치는 거대 기술을 사용하는 과도한 산업사회의 위험성을 일찍이 간파한 바 있다. 그가 말하는 도구란 우리가 일상으로 사용하는 단순한 도구뿐만 아니라 자동차, 공장, 그리고 교육 건강 지식을 생산하는 보이지 않는 시스템까지 포괄한다.[27] 그러나 도구와 그것의 사용이 인간의 규모를 넘어가게 되면 자연이 위험에 처하게 되고 인간의 자율적인 삶의 기반이 흔들리게 된다. 그러므로 인간 활동과 도구 사

---

26) 슈마허, 『굿워크』, 박혜영 역, 느린 걸음, 2011, pp.165-168.
27) 이반 일리치, 『성장을 멈춰라』, 이한 옮김, 미토, 2004, pp.44-45.

용이 균형을 이루는 일이 중요하며 그것은 인간 생명의 '다차원적 균형'이라고 정의될 수 있다.[28] 인간 생명의 다차원적 균형은 공생적 도구 사용, 즉 인간의 규모를 초과하지 않는 도구사용은 자율적이고 균형감을 누리는 공생(共生)의 사회를 가능케 한다. 도구의 과잉과 거대 산업기술체계에 비판적인 일리치는 자연스런 도구 사용만이 공생적 삶(la convivialité), 달리 말하면 경쟁과 증오가 아닌 우정과 환대의 공동체를 가능케 한다고 하였다.[29] 그러므로 도구의 적정한 사용은 자율적인 삶의 방식과 건강한 사회적 삶의 윤리적 토대를 결정하는 핵심적인 요소이다.

전통적인 기술과 도구 사용을 통해 유기적 공동체의 가능성을 실천한 가장 극명한 예는 간디의 삶과 사상에서 찾을 수 있을 것이다. 거대 기술체계에 대해 인간적인 기술로 '저항'(무저항)한 마하트마의 삶과 실천은 생태적 윤리적 관점에서 매우 귀중한 경우이다. 간디는 산업혁명이후 구축된 거대한 산업기술 시스템과 이에 바탕을 둔 식민정책을 인도에 강요한 영국에 대해 저항의 몸짓으로 물레를 선택하였다. 인도의 전통적인 도구인 물레는 "거대기술시스템에 저항하는 인간적 규모를 가진 기계의 전형"이었다.[30]

> "물레를 돌리는 것으로 (…) 놀라울 정도로 지력을 발달시킬 수 있다. 아이에게 각 과정의 이유를 말해주고, 물레의 구조를 설명하고, 목화의 역사와 목화와 문명과의 관계를 일러주고, 목화가 자라는 들판을

---

28) 이반 일리치, 『共生의 社會』, 안응렬 옮김, 분도출판사, 1978, p.9.
29) 이반 일리치, 위의 책, 1978, p.13.
30) 김종철, 『간디의 물레』, 녹색평론사, 2002, p.23. 김성원, '거대기술에 맞서는 중간기술', 『녹색평론』, 2012 7-8월 125호, p.64.

보여주고, 물레를 돌리면서 바퀴 수를 세는 방법, 실의 고르기와 강도를 알아보는 방법을 가르쳐주면서 아이가 계속 흥미를 느끼게 하고, 동시에 손과 눈과 정신을 훈련시킨다."[31]

간디에게 있어서 물레는 인간이 기계에 종속되지 않고 인간답게 살아 갈수 있는 매우 실용적인 도구이다.[32] 간디의 교육철학은 오로지 지적 축적만을 강조하고 정신적 인격적 성장을 소홀히 하는 모든 현대 교육제도에 대한 반성적 거울이다. 간디의 사상은 첨단 테크놀러지와 스마트 통신기술에 익숙하고 대도시에서 살아가는 현대인들에게 매우 낯설게 느껴질 것이다. 그러나 현대인들의 도시에서의 소외된 삶의 조건을 고려한다면, 마하트마가 구현하고자 했던 작은 마을 공동체의 이상이 오늘날 인류가 직면한 생태적 윤리적 위기를 반성적으로 되돌아보게 하는 역사의 거울임은 분명하다.[33]

거대 기술과 억압적인 위계체계를 반성적으로 비출 수 있는 또 다른 거울은 과거 토착사회의 생활 기반이었던 소농(小農) 중심의 농경적 삶이다. 물론 과학기술의 발전과 소비자본주의가 지극히 심화된 산업문명을 살아가는 현대인들이 현실적으로 과거 소농중심의 농경사회로 되돌아가는 것은 거의 불가능해 보인다. 그러나 영리를 목적

---

31) 김종철, 『간디의 물레』, 녹색평론사, 2002, pp.108-109.

32) 김종철, 앞의 책, 2002, pp.21-24.

33) 우리가 간디의 사상이나 토착적 삶을 바라보는 방식은 이반 일리치가 과거를 바라보았던 방식과 유사하다. 이반 일리치는 루돌프 쿠헨부흐의 역사탐구를 인용하면서 "게의 눈에 펼쳐지는 과거의 풍경"에 주목하였다. 마치 게가 튀어나온 눈을 달아나는 대상에게 고정한 채 뒤걸음질 치면서 바라보듯이, 우리가 오늘의 현실에 눈을 고정시키고 과거로 여행을 한다면 지금까지 숨겨졌던 과거의 풍경이 다채로운 빛깔로 다가오는 것이다. 이반 일리치, 『과거의 거울에 비추어』, 권루시안 옮김, 느린걸음, 2013, pp.254, 271.

으로 하는 기업농이 아닌 소농의 삶이 지극히 자연 친화적이고 순환적 삶이었다는 점에서 오늘날 우리에게 생태적 거울이 될 수 있다. 장구한 세월동안 작은 규모의 농경이 일구어온 소박하고 단순한 삶의 방식은 '오래된 미래'이다. 점점 더 거대 시스템에 익숙해져가는 현대인들에게 과거 순환적 농경의 삶의 모습은 생태복원을 위한 오래된 지혜의 인문학적 상상력의 원천이 될 수 있다.

4. 소농 · 생태경관 · 고향의 시학

노르웨이 생태학자 헬레나 노르베리 호지는 16년 동안 티베트 고원과 불교전통마을 라다크에서 보낸 경험을 통해 라다크를 우리의 '오래된 미래'라고 정의하였다.[34] 여기서 말하는 오래된 미래란, 히말라야 산자락에 둥지를 튼 라다크 마을사람들이 살아온 소농(小農) 기반의 순환적 삶이 피폐해진 현대 산업 사회에서의 일상을 비춰주는 거울이 될 수 있음을 뜻하는 것이다.

리틀 티베트라고 불리우는 작은 마을 라다크는 오래된 불교의 정신과 잘 어우러진 소박함과 절제의 농경 공동체이다. 친환경적인 티베트 토착마을 라다크 사람들은 심리적으로 안정되고 정서적으로 강하고 친밀한 유대감을 갖고 있다. "많은 수의 미개발 사회들이 적어도 자연과의 친밀성이라는 측면에서는 문명사회에 비해 오히려 더 강한 힘을 갖고 있으며, 그들의 생활 방식이 심리적 안정감에 있어서는

34) 헬레나 노르베리 호지, 『오래된 미래』, 양희승 옮김, 중앙북스, 2007.

더 능동적인 모습을 보인다고 할 수 있다."[35] 라다크의 사람들은 현대인들과 달리 공동 노동으로 서로 돕고 있으며 자원을 매우 효율적으로 사용하고 있기 때문이다. 라다크와 같은 전통적인 마을 공동체의 삶은 자급자족하는 소농의 방식이고, 소농이 인류가 일구어낸 가장 자연친화적인 삶의 방식이란 점에서 새롭게 조명되어야 한다.

일본의 농학자 쓰노 유킨토는 『소농—누가 지구를 지켜왔는가』에서 소농을 자급적 집약농업을 하는 농민으로 정의한다.[36] 소농은 대대로 조상이 물려준 땅에 뿌리를 내리고 농사를 통해 생계를 유지해온 매우 검박한 삶의 방식이다. 소규모의 농사를 지어온 농민들은 장구한 세월동안 거친 땅을 일구어 각종 작물을 심고 거두면서 자연과 조화를 이루며 살아온 사람들이다. 소농은 "적은 잉여생산이 자손의 번영을 이루는 것이라고 믿어 의심치 않고, 그 농사법을 자손 대대로 이어온 사람들"로서 지극히 생태적인 존재들이라고 할 수 있다.[37] 그들은 자연을 지나치게 착취하거나 과도한 잉여를 추구하지 않는다. 과도한 잉여를 추구하지 않기 때문에 그들이 가꿔온 전원은 늘 자연과의 조화로움을 이루고 그것의 경관은 아름답다.

논과 밭이 있는 전원은 하나의 거대한 생명체이자 문화이다. 특히 일본 중국 한국 등 벼농사가 농업의 근본인 곳에서의 논은 단순히 먹을 것을 생산하는 '공장'이 아니다. 논은 "선조에서부터 자손에 이르기까지 시(時)계열(系列)에 분포하는 전체값"이고, "방대한 노력의 축적"이다.[38] 논과 밭이 자연과 일체감을 이루는 이곳에서 "콩을 심을

35) 앞의 책, p.347.
36) 쓰노 유킨토, 『소농—누가 지구를 지켜왔는가』, 성삼경 역, 녹색평론사, 2003, p.21.
37) 위의 책, 같은 곳.
38) 위의 책, p.30.

때에는 한 구멍에 세 알을 심는데, 한 알은 땅에 사는 벌레를 위해, 한 알은 하늘을 나는 새를 위해, 한 알은 인간을 위해"라는 마음 씀씀이가 가능하다.[39] 농부의 아름다운 마음 씀씀이는 인간뿐만 아니라 동식물에 대한 보살핌, 그리고 자연의 모든 존재자들에 대한 배려의 마음으로 확장된다. 전통적인 농경 사회에는 모든 생물에 대한 '연민과 배려의 마음'이 존재하는 반면, 다량의 농약과 제초제, 화학비료를 사용하는 대규모의 산업형 농업은 자연에 대한 배려는 사라지고 생산성과 이윤의 최적화라는 땅의 착취만이 지배한다. 영리추구 만을 목적으로 하는 공장식 산업농법에는 농부의 자연에 대한 애착과 아름다운 마음이 증발한다. 작은 규모의 전통적인 농사는 땅과 자연에 뿌리를 내린 진정한 삶을 가능케 하며 그리고 자연 경관을 아름답게 만들어 향토미(鄕土美)를 연출하기도 한다.

향토미는 다름 아닌 농업경관의 아름다움이고 그것은 생태미학의 전형으로서 삶의 근원성과 맞닿아 있다. 유킨토는 다음 글에서 농적 경관이 지니는 근원적인 그 무엇으로부터 느껴지는 미적 감수성을 적확하게 묘사하고 있다.

> "농업경관의 아름다움은 단순히 찰나적인 것이 아니라, 개개 삶의 연결고리로서 삶의 영속인 '시간'을 확인하고서야 비로소 감동적으로 된다. 다시 말하면 농업경관에는 미적 근원이 있다고 말할 수 있다."[40]

---

39) 위의 책, p.32.
40) 쓰노 유킨토, 『소농–누가 지구를 지켜왔는가』, 성삼경 역, 녹색평론사, 2003, p.146.

여기서 말하는 농적 경관의 미학은 자연에서 느껴지는 근원적인 연속성, 편안함, 고향의 느낌을 그 특징으로 한다. 고향의 느낌은 근본적으로 전통적인 농업이 일구어낸 경관으로부터 비롯되는 것이다. 오늘날 현대인들은 고향을 상실하였지만 우리에게 늘 고향에 대한 그리움과 향수는 더욱 간절하게 다가온다. 고향을 잃어버린 현대인들의 심성 저변에는 수 천년 동안 일구어온 향토에 대한 그리움이 짙게 자리 잡고 있기 때문일 것이다. 고향에 대한 노스탤지어와 고향의 아우라를 형성하는 것은 소농이 일구는 농적 경관과 향토미라고 말할 수 있다. 현대인들에게 삭막하고 메마른 도시의 일상을 살아간다는 것은 매우 견디기 어렵고 고통스런 일일 것이다. 도시의 일상을 견디기 위해서라도 마음에 위안을 선사하는 고향에 대한 그리움은 더욱 절실하게 다가온다. 고향은 상실되어도 고향을 향하는 마음이 오히려 더욱 커지는 까닭은 고향으로 가는 길이 인간에게 삶의 근원으로 되돌아가게 하는 일이기 때문이다. 고향은 우리가 잃어버린 삶의 원형과 자연과의 일체감을 경험하게 한다.

일반적으로 고향은 자연풍광과 어린 시절의 추억과 관계되어 있다. 고향은 자연풍광을 비롯하여 부모 형제, 어린 시절 동무들과 함께 뛰놀던 산과 바다 등으로 형성되어 마음 속 깊은 곳에서 아름다운 이미지로 어른거린다. 고향은 "자연 · 가족 · 이웃들과의 관계에서 삶의 뿌리가 착근되는 생활공간"으로써 도시와 같은 합리적인 공간과 달리 정서적인 유대감이 강한 주정(主情)적인 공간이다.[41] 고향은 단순한 지리 지형적인 공간이 아니다. 고향은 어린 시절이 순수한 기억의 원형으로 자리 잡고 있는 실존적 지평으로써, 그것을 더 구체적으로 말

---

41) 전광식, 『고향』, 문학과지성사, 1999, p.31.

한다면 순수성과 회상성의 공간이다.42) 원체험적 순수성과 진정성의 느낌은 들길이나 숲, 오솔길과 같은 자연 경관이 시적인 것으로 표현되는 과정에서 더욱 생생하게 체험된다. 독일 낭만주의 시인 횔덜린이 그리는 귀향(歸鄕)의 길은 "떡갈나무, 자작나무, 너도 밤나무가 조용히 우거져 있는 성스러운 나무들의 푸른 숲"이 시인을 따뜻하게 맞이하는 곳이다.43)

고향의 이미지는 어린 시절의 회상이나 추억의 공간에 닻을 내리고 있다. 고향은 삶의 원형과 같은 것이다. 그러나 인간이 태초의 원형적인 삶으로 되돌아갈 수 없다면, 그것은 인간에게 근원적인 상실감일 것이다. 여기서 말하는 근원적인 상실감이란 단순히 어린 시절의 기억의 차원이 아니라 보다 근본적인 인간 존재의 상실감과 맞닿아 있다. 하이데거는 인간 실존의 불안과 고향의 상실감은 시적 언어로 사유될 수 있으며 시적 행위를 통해 존재에 다다를 수 있다고 보았다. 하이데거가 상찬해 마지않았던 횔덜린은 존재의 상실과 존재의 신비로움을 가장 치열하게 형상화한 시인이다. 횔덜린은 "무엇을 행하고, 무엇을 말할지를, 궁핍한 시대에 시인들은 왜 존재하는가를 나는 모른다. 허나 그대는 말한다. 시인은 마치 성스러운 밤에 여러 나라를 배회하는, 포도주 신의 성스러운 사제들 같다고"44) 노래한다.

시인이란 인간의 궁극적으로 상실된 고향, 즉 망각된 존재를 찾아

---

42) 전광식, 위의 책, pp.25-26. 이 책의 저자는 이외에 고풍성, 풍경성, 풍물성을 고향의 지평에 포함시키고 있다.

43) 마르틴 하이데거, 『횔덜린 시의 해명』, 신상희 옮김, 아카넷, 2009, p.16. *Erläuterungen zu Hölderlins Dichtung*(1936-1968), Klostermann, Vittorio, 2011.

44) 횔덜린, 『빵과 포도주』, 박설호 옮김, 민음사, 1997, p.44. 고향과 존재의 망각의 관계에 대한 철학적 성찰은 전광식, 『고향』, 문학과지성사, pp.160-176을 참고할 것.

떠나는 구도자이다. 횔덜린에게 귀향(Heimkunft)이란 "근원 가까이로 귀환함(die Rückkehr in die Näche zum Ursprung)"을 의미하고 진정으로 고향에 돌아갈 수 있는 사람은 "이미 오랫동안 방랑자로서 방랑의 무거운 짐을 어깨에 메고, 자기가 찾아야 할 것이 무엇인지를 거기서 경험하기 위하여 근원으로 건너오는 자"를 말한다.45) 달리 말해 귀향이란 태어난 곳으로 되돌아가는 것이고 '근원적으로 태어남이란 무엇인가'에 대해 주의를 기울이기 위해 태어난 곳으로 되돌아가는 것을 말한다.46) 그것은 인간이 근원적으로 상실하고 망각한 존재와 같은 것이리라.

하이데거가 말하는 존재의 망각(l'oubli de l'être)은 다름 아닌 고향의 상실을 의미한다. 고향에 대한 상실감은 태어난 곳으로 되돌아감으로써 회복될 수 있는 것이다. 횔덜린은 태어난 고장으로 되돌아가 느끼는 기쁨과 환희를 노래하고 있다. 궁핍한 시대의 시인이 귀향하는 곳은 대지와 빛으로 가득한 장소이고, "고향에 있듯, 친숙한(heimisch) 것"이 온전히 보존되는 곳이다.47)

고향을 상실한 궁핍한 시대의 시인은 거룩하고 신비한 밤에 여러 행성을 여행하는 사제로 표현된다. 이때 횔덜린이 마주하는 자연은 성스러움(das Göttliche)이다. 여기서 말하는 성스러움이란 절대적인 의미에서의 성스러움으로써 그것은 "저 숱한 시간보다도 오래되어 동서

---

45) 마르틴 하이데거, 『횔덜린 시의 해명』, 신상희 옮김, 아카넷, 2009, p.44.

46) 하이데거는 횔덜린의 시를 분석하면서 회귀(또는 귀향)란 단지 오던 길을 되돌아가는 것(Heimkehr)을 의미하는 것이 아니라고 한다. 프랑스어 번역판 참고함. Martin Heidegger, *Approche de Hölderlin*, Gallimard, 1962, p.9.

47) 마르틴 하이데거, 『횔덜린 시의 해명』, p.29. *Approche de Hölderlin*, Gallimard, 1962, p.21.

양 신들 너머에 있기 때문"이다.[48] 절대적인 의미의 성스러움이란 자연의 존재를 나타내는 말이고 자연의 존재는 고향의 윤리적・미학적 바탕을 이룬다고 볼 수 있다.[49]

횔덜린과 달리 상징주의 시인 보들레르는 신성한 자연의 존재가 상실된 현대 문명의 풍경을 노래하였다. 19세기 파리에서 보들레르가 느꼈던 근대도시 미학과 감성—순간성, 비연속성, 파편성, 우울, 멜랑콜리—은 횔덜린이 귀향하여 마주하고자 했던 자연이 베푸는 신성함이나 고요함과 상반되는 것이다. 보들레르가 말하는 근대성은 원인을 알 수 없는 멜랑콜리와 같은 도시적 불안, 우울과 다름 아니다. 근대적 도시의 공간에는 전원에서 맛볼 수 있는 근원적인 연속성이나 편안한 느낌은 존재하지 않는다. 근대적 도시의 경관은 근본적으로 파편적이고 분절적이며 상업적으로 획일화된 공간이기 때문이다.

거대한 철골구조나 콘크리트로 뒤덮여 있는 대도시의 모습과 달리 농적 경관의 근본을 이루는 것은 들과 전원이며 생명을 잉태하는 땅과 흙이다. 흙은 생명의 질서가 움트는 곳으로서 사람들은 그것을 단지 바라봄으로써 편안하고 아름다운 느낌을 얻게 된다. 그렇다면 편안하고 아늑한 느낌은 어디에서 오는가? 그것은 농적 경관이 파편화되고 단절적인 도시경관과 달리 자연스런 단순함과 시간의 장구함에서 비롯되는 실존적인 충일의 느낌 때문일 것이다.

들이나 전원으로부터 느껴지는 생태적 감수성은 토착적이고 근원적인 그 무엇이다. 토착이란 지극히 생태적인 개념으로서 조상 대대

48) 마르틴 하이데거, 『횔덜린 시의 해명』, p.115, *Approche de Hölderlin*, Gallimard, 1962, p.77.

49) 마르틴 하이데거, 『횔덜린 시의 해명』, p.115. Martin Heidegger, 위의 책, 같은 곳.

로 살면서 뿌리내려온 땅에 대한 애착심이고 흙과의 사귐이며 '산천풍토와 서로 알게 됨'을 뜻하는 것이다.[50)]

조상의 삶이 뿌리내린 흙과 토양은 어머니의 대지이고 '하이마트'(Heimat 고향)이다. 하이마트는 우리에게 일용할 지상의 양식을 제공하고 인간을 따뜻하게 품어 안는 신비한 힘을 가진 존재이다.

> "하이마트는 무엇보다도 어머니의 대지이다. 그것은 우리 민족과 인종에게 생명을 주었고, 신성한 흙이며, 신의 구름, 태양, 폭풍우를 삼킨다. 그리하여 이들은 자신의 신비스런 힘을 사용하여 우리의 식탁 위에 올라오는 빵과 포도주를 마련하여 우리에게 행복한 삶을 영위할 힘을 준다 (…) 고향은 경관이다. 고향은 우리가 경험해 온 경관이다. (…) 우리의 고향은 기사와 영웅의 고향이며 전투와 승리의 고향이며 전설과 요정 이야기의 고향이다. 그러나 이 모든 것을 넘어서서 우리의 고향은 조상들의 땀으로 열매 맺은 땅이다. 이 고향을 위해 우리 조상들은 싸우고 고통을 겪었으며, 이 고향을 위해 우리 아버지들은 목숨을 바쳤다."[51)]

하이마트를 바라보면서 느끼는 미의식은 전원과 농적 경관으로부터 오는 것이다. 고향의 미의식은 길들여지지 않은 야생적인 자연으로부터 오는 거칠고 낯선 느낌과 다르다. 그것은 인간과 자연의 장구한 교섭과 사귐에서 비롯되는 애틋하고 친밀한 감정이다. 이것은 도시화, 산업화로 인해 잊혀져가고 있는 근원적인 고향에 대한 향수

---

50) 쓰노 유킨토, 『소농—누가 지구를 지켜왔는가』, 성삼경 역, 녹색평론사, 2003, p.45.

51) Leonard W. Doob, *Patriotism and Nationalism: Their Psychological Foundations*, Yale Univ. Press, 1957, p.196. 재인용 출처, 이-푸 투안 『공간과 장소』, 구동회, 심승희 옮김, 대윤, 2011, p.250.

나 —유킨토가 말하는— 범미주의적(汎美主義的) 세계관에서 얻어지는 느낌일 것이다. 잘 가꾸어진 농적 경관은 그 단순한 질서로 인하여 고향과 옛스러운 느낌을 갖게 한다. 그리고 옛스러운 모습으로서의 고향이 주는 단순하고 소박함은 어떤 근원적인 깊고 성스러운 느낌과 연결되어 있다. 비록 논과 밭이 인위적으로 만들어진 것이긴 하지만, 전원의 광경에서 묻어나오는 심미성은 거룩한 느낌을 자아내는 '원체험적 풍경'과 "생명의 질서에 대한 구도"에서 비롯된 것이리라.[52] 자연 속의 생명의 질서는 그곳을 살아가는 사람들의 농적 노고를 통해 형성되는 향토미나 전원의 아름다움으로 드러나는 것이다. 전원이 그 어떤 친밀하고 아름다운 느낌을 준다면, 그것은 장구한 세월에 걸쳐 빚어지는 생명의 질서와 그것의 아름다움일 것이다. 고향의 느낌이나 범미주의적 감수성은 시간의 연속성과 시간이 퇴적되는 장소와 뗄 수 없는 관계에 있으며, 그것은 근원적으로 거대한 생명의 질서의 일부분을 이룬다. 논과 밭의 생명의 질서는 시간의 퇴적에서 숙성되는 것으로서 —그곳을 살다간 숱한 사람들을 포함하여— 수많은 사람들의 보살핌과 정성으로 가꾸어진 깊은 느낌의 아름다움이다. 그러므로 잘 가꾸어진 고향과 같은 농적 경관에는 반드시 '죽은 자의 참여'가 있으며, 부단히 땅과 식물을 "보살피는 행위가 합쳐진 전체가 아름다움을 만들어 내는 것"이다.[53]

이러한 농적 경관의 아름다움은 인간이 기계로 자연에 위해를 가하지 않고 노동을 통해 자연과 조화를 이루어낸 대부분의 토착 마을

---

52) 쓰노 유킨토, 『소농—누가 지구를 지켜왔는가』, 성삼경 역, 녹색평론사, 2003, pp.144-145.

53) 위의 책, pp.146-147.

에서 목격되는 현상이다. 하나의 예를 들자면, 토착적인 삶의 아름다움으로 현대인들에게 신선한 충격을 던졌던 히말라야 라다크 왕국의 마을 또한 예외가 아니다. 산은 높고 길은 험하고 기후는 혹독하지만 라다크 사람들이 조상 대대로 일궈놓은 마을과 전원 경관은 그 아름다움으로 방문객들의 시선을 단번에 사로잡는다. 『오래된 미래』의 저자가 바라보는 민가들은 "자주 빛을 띠는 돌산 사이로 (…) 펼쳐져 있었는데 그 모습은 꼭 초록색으로 번뜩거리는 구불구불한 뱀"과 같은 자연스런 아름다움으로 다가오는 경관이었다. 마을 경관은 푸른 나무들로 감싸있으며 오곡의 전원은 지는 해와 조화를 이루며 장관을 연출하고 있다. "높다랗고 곧게 뻗은 포플라 나무들과 초록색으로 물든 오곡의 가운데 하얀색 민가들은 저녁 노을을 받아 황금빛으로 빛나고 있었다."[54]

토착적 삶이 사라진 서양에서도 범미주의적 향토미에 대한 강한 향수의 흔적을 느낄 수 있다. 범미주의적 향토미는 주로 문학작품을 통해 나타난다. 예컨대 프로방스의 '생태작가' 앙리 보스코(Henri Bosco, 1888- 1976)는 사라져가는 농적 삶에 대한 향수와 전원의 아름다움을 소설로 재구성한 드문 경우이다. 몽상의 시학의 철학자 바슐라르에게 큰 영감을 준 앙리 보스코의 문학은 프로방스, 더 구체적으로는 뤼베롱(Lubéron) 지역을 배경으로 하고 있다. 작가는 자신이 정착했던 뤼베롱이라는 지역을 우주적 · 존재론적 공간으로 묘사함으로써 작품에 보편적 차원을 부여하고 있다. 프로방스-뤼베롱은 작품에서 거대한 힘으로 충만한 시원적인 공간이다. 자연의 근본을 이루는 대지는 엄청난 힘으로 인간을 짓누르는 존재로 다가온다. 대지는 단순한 자연

54) 헬레나 노르베리 호지, 『오래된 미래』, 양희승 옮김, p.61.

의 현상이 아니라 인간에 저항하는 존재 그 자체이다. 바슐라르가 쇼펜하우어를 인용하면서 말하듯이, 자연현상을 지배하는 것은 짓누름으로써 그것은 가장 강력한 의지, 원초적 의지의 표현이다.55)

인간에게 자연은 원래부터 아름다운 존재가 아니다. 인간의 의지로부터 벗어나 있는 원시적인 자연은 안심할 수 없는 불안한 존재이다. 그러므로 인간은 항상 노동을 통해 땅을 일구고 자연을 순치하여야 한다. 그렇지 않다면, 자연은 인간에게 거대한 어두운 힘을 행사하고, 가꿔지지 않은 대지와 땅은 인간에게 주술을 거는 거대한 힘으로 다가오기 때문이다.56)

야생 상태의 대지는 거칠고 불안하므로 인간에게 편안한 관조의 대상이 아니다. 인간은 자연을 심미적 관조의 대상으로 만들기 위해서는 매우 강인한 영혼을 갖고 오랫동안 자연과 맞서야 한다.57) 자연은 인간의 의지를 통해서만 길들여질 수 있으며 농부의 노고로 가꾸어진 전원은 인간에게 아름답고 유익한 존재가 될 수 있다. 비록 자연을 완전히 순치한다는 것은 불가능할지라도, 인간은 의지와 노력으로 야생의 대지를 거주 가능한 전원으로 만들어야 하는 것이다.

보스코의 인물들은 농사를 통해 자연과 대지를 길들임으로써, 자연은 인간의 의지에 순응하고 삶이 가능한 공간이 된다. 길들여진 자연으로서의 전원은 밀과 같은 곡식을 풍요롭게 잉태하는 생명의 모신(母神)이며 인간을 행복하게 하는 삶의 터전이다. 인간에게 농경의 대

---

55) G. Bachelard, *La Terre et les Rêveries de la volonté,* 1947, José Corti, p.389.

56) Henri Bosco, *Le Mas Théotime,* Gallimard, 1952, p.141. 앙리 보스코에 관한 상세한 부분은 논문 「앙리 보스코의 소설 『농가 테오팀』에 나타난 시학과 모럴 연구」(『프랑스어문교육』 제53집, 2013.6)를 참고할 것.

57) Henri Bosco, 위의 책, p.140.

지는 단지 생존을 위한 공간이 아니라 누대에 걸쳐 온축된 지혜와 같은 귀중한 윤리적 자산이 전승되는 곳이기도 하다.[58)]

인간은 농경의 삶 속에서 배태된 예지와 정신적 자산을 통해 자연을 길들일 수 있고, 순치된 자연은 전원과 같은 거주 가능한 공간으로 거듭 태어나게 된다.

오래된 삶의 지혜는 거칠고 야생적인 자연으로부터 인간 문명을 지켜주는 방파제이고 동시에 인간에게 평화롭고 행복한 삶을 가능케 하는 윤리적 기반이다.

보스코의 소설과 '오래된 미래'로서의 라다크가 드러내 보여주는 바는 자연친화적인 농적 삶에서 묻어나는 생명의 질서와 생태적 아름다움일 것이다. 이러한 생태적 질서는 인간의 거주지가 마땅히 갖추어야 할 근원적 질서이다. 환경철학자 오귀스탱 베르크는 인간다운 삶의 주거지는 원래 "개인의 집에서부터 지구에 이르기까지 모든 차원에서 깨끗하고 잘 정돈되어야만 하는"[59)] 것이라고 하였다. 인간과 지구와의 관계를 의미하는 외쿠메네(에쿠멘)는 근원적 질서를 회복할 때 아름답고 선한 것이며, 그 자체로서 윤리적이고 심미적인 인간의 거주지가 되는 것이다.[60)] 그런 의미에서 척박하고 야생적인 자연의 대지와 달리, 인간의 정성과 노고, 배려와 보살핌으로 일궈낸 농토와 농적 경관은 본질적으로 미적이고 윤리적이라고 말할 수 있다.

농업 경관의 아름다움은 분명 인간에 의해 창조된 인위적인 아름

---

58) Henri Bosco, 위의 책, p.141.

59) 오귀스탱 베르크, 『대지에서 인간으로 살아간다는 것』, 김주경 옮김, 미다스북스, 2001, p.127.

60) 오귀스탱 베르크, 『외쿠메네－인간환경에 관한 연구 서설』, 김웅권 옮김, 동문선, 2007, p.18.

다움이고 그것은 단순하고 소박함에서 비롯되는 것이다. 자연친화적이고 생태적인 경관은 표면적으로서는 단순성을 지니나 그것은 메마르고 빈약한 단순함이 아니라 "복잡성의 과정을 거친, 복잡성을 내포하는 단순성"이라고 정의할 수 있다.[61] 달리 말한다면 자연 또는 그것을 닮은 인공적 자연의 아름다움이란 복잡다단한 사물의 얽크러짐을 하나의 통일된 전체성의 맥락으로 길어올린 아름다움이라고 말할 수 있다.

통일된 전체성으로부터 묻어나오는 농적 아름다움은 궁극적으로 우주적 아름다움과 조응한다. 독일의 신지주의(神智主義) 사상가 루돌프 슈타이너는 『바이오 다이내믹스의 방법을 통한 정신적 토대로서의 농업』에서 자연농법을 바로 인간과 자연, 인간과 우주의 근본적인 관계를 맺는 결정적인 것으로 성찰하고 있다.[62] 그가 생각한 자연농법, 즉 '바이오 다이내믹스' 농법은 씨를 파종할 때도 우주 천체의 별과 달, 태양의 운행을 함께 고려해야 한다는 생각에 기반해 있다. 그는 인간이 두 발을 디디고 사는 땅(토양)과 생명을 유지하기 위해 인간과 동물이 매일 섭취하는 식물의 필연적인 관계를 우주과학적 차원에서 설명한다.[63] 그가 말하는 '농업적 개인성'을 달리 해석한다면, 그것은 인간-동물-식물-대지-우주가 거대한 일체감을 이루는 근원적이고 거룩한 것을 말한다. 근원적인 토대로서의 땅은 우주의 파장을 흡수하고 그것을 대지 위로 내보내는 역할을 담당한다.[64] 땅 바로 위

---

61) 이남호, 『녹색을 위한 문학』, 민음사, 1998, p.46.

62) Steiner, R., *Agriculture - Fondements spirituels de la méthode bio-dynamique,* Editions Anthrosophiques Romandes, 2006.

63) 위의 책, p.62.

64) 위의 책, p.64.

에 영향을 미치는 것은, 직접적으로, 태양의 기능을 변화시키는 달, 수성, 금성으로부터 오는 것이다.[65] 그러므로 농사는 단순한 먹고 사는 생존의 차원을 넘어 인간과 우주가 높은 단계에서 서로 교응하고 깊은 관계를 맺는 성스러운 인간의 일이다. 인간과 자연의 친밀하고 심오한 교섭이 일어나는 곳은 인간이 발을 딛고 있는 땅 그리고 토양이다.

땅은 단지 인간에게 먹을 것과 거주를 제공하는 곳이 아니라, 삶의 근원적인 체험을 가능케 하는 원형이나 자궁과 같은 곳이다. 인간은 대지에서 공간의 넓이와 깊이를 형이상학적으로 경험할 수 있다. 형이상학적 경험은 구체적인 삶의 현실을 넘어가는 신성하고 초월적인 차원과 맞닿아 있다.

> "사람은 땅이 어머니 배 속처럼 편안한 안주의 장소이길 원한다. 또 땅을 그러한 것으로 체험한다. (…) 이 땅은 무한하다. 그리고 신비한 곳이다. 이것도 사람의 내적 필요에 대응하는 것이다. (…) 체험으로서의 땅에서 중요한 것은 그 초월적 양상이다. 지적인 요구로나 형이상학적 요구로나 땅에 대한 느낌은 저절로 그 전체성으로 확산된다."[66]

궁극적으로 인간과 대지가 만나는 극적인 지점은 형이상학적이고 초월적인 세계라고 말할 수 있다. 그것은 즉물적인 일상에서의 번잡성으로부터 해방되어 맛보는 '형이상학적 전율'과 같은 것이다.[67] 대지와 땅과의 이러한 극적인 조우가 가능한 경우는, 산업화된 도시 공

---

65) 위의 책, p.63.
66) 김우창, "전통문화속의 땅과 풍경", 『녹색평론』, 1996, 7-8월호, p.39.
67) 위의 책, 위의 곳.

간이 아니라 자연과 인간의 조화롭고 유기적인 관계가 여전히 살아있는 생태적 농적 공동체일 것이다.

5. 흙·토양의 상상력과 외쿠메네

인류의 역사를 통해 보듯이 근대 산업화 이전에 일반적인 삶을 지탱해온 것은 작은 규모의 마을 촌락이고 농적 공동체였다. 근대화 이전의 마을 촌락의 경제적 문화적 삶의 기반은 전통적인 의미의 농사에 바탕을 두고 있다. 마을 촌락으로서의 농촌은 "유기적 성격이 강한 삶의 생태적 표현"이고 그 자체가 하나의 문화이며 그 문화는 "생활의 총화에서 얻어"지는 것이다."[68]

토착적인 농촌 공동체는 누대로 전해내려 오는 자연친화적인 방법으로 병충해를 극복하고 척박한 땅을 옥답으로 가꾸어 왔다. 전통적인 농사짓기는 근본적으로 흙과 토양과의 부단한 교섭의 행위와 분리될 수 없다. 흙과 토양은 인간과 자연이 서로 '몸을 비비는' 친밀한 공간이며 그 만남은 —바슐라르가 말하는— 지극히 원소적 행위이다.

논과 밭 등 비옥한 땅을 형성하는 흙은 유기물질과 광물질이 뒤섞여 만들어낸 매우 특별한 토양 생태계(biotope)이다. 수억의 미생물이 기적과 같이 함께 살아가고 있는 흙과 토양은 지구 행성의 수많은 생명체를 먹여 살리는 거대 순환생명체계(materia prima)라고 말할 수 있다.[69] 각종 미생물과 땅속 작은 동물들을 활용하여 거대 순환생명체

68) 김우창, 『성찰』, 한길사, 2012, p.517.

계를 가꾸고 유지해온 것은 다름 아닌 자연농법에 기초한 전통 농업이었음은 분명한 사실이다. 그러나 오늘날 대규모로 이뤄지는 기업식 농업은 과다한 화학비료와 농약을 사용함으로서 토양을 매우 척박하게 만들고 있으며 자연 환경을 황폐화시키고 있다.

여기서 우리는 생태복원의 핵심 가운데 하나가 바로 땅과 토양을 살려내는 것임을 알 수 있다. 간디는 "어떻게 흙을 뒤집고 관리하는지를 잊는 것은 바로 우리 자신을 잊는 것이다"라고 말한 바 있다.[70] 오늘날 모든 길이 석유의 부산물인 아스팔트로 뒤덮이는 상황에서 맨땅과 흙을 밟기는 여간 힘들지 않다. 우리의 삶에서 흙이 사라지고 있는 것이다.

그러나 인간은 흙으로부터 왔고 흙으로 돌아가야 한다. 자연의 경이는 우주에만 있는 것이 아니라 흙과 토양에도 존재한다. 예컨대 흙 속에는 토양을 비옥하게 만드는 엄청난 작은 곤충, 미생물 들이 살고 있지 않은가. 흙과 토양 속에 깃든 뭇 생명들이 공생하는 모습은 단지 지질학적 생물학적 관찰에서 벗어나 시적 인문적 상상을 자극하기에 충분하다.

바슐라르는 흙과 대지에 관해 높은 인문학적 상상력을 보여준 대표적인 경우이다. 그는 우주의 네 가지 원소 가운데 하나인 땅과 흙(la terre, 프랑스어 단어는 대지 땅 흙의 의미를 모두 가지고 있다)을 통해 얼마나 깊은 인간의 시적 상상력이 펼쳐지는가에 대해 성찰하였다.[71]

---

69) Claude Bourguignon, *Le sol, la terre et les champs,* Sang de la terre, 1991, p.45.

70) 이태근, 천호균, 이윤영, 『농부로부터』, 궁리, 2011, p.80.

71) Gaston Bachelard, *La Terre et les Rêveries de la Volonté*, Librairie de José Corti, 1947, p.1.

바슐라르는 버지니아 울프가 땅을 거대한 스펀치로 경험하는 대목을 인용하고 있다. "대지는 스펀치가 물을 흡수하듯이 천천히 색깔을 마신다. 대지는 둥글고 두터워지면서 스스로 균형을 되찾는다. 오 대지는 거대한 스펀치이며 승리를 거두는 스펀치이다."[72)]

엄청난 물을 빨아들이는 '스펀치-대지'는 생명을 잉태하는 거대한 가이아이며 인간 상상력의 원천은 바로 '어머니-대지'로부터 나오는 것이다. 자연의 한 축을 구성하는 대지는 스스로 복원력을 가지기 위해서 살아있는 토양과 흙을 필요로 한다. 대지가 아무리 거대하다고 해도 비옥한 토양이 없으면 삶과 생명은 지속가능할 수 없다. 무수한 생명들이 바로 비옥한 흙 속에서 살아가기 때문이다. 한 줌의 흙 속에 무수한 생명과 작은 우주가 깃들어 있음은 하나의 시적 세계로 표현된다.

〈한 숟가락 흙 속에〉[73)]

한 숟가락 흙 속에
미생물이 1억 5천 마리래!
왜 아니겠는가, 흙 한술.
천 세계가 거기인 것을!

알겠네. 내가 더러 개미도 밟으며 흙길을 갈 때
발바닥에 기막히게 오는 그 탄력이 실은
수십억 마리 미생물이 밀어 올리는

---

72) Bachelard, 위의 책, p.75.

73) 이태근, 천호균, 이윤영, 『농부로부터』, 궁리, 2011, 재인용, p.88.

바로 그 힘이었다는 걸!

—정현종

흙과 토양은 모든 생명의 자궁이다. 모든 생명은 흙에서 양육되고 인간과 동물은 토양으로부터 나오는 각종 식물을 먹고 생명을 유지한다. 흙은 지구상 모든 생명의 먹이사슬에 있어서 가장 기본적인 생태계의 기반인 것이다.

흙과 토양과 대지는 지구를 구성하는 근본원소로서 인간이 두발을 딛고 살아가는 삶의 터전이자 —단순한 지리적 물리적 환경이 아닌— 인간과 지구가 근원적인 관계를 맺게 하는 '외쿠메네'로서의 자연이다.

인간과 지구의 관계는 '외쿠메네'라는 말로 바꾸어 말할 수 있을 것이다. 오귀스탱 베르크는 인간과 지구의 표면이 맺는 근원적인 관계를 외쿠메네로 정의한 바 있다.[74] 외쿠메네는 인간이 삶의 터전인 땅과 대지 위에 살아가면서 지구 표면인 대지와 바다와 맺는 근원적인 관계인 것이다.[75] 지구표면을 인간 삶의 터전으로 인식하는 외쿠메네는 땅과 대지에 대한 존중과 책임의식을 담고 있으므로 단순한 생물권으로서 환경과 구별된다. 외쿠메네는 생태적 윤리의 개념이다.

인류 역사에서 산업혁명과 본격적인 근대화 과정 이전의 다양한 형태의 토착적인 사회들은 물질적으로 가난한 사회였음에도 불구하고 인간사이의 끈끈한 유대와 환대가 넘치는 유기적인 농적 공동체였

---

74) 저자는 그리스 어원 오이쿠메네(Oikoumenê)에 비교적 충실한 '외쿠메네'라는 용어를 사용하기로 한다. Oikoumenê는 oikeô(거주하다)에서 파생된 용어로서 생태학(ecology)나 경제(economy)와 동일한 어원을 지닌다. 오귀스탱 베르크 『외쿠메네—인간환경에 관한 연구 서설』, 김웅권 옮김, 동문선, 2007, p.18, 주6).

75) 오귀스탱 베르크, 『대지에서 인간으로 살아간다는 것』, 이브 코세, 『불온한 생태학』에서 재인용, p.49.

다. 토착민들의 삶은 자연과 조화를 이루며 자연의 거룩함에 경이감을 느끼는 외쿠메네의 삶이었다. 자연과 조화를 이루며 생태순환적으로 살아가는 삶이란 외쿠메네, 즉 인간이 지상위의 공간과 가장 친밀하게 교응하는 삶이다. 자연은 커다란 전체와 같은 것이고 자연을 구성하는 모든 존재자들은 공생 관계를 이루며 하나의 "전체가 성립되며 인간은 자연의 한 구성원"에 불과하다.[76] 그러나 무분별한 생태환경파괴와 폭발적인 인구증가, 과도한 석유와 원자력 에너지의 소비가 지금과 같은 속도로 진행된다면, 인간과 자연의 균형적 관계는 더 이상 되돌이킬 수 없는 사태를 맞이하게 될 지도 모른다. 아메바와 같은 하등 동물은 생명을 지속할 수 있을지언정 인간의 외쿠메네는 불가능하게 될 수 있다. 이러한 긴급한 총체적 지구 위기의 상황에 대한 생태적 의식과 감수성을 기르는 일이야말로 지구상에서 지속 가능한 인간과 자연의 조화로운 외쿠메네의 관계를 지키는 일이고 그것은 생태복원의 마음을 키우는 일이기도 하다.

---

76) 다카기 진자브로, 위의 책, p.258. 외쿠메네와 달리, 지구환경이란 말은 인간 중심적인 개념이다. "사람이 있고, 그 주위에 사람이 살기 위해서 필요한 그들의 주위=둘레가 있다는 것이 서양의 환경=즉 영어의 'environment'(둘러싸고 있는 것) 독일어의 'Umwelt'(주위의 세계)라는 의미설정이다." 다카기 진자브로, 위의 책, p.258.

제6장 생태적 마음과 심미적 감수성

김동윤

1. 생태적 언어와 녹색문학

훼손된 자연을 '생태적'으로 복원할 경우, 과학기술접근 외에 인문학적 상상력이 필요한 이유는 무엇인가? 그것은 인문학이 다른 학문과 달리 사물과 현상의 궁극적인 의미들을 묻기 때문일 것이다. 과학기술은 그것이 지향하는 목적과 인류에 기여하는 바가 무엇인지, 그리고 엄청난 경제적 투자와 노력이 필요한 이유 등을 근본적으로 묻지 않는다. 기술 공학이나 응용사회과학이 자연 환경의 이용과 개발에 집중하는 반면, 인문학은 자연을 비공리적이고 관조적으로 접근한다. 인문정신은 사물을 관조하면서 사물의 본질적 의미와 가치의 궁구를 바탕으로 한다. 인문적 사유의 정점을 이루는 시적 상상력은 근대 이후 대상화된 자연과 사물, 그리고 인간을 따뜻하고 친밀한 관계로 재설정하려는 생태적 마음이다. 시적 상상력은 근본적으로 비공리적 성격을 지니며, 자연의 문제를 인간 존재의 의미와 윤리적 가치와 연결 지어 질문하고 생각하는 태도이다.

이를 테면, 야간에도 엄청난 에너지를 소비하는 인공조명으로 휘황찬란한 대도시를 떠나 대기오염이 덜 한 시골의 어느 한적한 곳에서 밤을 보내게 되는 경우를 생각해볼 수 있다. 그 순간 우리는 칠흑 같은 밤하늘에 또렷하게 빛나는 수많은 별들의 모습을 바라보는 매우 특별한 경험을 가질 것이다. 이때 목격하게 되는 별의 성좌는 우리 자신의 존재의 왜소함과 삼라만상의 무한함에 경외의 마음을 갖게 한다. 경이로운 순간 유한한 존재인 인간은 '나는 어디서 왔는가, 나는 누구인가, 나는 어디로 가는가'라는 궁극적인 질문으로 돌아갈 수 있다. 자연과 우주를 마주하며 인간이 느끼는 것은 바로 외경의 마음이자, 그것은 우주와의 교감에서 오는 깊은 '생태적' 경험인 것이다. 생태적 경험은 시원적인 것을 찾아가는 여행이고 오늘날 일상에서 상실한 근원으로 거슬러 올라감이다. 이것을 우리가 근원적 경험이라고 말할 때 그것은 대개의 경우 알 수 없는 신비감의 경험이며, 은유적으로 말한다면 —철학자 메를로 퐁티가 말하는— '존재의 떨림'과 같은 것이다[1]. 존재의 떨림은 우리 자신이 이 세계에 지금 여기 오롯하게 있음을 온몸으로 느끼는 경우를 말하며 대개 그러한 전율의 순간은 시적인 경험으로 다가온다.

작가 앙리 보스코의 문학세계는 우주와 자연을 마주한 인간이 느끼는 외포(畏怖)의 마음을 잘 드러내는 드문 경우이다. 그의 작품은 인간과 우주와의 만남을 실존적인 차원에서 되돌아보고 그것을 서정적이고 시적으로 표현하고 있다. 예를 들자면, 보스코의 소설 『히야신스』의 주인공이 남 프랑스의 작은 마을 '오스피탈레'의 작은 예배

1) Maurice Merleau-Ponty, *Sens et non-sens*, Gallimard, p.30.

당에서 영혼과 정신의 깊은 경험을 한다. 폐허가 되어버린 보잘 것 없는 성소가 여전히 성스러움을 간직할 수 있는 것은 바로 가냘픈 램프와 그것을 둘러싼 우주적인 분위기이다.[2] 초라한 램프의 불빛과 우주의 별들이 발산하는 빛과의 아름다운 교응은 이 작품의 절정을 이룬다. 주인공이 델뤼브르지방의 언덕에 있는 자그만 거처에 불을 켜는 순간 창밖에서는 성좌의 별빛이 밤하늘을 수놓는다. 거대한 암흑 속에서 카시오페아, 안드로메다 좌(座), 별똥별들의 축제가 펼쳐지고 주인공은 알 수 없는 영혼의 세계로 빠져 들어간다.[3]

보스코의 작품에서 보듯이, 문학적 상상력의 가장 큰 미덕은 인간과 자연과의 근원적인 관계를 살피고 그것을 시적 상상력으로 '복원'하는 일이다. 인간에 의해 훼손된 자연은 시적 상상력과 예술적 형상화를 통해 심미적 감성을 키우고 황폐한 내면과 마음의 치유에 이르게 된다. 이 때 마음의 치유는 생태적 마음의 복원이고 그것은 문학의 언어라는 사물의 예술적 형상화를 통해 가능한 것이다.

문학은 다른 분야와 달리 인간의 삶의 모습을 구체적으로 형상화하는 것을 본령으로 한다. 정치한 이론과 정량적인 통계방법론을 바탕으로 하는 사회과학이나 수학을 기초로 하는 과학적 담론들은 그것이 제시하는 '엄밀한 객관적 사실'의 '구체성'에도 불구하고 삶과 의미의 문제가 배제되어 있으므로 근본적으로 메마르고 추상적인 '얇은 언어'라고 말할 수 있다. 여기서 과학기술적 사고란 구체적인 경험의 세계에 뿌리내리는 사유가 아니라 경험 위를 '비행하는 사고'이고 근원적인 것을 축출한 근대의 언어이다.[4]

---

2) 『히아신스(*Hyacinthe*)』, Gallimard, 1989, p.209.

3) 위의 책, p.214.

이에 비해 문학의 언어는 삶의 구체성과 풍요로움에서 빚어지는 메타포, 그리고 그것이 현실 너머의 세계를 환기함으로써 펼쳐지는 형이상학의 언어이다. 여기서 말하는 형이상학의 언어란 의미의 깊이와 두께를 담아내는 큰 그릇의 인문적 언어로써, 수식으로 정량화된 '얇은' 과학의 담론과 대비를 이룬다. 인문학은 인간과 자연과 우주의 근원적 관계를 살피는 사유로써 관계의 근원성을 궁구하는 깊이와 두께의 언어이다. 인문적, 형이상학적 언어란 아무 것도 '생산하지 않는 쓸모없는' 언어일지라도, 그것은 유일하게 삶의 다양한 의미를 담아내는 은유와 상징의 언어이다.

문학의 언어는 다른 예술과 마찬가지로 유용성과 도구성으로부터 벗어난 상징과 상상력의 보금자리이다. 모든 실용적 도구적 언어가 구호와 선전의 수단이 되는 상황에서 문학은 유일하게 쓸모없음의 언어, 즉 존재의 언어가 되는 것이다. 문학의 언어, 특히 시적 언어는 "인간과 사물이 남김없이 쓸모와 소비의 도구로 전락하는 오늘날의 무자비한 경제 속에서 (…) 형이상학적 체험은 (…) 생태학적 지혜"를 담고 있는 언어이다.[5] 그런 의미에서 문학은 근본적으로 녹색이며 생태(복원)적이라고 말할 수 있다.[6] 녹색문학연구자 이남호에 따르면, 삶을 "구체적이고 직접적이고 근원적"으로 탐구하는 문학은 "생태적 가치에 친숙하고 또 생태 문제에 관심이 높다"는 것이다.[7] 문학 작품 속에서 녹색적이고 생태적인 국면들을 찾는 것은 어려운 일이 아니다. 문학은 근본적으로 자연친화적이고 자연과 산수는 시적 영감의

---

4) Maurice Merleau-Ponty, *L'oeil et l'esprit*, Paris, Gallimard, 1964, p.12.
5) 김우창, '구체적 보편성에로', 이상신 편, 『문학과 역사』, 민음사, 1983, p.215.
6) 이남호, 『문학에는 무엇이 필요한가』, 현대문학, 2012, p.38, p.224.
7) 위의 책, 2012, p.38.

원천이었음은 더 이상 말할 나위가 없다. 그런 의미에서 과거에는 문학의 녹색성을 강조할 필요가 없었으나 자연환경이 심각하게 훼손되고 있는 오늘날의 상황에서 문학은 스스로의 본령이었던 생태적 가치를 드러낼 필요성이 생긴 것이다.[8] 문학의 녹색적 특성의 강조는 산업화로 인해 황폐해진 도시의 녹색의 필요성을 위한 것이라기보다도 인간과 대지, 인간과 자연의 근원적인 관계를 살피는 일에서 비롯되는 것이다.

도시 중심의 근대적 풍경이 나타나기 이전 문학 언어는 주로 땅과 자연 그리고 고향에 관한 언어였다. 특히 문학이 커다란 감흥을 불러일으키는 것은 —한국문학에서 청록파 시인들이 잘 표현하고 있듯이— 그것이 주로 동 식물이나 산, 대지와 관련된 언어가 풍부하였기 때문일 것이다.

생태계의 위기의 시대에 생태 문학(또는 녹색문학)의 필요성이 대두되는 것은 자연스런 일이다. 자연환경이 크게 망가진 오늘날, 문학은 어느 때보다도 자연성 또는 녹색성 회복의 성격을 띌 수밖에 없으며, 여기서 녹색성은 자연성과 다름 아니다.[9] 그러므로 생태문학(녹색문학)의 지향점은 자연성이 잘 구현된 구체적인 맥락과 지점들을 발견하고 그것을 널리 알리는 일이다.

자연성의 회복은 구체적인 장소와 공간을 복원하는 일에서 비롯되지만, 다른 한편 자연을 대상으로 한 다양한 재현행위에서도 가능하고 이것은 생태 감수성 함양에 크게 기여하기도 한다. 생태적 재현은

8) 위의 책, 같은 곳.

9) 자연성이란, "순수한 자연 상태에서 최선의 형태로 구현되어 있는 가치와 질서의 미학"이며, "자연성이 잘 보존되어 있거나 구현되어 있는 모든 것을 자연"이라고 정의될 수 있다. 이남호, 『녹색을 위한 문학』, 민음사, 1998, p.44.

단지 문학에만 국한되지 않고 회화와 같은 예술행위를 통해 인간은 자연과의 심미적 교감능력을 더욱 확장할 수 있다. 특히 풍경화는 인간과 자연이 예술이라는 매개로 교감할 수 있는 특별한 회화의 장르이다.

2. 자연과 회화의 풍경

서양은 르네상스 시대에 풍경을 '발명'하였다.[10] 풍경이란 사전적으로 "자연이 관찰자에게 제공하는 지역 또는 고장의 한 부분"으로 정의할 수 있다.[11] 풍경은 인간이 자연을 바라보고자 하는 마음의 준비가 되어 있을 때 눈 안으로 들어오는 정서적인 그 무엇이다.[12] 그러므로 풍경은 단지 자연의 지리적 물리적 조각이 아니라 인간이 자연과 관계 맺는 정서적 상태와 심미적인 경험에서 비롯되는 개념이다. 풍경이란 인간이 자연을 거리를 두고 바라보는 정신적 심미적 태도의 반영으로써 근대의 산물이라고 할 수 있다. 르네상스 이후 인간이 신으로부터 자연을 분리하면서 자연을 거리를 두고 바라볼 수 있게 되었기 때문이다. 다른 한편 풍경과 풍경화의 탄생은 그 당시 개

---

10) Michel Collot(sous la direction de), *Les enjeux du paysage*, OUSIA, 1997, pp.75-111.

11) 프랑스 경우 풍경을 의미하는 'paysage'라는 단어가 1549년에 처음 등장하였다. 로베르 사전에 따르면, 풍경이란 "자연이 관찰자에게 제공하는 지역 또는 고장의 한 부분"으로 정의될 수 있다. François Julien, *Vivre de paysage ou l'impensé de la Raison,* NRF-Gallimard, 2014, p.14.

12) Augustin Berque, *Être humains sur la terre*, Gallimard, 1996, p.88.

인적 주체의 부상과 일치한다.[13)]

풍경화는 우선적으로 아름다움을 겨냥한다. 거칠고 야생적인 자연에 질서감을 부여하는 것은 그림이 담아내는 아름다움이고, 아름다움으로 인해 자연은 인간에게 한층 더 다가오게 된다. 아름다움의 경험으로 인해 거칠고 거대한 무질서로서의 자연이 인간적인 것이 되는 것이다.

자연을 고전적인 미학의 규범에 의해 아름다운 풍경으로 재현한 대표적인 예는 17세기 바로크 시대에 니콜라 푸생과 클로드 로랭의 그림에서 찾아볼 수 있다. 그러나 고전주의적 아름다움을 표상한 풍경화는 종교적 신화적 모티프를 중심으로 그려졌으므로 당시 사람들이 실제로 경험한 자연이나 도시 풍경과는 큰 거리감이 있었다. 일상의 현실과 자연과 도시의 모습을 그린 경우는 렘브란트, 베르메르와 같은 네덜란드 장르화에서 찾아볼 수 있다.[14)] 미켈란젤로나 라파엘과 같은 르네상스 이탈리아의 거장들의 그림이 스케일과 스타일의 측면에서 위대함과 아름다움의 전범을 보여준다면, 네덜란드 장르화는 작고 평범한 일상의 현실을 '발명'하게 된 것이다. 요하네스 베르메르의 걸작 '델프트의 풍경'(1658~1660)은 고전적 풍경의 아름다움과 전혀 다른 새로운 사실주의적 기법으로 근대 도시의 정경을 정치하게 그려낸 대표적인 경우이다.

고전적인 미적 규범으로 그려진 풍경화에 사실적인 요소가 본격적으로 도입되기 시작한 것은 19세기 이후일 것이다. 근대 이후 많은

---

13) Michel Collot(sous la direction de), *Les enjeux du paysages*, Ousia, 1997, pp.112-122.

14) 츠베탕 토도로프, 『일상예찬—17세기 네덜란드 회화 다시보기』, 이은진 옮김, 2003, 뿌리와이파리, pp.9-14.

화가들이 산업화하는 도시의 모습에 매료되면서도 사라져가는 자연과 전원의 모습에 대한 강한 향수를 가진 것은 잘 알려진 바이다. 익명의 군중으로 넘쳐나고 산업화된 근대 도시가 주는 반자연적인 삭막함과 목가적인 '아르카디아'(arcadia)에 대한 예술적 열정은 대조를 이루었다.[15] 산업혁명이 한창인 당시 예술가들이 목가적 세계에 대한 그리움을 표현하고자 한 것도 우연이 아니다. 예를 든다면, 영국 화가 컨스터블의 풍경화 '건초 실는 마차'(1821)는 잉글랜드의 전원의 소박하고 단순한 아름다움을 묘사하고 있다. 동시대 영국화가 윌리엄 터너의 그림이 산업화하는 근대적 모습을 묘사하는데 집중하였다면, 컨스터블의 그림은 인간이 가꿔놓은 전원과 농적 풍경을 보여주고 있다. 예컨대 완만한 구릉에 인간이 일구어 놓은 전답, 건초더미, 수레, 시냇물 등 정겨운 잉글랜드의 모습은 '전원적 잉글랜드'이라는 컨스터블 그림의 핵심테마를 구성한다.[16] 컨스터블의 회화는 프랑스 바르비종유파와 인상파 회화에 크게 영향을 미친 것은 잘 알려진 바이다.

인상파 회화 이전 바르비종 유파의 대표 화가 코로는 유럽, 특히 이탈리아의 전원인 '깜빠냐'에 깊은 애정을 가졌으며 코로의 주된 정서는 바로 정연한 자연 풍경의 질서감이라고 할 수 있다. 아직 산업문명에 의해 파괴되지 않은 자연의 질서와 조화로움은 바로 코로 그림 전체를 지배하는 심미의식이다. 이러한 자연으로부터 오는 깊은 감흥은 바르비종 유파의 화가 밀레의 풍경화에서도 발견된다. 코로의 회화가 숲이나 오솔길과 같은 자연의 아기자기한 모습을 정밀하게 묘

---

15) '아르카디아'를 주제로 한 그림의 절정을 보여주는 것은, 니콜라 푸생의 'Et in arcadia ego'('나, 죽은 자, 역시 여기 아르카디아에 있었노라', 1638-1640)이다.

16) 박지향, 『영국적인, 너무나 영국적인』, 에크리, 2006, p.94.

사하고 있다면, 밀레의 그림은 고즈넉한 전원에서 펼쳐지는 소박한 농경의 삶의 모습을 드러내고 있다. 그의 대표작 '만종'과 '이삭 줍는 여인들'의 모습에서 우리가 느끼는 것은 단순히 풍경의 고즈넉함뿐만 아니라, 전원에서의 고단한 노동으로부터 배어나는 모종의 신성한 느낌, 그리고 그것을 에워싸는 자연의 거룩한 그 무엇이다. (이것을 우리는 발터 벤야민이 말하는 '아우라'라고 말해야 할까? 멀리 있으면서도 가까이 다가와 느껴지는 일화적인 그 무엇으로서의 아우라 말이다.)

코로나 밀레가 살던 시대는 도시화, 산업화가 빠른 속도로 진행되는 시기였다. 그럼에도 불구하고 그들이 전원의 삶이나 농민의 모습을 그린 이유는, 아마도 이러한 농적 세계와 아름다운 전원만이 유일하게 인간 마음에 평화를 가져다 줄 수 있는 미적 대상임을 믿었기 때문이었을 것이다.

19세기 중반 유럽의 도시들이 산업화로 인해 철도 역 공장과 같은 근대적인 모습으로 빠르게 변화하고 있었다. 그럼에도 불구하고 당시 인상파 가운데 가장 '인상파'적인 시즐레나 피사로는 과수원, 정원 등 평화로운 자연의 모습에 심취하였다. 인상파의 대표적인 화가 클로드 모네 또한 건초더미, 포플러가 있는 전원 등 컨스터블이 애호하였던 주제를 즐겨 그렸다. 비록 모네가 기차역과 같은 산업화하는 도시의 근대적 모습을 부분적으로 묘사하였지만, 그의 예술세계를 지배하는 심미감은 자연이나 전원과 관계된 것이다.

노르망디의 풍광에 매료되고 정원에 심취한 모네의 그림은 풍부한 생태적 상상력의 산물이다. 온갖 식물과 꽃으로 가득한 모네의 지베르니는 회화적 감수성을 자극하는 생태적으로 이상적인 장소이다. 바슐라르는 모네의 자연과 정원에서 인간이 휴식을 취할 수 있는 최적의 상태를 발견하였고, 이를 통해 몽상의 시학이라는 시적 상상력의 세계를 빚어낸 바 있다.[17] 바슐라르가 모네의 수련을 바라보면서 꿈꾸는 세계와 시적 표현은 자연과의 교감을 통해 마음의 평온을 얻는다는 점에서 생태적 감수성의 발현이다.

인상파 화가들의 생태적 상상력은 꽃이나 식물뿐만 아니라 들이나 전원의 풍경으로 확장된다. 모네와 동시대의 인상파 화가들이 주로 파리 근교나 노르망디의 경관에 주의를 기울였다면, 고흐나 세잔과 같은 화가들은 지중해성 기후의 프로방스 자연 풍경에 매료되었다. 프로방스는 경관이 수려하고 문화예술 전통이 깊은 고장으로 알려져 있다. 그러나 오늘날 널리 예찬되는 프로방스의 경관은 원래부터 주어진 것이 아니라 많은 사람들 (특히 예술가 문인들)의 노력이 빚어낸 '재창조된' 풍경이다.

3. 세잔-회화와 생태복원

프로방스의 자연 풍광에서 묻어나는 생태적 감수성은 회화적 표현에서 더욱 두드러진다. 가령, 19세기 후기 인상파 화가 세잔이 그린 생트 빅투와르 산의 그림은 자연과 회화와의 관계가 얼마나 친밀하고 깊은 것인가를 보여주는 좋은 예이다. 세잔은 생트 빅투와르 산을 애호하여 톨로네라는 작은 마을로 매일같이 찾아가 동일한 주제로 여러 작품을 남겼다.[18] 세잔의 예술적 재능은 대상(생트 빅투와르 산)을 그대

17) Bachelard, G., *La poétique de la rêverie,* Gallimard, 1988.

18) 세잔은 생트 빅투와르 산에 관해 44편의 유화와 43편의 수채화 작품을 남긴 것으

로 모사하는 것이 아니라 원래 있었던 자연의 근원적 모습을 예술적 형상으로 재창조하려는 노력에서 발휘된다. 그의 자연에 대한 열정은 바로 다름 아닌 생태적 열정이다.

그렇다면 세잔에게 있어서 자연은 무엇인가, 화가는 왜 오랜 시간 동안 산과 마주하며 자연을 관조하고자 했던가? 그가 우선적으로 마주한 것은 암괴로 된 생트 빅투와르 산의 장구한 시간과 거대한 침묵일 것이다. 그러나 화가가 대면하는 자연은 단지 침묵하는 수동적인 존재가 아니라 항상 자기 생성적인 자연이었다. 화가는 늘 변함없는 듯한 자연, 그러나 머물러 있는 적이 없는 자연의 고요한 변화로부터 영원의 느낌을 읽어내고자 하였다. 이 때 영원의 느낌은 전율감이고 그것은 자연의 유장한 시간의 흐름에서 비롯된 것이리라.19)

세잔은 다른 화가들과 달리 회화의 진실을 추구하였다. 여기서 그림의 진실은 감각성의 원천으로부터 길어올리는 사물의 진실이고, 화가는 그것을 '번역'하고자 한 것이다. 세잔이 '번역'하고자 한 바는 자연의 물리적인 모습이 아니라, 감각의 덩어리로서의 자연, 신비롭고 불투명하며 미지의 존재와 같은 자연이다. 그러므로 자연은 신비롭고 감지할 수 없는 감각성의 원천이고 존재와 뒤엉켜 있는 그 무엇이다.20)

세잔에게 그린다는 것은 자연으로부터 오는 강력한 분출의 힘과 전율의 느낌을 표현하는 행위를 말하는 것이다. 사물의 진실을 드러내고 존재를 추구하는 것은 예술로서만 가능하며 예술행위는 종교적인 정관의 태도를 요구한다. 그러므로 그리는 일은 '성직과 같은 것

로 알려졌다. http://www.atelier-cezanne.com/anglais/sainte_victoire.htm

19) Joachim Casquet, *Cézanne,* Cynara, 1988, p.89.

20) Maurice Merleau-Ponty, *L'oeil et l'esprit,* Gallimard, 1964, p.20-22.

으로서 예술에 속하는 모든 순수한 것들을 요구'하는 행위이다.[21] 그에게 예술은 종교적 수행이므로 예술의 궁극적인 목적은 정신의 고양이다. 이를 테면 생트 빅투와르와의 금욕적인 대면은 종교적 구도의 자세이고 알 수 없는 신비감에 이르는 길이다. 알 수 없는 신비감은 존재라고 말해지는 그 무엇으로부터 오는 것이다.

세잔은 눈이 지각하는 사물의 감각적 표면에 집중하면서 그것의 깊이와 두께를 꿰뚫어 보고자 하였다. 감각적 표면은 메를로 퐁티가 말하는 '야생적 의미의 켜'로서, 색채 이면에 숨겨져 있는 사물의 존재를 표현하는 것이다.[22] 회화는 구극적으로 과학기술에 의해 인위적으로 가공되지 않은 자연, 그리고 생생하게 살아 있는 의미의 지층 즉 원초적인 세계의 회복과 그것의 표현이어야 한다.[23] 그런 의미에서 세잔의 그림은 단순한 재현의 미학이 아니라 지극히 존재론적이며 생태 미학적이다.

세잔의 예술적 관심은 생트 빅투와르 산뿐만 아니라 그가 살았던 도시의 주변, 예컨대 톨로네나 비베뮈스로 확장되는 과정에서 더욱 자연과 예술의 긴밀한 관계가 깊어진다. 지질학적 고증에 따르면 매우 단단한 화강암 암괴로 인해 이 고장은 '요정의 바위'(Stones of Fairies)라는 별명을 갖고 있었다.[24] 초기 정착민들은 바위를 숭배한 것으로 기술되고 있다. 세잔은 바로 이러한 역사문화적 분위기에서 '회화의

---

21) Michel Ribon, *Cézanne, d'un siècle à l'autre.* (sous la direction de) Jean Arrouye, Editions Parenthèses, 2006, p.12.

22) Maurice Merleau-Ponty, *L'oeil et l'esprit,* Gallimard, 1964, p.13.

23) Maurice Merleau-Ponty, 위의 책, p.23.

24) Athanassoglou-Kallmyer, N.M., *Cezanne and Provence*, The University of Chicago Press, 2003, p.163.

진실'을 추구한 것이다. 특히 톨로네와 비베뮈스는 역사적 흔적이 풍부한 장소로 널리 알려져 있다. 로마인들이 바위를 채취하던 장소인 비베뮈스는 세잔에게 특별한 의미를 지닌 자연의 일부였으며,[25] 그는 이 장소의 특이한 분위기와 모습에 이끌려 여러 작품을 남겼다.[26] 비베뮈스의 화강암 암괴에 대한 세잔의 매료는 바로 생태 미학의 대표적인 경우이다. '샤토 누와르(le Château Noir)'와 같은 그림은 숲과 나무의 신비스러운 모습과 함께 ─단순한 모방의 재현을 넘어서─ 존재로서의 자연의 모습을 담고 있는 것이다. 오랜 동안 버려졌던 로마의 채석장(비베뮈스)은 한 화가에 의해 예술적으로 '복원'됨으로써 옛 장소성을 회복하고 장소는 예술을 통해 자신을 드러내고 말한다. 나무와 숲, 돌멩이나 바위 등 자연은 예술가의 치열한 열정에 의해 관조의 대상이 됨으로써 미학적 생태적 존재감을 획득한다.

이제 세잔의 회화를 감상한 후 생트 빅투와르 산이나 프로방스의 자연을 바라보는 시선에는 근본적인 변화가 일어날 수밖에 없다. 예술은 자연을 바라보는 방식에 개입하여 생태적 감수성, 자연에 대한 미의식과 정신적 고양을 자극하기 때문이다. 그리고 예술은 자연의 생태적 복원에 구체적으로 개입하여 자연 경관을 보존하는 데 크게 기여하기도 한다.[27]

---

25) 지명의 라틴어 의미는 흥미롭게도 'Let's drink!'이고, 이곳은 중세 시대에 사냥꾼들이 술을 마시던 장소이다. Athanassoglou-Kallmyer, N.M., *Cezanne and Provence*, The University of Chicago Press, 2003, p.170.

26) Athanassoglou-Kallmyer, N.M., *Cezanne and Provence*, The University of Chicago Press, 2003, pp.167-171.

27) 생태복원의 관점에서 화가와 생트 빅투와르의 관계는 더욱 긴밀하다. 이 지역은 기후가 매우 건조한 대표적인 지중해성 기후로서 생트 빅투와르 산뿐만 아니라 프로방스 지역 곳곳에서 여러 번 큰 화재가 발생하였다. 그 때마다 자연(불에 탄 생트 빅투와르와 인근)을 복원하는 문제는 지방자치단체의 가장 큰 관심사였고

따라서 생태복원의 문제는 단지 과학기술의 차원이 아니라 문화 역사 예술을 포함하는 인문적 차원에서 다뤄져야 하는 이유가 여기에 있는 것이다.

4. 자연과 시적 세계

예술가의 행위가 자연과 인간의 '지배-피지배' 관계를 동등한 관계로 회복시키는 것은 심미적 감수성을 통한 생태적 실천이다. 이 경우, 심미성과 생태학은 분리되지 않는다. 예술가의 창조에 의해 자연과 사물은 아름다움의 차원을 획득하고 아름다움으로 인해 자연은 '완성' 된다고 말할 수 있다.

자연은 스스로 미적 차원을 구성하지 아니한다. 자연은 그 자체로서 아름답거나 추하지 않으며 심미적 판단 밖에 위치한다. 자연의 미적 환경과 심미적 가치는 오로지 인간의 정신과 재현 행위에 의해 만들어지는 것이다. 예컨대 렘브란트의 껍질이 벗겨진 소와 윌리엄 터너의 근대적 풍경이 보여주듯이, 끔찍한 동물의 모습이나 거친 자연 현상도 예술적 재현을 통해서만 아름다움을 얻고 심미적 대상이 되는 것이다. 문학과 예술은 인간의 경계 밖에 있는 자연의 존재, 사물과

세잔의 '생트 빅투와르' 그림이 생태복원의 중요한 참고자료가 되었음은 부연의 여지가 없다. 한 세기 전 생트 빅투와르 산에 매료된 '보잘 것 없는' 화가의 예술에 힘입어, 20세기 후반 불타버린 생트 빅투와르는 다시 옛 모습을 찾게 된 것이다. 엑상 프로방스 도시 곳곳에 세잔의 도시라는 표지를 만날 수 있으며 그것은 도시의 풍경이 예술작품과 깊은 관련이 있음을 웅변하는 것이다.

오브제를 예술적 언어의 연금술을 통해 —넓은 의미에서— 시적 정신적 차원으로 승화시킨다.

이러한 생태미학 또는 환경 미학의 태도는 자연을 정복과 이용, 개발과 착취의 대상으로 바라보는 것이 아니라, 인간과 자연이 맺고 있는 원초적인 내밀성에 주목하면서 자연에 대한 따뜻한 배려의 마음을 고취시킨다. 환경 미학의 핵심은 인간이 자연과 사물에 대한 '비이해관계적', 관조적 태도이다.[28] 비이해관계적 태도는 인간의 기본적인 심미적 행위로서, 자연을 착취와 이용의 입장을 떠나 자연을 바라보는 태도이다. 예술비평가 스톨니즈(Stolnitz)는 자연을 바라보는 태도와 환경 미학의 기본적인 입장을 비이해관계적이고 친화적인 시선과 배려의 마음으로 정의하고 있다.[29] 스톨니즈가 말하는 심미적 경험은 자연과 대상 자체를 있는 그대로 감상하기 위해 전적으로 명철한 마음가짐으로부터 비롯되는 것이다. 이러한 관조적인 입장은 18세기 미학적 취향이 부상할 무렵 여러 철학자들의 생각과 크게 다르지 않다.

18세기 말 칸트는 취향을 둘러싼 다양한 논쟁을 철학적으로 논의 가능한 미학적 지평을 열었다. 그는 지극히 주관적인 취향과 아름다움을 비이해적이고 무목적적인 것으로 정의함으로써 심미성을 판단과 논의가 가능한 보편성의 차원으로 끌어 올렸다. 칸트에게 아름다움은 단순히 쾌락이나 기분 좋음(agreable)이 아닌 그 자체로서 심미적

---

28) 자연과 심미적 경험 그리고 환경 미학에 관한 상세한 논의는 다음 연구를 참고할 것. Carlson, A., *Aesthetics and The Environment-The Appreciation of Nature, Art and Architecture,* Routledge, 2000. p. 4.

29) Stolnitz, *Aesthetics and Philosophy of Art Criticism*, Boston, Houghton Mifflin, 1960, p.35, 재인용, Carson, A., *Aesthetics and The Environment,* p.103.

관조의 대상이었다.[30] 이러한 맥락에서 정관적 태도로부터 기인하는 심미적 판단은 어떠한 이해관계나 목적성이 개입되지 않는 인문적 판단이 되는 것이다. 이때 심미적 판단은 무목적적이고 비이해관계적이므로 생태적이라고 말할 수 있다.

자연에 대한 정관적 태도는 서양뿐만 아니라 동양의 고전에서도 나타난다. 예컨대, 17세기 시인 바쇼가 방랑을 통해 자연 경관과 풍경을 시적으로 노래함으로서 자연경관을 인간의 시적 차원으로 고양시킨 바 있다.[31] 토머스 헤이드는 바쇼의 시가 자연과 맺는 관계를 '방랑의 미학'이라고 하였다. 방랑의 미학은 바쇼의 시에서 잘 드러나듯이 인간이 자연 경관을 시적 예술적 관계로 바라보고 느끼는 행위를 말한다.

20세기 철학자 에리히 프롬은 저서 『소유냐 존재냐』에서 바쇼의 시적 태도를 자본주의 소비사회의 미덕인 소유로서의 삶의 방식과 정반대되는 존재로서의 삶의 방식으로 보았다. 바쇼와 같은 시인이 보여주는 존재적인 삶의 태도는 자연의 경이로움과 신비함에 깊이 감응하고 삶의 충일함에 이르는 길이기도 하다.

자연은 인간에게 필요한 물질을 제공할 뿐 아니라 관조와 명상의 대상으로 심미적 경험의 원천이 되기도 한다. 자연에 대한 정관적이고 시적인 태도는 생태적 감수성을 기르는데 필수적인 요소이다. 시인 예술가는 자연과 사물을 단지 소유나 정복, 착취의 대상으로 삼지 않고 예술적 시적 행위를 통해 자연과 일체감을 이루고자 한다. 시적

30) Kant, *Analytique du beau*, Hatier, 2007, pp.7-16.

31) Heyd, T., *Encountering Nature*. Basho, 1644년경 Wandering Poet, Haiku. 항목 참조

행위는 자연을 인간으로 끌어당기는 것이 아니라 인간이 사물로 다가가는 것이다. 이때 시인은 존재로서의 사물이 들려주는 근원적인 소리를 경청한다.

존재의 소리에 귀를 기울인다는 것은 자연에 대한 맹목적인 숭배가 아니라 인간과 자연이 온전하고 조화로운 관계를 맺는다는 것을 뜻한다. 인간과 자연의 관계는 그것을 형상화하는 예술적 형식과 예술가의 천재성에 의해 그 깊이를 획득할 수 있다. 여기서 깊이란 전적으로 인간 심성의 깊이이며 그것은 바로 생태적 마음의 깊이이다. 예술을 통해 얻어지는 생태적 마음의 깊이는 자연과의 교섭을 통해서만 가능하다. 이때 자연은, 메를로 퐁티가 말하듯이, 감각의 피륙인 동시에 생생한 의미의 피륙으로서의 자연이다.[32] 사물과 존재의 뿌리로서의 자연은 '원초적이고 원래 있었던 것'의 세계를 말한다. 그렇다고 하여 '원래 있었던 것'은 단순히 신화적인 원형이나 과거로의 회귀를 뜻함이 아니다. 그것은 —하이데거식으로 말한다면— 존재와 존재자가 맺는 관계의 맥락에서 이해되어야 할 근원적이고 원소적인 그 무엇이다. 메를로 퐁티는 이것을 '세계의 살'(le Chair du monde)로 표현한 바 있으며, 이 경우 자연과 세계는 '살의 지평'에 놓인다. 여기서 '살'이란 우주를 구성하는 근본적인 원소이기도 하고 감각의 덩어리 또는 감각적 피륙으로서의 세계의 존재론적 메타포이기도 하다.[33]

19세기 시인 보들레르는 '교응'(Correspondances)이란 시를 통해 메를로 퐁티가 말하는 '세계의 살', 즉 감각으로서의 자연이 지니는 오

32) Maurice Merleau-Ponty, *L'oeil et l'esprit*, Paris, Gallimard, 1964, p.13.

33) François Cavallier, *Premières leçons sur l'Oeil et l'esprit de M. Merleau- Ponty,* PUF 1998. p.60.

묘함과 신비함과 상징적 국면을 다음과 같이 노래하고 있다.

> "자연은 살아 있는 기둥이 혼동스러운 말을 내보내는
> 　　　신전이다.
> 인간은 상징의 숲을 가로질러 그곳을 지나간다.
> 상징의 숲은 친밀한 시선으로 인간을 바라본다."[34)]

자연은 거대한 상징의 성당으로서 인간은 자연이 베푸는 다양한 상징을 누릴 뿐이다. 윌리엄 블레이크도 보잘 것 없는 야생화에 우주와 하늘이 존재하고 인간의 손 안에 거룩한 무한함이 깃든다고 하였다. 여기서 자연이 심오함의 차원을 얻을 수 있는 것은 바로 시적 언어라는 예술을 통해서 가능하다. 시적 언어로 표현되는 자연에 대한 깊은 배려와 삼라만상에 대한 경건함은 다름 아닌 생태복원의 깊은 마음인 것이다.

생태복원의 인문학적 상상력은 근본적으로 자연과 인간과의 조화로운 관계에서 비롯된다. 데이빗 소로우, 랄프 에머슨, 휘트먼, 예이츠에서 보듯이, 깊은 관조로부터 길어 올린 글과 시는 자연에 대한 명상과 경배이다.

예컨대 워즈워스가 바라본 자연은 가슴이 뛰노는 경이로운 대상으로서의 자연이다.

> 〈무지개〉[35)]
> 하늘의 무지개를 볼 때 마다

---

34) Baudelaire, Ch., *Les fleurs du mal*, Garnier, 1961, p.13.
35) 유종호 옮김, 재인용 출처, 문태준 엮고 해설, 『세계의 명시』, 민음사, 2012, p.28.

내 가슴 설레느니,
나 어린 시절에 그러했고
다 자란 오늘에도 매한가지,
쉰 예순에도 그렇지 못하다면
차라리 죽음이 나으리.
어린이는 어른의 아버지
바라노니 나의 하루하루가
자연의 믿음에 매어지고자.

인간이 위대한 자연현상을 바라보면서 느끼는 감정은 어린아이와 같은 경이로움이고 경이의 마음은 진정한 생태적 감수성일 것이다. 워즈워드의 '무지개'가 보여주는 자연에 대한 명상적 태도와 관조적 언어는 자연을 하나의 대상으로 보고 자연을 지배하고자 하는 인간의 오만한 태도에 근본적인 질문을 던진다.

그러나 자연이 하는 일뿐만 아니라 인간이 하는 일 또한 위대할 수 있다. 인간이 하는 일이 위대할 수 있는 것은 사물의 근본을 헤아리고 그것을 시적으로 표현하는 경우에 가능하다. 사물의 근본을 살피고 자연에 주의를 기울이는 태도에서 보잘 것 없어 보이는 인간의 일상적인 일들도 자연과 사물의 본질에 이르게 된다. 그런 경우, 인간의 일도 자연이 하는 일만큼이나 위대하다고 할 수 있다.

프랑스 시인 프랑시스 잠(Francis Jammes)은 우유를 짜고 밀 이삭을 줍고 동물들을 보살피는 일, 낡은 구두를 수선하고 빵을 굽고 포도주를 숙성시키는 일, 그리고 따뜻한 달걀을 거두어 들이는 일 등이 모두 위대한 일이라고 노래하고 있다.

〈위대한 것은 인간의 일들이니…〉[36]

위대한 것은 인간의 일들이니
나무 병에
우유를 담는 일,
꼿꼿하고 살갗을 찌르는
밀 이삭들을 따는 일,
암소들을 신선한 오리나무 옆에서
떠나지 않게 하는 일,
숲의 자작나무들을
베는 일,
경쾌하게 흘러가는 시내 앞에서
버들가지를 꼬는 일,
어두운 벽난로와, 옴 오른
늙은 고양이와, 잠든 티티새와,
즐겁게 노는 어린아이들 옆에서
낡은 구두를 수선하는 일,
한밤중 귀뚜라미들이 날카롭게
울 때 처지는 소리를 내며
베틀을 짜는 일,
빵을 만들고
포도주를 만드는 일,
정원에 양배추와 마늘의
씨앗을 뿌리는 일,
그리고 따뜻한
달걀들을 거두어들이는 일.

---

36) 프랑시스 잠, 곽광수 역, 『새벽의 삼종에서 저녁의 삼종까지』 가운데 〈위대한 것은 인간들의 일이니〉.

시인이 노래하고 있는 세상은 농경적이고 전원적인 삶의 이미지로 가득하다. 그곳에는 농촌의 일상을 느리게 살아가는 소박하고 단순한 노동이 있고 그 노동은 그 자체로 아름다우며 위대하다.

5. 생태복원의 문학—지오노의 '생태주의'

작고 단순한 노동과 헌신적인 노력으로 생태복원의 위대한 성취를 이룬 경우를 우리는 지오노의 단편『나무를 심은 사람』[37]에서 찾아볼 수 있다. 복잡한 플롯이나 구성도 없는 단순한 이야기의 주인공 엘제아르 부피에는 매우 검박하고 고독한 삶을 통해 황폐한 산천을 낙원으로 만든 생태복원의 '위대한 창조자'이다.[38] 주인공은 화려한 수사나 과학적인 지식으로 무장한 전문가도 아니고 생태주의자도 아니다. 그는 자신의 이익에 집착하는 인간이 아니라 타인과 자연을 위해 매우 작은 행동을 꾸준히 실천하는 산사람이다. 우선 그는 소유한 것이 거의 없는 인간이다. 자그마한 집, 그를 닮은 개 한 마리가 전부이다. 그의 집은 돌로 단단하게 지어졌으며 그 안의 모든 것은 청결하고 잘 정돈되어 있다. 그의 옷은 매우 검박하고 어떠한 화려함이나 장식도 없다. 그럼에도 불구하고 엘제아르 부피에는 인간이 자연

---

37) 장 지오노,『나무를 심은 사람』, 김경온 옮김, 두레, 1995, *L'Homme qui plantait des arbres*, Gallimard Jeunesse, 2002.

38) 오늘날 환경 캠페인의 아이콘이 되어버린 엘제아르 부피에의 위대한 창조는 캐나다 영화감독 프레데릭 백에 의해 동명의 애니메이션으로 세계적인 명성을 얻게 되었다.

에 대해 마땅히 해야 할 바를 실천으로 보여주고 있다. 주인공의 이러한 자연에 대한 보살핌과 걱정하는 마음은 신의 창조적인 능력에 버금가는 것이고 그것은 경이로운 생태복원의 결과로 나타난다. 훼손된 자연을 치유하는 사람은 어떠한 보상도 바라지 않고 남을 위해 말없는 실천을 행하는 고결한 영혼을 지닌 사람이다.

> "한 인간이 참으로 보기 드문 인격을 갖고 있는가를 발견하기 위해서는 여러 해 동안 그의 행동을 관찰할 수 있는 행운을 가져야만 한다. 그의 행동이 온갖 이기주의에서 벗어나 있고, 그 행동을 이끌어 나가는 생각이 더없이 고결하며, 어떠한 보상도 바라지 않고, 그런데도 이 세상에 뚜렷한 흔적을 남긴 것이 분명하다면, 우리는 틀림없이 잊을 수 없는 인격과 마주하는 셈이 된다."[39]

그가 황폐한 생태계를 복원하는 행위는 현대 과학기술이 보여주는 빠르고 정확하고 기계적인 시간이 아니라 느슨하고 느린 인간의 시간 속에서 연쇄적으로 일어나는 창조적 행위이다.[40] 연쇄적이라는 표현에서 읽을 수 있듯이, 황폐한 알프스의 고원은 검박한 인간의 끈질긴 인내심으로 서서히 그러나 확실하게 사람이 살 만한 곳으로 변화한다. 지오노 문학의 생태복원은 요란하거나 갑작스러운 스펙터클이 아니라 눈에 띄지 않고 조용히 이루어지는 일이므로 사람들을 놀라게 하지 않는다. '놀람을 자극하지 않고' 란 표현에서 읽을 수 있듯이, 세상의 변화가 너무 느려서 사람들은 변화를 눈치 채지 못한다는 뜻

---

39) 장 지오노, 『나무를 심은 사람』, 김경온 옮김, 두레, 1995, p.11.

40) *L'Homme qui plantait des arbres*, Gallimard Jeunesse, 2002. "La crêation avait l'air, d'ailleurs, de s'opêrer en chaînes.", p.34.

이다. 지오노의 산문은 느린 시간이 지나는 엄청난 변화의 힘을 치밀하게 묘사하고 있다. 눈에 띄지 않고 놀라게 하지 않으면서도 사막과도 같은 황량한 알프스 산자락을 '생태복원'하는 일은 자연에 대한 주인공의 따뜻한 관심과 세심한 배려의 마음에서 비롯된다.

> "바람도 몇 가지 씨앗들을 흩뿌려 놓았다. 그래서 물이 다시 나타나자 (…) 버드나무가, 골풀이, 풀밭이, 정원이, 꽃들이, 그리고 삶의 이유 같은 것들이 되살아 났다. 그러나 그 모든 변화는 아주 천천히 일어났기 때문에 습관처럼 익숙해져서 아무런 놀라움도 가져다주지 않았다.[41]

자연의 존재에 대핸 세심한 주의와 배려의 마음은 물질적으로 풍요로우나 정신적으로 팍팍한 삶을 살아가는 현대인들에게 생태적 감수성을 함양하고 근원적인 변화를 요구한다. 얼핏 생각하면 인간이 자신에게 익숙한 안락함에서 벗어나 정신적 차원을 추구하고 스스로를 변화시킨다는 것은 지난해 보인다. 그러나 지오노의 산문에서 보듯이, 인간은 동물과 달리 늘 자신을 되돌아 봄으로써 매우 적은 것을 가지고도 정신적 고양과 같은 근원적인 변화가 가능하다.

> "이 모든 것이 오로지 아무런 기술적 장비도 지니지 못한 한 인간의 손과 영혼에서 나온 것임을 기억할 때마다 나는 인간이란 파괴가 아닌 다른 분야에서는 하느님처럼 유능할 수 있다는 것을 깨닫곤 했다."[42]

여기서 우리는 생태복원의 창조적 작업이 첨단 과학기술이나 거대

---

41) 장 지오노, 『나무를 심은 사람』, 김경온 옮김, 두레, 1995, pp.45-46.
42) 장 지오노, 『나무를 심은 사람』, 김경온 옮김, 두레, 1995, p.42.

자본의 투여와 같은 거창한 이벤트를 통해서 이뤄지는 것이 아니라는 교훈을 얻는다. 인간의 위대한 창조는 요란스런 행동이나 구호, 대형 프로젝트가 아니라 겸손하고 소박한 인간의 따뜻한 행동에서 이뤄지는 것이다. 단지 육체적 정신적 힘만을 지닌 소박한 늙은 농부의 나무 심는 행위에는 위대한 영혼이 깃들어 있고 고결한 인격이 담겨져 있으며 그것의 결과는 신(神)에 버금가는 창조적 행위가 되는 것이다.

> "단순히 육체적 정신적 힘만을 갖춘 한 사람이 홀로 황무지에서 이런 가나안-땅을 만들어 낼 수 있었다는 것을 생각할 때면 나는 그 모든 것에도 불구하고 인간의 조건이란 참으로 경탄할 만한 것이라는 것을 깨닫곤 한다. 그리고 그런 결과를 얻기 위해 가져야만 했던 위대한 영혼 속의 끈질김과 고결한 인격 속의 열정을 생각할 때마다 나는 신에게나 어울릴 이런 일을 훌륭하게 이루어낼 줄 알았던 그 소박한 늙은 농부에게 무한한 존경심을 품게 된다."[43]

엘제아르 부피에의 생태복원의 노력은 빠른 것도 아니고 거창한 구호나 선전도 동반하지 않는다. 그러나 오랜 시간 동안 일반 사람들의 눈에 띄지 않고 서서히 이루어진 숲의 복원, 즉 생태복원의 결과는 위대하다.[44] 그에게 나무심기와 같은 단순한 실천은 신에 버금가는 창조적 작업이다. 매우 소박한 삶과 한 인간의 올바른 행동이 위대한 창조를 낳는다는 굳은 믿음은 작품 전체를 관통하는 주제의식이다. 지오노 문학이 보여주듯이, 잘 쓰여진 작품은 생태적 감수성을 진작하고 상상력을 풍부하게 하며 생태복원의 실천적 조건이 될 수

43) 장 지오노, 『나무를 심은 사람』, 김경온 옮김, 두레, 1995, pp.45-46, pp.68-69.
44) Giono, J., *L'Homme qui plantait des arbres,* Gallimard Jeunesse, 2002, p.36.

있다.

지오노의 문학은 곳곳에서 생태복원을 향한 인간의 강한 의지와 신념을 표현하고 있다. 지오노의 『나의 기쁨이 머물기를』(*Que ma joie demeure*)과 『진정한 부』(*Les Vraies Richesses*) 역시 생태복원의 대표적인 작품이라고 할 수 있다. 바흐의 음악에서 영감을 받은 『나의 기쁨이 머물기를』이란 소설은, 프로방스의 고원 풍경을 배경으로 펼쳐지는 목동의 이야기로서 옛 공동체의 생태적 삶의 모습이 잘 드러난 작품이다.

지오노의 문학을 관통하는 핵심 주제는 '수액(水液)의 문명'을 복원하는 일이고 그것은 서유럽의 문학 가운데 가장 생태복원적인 모습을 보여준다. 지오노는 산업화와 거대도시를 현대의 병리적이고 부패한 현상으로 보았다. 도시는 부패하고 썩은 공간으로서 그곳에서 살아가는 인간 역시 도덕적 정신적으로 부패할 수밖에 없는 곳이다. 도시에서의 삶은, 적어도 지오노에게 있어서, 근본적으로 불행하고 고독하므로 자연과의 조화로운 삶은 애초 불가능해 보인다.

산업화 도시화된 일상에서 인간과 자연의 조화로운 관계가 불가능하다면, 조화로움을 가능케 하는 것은 오로지 문학과 예술의 몫이 된다. 현실에서 과거의 농경 공동체로 회귀하는 것이 더 이상 가능하지 않다면, 시적 서사를 통해 잃어버린 생태공동체를 복원할 수 있고, 그런 맥락에서 문학은 생태의식을 기르는 깊은 정서의 터가 된다. 그러므로 지오노의 '생태주의' 문학은 인간과 자연의 결별을 다시 이어주는 가교의 역할을 스스로 떠맡는다.

그러나 지오노의 생태복원은 단순히 잃어버린 농경적 삶에 대한 향수만을 자극하는 과거회귀의 문학이 아니다. 그리고 오로지 자연의 아름다움을 찬양하거나 전원의 평화로움을 찬양하는 값싼 서정주의의 태도와도 거리가 멀다. 지오노의 '생태주의'는 대자연이란 범신론적 세계관이 드러나는 존재이며 인간은 대자연 속에서 거대한 신비로움과 긴밀하게 연결되어 있음을 일깨워 준다. 거대한 신비로움은 달콤한 서정주의가 아니라 인간에게 경악과 경이감을 일으키는 성스러운 힘이다. 경악과 경이감은 판(Pan) 신의 세계로부터 오는 것이고 자연에 미만한 성스러운 거대한 힘이 바로 판 신이다. 따라서 그의 문학은 '경악'(le panique)의 문학이라고 불리운다. 경악의 감정은 자연에 대한 외경과 경이와 두려움의 마음이다. 그러나 자연에 대한 경악과 외경심은 우주론적 세계관이나 범신론적 세계관에서 비롯되는 것이며 이는 고립된 작은 자아를 넘어가는 보다 큰 생태적 자아, 또는 큰 마음의 생태학의 윤리의 바탕을 이룬다. 예컨대, 소설 『별 뱀』(*Le Serpent d'Etoiles*)은 프로방스 산간 지방을 무대로 펼쳐지는 큰 마음의 생태 서사이다. 우리는 이 소설에서 거대한 우주의 장관과 그것을 경악과 경이감으로 바라보는 소박한 사람들의 살아가는 이야기를 만날 수 있다.

지오노의 문학은 자연과 인간이 합일하고 혼융하는 모습을 묘사하고 있으며 묘사는 지극히 생태 미학적이다.

> "나무의 수액이 뿌리로부터 나와 줄기를 통해 잎의 가장 높은 곳에까지 솟구쳐 올라갔다. 수액은 나뭇가지에 걸쳐있는 새들의 발톱 사이를 지나간다. (…) 나무의 껍질, 새 발톱의 비늘, 새의 피와 나무의 피 사이에는 단지 얇은 피부만이 존재할 뿐이다. 우리는 마치 동물이나 식물의 피처럼 뒤엉켜 있는 것과 같다. 우리는 바로 세계인 것이다.[45]

---

45) Chonez, C., *Giono,* Seuil, 1985, p.130.

자연과 인간의 혼융은 근원적이고 존재론적이다. 지오노는 루소가 말하듯이 '자연으로 돌아가자'라고 말하는 것이 아니다. 엄밀하게 말해서 인간문명, 특히 산업문명이 대자연을 훼손한 이후 인간은 낙원으로 되돌아 갈 수 없다. 인간이 대자연과 다시 만날 수 있는 길은 우리가 늘 우주 삼라만상과 긴밀하게 연결되어 있으며 인간이 대자연을 떠나서 살수 없다는 엄연한 사실을 자각하는 일이다. 우리는 자연과 함께 있음에 대한 깊은 의식을 통해서만 자연과 온전한 일체감 회복할 수 있으며 그것은 예술이라는 형식을 경유하여 생태적 감수성을 키우는 일과 다름 아니다.

우리에게 일반 상대성 이론으로 잘 알려진 아인슈타인은 인간의 가장 고귀한 마음은 신비한 감정을 이해하는 것이라고 하였다.46) 문학과 예술을 통한 자연과의 조화로운 일체감의 경험은 거룩하고 신비로운 감정의 회복으로 이어지며 인간으로 하여금 생태적 근원을 돌아보게 한다.

6. 문학의 언어와 생태적 근원

오늘날의 일상적 언어는 삶의 정치화, 권력화를 그대로 반영하고 있으며, 권력화하는 삶은 궁극적으로 구체적인 '삶의 질서의 붕괴'로 이어지고 있다.47) 예로부터 "문학은 사람 사는 일에서 —또는 사람이

---

46) 김종철, 『시적 인간과 생태적 인간』, 삼인, 2002, pp.87-88.
47) 김우창, '문학의 옹호—말 많은 세상의 언어와 시적 언어', 『녹색평론』 1997년

되는대로 보다는 조금 더 높은 수준에서 사는 데에 널리 토대가 될 만한 앎을 제공해주는 일"[48]이었으나, 이제 문학은 그러한 기능을 상실하고 있다. 문학의 대중화와 상품화가 심화되는 상황에서 전통적으로 행해지던 문학 언어를 통한 정신적 고양과 윤리적 덕목의 단련은 더 이상 가능하지 않는 것으로 보인다.

그러나 본질적으로 문학의 언어는 도구적 소통의 언어에 국한되는 것은 아니다. 도구적 수단이 아닌 문학 언어의 근원적인 모습은 미학적 절제성이 담보되는 '다 써버리지 아니하는'(nicht verbrauchen) 언어라고 말할 수 있다. 도구적 소통 수단이 아닌 문학의 언어는 예술과 관계되는 것으로써 "인간과 존재의 드러남에 관계되는 보다 근원적인 힘으로 남아 있는" 언어이다.[49]

하이데거가 횔덜린의 시에서 주목하듯이, 문학의 언어, 특히 시의 언어는 도구적 소통의 기능을 담당하는 것이 아니라 인간 삶의 근본을 살피고 근원적인 모습을 형상화하는 언어이다. 그것이 '…인간이 시인으로 이 세상에 거주하기…'의 참 뜻이다.[50] 여기서 말하는 문학의 언어는 —하이데거 식으로 말한다면— 바로 무용성, 내버려둠의 행위에서 드러나는 존재의 언어이다. 존재의 진실을 드러내는 언어는 쓸모 없음, 다 쓰지 않고 내버려 둠의 윤리와 미학이 펼쳐지는 언어이다. '다 쓰지 아니함'과 '내버려둠'(Gelassenheit)이란 지배나 착취에 상반되는 지극히 생태 윤리의 고귀한 차원이다. 하이데거가 말하는 '다 쓰지 아니함'과 내버려둠은 존재의 진실이 드러나는 기본적인 조

5-6월호 통권 제34호. p.14.

48) 위의 책, p.10.

49) 위의 책, p.30.

50) Martin Heidegger, *Essais et conférences*, Gallimard, 1958, pp.224-245.

건을 말하며 그것은 향토와 농경적인 분위기에서 맛볼 수 있는 것이다.[51] 하이데거가 내버려둠을 말하면서 근원적인 삶을 추구한 곳은 도시가 아니라 전원이나 들길과 같은 자연 속에서의 삶이었다.

> "'단순 소박한 것'(das Einfache)이야말로 영속하고 위대한 것의 수수께끼를 보존한다. 그것은 인간에게 찾아오지만 오랜 성숙을 필요로 한다. '항상 동일한 것'은 사람들의 눈에 뜨이지 않지만 그렇게 보이지 않는 중에 자신의 축복을 감추고 있다. 숲의 길 주위에 머무는(verweilen) 모든 자라난 사물들의 광활함이 세계를 선사한다."[52)]
>
> 들길이나 전원은 단순하고 소박한 삶을 가능케 하며, 소박한 삶은 밭에서 일하는 농부의 모습에서 찾아 볼 수 있다. 농적 삶은 구체적인 자연의 사물의 안으로 들어가 그 안에 숨겨져 있는 존재의 뿌리와 맞닿아 있는 삶인 것이다.[53]

하이데거는 고흐의 '낡은 구두 한 켤레'를 예를 들면서 농부의 고달픈 삶을 표현한 그림이 사물의 진실(aléthéia)과 존재가 '드러나는'(dévoilement) 가장 적합한 공간이라고 보았다.[54] 고흐의 그림에는 농부의 노고, 전원의 땅, 그리고 삶의 무게가 움푹 패인 부분에 담겨져 있으며 이러한 현상을 현존재의 열림, 진실이라는 사건의 도래로

---

51) 김우창, '문학의 옹호-말 많은 세상의 언어와 시적 언어', 『녹색평론』, 1997년 5-6월호 통권 제34호, p.34. M. Heidegger. *Gelassenheit*. Pfullingen, Neske, 2004.

52) 『하이데거 전집』 제13권, *Aus der Erfahrung des Denkens*, p.39, 재인용 출처: 박찬국, 『들길의 사상가, 하이데거』, 그린비, 2013, p.235.

53) 박찬국, 『들길의 사상가, 하이데거』, 그린비, 2013, p.234.

54) Heidegger, M., *Chemins qui ne mènent nulle part*, Gallimard, 1949, pp.33-35.

표현하고 있는 것이다. 고흐의 그림은 사물이 유용성을 탈각하고 삶의 진실, 즉 존재를 잠시 열어 보이는 순간인 것이다. 하이데거가 말하는 존재의 드러남의 순간은 '리히퉁(Lichtung)', 즉 '에클레르시'(éclaircie)는 '빛이 비치는 숲의 빈터'의 메타포적 표현으로서 '세계-내-존재'의 열림을 의미한다.[55]

하이데거에 따르면, 인간이 전원 속에서 소박한 농적 삶을 살아간다는 것은 그 자체가 '존재의 열려 있음', '있는 대로의 사물들 속에 살고 있음'이고 하나의 세계를 온전히 갖는 삶이다.[56] 그리고 그것은 기술과 산업에 의한 착취와 이용이 일상화된 도시적 현실에서 잊혀지고 상실된 진정한 삶의 모습이다. 그것은 과학기술이 자연을 몰아세우는 일종의 '닦달(Herausfordern)'을 반성적으로 바라보게 하는 거울과 같은 것이다.[57]

삶의 근원적 모습으로서의 내버려둠은 '사람이 세상에 사는 일 - 집을 짓고 한 고장에 뿌리를 내리고 산다는 것'과 긴밀하게 연결되어 있다.[58] 한 고장에 뿌리를 내리고 집을 짓고 산다는 것은 자연에 자신을 내맡기는 삶이고 자연에의 순응은 거룩하고 성스러운 것을 경이롭게 바라보고 그것을 '기리는' 외경의 태도를 말한다.

기리는 마음은 경(敬)의 마음이고 경이란 사물에 대하여 조심스러움과 두려움을 가지고 주의하는 것을 뜻한다.[59] 그것은 마음의 집중

---

55) Jean-Marie Vaysse, *Dictionnaire Heidegger*, Ellipses, 2007. pp.49-50.

56) 김우창, '문학의 옹호-말 많은 세상의 언어와 시적 언어', 『녹색평론』, 1997년 5-6월호 통권 제34호, p.34. Heidegger, M., *Chemins qui ne mènent nulle part*, Gallimard, 1949, pp. 34-35.

57) *Vorträge und Aufsätze*(『하이데거 전집』 제7권), pp.18-19, 재인용 출처: 박찬국, 『들길의 사상가, 하이데거』, 그린비, 2013, p.167.

58) 위의 책, p.34.

을 통한 수동적이고 정관적인 상태를 의미한다.

> "敬이란 事物의 實理를 추구하는데 專的으로 集中하는 마음가짐인데 이러한 상태는 私慾을 버리고 몸과 마음을 가지런히 整頓시켜 긴장하게 될 때 생긴다고 보고, 또 이러한 態勢는 확고한 自己立場을 세우고 事物認知에 열중할 수 있는 안정된 상태로 보았다."[60)]

궁극적으로 생태적 사유는 자연의 거룩함을 기리는 마음과 -개체적 의미가 아니라 생명 전체를 하나로 포획하는 개념으로서의- 큰 생명에 대한 외경의 마음을 갖는 것이다. 그렇다면 거룩한 것과 큰 생명에 대한 경이의 마음은 어떻게 일어나는 것인가? 그것은 수많은 잡다한 지식의 축적에서 오는 것이 아니라 인간이 생명의 근원을 살피는 것에서 비롯되는 것이다.

7. 슈바이처의 생명의 외경

인생의 상당부분을 아프리카 오지에서 인술을 펼쳤던 알버트 슈바이처는 생명의 외경에 관해 심도 있는 성찰을 남긴 대표적인 경우이다. 알자스 출신의 신학자이자 의사였던 그는 자신의 삶의 기록에서, "인간이 자기 자신과 세계에 대한 자신의 관계를 명백하게 알고 싶다

---

59) 김우창, 『깊은 마음의 생태학』, 김영사, 2014, p.198.
60) 김성태, 『敬과 注意』, 고려대학교출판부, 1982, p.9.

면 (…) 자신의 의식 속에 항상 내포하고 있는 근원적이고 가장 직접적인 사실을 생각"하라고 하였다.[61] 슈바이처의 통찰에서 우리는 생태복원의 지향성과 이념적 정립을 위한 많은 영감과 생각을 길어 올릴 수 있다. 그는 생명에 대한 근원적 생각과 사고가 바로 외경의 마음을 불러일으킨다고 말한다.

> "'나는 살려고 하는, 생명들에 둘러싸여 살려고 하는 생명이다.' 바로 이것이 인간 의식의 가장 직접적인 사실이다. 인간은 자기 자신과 주위의 세계에 대해 생각하는 순간에는 언제나 자신을 생명의지 한 가운데 서있는 생명의지로 파악한다."[62]

물론 생명 안에 있는 의지는 긍정적으로 나아갈 수도 있고 부정적으로 작용할 수도 있다. 슈바이처는 바로 생명의 긍정적인 의지에 주목하고 그것이 사고의 본질이며 사고의 본질은 바로 생명의 신비스러움의 발견으로 이어진다고 보았다. 인간의 참다운 행위는 생명의 신비스러움을 발견하는 것으로써 그것은 삶에 가장 중요한 가치를 부여하는 행위인 것이다. 자칫 무의미하게 지나가는 삶에 의미와 가치를 부여하는 일은 바로 생명에 주의하고 생을 긍정하는 것이며 그럼으로써 인간은 보다 높은 정신적 차원에 이르게 된다.

> "인간이 자신의 생명 의지를 긍정한다는 것은 자연스럽고 참된 행위이다. (…) 인간이 자신의 존재를 단순히 어떤 주어진 것으로 받아들이는 대신 규명할 수 없는 신비스런 것으로 체험하는 것이다. 생명의 긍

---

61) 알베르트 슈바이처, 『나의 생애와 사상』, 천병희 역, 문예출판사, p.199.
62) 알베르트 슈바이처, 『나의 생애와 사상』, 천병희 역, 문예출판사, p.200.

정은 인간으로 하여금 (…) 삶에 참다운 가치를 부여하려고 외경심을 갖고 자신의 삶에 헌신할 수 있게 해주는 정신적인 행위이다. 생명의 긍정은 생명의지의 심화요, 내면화요, 상승이다."[63]

모든 생명의 귀중함을 깨닫는 일은 바로 생을 긍정하는 행위이며 그것은 삶의 의미화로 이어진다. 한마디로 인간은 자연에 살아있는 모든 것들을 긍정함으로서 생 자체를 긍정하게 되는 것이다. 생명에 대한 긍정은 편협한 인간 중심적 사고에서 벗어나 인간과 더불어 존재하는 모든 살아있는 생명에 대한 관심과 배려의 마음으로 이어진다. 타생명에 대한 공감 능력의 확장은 자연을 정복과 착취의 대상으로만 바라본 데카르트적인 세계관을 넘어서는 길이다. 슈바이처가 말하는 생명의 긍정은 인간을 정점으로 하는 자연의 위계적인 질서를 해체하고 모든 개체 생명에 대해 평등한 마음과 태도를 갖게 한다. 모든 개체 생명에 대한 평등의 마음은 다른 생명을 내 안에서 체험하는 이타적인 마음이고 진정한 의미에 있어서 인간과 타생명 간의 소통인 것이다.

"사고하는 인간은 다른 생명 의지를 대할 때도 자신의 생명의지를 대할 때와 똑같은 생명에 대한 외경심을 갖고 대하지 않으려야 않을 수 없다. 그는 남의 생명을 자신의 생명에서 체험한다."[64]

슈바이처의 생명의지와 생명에 대한 외경 사상은, 서구 근대 이후 형성된 인간 중심적 자연관에 대한 반성적 태도이다. 인간을 중심으

63) 알베르트 슈바이처, 『나의 생애와 사상』, 천병희 역, 문예출판사, p.201.
64) 알베르트 슈바이처, 『나의 생애와 사상』, 천병희 역, 문예출판사, p.201.

로 세상을 바라보고 타생명을 경시한 것이 오늘날 우리가 목도하고 있는 생태환경 황폐화의 근원적인 뿌리라면, 슈바이처의 뭇 생명에 대한 관심과 보살핌의 태도는 그 자체가 생태복원의 마음인 것이다. 인간 모든 생명을 경외의 눈으로 바라보면서 타생명에 대해 이타적인 태도를 가질 때만 인간은 윤리적이 되는 것이다. 그것은 "모든 생명체에 대해 무한한 책임감을 체험하는 보편적 윤리"로써[65] 하찮은 뭇 생명에 대한 따뜻한 배려와 사랑은 지극히 생태 윤리적이고 정신적이다.

생명에 대한 경외는 공감과 같은 정서적인 상태만을 말하는 것이 아니다. 그것은 인간이 착취하고 파괴하는 모든 동식물을 돌보고, 더 나아가 인간을 둘러싸고 있는 것들과 친밀감의 유대를 형성할 때 나타나는 근원적인 느낌이다. 동식물 나무 숲 강 등 자연과 타생명에 깊고 친밀하게 감응하는 태도는 망가지고 훼손된 생태계에 대해 근본적으로 책임지는 태도로 이어진다. 여기서 말하는 책임은 형식적인 도덕적 의무감과는 거리가 먼 것이다. 그것은 타생명에 대한 배려와 자연에 대한 외경의 마음으로부터 자연스럽게 흘러나오는 모종의 성스러운 감정(le sentiment du sacré)과 유사하다.

슈바이처에 따르면, 인간이 보편적 윤리를 바탕으로 생명 의지에 대한 긍정적 이해와 다른 생명과의 깊은 유대관계를 회복하는 것만이 인간의 오만함과 폭력으로 빚어진 생태적 참극을 멈추게 하는 일이다. 뭇 생명에 대한 책임과 타생명과의 유대감 회복이 생태복원의 기본 윤리인 것이다. 자연의 뭇 생명들을 희생하는 생태적 참극이 지속되는 한 인간은 더 이상 행복할 수 없고 인간다움을 말할 수 없다. 인간다움이란 인간이 타생명과의 공생 관계를 유지할 때만 가능한 삶

65) 위의 책 p.202.

의 생태적 가치이기 때문이다.

8. 온생명과 누스페어

슈바이처의 생각은 평생 동안 생명이란 무엇인가에 대해 질문해온 장회익 교수의 '온생명' 사상과 맞닿아 있다.[66] 온생명 사상은 인간이 개체적인 자아로부터 벗어나 모든 개체생명으로 의식을 확장하는 것이다. 그것은 인간이 개체생명에 갇힌 폐쇄적 의식에서 전체 생명으로 자아의식을 넓혀가는 것을 말한다. "인간의 자아는 개체로서의 인간, 즉 개인에 국한되지 않고 이의 연장인 인류에로, 그리고 종국에는 온생명에로 확대되어 나가는 것이다. 즉 개체생명으로서의 자신과 한층 고차적 단위로서의 인류 그리고 전체 생명으로서의 온생명을 차례로 나라고 의식하는 다중적 주체가 되는 셈이다."[67]

그러나 지나치게 이기적인 개체적 의식을 지닌 현대 인간은 타생명과 교감이 불가능하며 타생명과의 생태적 교감 불가능성으로 인해 현대인의 삶은 불행으로 이어진다. 자연이나 타생명과 공감하는 능력을 상실한 인간은 결코 홀로 행복해질 수 없다. 행복의 근본적인 조건은 고립된 이기적 자아로부터 벗어나 타자로 공감능력을 확장하는 마음이며, 타생명에 대한 세심한 주의와 배려의 심성을 갖는 것이기

---

66) 장회익, 최장집, 도정일, 김우창, 『전환의 모색-우리는 어디에 있으며, 무엇을 할 것인가』, 생각의 나무, 2008, p.8.

67) 『삶과 온생명 사상』, 재인용, p.241, 『전환의 모색』, p.11.

때문이다. "만일 우리가 느낌의 주체로서 온생명과 일체화된다면 이 '몸'의 어느 부분이 위해를 받았을 때 거기에 적합한 아픔을 느끼게 될 것이며 (…) 온생명에 대한 의식의 주체, 특히 그 느낌의 주체에까지 이를 수 있"게 될 것이다."[68] 온생명에 이르는 길은 단지 타 생명에 눈길을 돌리는 것에서 한 걸음 더 나아가 타 개체와 하나됨의 상태를 말한다. 온생명의 관점에서 타 생명은 멀리 있는 존재가 아니라 항상 우리 곁에 있으면서 끊임없이 우리를 부르고 교감하려는 존재이다. 그러므로 항상 우리를 향해있는 타생명에 대한 감응력을 높이는 일은 우주적 생태의 마음을 기르고 삶의 충일성에 도달하는 길이다.

장회익 교수에 따르면, 낱생명에서 온생명으로 다가가는 것은 바로 인간이 우주적으로 소통하는 것을 말하고 우주적 소통은 궁극적으로 삼라만상이 긴밀히 연결되어 있다는 깊은 생태적 유대감을 갖는 것과 다름 아니다. 따라서 인간은 근본적으로 자연이나 타생명과 유리되어 홀로 존재할 수 없다. "결국 온생명은 35억 년이란 성장 과정을 거쳐 비로소 스스로를 의식할 수 있는 존재가 되었으며 이것은 바로 온생명의 한 부분을 이루는 인간을 통해 가능한 것"이기 때문이다."[69]

온생명은 인간의 의식을 통해서만 스스로를 의식하는 존재가 된다. 개체적 자아로서의 인간이 타생명과 타개체로 관심과 주의를 기울이는 것은 온생명에로 자아를 확장하는 것이다. 온생명에로의 자아확장은 모든 생명을 자신과 동일시하는 보편적 고양이며, 보편적 고양으로서의 자아는 ―테이야르 드 샤르댕이 말하듯이― 발생진화론적이라고 할 수 있다.

---

68) 위의 책, 재인용, p.11, 『삶과 온생명』, p.338.
69) 장회익, 『삶과 온생명』, 솔, pp.194-195.

테이야르 드 샤르댕은 지구와 인류와 우주의 역사가 근본적으로 발생진화론(genesis)적이므로, 인간은 보편적 고양을 통해 '누스페어'(Noophere)라는 정신계를 향해 나아간다고 하였다.[70] 누스페어란 생물학적인 영역과 대칭되는 인간 의식과 정신의 영역이다. 인간과 자연이 걸어온 길은 의식의 확장이고 복합성 추구의 여정이다. 인간이 복합성의 추구함으로써 인간 정신계는 스스로를 자각하면서 보다 고양된 상태로의 항진하게 된다. 여기서 말하는 고양된 상태는 '좁은 지리발생'(geogenesis)의 영역을 거쳐 '얼 발생'(noosgenesis)의 과정에서 전개되는 인간현상이다.[71] 인간현상은 인류가 보다 큰 의식과 큰 정신(얼)에로의 통합하려는 의지가 발현되는 상태를 말하며, 그것은 인간현상의 극점인 '오메가 포인트'이자 인간역사가 완성되는 지점이기도 하다.[72]

인간의 역사는 인간화의 과정이고 그것은 커다란 의식, '사람 같은 우주'를 향해 진화하는 오름이다.[73] '사람 같은 우주'를 향한 각 개인의 오딧세이는 궁극적으로 커다란 의식을 지닌 큰 사람으로 성장하는 위대한 여정이라고 할 수 있다. 테이야르 드 샤르댕은 인간화 과정의 높은 상태를 다음과 같이 기술하고 있다. "그런 자기 집중의 결과 자기를 둘러싼 '다른 중심들과 손을 잡는다'. 느낌으로나 생각으로나 우리 안에 어떤 거대한 우주가 쌓여가는 것을 가끔 경험하지 않는가?"[74]

---

70) Teilhard de Chardin, *The Phenomenon of Man*, Perennial Library, 1975, p.14. 테이야르 드 샤르댕, 『인간현상』, 양명수 역, 한길사, 2002, 이하. '인간현상'.

71) 『인간현상』, p.253.

72) 위의 책, p.240.

73) 위의 책, p.241.

74) 위의 책, p.241.

인간현상의 극점에서 만나게 되는 것은 깊은 생태적 감수성과 영성(spirituality)이다. 생태적 영성은 나와 타생명이 긴밀하게 연결되어 있다는 사실을 타고 넘어가는 초월적 현상이다. 인간은 자기 집중을 통해 나를 둘러싼 '다른 중심들과 손을 잡으면서' 동시에 그것을 의식하는 존재가 되는 것이다. 인간이 우주와 자연에서 특권적인 위치를 차지하는 것은 온생명과 이에 대한 커다란 의식을 통해서만 가능한 것이다. 전례가 없는 전면적인 생태적 위기에 직면한 인류가 인간만이 지니고 있는 의식을 통해 모든 개체와 타생명에 대한 깊은 이해와 배려의 마음을 갖는 것이야말로 깊은 생태복원의 근본적인 태도와 구체적인 실천의 한 방식이라고 할 것이다.

"온 세상이 사방에서 한꺼번에 부스럭대고 있어요.
해바라기, 배따라기, 호루라기, 지푸라기,
찌르레기, 해오라기, 가시고기, 실오라기,
이것들을 어떻게 가지런히 정렬시키고,
어디다 넣어 둘까요?
배추, 고추, 상추, 부추, 후추, 대추, 어느 곳에 다
보관할까요?
개구리, 가오리, 메아리, 미나리,
휴우, 감사합니다. 너무 많아 죽을 지경이네요. (…)
이 모든 노력과 수고가 나 한 사람을 위한 것이라니
과분하기 그지없네요.
이것들을 다 만끽하기엔 인생이 너무도 짧은걸요.
나는 여기에 그저 잠시 동안 머물다 갈 뿐입니다.
아주 짧은 찰나의 시간 동안. (…)
그만 길가의 조그만 팬지 꽃들을 깜빡 잊고, 놓쳐버리고

말았습니다.
이 사소한 실수가 얼마나 엄청난 것인지 그때는 미처
생각하지 못했답니다.
아, 이 작은 생명체가 줄기와 잎사귀와 꽃잎을 피우기
위해 얼마나 많은 노력을 기울여야만 했을까요.
오직 한번 무심한 듯 세심하고, 당당한 듯 연약한 모습을
드러냈다가 영원히 사라질 이 순간을 위해,
얼마나 오랜 시간 조바심쳐가며 애타게 기다려왔을까요."

—「생일Urodziny」 부분, 비스와바 쉼보르스카[75]

75) 비스와바 쉼보르스카, 『끝과 시작』, 최성은 옮김, 문학과지성사, 2007, pp.199-200.

제7장 생태복원의 시간성과 서사성

김성도

본 장에서 생태복원의 시간성과 서사성에 초점을 두는 이유는 생태복원의 두 가지 초석들 가운데 하나인 생태학적 진실성과 달리 역사성은 보다 동적이며 불안정한 현상이기 때문이다.[1] 생태계가 항시적 운동 속에 있다는 사실은 주지하는 바와 같다. 마찬가지로 하나의 역사적・사회적 실천으로서의 생태복원 작업 역시 시간의 추이에 따라서 그 목적과 의미가 변화한다.[2] 이 같은 시간적 역동성은 생태복원 실천가와 이론가들에게 다양한 문제들을 야기한다. 생태복원의 성공은 과연 역사적 진정성에 달려 있으며 아울러 반드시 그래야만 하는 당위적 필연성이 존재하는 것인지 진지하게 자문할 필요가 있다. 역사적 진정성 등의 인문적 조건은 그 자체가 완벽하게 실현되기가 매우 어려운 사안이라는 점에서 몇몇 생태복원의 실천가들과 이론적

1) 생태복원의 역사성과 참조준거의 문제에 대해서는 다음 연구문헌을 참조했음을 밝혀 둔다. Higgs, E., "Historicity and Reference in Ecological Restoration" in *Nature by design*, Cambridge, MIT, 2003, 제4장, pp.131-177.

2) Higgs, E., *Nature by design*, Cambridge, Massachusetts, MIT 2003, p.131.

관찰자들로 하여금 현실적 어려움을 토로하게 만들었다. 이를테면 이들 현장 전문가들은 자신들의 실제 경험을 들려주면서 완전무결한 역사적 충실성은 합리적이지 못할 뿐만 아니라 그것을 모방하기에는 너무나 많은 비용이 든다는 점을 지적한다. 더 나아가 일부 생태복원 공학자들은 과거라는 요소가 실제로 현재와 미래에 대해서 흔히 생각하는 것만큼의 압력을 행사할 필요가 있는지에 대해서 회의적이다.[3)]

이 같은 생태복원의 역사적 이상과 현실 논리 사이에 존재하는 간극과 긴장에도 불구하고 생태복원의 시간성과 역사성은 다양한 인문학적 문제들을 제기한다는 것만큼은 분명하다. 이를테면 생태복원에서 과거가 맡는 역할에 대해서 어느 정도의 의미와 가치 부여를 할 것인지, 또한 역사적 진정성의 의미론 자체가 시간의 추이에 따라서 어떻게 변화하며, 역사의 어떤 지점에서 생태복원 계획의 준거(reference)를 찾아야 할 것인지, 심지어 굳이 그 같은 역사적 준거를 규명해야 할 필요성이 있는지 등의 복잡한 문제들이 제기된다. 요컨대 생태복원에서 제기되는 역사적 조건들을 어떻게 수용하고 해결할 것인지의 까다로운 문제는 생태복원 이론과 실천의 심장부에 놓여 있다고 말할 수 있다. 또 하나 추가적으로 지적할 사항은 생태복원에 대한 이해 당사자들의 신념들 또한 고정 불변하는 것이 아니라 시대와 맥락에 따라서 변화한다는 사실을 인정해야 하나 이 점은 빈번하게 간과되고 있다는 사실이다.[4)] 여기서 말하려는 요점은 생태복원은 다양한 방식으로 미래에서는 현재와는 다른 의미와 가치론에 기초하여 새로운 비전에 기초하여 다양화될 것이라는 점이다. 생태복원은 문화적 실천과

---

3) Higgs, E., 같은 책, p.131.
4) Higgs, E., 같은 책, p.132.

조율할 것이며, 크고 작은 다양한 스케일 속에서 동시에 작동될 것이고, 엄격한 역사적 구조들에 의해서 함의되는 구속으로부터 점증적으로 멀어져가, 공적 관심사보다는 사적인 이해관계에 의해서 착수될 수도 있을 것이다. 하지만 어떤 경우에서이건 생태복원은 결코 역사성과 시간성의 문제를 무시하거나 포기해서는 안 될 것이다.

대부분의 생태복원 실천가들에게, 생태적 온전함과 역사적 진정성의 문제는 긴장 관계를 형성하고 있으나, 여전히 상당수의 생태복원 연구자들과 실천가들은 복원 작업에서 역사가 핵심적 사안이라는 점을 인정한다. 물론 앞에서 언급한 것처럼 일부 생태복원 실천가는 역사는 효율적인 기획을 수행하는 데 있어서 거추장스러운 제약이라는 점을 하소연한다. 어찌되었건, 생태복원에서 역사성의 의미는 인문적 성찰을 통해 보다 심오하게 이해되고 비판적으로 사유되어야 하며 맹목적 이데올로기에 의해서 당연한 것으로 가정하는 것을 지양해야 할 것이다. 따라서 생태복원의 인문학적 상상력이라는 본 연구에서 지향하는 생태복원의 인문적 토대 수립이라는 취지에 역사적 진정성의 문제를 포함하고, 이에 못지않게 중요한 환경의 시간적·서사적 차원을 환기시키고자 한다. 이어서 생태복원의 역사성을 오랫동안 천착해온 연구자들에 의존하여 세 가지 문제를 서술할 것이다. 그것은 과거의 것에 대한 동경과 향수, 하나의 장소에 대해 보다 깊이 있는 이해를 가져다 줄 수 있는 서사적 연속성, 그리고 시간의 깊이라는 문제이다.[5] 끝으로 보다 실천적인 차원에서 생태복원 작업에서 늘 제기되는 준거 및 참조의 생태계라는 관념을 간략하게 소개할 것이다. 본 장에

5) Higgs, E., *Nature by design*, Cambridge, Massachusetts, MIT 2003, pp.131-177.

서는 생태복원 실천가들의 작업을 유도해줄 수 있는 역사적 또는 동시대의 생태계를 준거 생태계로 명명하고 있다. 물론 준거 생태계라는 관념이 전혀 새로운 것은 아니며 여전히 생태학자들에 의해서 일관적으로 체계화될 여지가 많이 남아 있다.[6] 본 장에서는 준거 생태계의 의미를 확장시켜 인간적 실존과 생태학적 현존을 모두 아우를 것이며 인간적 실존을 생태학적 현존의 한 가지 양상으로서 볼 것이다.

1. 시간, 서사, 집단 기억[7]

미국의 도시 계획 이론가 린치가 예리하게 지적한 것처럼 변화와 반복은 우리가 살아 있다는 감각을 가능케 한다. 모든 사물들은 사라지고 누구에게나 죽음은 도래하며 모든 인간은 현재를 의식하며 살아간다.[8] 인간은 세계를 보존하거나 또는 그것을 변화시키기 위해서 그 세계에 도달하여 지배하고자 하며 세계의 변형을 통해 자신의 욕망을 가시화시킨다. 이 같은 린치의 통찰을 생태복원의 인문적 토대로 삼을 경우, 생태복원의 중요한 과제는 다름 아닌 물리적 세계에서 체현되는 시간의 자명성 또는 증거(evidence)를 다루어야 한다는 사실이다.

---

6) 다음 문헌 참조. Egan, D. and Howell, E.(eds.), *The Historical Ecology of Handbook: A Restorationist's Guide to Reference Ecosystems*, Washington, DC: Island Press, 2001.

7) 본 절의 주요 내용은 미국의 도시계획가이며 건축가인 린치가 피력한 도시공간의 시간성에 대한 심오한 성찰에 기초하여 작성되었음을 밝혀둔다. 특히 그의 주저 가운데 하나인 다음 저서에 신세를 지고 있다. *What Time Is This Place?*, MIT Press, 1972.

8) Lynch, K., *What Time Is This Place?*, MIT Press, 1972, p.1.

이를테면 생태복원 인문학에서는 시간이 인간에게 내보내는 이 같은 외적인 신호들이 인간의 내재적 경험과 어떻게 일치하는지, 아니면 불일치하는지의 문제를 다루어야 하며, 이 같은 내부와 외부의 관계가 어떻게 인간의 삶을 더 풍요하게 만들거나 강화시켜줄 수 있는가의 본질적 문제들을 다루어야 한다. 생태복원 인문학에서 이에 대한 상세한 논의는 다양한 형태의 생태복원과 역사적 보존의 사안들을 비롯해 일시적 전환과 과도 상태(transition)의 형식들, 미래의 변화, 시간의 신호들, 시간의 미학, 생물학적 리듬, 시간 지각, 재앙, 갱신, 혁명 등의 문제가 포함된다.

시간에 대해 개인이 마음속에 형성한 이미지의 성질은 개인의 행복에서 결정적이며 환경 변화를 인지적으로 심미적으로 관리하는 데 있어서도 역시 중요한 기능을 맡는다.[9]

풀어 말해서 외부에 존재하는 물리적 환경은 개인과 공동체가 시간의 이미지를 건설하고 유지하는 데 있어서 핵심적 역할을 맡는다. 따라서 환경과 개인이 그 환경에 대해서 갖고 있는 이미지의 관계는 쌍방적이다. 환경에 대한 바람직한 이미지는 과거와 미래를 현재를 통해서 자연스럽게 연계시키면서 현재의 의미를 살찌게 만들고 보다 심오하게 체감할 수 있게 해준다. 또한 그처럼 자연스럽게 형성된 환경 이미지는 신축적이며 외적 현실과 더불어 공명하고 무엇보다 인간의 생물학적 본성과 보조를 맞출 수 있다.[10]

자연 환경이건 인공 환경이건 모든 환경들은 다양한 방식으로 변화한다. 예컨대 지진과 대홍수와 같은 갑작스런 자연 재앙은 하나의

9) Lynch, K., 위의 책, pp.29-64.
10) Lynch, K., 위의 책, pp.65-66.

도시를 초토화시키거나 파괴시킬 수 있으며, 반대로 황무지로부터 새로운 농경지가 만들어질 수 있으며 사람들이 애착을 갖던 장소가 개발로 인해 없어지거나 전통 마을이 완전 철거되고 그곳에 새로운 신도시가 만들어질 수 있다. 자연 세계에서 진행되는 보다 완만한 자연적 과정들 역시 옛날의 자연 경관을 변형시킬 수 있으며, 대규모 인구 이동 등의 사회적 이동들은 완전히 생소한 장소 이동과 과거의 경험과의 물리적 정신적 차단을 야기한다. 어쨌거나 이 같은 환경 변화의 한복판에서 사람들은 과거를 기억하고 미래를 상상한다.[11]

크고 작은 규모의 물리적 환경 변화는 빈번하며 부지기수로 발생한다. 어떤 경우에는 그 같은 변화들을 일방적으로 감수해야 하며, 또 다른 경우에는 과거를 보존하거나 새롭게 창조하려는 노력을 목격할 수 있으며, 아울러 급격한 전환에 대해서 의미를 만들기 위한 노력, 또는 미래에 대한 정서적 안정성을 세우려는 수고를 목격하기도 한다. 다른 한편, 환경 변화의 주도자들과 다양한 조절 주체들(시민들, 부동산 개발업자, 권력자들, 생태복원 공학자들, 도시 계획자들, 기업가들, 경영자들, 공공장소 개발을 담당하는 관료들)은 그 같은 변화들을 이해하고 제어하려는 노력을 경주하면서 제각기 다른 방식으로 이 같은 환경 변화를 옹호하거나 또는 그것에 저항한다.

재앙, 보존, 복원, 갱신, 성장, 개발, 발전, 혁명 등, 환경 변화 또는 변형의 다양한 양태를 지시하는 어휘들은 환경의 문제를 다루기 위한 상이한 문제들을 지시하고 있다. 하지만 이것들 모두에 공통적인 인식적 핵은 변화에 대한 지각이라 할 수 있다. 그 같은 지각의 문제는 물리적 환경과 상황의 객관적 변형뿐만 아니라, 그 같은 변화들이 사

---

11) Lynch, K., 위의 책, pp.215-223.

람의 희망과 기억, 그리고 시간의 흐름에 대한 감각과 어떻게 연계되어 있는가의 문제라는 점에서 생태복원에서 매우 중요한 사안이라 할 수 있다.

또한 자연이건 촌락이건 도시이건 환경들의 생존은 안전감, 연속성의 감각을 수반한다. 과거의 장소와 공간은 그 자체가 아름답거나 선한 것으로 간주되어 보존되어 왔으며 같은 원리로 이것은 미래가 현재를 보존해 줄 것이라는 것을 약속한다. 그런 이유에서 하나의 재앙이나 급격한 개발로 인해 사라진, 공동체 삶의 상징적 공간의 복원은 그 중요성을 아무리 강조해도 지나침이 없을 것이다. 이 점에서 린치의 명언을 환기할 필요가 있다. "상징적 환경은 안전감을 창조하기 위해서 사용된다."[12)]

위협받는 제도와 권력 기관들은 동서고금을 막론하고 자신들의 고대성을 축성하며 왕들은 자신들의 권력만큼이나 적법한 역사적 뿌리들을 찾아 그것을 선언한다. 자신들의 과거에 대해서 시간의 뿌리를 느끼는 무리들과, 고립된 현재에서 파편적 삶을 살아가는 무리들 사이에서는 그 방식에 있어서 놀라운 차이가 존재한다. 신화, 문학, 역사가 존재하지 않는 부족에게 그들이 쳐다보는 경관은 그저 바위, 돌, 나무일뿐인 반면, 역사를 기억하는 사람들에게 도시의 거리, 강, 언덕들은 과거의 거리, 역사, 행동을 환기시켜 줄 것이다.

니체는 정착한 유럽인을 자신의 도시를 쳐다보는 주체로 특징지으면서 다음과 같이 말한다. "여기서 우리는 살 수 있을 것이며, 계속 살 수 있을 것이다. 왜냐하면 우리는 강인한 민족이며 한밤에 우리의 뿌리가 뽑혀나가는 일은 없을 것이기 때문이다."[13)]

---

12) Lynch, K., *What Time Is This Place?*, MIT Press, 1972, p.40.

인간들은 늘 적절한 시간의 계기, 즉 타이밍에 대해서 관심을 가져왔다. 하지만 그들은 동떨어진 과거나 미래에 대해서 거의 신경 쓰지 않는다. 그들은 반드시 시간을 활용하거나 관련 활동들을 조정하는 실제적 문제에 관심을 쏟는다. 하지만 이것을 넘어서 그들은 내면적·외면적 시간에 대한 그들의 지각을 조화롭게 만들려 시도하며 삶의 충만감을 느끼려 하며 죽음에 대한 초조를 멈추게 하려고 한다. 만약 이것이 목적이라면 환경은 그것을 지지해야 한다. 린치에 의하면 "환경은 우리가 실재적 시간을, 개인적 시간을 말해주기 위해서 우리가 읽는 시계이다."14)

생태복원 담론에서 시간적 표현들에 대한 가능성들은 대부분 연구된 바가 없으며, 그 원칙들 역시 알려진 바가 없다. 그 단서에 대해서, 우리는 시간과 오랫동안 관련된 예술 분야들을 검토해야 할 것이다. 시간에 대한 가장 풍요한 정보는 이미지를 내포하는 문학이다. 하지만 문학적 테크닉은 일반적인 방식 말고는 별로 변별적이지 못하다. 비록 자연 경관이 시를 상기할 수 있고, 시에 의해서 표현될 수 있다 해도 자연 경관은 결빙된 시가 아니다. 다른 시간 예술들, 춤, 음악, 연극은 기껏해야 몇 시간 정도를 차지한다. 하지만 그것들의 시간적 연속성은 자연 환경의 경험과 매우 흡사하다.

하나의 환경은 그 같은 순환적 변화를 수용하는 데 머무르지 않고, 그 같은 변화를 극적으로 만들 수 있다. 밤의 조명은 태양의 그늘을 전복시키기 위해서 배열될 수 있으며, 기후의 순환에 부응하는 건물

---

13) Nietzsche, F., *The Use and Abuse of History*, trans. Adrian Collins, New York: Liberal Arts Press, 1957, pp.36, 41.

14) Lynch, K., 위의 책, p.66.

표면들이 발명될 수 있다. 대부분의 일화적 대비는 몇 개의 외적인 변화의 수용과 강조이다. 환경들을 외부와 상관없이, 자신의 리듬과 더불어 만들어질 수 있다. 자연 경관처럼 말이다. 친숙한 환경이 변형되어 특별한 사건, 반복적 사건을 부각시킬 수 있다. 사건의 분리성과 그것의 일상생활과의 연계성은 모든 사람에게 가시적일 수 있다.[15)]

때때로, 삶 속에서 우리는 모두 시간의 정지된 순간에 대한 특이한 감각을 경험한다. 그것은 인간의 모든 관심과 주의를 초점화시키는 위대한 현재로서 우리 앞에 움직이지 않은 채 걸려 있다. 그것은 강렬하면서도 신비적인 개인적 경험이다. 사물들은 우리에게 직접적으로 제시되며, 습관적인 의미들의 베일을 통해서가 아니다. 내부 세계와 외부 세계는 연계되며, 우리 자신은 그 풍경이 될 수 있다. 그것은 시간의 정지가 아니라, 결정적인 고요함의 감각이다. 그곳에서 변화와 시간은 즉시적으로 포착되는 것으로 보인다. 영원성과 덧없음, 신속한 생물학적 리듬들과 오랜 시간의 주기, 이 모든 것들이 그곳에서는 더불어 존재하는 것으로 보인다. 우리는 현재 시간의 범상치 않은 확장된, 수미 일관적, 그리고 강렬한 순간을 구성해왔다. 그 경험은 지속적으로 상기되지 않으며, 특별한 순간에 보인 살아 있는 사물들의 형태 또는 생생한 전시는 그 같은 경험을 가져다 줄 수 있다. 그것은 동굴 속, 산의 정상, 정원에서 일어날 수 있으며, 접근이 쉽지 않은 곳, 그리고 그 현존이 우리를 놀라게 만드는, 사물을 통해서 어떤 특별한 장소에서 일어날 수 있다. 사물들은 신선하고, 새롭고, 상당히 생소한 것으로 나타난다. 바슐라르는 그 같은 특별한 장소들이 시간의 이 같은 정지를 유도한다고 말한 바 있다.[16)] 강렬한 유일무이

15) Lynch, K., 같은 책, p.176.

한 공간과의 만남은 예컨대, 우리가 그 같은 감각을 향유하도록 하는 것을 가능케 하며, 그 결과 우리는 과거에 그랬던 것처럼, 원시 사회의 영원한 현재를 경험한다.[17]

끝으로 생태복원의 시간성에서 중요한 의제는 집단 기억과 장소성이라 할 수 있다. 생태복원에서 새롭게 형성된 장소의 기억은 곧 그 장소의 영혼이라고 말할 수 있다. 복원 장소의 영혼은 곧 그것의 시간성과 서사에서 탄생하며 그 장소에 각인된 다양한 기호들에서 발현한다. 『집단적 기억』에서 프랑스의 역사학자이며 지리학자인 알박스는 이렇게 적고 있다. "한 집단의 사람들이 특정한 공간에 정착할 때, 그들은 공간을 자신들의 생각에 따라 변형시키기도 하지만 동시에 자신들에게 저항하는 물질적인 것들에 복종하거나 적응하기도 한다. 집단은 자신이 건설한 영역 속에 갇히게 된다. 외부 환경의 이미지와 그 외부 환경과 집단의 안정된 관계의 이미지는 집단 자신이 형성하는 이념에서 근본적 역할을 획득한다."[18]

예컨대 도시 자체는 그곳에서 사는 도시 거주자들의 집단적 기억이라 할 수 있다.[19] 기억이 인공물과 장소에 관련되어 있는 것과 마찬가지로 생태복원으로 만들어진 새로운 장소는 집단적 기억의 '로쿠스'(locus, 장소)가 된다. 이 같은 집단적 기억의 로쿠스와 그 공간을 경험하는 주체들의 관계는 그 복원 장소의 뚜렷한 이미지가 되고 건축이 되며 생태 경관이 된다.

---

16) Bachelard, G., *The Poetics of Space*, trans. Maria Jolas, New York, Orion Press, 1964.

17) Lynch, K., 같은 책, p.177.

18) Halbwachs, M., *La mémoire collective*, Paris, 1950.

19) Rossi, A., *The Architecture of the City*, The MIT Press, 1984, pp.130-131.

집단적 기억은 공간을 집단의 작품으로 변형시키는 작업에 관여하고 그 변형과정은 그에 반발하는 실제 여건들의 영향을 받는다. 집단적 기억은 복잡한 구조를 이끄는 맥락이 되며, 생태복원 공간은 그 자체만으로 존재할 수 있는 예술과는 구별된다.

생태복원 공간 형성물의 개별성과 집단성은 동일한 복원 장소를 형성한다. 이러한 생태복원 장소 구조의 내부에서 집단적 기억은 그곳에 대한 의식이며, 이미 수용한 것을 최대한 명료하게 경제적으로 조화롭게 증명함으로써 발전하는 합리적 형태의 행위와 관련된다. 기억이 인간의 삶을 가로지르듯이, 과거와 미래는 생태복원 공간을 가로지를 뿐만 아니라, 실현되기 위해서는 언제나 현실을 형성하거나 현실 속에서 형성되어야 하는 생태복원 자체의 이념 속에서 결합된다.

로시의 테제를 확장시키면서, 우리는 생태복원 공간은 공동체의 집단적 기억이라고 말할 수 있을 것이다. 생태복원 공간은 집단적 기억의 '로쿠스'(locus)이다. 로쿠스와 거주민들 사이의 관계는 따라서 지배적인 이미지, 건축, 풍경이 된다.[20] 요컨대, 로쿠스, 영속성, 역사 등은 생태복원의 시간성과 서사성을 밝히려는 시도에 있어 요긴하게 사용될 수 있다. 생태복원 공간은 보편과 특수, 개인과 집단, 공적 공간과 사적 공간, 그리고 합리성과 장소성을 모두 포괄하고 의식(conscious)과 기억을 획득해 그 자체로 성장할 수 있을 것이다. 기억이 파괴되면 그 공간의 역사 역시 파괴되고 만다. 예컨대 한 장소의 기억은 그 장소가 갖는 형식이 기억을 재현하는 것과 같으며 그 가치는 진실하고 보편적이다.

---

20) Rossi, A., 앞의 책, 2001.

2. 과거에 대한 향수와 서사적 연속성

우리는 왜 일차적으로 역사에 연연하는가? 그처럼 많은 관심과 주의를 끄는 역사적 조건에 대해서 어떻게 설명해야 할까? 왜 우리는 현재의 디자인을 선호하기 위해서 과거를 과감하게 포기하지 못하는 것일까? 가장 자명한 대답은 이렇다. 과거는 현재의 상태보다 더 좋았다는 생각이 작동하기 때문이다. 하지만 대부분의 사람들에게 과거는 그렇게 간단한 방식으로 현재보다 더 좋은 것은 아니다.[21] 이를테면 옛날 건물들처럼, 과거의 경관은 과거에 대한 향수와 동경, 연속성, 깊이로부터 그것들의 가치의 양상들을 도출한다. 우리는 열성적으로 옛 건물이나 건축물을 복원하는 데 시간과 돈을 투자한다. 조선시대의 경복궁 복원처럼 국가적 사업으로 추진되거나, 20세기 문인들의 생가를 복원한다. 그 같은 원형 상태로의 건축물들이 현대의 건축물과는 상이하면서도, 또 어떤 점에서는 보다 나은 옛날의 삶을 반영할 수 있다고 믿기 때문이다. 미당 서정주의 주택은 오늘날의 아파트나 현대식 가옥보다 더 소박하면서도 여유 있는 시간을 표상하고, 보다 자연스럽고 인간적인 삶의 모습이 느껴진다고 여기기 때문이다. 그런데 향수는 지나간 시간의 어려웠던 시절의 상당부분을 무시하는 경향을 보여준다. 균형 잡힌 시각을 위해서는 역사적 계산의 정확한 대차대조표가 필요한 것이다. 과거에 대한 절대적 신뢰와 우선적 가치 부여의 태도는 곤란하다. 어떤 경우이건, 요점은 과거는 하나의 대안적이면서 보다 나은 모델을 보여준다는 암묵적 동의가 작동하고

21) Higgs, E., 앞의 책, pp.143-145.

있다는 점이다.

오래된 생태계, 즉 개발의 질풍노도를 피할 수 있었으며 보다 광범위하고 이동적인 모자이크를 형성하기 위해서 다른 생태계들과 연계되는 오래된 생태계는, 즉 고유한 풍토적 식물군과 동물군의 모든 방식들을 유지해 줄 정도로 넉넉히 큰 공간은 오늘날 희소하다. 복원행위에 암묵적으로 존재하는 것은 그 같은 장소들이 현재 존재하는 장소보다 더 양호하다는 것이며, 따라서 과거의 상태로 되돌려놓는 것이 값어치가 있다는 믿음이 깔려 있다. 많은 사람들에게 복원은 이 단어의 가장 진정한 의미에서 향수를 반영한다. 잃어버린 그 무엇인가에 대한 쓰라리면서도 원망이 섞인 갈망이 바로 그것이다.

황무지와 야생성으로 번역되는 영어 단어 wilderness라는 관념은 식민지 지배에서 그것의 의미를 간과하는 문화적 망각과 더불어 도래한다. 어찌 보면 생태복원의 주관적 가치 판단을 회피할 길이 없다. 역사에 대한 우리의 지식, 그리고 역사로부터 우리가 선호하는 것에 대한 우리의 지식은 늘 동시대의 신념에 달려 있기 때문이다.

역사적 신념의 우발성은 면밀한 주의를 요하는 중요한 사안이다. 그렇지만 그것은 과거의 생태계가 오늘날에 비해서 인간의 활동들에 비해서 덜 심각하게 영향을 받았다는 근본적인 신념 체제로부터 크게 동떨어지지 않는다.

향수는 때때로 진보를 차단시키는 보수적인 것 또는 한가한 꿈이나 유토피아로 각인되기도 한다. 질풍노도와 같은 근대화의 기술 과학 문명에서 역설적으로 사람들은 진보에 대해 비판적 회의적 시각을 갖기도 한다. 보다 신속하고 보다 큰 것이 늘 좋은 것은 아니라는 점을 깨달았으며, 단순한 것과 작은 스케일의 우아함을 선호할 수 있다는 것을 이해하게 되었다. 최대의 생산성을 요구하는 공장의 원리를 거부하게 만드는 저속기어로 바꾸는 것과 같은 사유 방식이 존재한다. 과거의 향수로 인해 생겨나는 현대 문명에 대한 이 같은 반응의 종류는 생태학적 복원의 관심사와 유사하다. 우리의 삶을 저속 기어로 바꾸는 것은 우리로 하여금 보다 단순하고 더 행복한 삶의 종류로 돌아가도록 장려한다. 사회적 통계가 그 같은 경향의 지표를 알려주고 있다. 미국에서는 이미 1990년대부터 삶의 속도가 서서히 느려진다는 설득력 있는 지표가 나와 있으나, 한국에서는 아직 이 같은 지표가 없다.[22] 생태학적 복원은 우리로 하여금 보다 통합적이었던 생태계로 우리를 다시 회고하게 만든다. 이것은 일부 생태학자들이 생물애호(biophilia)라고 부르는 것으로 현대인을 유도한다고 말할 수 있다.[23]

건강하고 생산적인 개인들이 되기 위해서 우리는 매일 자연과의 접촉을 필요로 한다. 실제로 인간은 자연과 더불어 진화해왔다. 사회진화 생물학자인 윌슨 교수는 이미 20년 전에 인간이 자연을 비롯하여 생명의 다른 형식들과 연결되도록 유전적으로 결정되어 있는 정도를 기술하기 위해서 생물 애호라는 개념을 제안한 바 있다. 그는 생물 애호를 '인간들이 다른 생물체들에 대해서 갖는 생득적으로 타고난 정서적 결속'으로 정의했으며 이때 생득적이라는 표현은 유전성, 곧 궁극적인 인간 본성의 부분을 형성한다는 말로 풀이했다.[24] 윌슨에 따르면 생물 애호는 인간과 환경의 상호 작용의 수만 년의 진화를 거치면서 발달한 복잡한 학습 규칙들로서 선사 시대를 포함할 경우 인류 역사의 99% 이상을 차지한 수렵과 채집 생활 방식에서 다른

---

22) Schor, J., *The Overspent American*, New York, Basic Books, 1999.

23) Wilson, E.O., *Biophilia*, Cambridge, MA, Harvard University Press, 1984.

24) Wilson, E.O.,"Biophilia and the Conservation Ethic", in Kellert, S. and Wilson, E.O., *The Biophilia Hypotheis*, Washington, DC, Island Press, 1993, pp.31-41.

유기체들과 밀접하게 맺어 온 관계 방식에 기인한다. 요컨대 인간의 뇌는 생물 중심적 세계에서 진화해 온 것이지 기계에 의해서 조절되는 세계에서 진화하지 않았다는 것을 의미한다.

따라서 생물 애호의 감수성들은 중요하며 사회는 그 같은 감수성의 중요성을 인지하고 고양시키는 데 있어 중요한 역할을 맡는다. 우리의 삶 속에서 자연을 필요로 한다는 것은 선택이 아닌 본질에 속하는 사안이다. 하지만 전 세계 인구가 갈수록 도시로 집중되면서 자연과의 접촉은 갈수록 어려워졌다. 하지만 최근에 들어와 건축가들과 도시 디자이너들은 생물 애호의 차원을 자신들의 작업 속에 통합시키고 있다. 이 문제는 결국 하나의 도시의 본질이 무엇인지, 그리고 인간적 삶을 영위할 수 있고 지속 가능한 장소를 성립하는 것은 무엇인지에 대한 진지한 물음을 제기한다. 도시와 도시 공간의 세부 지역들이 자연적 야생성을 갖고 자연을 담아 낼 수 있다는 사실을 터득하는 도시 계획의 이론과 실천을 분절시킬 필요가 있다. 생물 애호의 힘은 우리가 미래에 디자인하고 건설하는 모든 것이 자연적 요소들을 통합시켜야 한다는 점을 시사한다.[25)]

자연은 단절된 인간 경관들을 치유하고 활기를 잃은 도시들과 건축 환경들을 인간화시키고 새로운 생명력을 불어넣을 수 있는 잠재력을 갖고 있다. 자연과 자연적 경험으로 풍요로워진 환경은 다른 중요한 가치들을 장려하는 것을 돕는다. 예컨대 자연에 대한 노출은 지속가능성의 실천을 강화시켜주고 생활을 보다 지속가능한 삶으로 만들어 준다. 우리에게는 삶의 경이로움이 필요하며 자연은 우리의 정서

25) 다음 연구물을 참조할 것.
Beatley, T., *Biophilic Cities*, Washington and London, Island Press, 2011.

를 자극하고 상상력을 고취시키고 매혹시킬 수 있다. 따라서 모든 도시가 간직하고 있는 경이로움과 매료, 야생성에 대한 심미적 감식을 포함할 수 있는 도시 계획의 목표를 설정해야 할 것이다. 밀도 높은 도시에서조차 자연의 풍요는 도시의 삶을 무미건조한 반복으로 치달을 수 있는 위험을 막아주는 방파제의 역할을 맡는다. 모든 도시들은 태생적으로 복잡한 생태계이며 자연은 도시에서 우리 주변에 도처에 존재한다. 아울러 도시 공간에서 존재하는 생물 다양성의 정도는 흔히 생각하는 것 이상으로 엄청나다. 도시 속의 자연은 크기도 하고 작기도 하며 가시적이거나 비가시적이며 지극히 미묘하기도 하지만 엄청난 영향을 행사한다. 생물 애호적 도시는 녹색 도시이며 풍요로운 자연과 가시적이며 접근 가능한 자연 시스템들로 가득 찬 도시를 말한다. 생물 애호적 도시는 공원, 도시의 자연 보호 구역, 도보 가능한 환경들과 같은 물리적 조건들과 도시 디자인의 문제이지만, 더 중요한 것은 하나의 장소의 정신에 대한 것이며 자연을 비롯하여 생명의 다른 형식들에 대한 정서적 유대감과 배려, 아울러 자연에 대한 관심과 호기심이라 할 수 있다.[26]

현대인은 자연적 장소들과 사물들에 대해서 정서감을 갖고 있으며, 실존의 자연스러운 흐름에 대한 선호를 표현한다. 따라서 향수는 정서적 호소력을 갖는다. 아울러 생태학적 기초를 갖는다. 수많은 경우에 있어서, 과거는 생태학적 통합성에 대한 광범위한 대안적 모델들을 제공한다. 이 점은 왜 사람들이 현재의 선호에 기초하여 제작된 생태계에 비해서 이른 시기의 생태계를 선호하는 이유에 대한 답이 될 수 있다.

---

26) Beatley, T., *Biophilic cities*, pp.3-43.

우리는 세계를 일반적으로 이해하고 경험을 통하여 생태계를 특수하게 이해한다. 경험은 부분적으로 과거로부터 우리에게 온다. 우리가 생태계에 대해서 높은 가치를 매기는 것은, 집중적인 인간적 존재와 더불어 진화한 생태계들조차도 그것들의 연속성에 대한 우리의 경험으로부터 우리에게 도래하는 것이다. 과거에 대한 이 같은 연계를 존중하는 것은 우리로 하여금 자연을 오직 우리의 현재의 관심사와 이해관계에 따라서 창조하는 것을 막아줄 수 있다. 역사적 지식은 영감을 제공한다. 전문가들에 따르면, 환경 복원론자들은 나빠진 현재와 나란히 보다 더 나은 과거를 보고 있으나 희망적인 미래를 낙관한다는 것이다. 시간의 흐름과 더불어 경관을 만들거나 경관과 단절한다는 사실을 인정하면서, 복원론자는 역사를 사용하여 복원을 위한 필요의 정체를 파악하고 그것의 성공을 판단한다. 즉 "역사는 복원을 이해하는 데 있어서 결정적일 뿐만 아니라, 역사는 복원론자들에게 결정적이다."[27]

역사 속에 암묵적으로 존재하는 것은 시간 개념이다.[28] 시간을 기술하는 데는 여러 모델들이 존재한다. 하나의 흐름으로서, 하나의 화살처럼 한 점에서 다른 점으로 달려가거나, 하나의 나선형이나 순환으로서 기술될 수 있다. 시간은 문화적으로 변화하며 사건들의 운동을 의미 있게 만드는 복잡한 방식들과 더불어 시간은 풍요로워진다. 광범위하게 퍼진 생각, 심지어 시간에 대한 표준화된 척도의 채택 이후로도 과거와 미래의 연계라는 관념으로서, 과거에 존재했던 것이

---

27) Hall, M., "American Nature, Italian Culture: Restoring the Land in Two Continents", doctoral dissertation, Institute for Envirionmental Studies, University of Winsconsin-Madison, p.4.

28) Higgs, E., 앞의 책, p.146.

현재의 것으로 흐르고 이어서 앞으로 미래가 될 것으로 흘러간다는 생각이다. 사람들이 조상에 대해서 언급할 때, 옛 지혜와 전통에 대해서 말할 때 그 선은 과거로부터 미래로 가는 것에 의해서 표시된다. 하지만 이 같은 연속성은 불가피한 것은 아니다. 일부 환경 철학자는, 현재, 과거, 미래는 현재가 과거로부터 미래로 전해주는 가치들의 단일 집합에 의해서 연계되지 않는다는 설명을 제안한다.[29)]

따라서 최소한 부분적으로는, 과거에 대한 우리의 이해는 현재 우리가 갖고 있는 가치들과 성향들에 달려 있는 것이다. 매 순간 우리는 새로운 지식을 축적하고 있으며, 이 같은 지식에 대한 우리의 이해 역시 매 순간 변화하고 있다.[30)] 하나의 장소에 대한 설명, 복원되어야 할 지점에 대한 설명은 과거에 대한 우리의 새로운 경험들에 기초할 수밖에 없다. 따라서 생태복원의 서사가 어떻게 미래로 가장 잘 연속적으로 이어질 수 있을 것인지, 과거가 우리에게 제공하는 안내는 어떤 종류의 것인가에 대한 끊임없는 문제들이 제기된다.

미래는 단지 현재 속에서 상상될 수 있을 뿐이며, 이것은 곧 미래에서 발생하는 것은 현재 속에서 진행되는 우리의 행동들과 더불어 조율되는 과거에 대한 우리의 반성적 관찰들에 의해서 축조된다는 것을 말한다. 더 나아가, 미래의 모습과 형상은 우리가 현재에 대해서 부여하는 평가의 종류에 대해서 영향을 미친다. 모든 현재의 순간에서 과거와 미래는 상이한 방향 속에서 멀어진다. 불과 몇 주, 몇 달, 또는 몇 년 동안 집중적으로 진행되는 복원 행위 속에서, 과거는 현

---

29) O'Neil, J., "Time, Narrative and Environmental Politics", in Gottlieb, R.(Ed)., *Ecological Community*, London, Routledge, 1997, p.15.
30) Higgs, E., 앞의 책, p.146.

재에 대한 우리의 최상의 판단을 장착시킬 수 있는 기초가 된다. 이 점에서 과거는 미래에 우리가 우리의 행동들에 어떤 판결을 내리느냐에 대해서 영향을 미칠 것이다. 과거는 과거에서 미래로 움직이는 것을 존중하면서 우리가 할 수 있는 최상의 노력을 하려는 우리의 의지를 단호하게 만들어 준다.

이것은 우리에게 연속성이라는 관념을 가져다준다. 따라서 복원을 위한 역사성의 의미를 이해하는 데 있어서 결정적인 것으로 고려해야 할 근거가 마련된다. 연속성은 과거로부터 무엇인가에 대한 단절되지 않는 지식 또는 경험을 우리가 갖고 있다는 점을 함의한다. 그것은 그 같은 경험에 대한 설명이 우리뿐만 아니라 다른 사람들에게도 의미가 있도록 해준다. 우리가 사물들에 의미를 부여하는 것은 그것들에 대해서 이야기를 들려줌으로써 이루어진다.[31] 그 같은 이야기의 형식들이 무엇이건 그것은 이차적이다. 구술 전통, 과학적 논문 등 다양하다. 서사적 연속성은 따라서 이야기를 다시 들려줄 수 있는 능력이며, 연속성을 강화시키기 위해서 하나의 그 같은 이야기와 보고를 사용할 수 있는 능력이다. 그 같은 도전은 곧 이야기가 미래의 세대들에 의한 관심과 행동을 보장할 수 있을 정도로 충분히 강력하게 만드는 것이다. 더구나, 미래 세대를 통한 그 같은 의무들은 하나의 공동체의 현존 속에서 발생하며 시간의 추이에 따라서 이 같은 공동체의 통합성은 상당한 정도로 이야기의 힘을 결정짓는다. 이것은 강력한 이야기들을 통하여 미래 속에서 사람들에게 무엇인가가 유의미하게 된다고 쓰는 추상적 방식이다.

다양한 이야기들은 특정 장소에 자양분을 제공하고 생태복원에 무

31) 같은 책, p.147.

게를 실어준다. 그 같은 작업은 옛날에 있던 짓밟혀진 장소로 다시 돌아가려는 공동체의 지지의 점증적 상승에 의해서 동기 부여가 이루어진다. 또는 복원 행위는 그 이전까지 별 다른 평가를 받지 못한 장소에 대해서 의미를 가져다준다.

3. 장소의 서사와 시간의 깊이

프랑스의 철학자 리쾨르에 따르면 인간들은 진정으로 서사적 존재들로서 자신들에게 들려준 이야기들을 통해서 스스로를 인식한다. 책을 읽건 세상을 읽건 독법 행위를 통해서 하나의 텍스트는 독자의 세계와 그의 정체성을 모두 변화시킬 수 있다. 만약 독자가 텍스트의 초대에 응답한다면 텍스트를 통해서 세계의 재형상화가 독자의 세계 속 존재의 능동적 재조직화를 동반한다. 따라서 리쾨르에 따르면 한 사람의 서사적 정체성은 부분적으로는 텍스트가 담지하고 있는 새로운 세계의 열린 지평에 의해서 결정된다. 생태복원을 통해서 탄생한 새로운 경관 텍스트들과 장소들의 정체성 역시 이와 유사한 방식에 의해서 연계될 수 있다.32)

만약 생태복원의 경관들과 장소들이 텍스트들로서 읽혀질 수 있다면 경관 텍스트를 읽는 행위는 개인의 정체성 형성에 도움을 줄 수

---

32) Drenthen, M., "Reading Ourselves through the Land: Landscape Hermeneutics and Ethics of Place", In: Clingerman, F. and Dixon M.H., *Placing Nature on the Borders of Religion, Philosophy and Ethic*, Farnham & Burlington, Ashgate, 2011. pp.123-138(pp.134-138).

있다. 생태복원 경관을 하나의 텍스트로 읽는 행위는 한 장소의 의미와 더불어 능동적 참여를 요구한다. 따라서 우리는 경관 속에 우리들 자신을 투자함으로써 그 의미를 능동적으로 전유할 수 있다. 동시에 경관 텍스트가 우리의 세계를 변화하도록 만들어야 한다. 우리가 한 장소의 의미에 대해서 들려주는 이야기들과, 그것이 그 장소에서 의미하는 것은 우리의 정체성을 반영하고 그것을 굳건하게 지지할 뿐만 아니라 변형시킬 수 있는 것이다. 경관을 읽는 행위를 통해서 토지는 우리 자신의 고유한 이야기와 얽히고설킨다. 경관은 내가 그 이전까지 알지 못했던 무엇인가에 대해서 말해준다. 따라서 경관은 철학자 하이데거가 말하는 진정한 거주의 장소가 될 수 있다. 그때 비로소 경관은 내가 누구이며 나의 삶은 무엇인가를 정의하는 하나의 에토스를 갖춘 공간으로 거듭나는 것이다.

세계와 우리 자신들에 대한 우리의 해석은 늘 부분적으로 그 이전의 텍스트들과 해석들에 의해서 성립되어 왔다. 그 유추를 한 단계 더 끌고 간다면 생태복원 이전에 존재했던 경관 텍스트들과 더불어 동일한 진술이 가능하다고 말할 수 있다. 현재 우리가 경험하는 장소 정체성은 부분적으로는 늘 우리가 지금까지 그 장소에 있어왔던 방식들에 의해서 결정된다. 우리의 정체성은 이미 우리 주변에 있는 장소 서사들에 의해서 형성된다. 우리의 정체성은 늘 지금까지 존재해 온 대지의 의미와 해석에 의해서 형성된다.

궁극적으로 리쾨르의 해석학 이론을 생태복원 경관에 적용한다면, 하나의 경관 텍스트와 그 경관을 읽는 독자는 경관이라는 하나의 서사에서 더불어 결합할 수 있다. 바로 그 서사에서 독자는 경관 텍스트의 의미를 설명하려고 노력할 것이며 동시에 자신의 고유한 정체성을 증언할 것이다. 생태복원 경관이라는 다양한 텍스트들을 통하여 경관을 읽는 독자는 새로운 세계 속에서 자신을 상상하면서 경관을 읽어가며 스스로를 더 잘 알게 된다. 리쾨르에 따르면 텍스트를 읽고 해석하는 행위를 통하여 한 사람은 스스로를 타자로서 인식할 수 있다. 바로 이 같은 두 번째 정체성의 개념을 일러 그는 서사적 정체성이라고 부르고 있다.[33)]

이 같은 맥락에서 리쾨르의 서사 이론을 환경 철학과 접맥시키려는 연구들이 시도되었으며 여기서 중요한 것은 생태복원 경관의 기호학적 독법이 목표로 삼는 판독 가능한 경관은 리쾨르의 의미에서 말하는 텍스트에 대해서도 결정적인 자질들을 공유한다는 점이다.[34)] 이를테면 판독 가능한 경관은 해석에 필요한 고정된 기호들을 포함하고 있다.

요컨대 해석학에 따르면 하나의 경관을 읽는 행위는 우리가 이미 그 스스로를 우리에게 유의미하고 탐구할 가치가 있는 것으로 제시된 그 경관과 더불어 참여하고 있다는 것을 전제로 한다. 경관들은 언제나 늘 의미가 스며 있으며 의미와 해석들로 이루어진 보다 더 넓은 전체 속에 포함되어 있다. 경관에 대한 해석학적 독법은 따라서 경관이라는 텍스트와 그것을 읽는 독자 사이의 연계성과 변증법과 더불어 시작한다. 객관적인 경관 기호들과, 의미와 가치에 대한 주관적 경험 사이의 구별에서 시작하는 대신 경관 해석학은 이미 경관들과, 그것

---

33) Ricoeur, P., *Oneself as Another*, Chicago, University of Chicago Press, 1992.

34) 두 편의 논문을 소개한다.

1. Utsler, D., "Paul Ricoeur's Hermeneutics as a Model for Environmental Philosophy", *Philosophy Today* 53, 2009, pp.173-178.
2. Treanor, B., "Narrative Environmental Virtue Ethics: Pronesis without a Phronimous", *Environmental Ethics* 30, 2008, pp.361-379.

의 의미를 해석할 필요가 있는 독자 사이에는 다양한 연계성들이 존재한다는 사실을 전제로 한다.

특정 장소가 고유한 성격, 즉 장소성을 갖는 것은 이야기를 통하여 진행되는 경험 때문이다. 하나의 공간은 그 공간에 대한 우리의 경험을 통하여 우리에게 유의미적이게 된다. 또는 우리에게 들려주는 다른 사람들의 경험을 통하여 장소는 유의미성을 갖는다. 하나의 장소는 공간적 속성들의 혼합물이다. 그것은 정서적 또는 정신적 성질들과 더불어 조합되는 공간의 혼합물이다. "하나의 장소는 서사적 연속성을 통하여 의미를 갖는다."[35)]

하나의 장소는 공동체의 삶 속에서 그 장소의 유의미성과 현존에 대한 설명을 통하여, 즉 서사적 연속성을 통하여 유의미하게 된다. 몇몇 장소들은 공동체의 삶 속에서 결정적이다. 왜냐하면 그것들은 앞에 온 사람들의 행동들과 기억들을 보존하기 때문이다. 공원, 성스러운 거점들, 공동묘지, 공적 건물들, 교회, 탄생지 등은 장소들의 좋은 예들이다.

장소와 경관을 자연주의적 표상과 문화주의적 표상들을 혼합시키는 용어들로 생각할 수 있을 것이다. 자연주의적 설명에 따르면 하나의 장소는 공간에서 물리적으로 기술된 유일한 지점들의 집합이며, 하나의 경관은 단지 장소들의 집합체이다. 하지만 경관과 장소에 대한 어떤 정의도 순전히 자연적일 수 없는 이유는 그것들이 사회적 계약에 의해서 어느 정도 규정된 구성물들로서 존재할 수밖에 없기 때문이다. 예컨대 한 사람이 살고 있는 집을 소유의 법적 차원을 포함하는 장소로서 기술할 수 있으며 아울러 이것은 정확한 물리적 기술

35) Higgs, E., 앞의 책, p.148.

에 달려 있다.[36] 우리가 살고 있는 집에 의미를 부여하는 것은 단지 그 집의 건축적 성질들이 아니며, 집에서 보낸 경험과 기억의 축적을 통하여 내가 집에 부여하는 의미이다. 그 같은 시간적 의미가 부여될 때 비로소 물리적 집은 인간학적 차원의 보금자리가 된다. 이것은 문화주의적 표현이나, 과학적 관찰, 분석, 이해를 통하여 의미를 취하는 장소들에 대해서 완전한 설명을 제시하는 것은 충분하지 않다. 표현의 형식들이 한 장소의 모든 차원들을 계시하기 위해서 필요하다. 그것은 곧 거주의 원근법이라 할 수 있다. 경관 연구자인 인골드 교수는 현재의 추세는 자연주의적 기술과 문화주의적 기술 사이의 이분법적 관계로부터 두 개를 병합시키는 기술로 이동하고 있음을 시사한다. 최상의 표현은 거주라는 표현에서 발견된다, 즉 관찰의 해석과 감동, 분석과 해석, 집 속에 존재하는 것과 집의 존재 둘 모두가 중요하다. 어쨌거나 장소와 경관은 연속성을 강조하는 이야기들을 통하여 계시된다. 비유를 들자면 "한 편의 이야기를 들려주는 것은 세계를 덮기 위해서 양탄자를 짜는 것이다."[37]

하나의 장소를 지각한다는 것은 기억에 달려 있다. 마찬가지로 프랑스의 지리학자 알박스가 강조한 것처럼 인간의 기억은 공간 이미지에 의존한다. "이렇듯 공간적 이미지들이 집단적 기억에서 중요한 역할을 맡는다는 사실이 설명된다 (…) 그 결과 공간적 틀 속에서 전개되지 않는 집단적 기억은 전혀 없다."[38] 그에 따르면 공간은 지속되는 현실이며 우리가 점유하는 공간에서 우리의 상상력과 또는 우리의

36) 같은 책, p.149.

37) Ingold, T., "The Temporality of Landscape", in *World Archaeology* 25, no. 2 (1993), p.153.

38) Halbwach, *La mémoire collective*, p.196, p.209.

사유는 매 순간 재구성할 수 있다. 과거의 회상은 장소의 의미를 불러온다. 그 같은 회상은 최소한 사적인 그 무엇이다. 장소들은 크기에 있어서 가소성을 갖으며, 의미는 한 사람의 상황과 국면에 달려 있다. 경관에 대해서도 마찬가지다. 또한 내면의 경관과 외면의 경관의 구별도 유용하다. 나의 내면에서 성장하는 그 무엇, 나의 내면적 경관은 내가 나의 주위 속에서 보고 있는 것에 대한 나의 시야와 생각을 결정짓는다. 인간적 유의미성을 지니는 장소들이 진정한 장소이다. 하지만 몇몇 소재지들은 어떤 사람들에게는 고유한 장소들이 될 수 없는 반면 다른 사람들에게 유의미할 수 있다. 자연의 위대함을 지닌 야생성과 장소들에 대해서 인간 중심의 시각에서 벗어나려는 시도에서 우리는 사람들이 과거에는 이 같은 소재지들이 유의미하다고 간주했다는 것을 망각한다. 장소들의 형성이 이루어지는 것은 인간적 참여와 보살핌 때문이다.

일단 우리가 장소들이 중요하다는 것을 이해하면, 달리 말해서 우리가 우리 자신의 삶 속에서 하나의 장소를 만드는 성질들을 발견했다는 것을 이해한다. 이 같은 성질들을 다른 장소들 속에서 간주하는 것이 더 용이할 것이다. 이것은 우리가 결국 장소들에 가치를 부여하는 관심사에 대한 두 번째 방식이며, 다른 사람들이 개성적 유의미성을 유인하는 장소들이다. 따라서 만약 우리가 주의를 기울인다면 우리는 생태학적 과정들을 일상적 경험 속에서 볼 수 있으며, 우리는 이것을 다른 경험들에 전이시킬 수 있다. 이것은 우리에게 다른 사람들이 경험하는 것에 대해서 동감을 갖도록 해준다. 대부분의 소재지들은 장소들이며, 하지만 전통적인 주거지로부터 너무나 동떨어진 지구의 몇몇 동떨어진 부분들도 존재한다.

우리가 역사적 성질들과 생태학적 진실성에 대해서 가질 수 있는 것을 복원함으로써 정원은 하나의 장소로 변형되었으며, 인간적 보살핌의 달콤함을 자연적 과정의 에너지와 조합한 토대의 한 조각이다. 장소의 힘과 장점은 서사적 연속성에 의해서 건설되고 강화된다. 즉 그 장소에 대해서 이야기를 들려줄 수 있는 능력에 의해서 강화된다.

영국 철학자 존 오닐과 앨런 홀랜드는 이렇게 적고 있다. "구체적인 소재지들의 가치는 빈번하게 공동체의 삶이 그 안에서 체현되는 방식의 파급 결과이다."[39] 이것은 심오한 통찰이다. 강력한 호소력을 지니는 장소들은 사람들로 하여금 참여를 통하여 직접적으로 참여시키고, 현대 미디어의 힘을 통하여 사람들을 참여시키는 장소들이다. 하지만 장소들은 작위적인 매체의 사용을 통해서 얻어질 수 없다. 장소들은 겸손한 방식으로 창조된다. 작은 호수라도 내가 매일 산책하면서 추억이 만들어지며, 산책로의 어느 오후에 내가 깊은 상념에 빠지면서 그 장소는 의미를 갖는다. 내가 그 장소에 대해서 이야기를 들려줄 수 있기 때문에, 그곳을 의미 있는 장소의 반열에 올려놓는다. 특별한 의미를 지니는 많은 장소들은 바로 삶의 직물을 짜는 곳들이다. 장소들과 경관들은 관찰과 감동의 조합으로부터 만들어진다. 한 장소가 강력한 인상을 심어줄 수 있는 능력은 우리의 감각들의 보살핌에 달려 있으며 우리의 느낌의 개방성에 달려 있다. 시장 가치의 추구로 인해서 토지 소유자들이 개발에만 몰두하는 것을 목격하는 것은 서글프다.

한 장소의 서사적 연속성은 생태학적 이야기들과 문화적 이야기들 모두로부터 형성된다. 양자는 쉽게 또는 적절하게 분리될 수 없을 것

---

39) O'Neill, J. and Holland, A., "Two Approaches to Biodiversity Value", in Posey, D.(Ed.), *Cultural and Spiritual Values of Biodiversity*, London, UNEP, 1999.

이다. 힉스 교수는 대부분의 경우 장소에 대해서 문화주의적 설명을 지시했다. 그 같은 문화적 설명은 우리 자신들의 경험과 인간적 활동들에 대한 이야기들에 대한 개성적 증언을 포함한다.40) 물론, 한 장소에 대한 의미를 만드는 것에 있어서 자연주의적 설명도 중요하다. 심지어 자연주의적 설명과 문화론적 설명을 분리된 노선들로 다루는 것은 불공정하다. 아마도 문화와 자연의 분리에 대해서, 대상과 주체의 우리의 태도가 보다 통합적인 관점으로 이동하였다. 한 장소의 역사는 인간적 이야기들과 나란히 충만하게 생태학적 진리들과 더불어 언급되어야 한다. 인간적 이야기만을 들려주는 것은 많은 사람들이 과학적 관찰과 분석이 그 자체로 삶에 대한 빈곤화된 윤곽을 표상하는 것과 마찬가지로 축소라는 결과를 낳을 수 있을 소지가 있다. 장소들이 가치를 갖는 것은 그 장소들의 형성에 참여하는 과정들의 유일무이한 조합 때문이다. 우리가 어떤 오래된 숲에 가치를 부여하는 것은 인간적·자연적 과정의 역사라는 차원에서다. 그것은 인간 세대들의 작업을 체현하기 때문이다. 그 어떤 복제도 동일한 가치를 가질 수 없다. 연속성은 결정적이다. 가치가 형성되고 지속되기 위해서는 그 장소에 대한 연속적인 이해가 존재해야 할 것이다. 또는 그 같은 연속성의 회복의 가능성이다. 한 장소의 역사가 연구되고 소통되는 경우에서처럼 말이다. 우리가 오래된 성장에 가치를 부여하는 이유는 그것의 연속성 때문이다.

연속성은 시간의 깊이를 지시한다. 시간의 깊이는 생태복원을 위해서 역사성을 결정적인 것으로 만드는 최종적인 조건이다.41) 깊이는

40) Higgs, E., 앞의 책, pp.153-154.
41) Higgs, E., 같은 책, p.154.

역사의 도달 범위이며, 시간의 총합이며, 또한 사람들과 장소 사이에서 그 같은 시간의 간격 동안 형성되는 참여이다. 생태계가 오래될수록, 과정과 패턴의 인간적 단순화 없이 시간의 길이를 통하여 판단한다면, 그 생태계는 더욱더 희소한 것이다. 깊이는 희소성에 달려 있다.[42] 양자는 동일한 동전의 양면이다. 그렇지만 역사적이지 않은 채로 무엇인가가 희소할 수 있다. 희소성은 부족의 조건이며, 여기서 무엇인가는 첨가적 가치를 개발시킨다. 왜냐하면 그것은 생소하기 때문이다. 우리는 생태학적 제약을 통하여 희소한 종들에 대해서 큰 의미를 부여한다. 가치가 제고되는 것은 그 무엇인가가 다른 것에 의해서 대체될 수 없기 때문이다.[43]

시간의 깊이의 조건은 오래된 성장의 숲 등과 같은 장소들에 대해서 너무나 자명하게 유효하다. 오래된 성장이 가치가 있는 이유는 그것의 오랜 연속성 때문이다. 따라서 깊이는 연속성의 스케일을 정하는 방식이다. 깊이는 우리로 하여금 무엇인가가 특별히 비범한 것일 때, 이해하는 것을 도와준다. 그 같은 비교는 문화적 인공물들과 생태계를 통하여 유지될 수 있다. 우리는 시간의 시련을 겪은 건물들에 대해서 높은 가치를 부여한다. 비록 그 건물들이 상대적으로 평범한 것일지라도 말이다. 역사적으로 가치가 있는 것은 도시들에서 역사의 보다 큰 깊이와 더불어 유사한 양상을 끌 수 없는 건물들이다. 연속성은 우리가 가치를 매기는 그 무엇이며, 그것은 엄청난 에너지를 취하며, 때로는 청명함을 갖고, 오랜 시간의 흐름 속에서도 이같은 연속성을 확보하게 해준다.[44] 희소성은 빈번하게 역사의 깊이에 달려

42) Higgs, E., 같은 책, p.155.
43) Higgs, E., 같은 책, p.155.

있으나, 홀로 유지될 수도 있다. 무엇인가는 유일무이하다는 의미에서 희소할 수 있다. 즉 그것의 가치는 역사로부터 독립해서 흘러나올 수 있다. 모든 생태계는 물론 상이하며, 그중 어떤 것들은 다른 것들에 비해서 더 상이하다. 희소성은 유일무이성의 의미에서 깊이와 더불어 기능한다.[45]

따라서 한 장소에서 역사성은 항수, 연속성, 깊이의 조합에 달려 있다.[46] 이 같은 의미에서 인공적으로 꾸민 테마파크는 황무지의 야생적 장소보다 가치가 덜한 것이다. 테마파크는 유일무이할 수 있으나 복제될 수 있으며, 그것의 연속성은 제작 내러티브에 달려 있으며 자신의 역사의 상당 부분을 갖기에는 너무나 새롭다. 소비문화의 수많은 인공물들은 지속적 가치를 갖기 힘들다. 패스트푸드 레스토랑과 프랜차이즈 아울렛 등이 바로 그런 경우이다. 자연에 세워진 리조트들 역시 진정성을 갖기는 힘들다.[47] 그것들은 장소의 역사로부터 분리되어 있으며 분리되고, 파편화된 실재들이며 볼거리 이상의 것은 아니다.[48]

우리는 복원의 실천에 대해서 역사성의 중요성에 대한 주의를 요구했으며, 역사성은 항수, 연속성, 깊이라는 세 개의 연계된 개념들을 통해서 우리에게 전달된다. 만약 우리가 복원의 의미가 그 실천의 모양새를 결정짓게 하는 것을 허락한다면, 복원은 역사적 충실성에 종속될 수밖에 없다. 결국, 복원한다는 것은 시간의 영고성쇠를 통하여

---

44) Higgs, E., 같은 책, p.155.
45) Higgs, E., 같은 책, p.155.
46) Higgs, E., 같은 책, p.156.
47) Higgs, E., 같은 책, p.156.
48) Debord, G., *The Society of the Specctacle*, New York, Zone Books, 1994.

상실된 그 무엇인가를 다시 되돌려 놓는 것을 의미한다.[49] 복원의 실천은 현재 이동 중이며 계속해서 이동할 것이며, 진화하는 직업적 요구에 대한 반응에서 이동할 것이며, 생태학적 경영의 에토스와 생태학에서 변화하는 패러다임에 대한 반응에서 변화가 이루어질 것이다. 과학자들과 인문학자들은 역사를 상이하게 사용한다. 과학자는 역사를 기술될 수 있는 사건들의 직선적 시퀀스를 보며, 반면 인문학자는 들려진 이야기들로부터 의미를 해석한다. 물론 둘 모두는 중요하며, 인문주의자가 도입한 복잡성은 모든 접근법에 대한 파문이다. 최상의 경우, 생태복원은 인문적 충동과 과학적 충동의 종합으로서 봉사할 수 있을 것이다. 만약 우리가 역사의 연구를 통하여 과학과 인문학 사이의 연계를 유지할 수 있다면, 복원은 우리로 하여금 과거의 통합성에 대한 우리의 갈망에 근거해서 탁월하게 우리가 행동하는 것을 가능케 할 것이다.[50]

4. 역사적 진정성과 준거

생태복원의 인문학적 토대를 수립하는 데 있어 역사성은 핵심적 사안이다. 역사적 준거의 중요성은 대부분의 복원실천가들의 작업속에서 확인될 수 있는 평범한 사실이다. 진정한 문제는 바로 어느 정도까지, 역사성이 복원의 길잡이 역할을 해주며, 복원에 대한 정보를

49) Higgs, E., 같은 책, p.157.
50) Higgs, E., 같은 책, p.158.

제공하느냐에 달려 있다. 또한 역사가 대부분 부재하는 경우들에서는 역사성의 준거 자체가 적용될 수 없는 결정적 한계에 맞부딪친다. 지난 수십 년 동안 생태복원 연구자들은 준거 조건(reference condition)이라는 개념을 세련되게 정의해왔으며, 그것은 역사적 사안들과 더불어 제기되는 다양한 문제들의 해결을 돕기 위해서였다. 준거들은 직관적이다. 이를테면 과거로부터의 증거는 가능한 한 상세하게, 과거의 특이한 모습을 제공하여 미래를 위한 목표로서 제공될 수 있는 과거의 모습을 제공할 수 있다.[51]

생태복원에서 준거 개념은 다양하게 정의되고 있다. 그 가운데 하나는 "복원의 목표를 정의하기 위해서 사용되며, 거점들의 복원 잠재력을 결정하고, 복원의 노력들의 성공을 평가하기 위한 것이다."[52] 따라서 준거와 참조 정보는 기초 연구, 컨트롤 플롯, 역사적 자료의 사용, 선사 시대 및 생태학적 연구 등 다양한 형식으로부터 제공된다. 준거 정보는 기존의 거점 장소들에 대한 대척점을 제공함으로써 작동되며 이 같은 비교를 통해서 복원을 위한 목표들은 발전된다. 준거 정보는 때로는 준거 거점 장소들의 형식에 개입하면서 복원 기획이 현재의 생태계가 교란되는 거점에서 어떻게 진행되어야 할 것인지에 대한 중요한 단서를 제공해준다. 즉 준거 정보는 해당 생태계가 교란되기 이전의 조건들을 출현하게 만든다. 생태복원 연구자들은 준거 정보의 일상적 사용을 행하며, 변화를 비교하고 안정된 방향을 돕는다. 오늘날 복원에서 사용되는 기술 가운데, 준거는 이론과 실제의

---

51) Higgs, E., 앞의 책, pp.158-159.

52) P.S. and Walker, J.L., "Approximating Nature's Variation: Selecting and Using Reference Information in Restoration Ecology", in *Restoration Ecology* 5, N.4, 1997, pp.338-349.

핵심에 놓인다.

물론 생태복원 실천가들이 생태학적 복잡성을 완전히 이해하는 것은 아니나, 오랜 동안의 연구를 통해 이해의 깊이와 넓이를 획득할 수 있다. 이때 깊이는 생태계의 역동적 범위와 관련되며, 상이한 기후 변화와 인간의 영향 아래서 발생한다는 것을 일러준다. 또한 측량과 척도의 넓이는 예상치 못한 상황에서 유용한 것으로 증명되는 정보를 제공한다. 그 같은 장기적인 연구는 훼손과 복원을 모방할 수 있는 실험적 작동을 위한 가능성을 열어놓는다. 장기적인 실험적・전체적 생태계 연구는 생태복원에 많은 것을 제공해 줄 수 있다. 준거 조건들은 그 같은 조건들 아래서 훨씬 더 잘 이해될 수 있을 뿐만 아니라, 복원에서 최상으로 작동되는 것에 대한 조심스럽게 제어된 연구들을 위해서 새로운 기회가 생겨날 수 있다.

상당 수준의 연속성을 갖고 다양한 프로젝트들에 대해서 작업한 생태복원 연구자들에게 준거 생태계(reference ecosystem)라는 관념은 너무나 기본적이어서 그들은 특별한 탐사를 수용하지 않는다. 하지만 그 같은 프로젝트들은 상대적으로 희소하며, 대부분의 복원 과학자들과 실천가들에게 준거 정보는 획득하기가 더 어렵다. 많은 사람들은 복원에 의해서 가능해진 세심한 생태학적 개입들은 생태계가 시간과 공간에서 '어떻게' 그리고 '왜'라는 물음들을 연구하기 위한 주요 과학적 기회를 제시한다는 점을 제안했다.[53]

준거 정보는 이 같은 과학적 시도에서 핵심적 사항인데, 그 이유는

---

53) Jordan III, W.R., Gilpin, M.E. and Aber, J.D., *Restoration Ecology: A Synthetic Approach to Ecological Research*, New York, Cambridge University Press, 1987.

모든 척도와 분석이 달려 있는 증거를 제공하기 때문이다. 그 같은 생각은 이론적으로 단순하나 실제에서는 복잡하다.

준거 정보는 선택의 용어로서 창발하고 있다.[54] 다른 경쟁적 용어들은 기준선, 벤치마크, 척도 등인데, 그것들의 기저 의미를 심각하게 따지지 않은 채 가벼운 대화나 과학적 보고서에서 사용된다. 이를테면 기준선은 선행하는 상황과 그 이후의 상황들에 대한 비교에서 특별한 사용을 갖는 생태계의 단편적 정보이나 준거 조건과 동의어는 아니다. 기준선은 준거 조건의 구체적 예가 될 수 있거나 적절한 준거를 결정하기 위한 정보 잉여의 부분이 될 수 있다. 이와 유사하게 벤치마크(benchmark)라는 단어 역시 생태복원에 대한 논의에서 빈번하게 사용되는데 그 용어는 기준선(baseline)과 상호 교환이 가능하다.

준거 정보의 발달과 배치는 생태계에서 변이를 이해하는 데 달려 있다. 시간에서 어떤 고정점도 요구되는 모든 정보를 제공할 수 없다. 준거 정보의 선별과 사용은 생태학에서 하나의 근본적 쟁점을 제기할 것을 주문한다. 바로 생태계와 경관에서 변이의 본질, 원인, 기능을 이해하는 것이다. 변이는 시간과 공간을 통하여 발생하며, 따라서 적합한 스케일의 쟁점들을 이해하는 것은 중요하다. 관찰의 스케일은 입자(grain)와 크기(extent) 차원에서 측정된다. 입자는 분석의 변별적 단위이며, 크기는 관찰의 분배 범위이다. 시간적 차원에서, 입자와 크기는 해소와 지속이 된다.

또한 생태학적 변이성을 기술하기 위해서 여러 개의 용어들이 사용된다. 공통적인 용어는 변이형의 자연적 범위로서, 결정적인 시간에 대해서 변이성을 지시한다. 그것은 100년에서 1만 년이 될 수 있

54) Higgs, E., 앞의 책, p.162.

다. 변이성의 역사적 범위는 인간 현존과 문화적 실천의 생태학적 효과를 설명해준다. 바로 이 같은 이유에서 문화적 과정과 생태학적 과정의 장기간의 혼합을 무시하는 용어들에 대해서 선호된다.

이 같은 용어는 역사 생태학에 대한 갈수록 높아져가는 관심과 일관성을 이룬다. 이것은 학제적 분야로서, "인간 행위들과 자연의 행위들 사이의 지속적인 변증법적 관계들의 흔적을 추적하며, 경관에서 발현되는 관계이다."[55)]

변이가능성의 적절한 범위를 선별할 수 있는 유일한 길은 없다. 상황과 국면은 하나의 거점에서 다른 거점으로 하나의 지역에서 다른 지역으로 변이할 것이다. 반복적으로 제기되는 주제는, 복원의 결정은 판단을 포함하고 있다는 것이다. 시간적 변이는 매일의 사이클에서 계절과 진화적 시간의 간격으로 광범위하게 변화한다. 생태복원 연구자들에게 던져진 도전은 그 같은 변이를 둘러싸고 적절한 경계선을 선별하는 데 있다. 너무 협소한 선택은 큰 범위의 과정들을 무시할 수 있으며 반대로 너무 광범위한 시간 간격은 정세한 현상을 놓치게 된다. 아울러 역사적 정보와 더불어 감쇠 함수(decay function)가 존재한다. 정보의 질은 전형적으로 시간의 도치된 함수, 즉 역함수이다. 시간 속에서 뒤로 거슬러 올라갈수록 정보의 신뢰도는 낮아진다. 공간적 변이는 패턴과 크기를 포함한다. 또한 맥락은 결정적이다. "공간적 맥락은 거점들 주위에서 존재하는 매트릭스의 본질을 포함하며, 모서리와 경계선의 본질, 크기, 분배, 거점들의 고립 등을 포함한다."[56)]

---

55) Crumley, C.(Ed.), *Historical Ecology: Cultural Knowledge and Changing Landscapes*, Santa Fe, NM, School of American Research Press, 1994.

56) White and Walker, 앞의 논문, p.341.

따라서 복원의 일차적 목적은 시간의 추이에 따라서 생태학적 변이성을 반영하는 데 있다. 이것을 위한 근원들은 역사적 생태계와 동시대의 생태계의 조합에서 나온다.[57] (다음 표 참조)

	동일 장소	상이한 장소
동일 시간	동시대의 교란(disturbance)의 평가	교란의 크기(extent of disturbance)의 결정, 복원을 위한 잠재력
상이한 시간	거점지역 특수의 준거	유추적 준거 정보

준거 정보를 검토하는 것은 역사적인 것과 동시대적인 것을 분절시키는 과정이며 이것을 통하여 복원을 위한 가능성들의 범위를 찾는 일이다. 복원 자체는 이 같은 가능성들에 기초를 둔 대략화로서 동시대의 사회적 · 문화적 · 경제적 · 정치적 · 도덕적 · 미학적 맥락에서 존재하는 제약들과 기회들을 반영한다.

미래의 불확실성은 생태복원 이론가들에게 던져지는 주요 도전들 가운데 하나이다. 준거 데이터의 총량도 해결할 수 없는 문제이다.[58] 준거 정보와 더불어 다양한 문제들과 한계들이 존재한다. 기후 변화는 해결되어야 할 준거 데이터의 직접 검토를 넘어서는 심각한 문제이다. 사실, 더 많은 데이터가 존재할수록 문제는 더 두터워진다. 지역, 지대, 글로벌 기후 변화 패턴은 지속적으로 이동한다. 대기권의 화학 성분, 인간이 만든 화학물질의 방출 등, 세 가지 상호 연계된 문제들이 최선의 의도에도 불구하고 상황을 어렵게 만들고 있다. 첫 번째 문제는 이미 언급되었던 준거 정보의 비완결성(incompleteness)이

57) Higgs, E., 앞의 책, p.166.
58) Higgs, E., 앞의 책, pp.173-174.

다.[59] 하나의 거점 지역에 대해서 복원을 위한 고려 사항 아래서 기본 정보를 이해하는 것은 정밀한 연구를 요청한다. 아울러 이것은 유사한 거점 지역들로부터 준거 데이터에 의해서 상응되고 보완되어야 한다. 더구나, 역사적 데이터와 더불어 감쇠 함수(decay function)가 존재한다. 이것은 곧 1세기 전의 정확하고 완결된 기록들이 10년 전의 그것에 비해서 발견될 확률이 매우 적다는 것을 의미한다. 아울러 최근의 정보는 부재하거나 위치시키기가 매우 어렵다. 심지어 완결된 정보가 사용가능하다 해도, 우리는 불확실성이라는 두 번째 문제에 직면한다. 즉, 우리는 미래를 알 수 없다. 다양한 종류의 확률적 지식들을 갖고 있을 뿐이다. 우리는 확률들을 미래의 사건에 할당시키며, 그 가운데 몇 개는 실제로 확실하며 다른 것은 말로 표현할 수 없거나 통계적이다. 과거의 지식에 견주었을 때 더 많은 감쇠 함수(decay function)가 존재한다. 풀어 말해 미래의 조건이 더 멀리 갈수록 그것에 대해서 신뢰할 만한 정보를 얻기가 어렵다.[60] 준거 정보에 대한 변이 가능성의 접근법의 범위는 너무나 편리해서 그것은 미래의 조건들에 대한 우리의 선택들을 한계 긋는 경계선을 제공한다. 불확실성은 복원의 결정적 부분으로서의 역사를 상실할 수 있으며, 복원은 비역사적일 수 있게 된다.

세 번째 문제는 변화의 산업적 비율로서, 기후 변화의 가족이며, 현대 환경 문제들의 주범으로서, 생태계의 집중적이며 단기적인 생산, 인구의 이주, 독성 물질 방출과 같은, 급속한 변환을 포함한다.[61]

---

59) Higgs, E., 같은 책, p.175.
60) Eric Higgs, 앞의 책, p.175.
61) Eric Higgs, 같은 책, p.176.

산업적 실천과 소비자의 실천은 생명 종의 화학적 플랜트 시스템에서 변화를 창조했으며, 이 같은 변화들의 비율은 제고되고 있다. 인간의 사회적 활동의 속도 역시 높아져간다. 전기 기술의 사용은 심오한 변화를 우리의 삶에 미치고 있다. 계산, 커뮤니케이션, 오락 등의 상호연관된 기술들은—랩톱 컴퓨터, 개인용 디지털 보조기, 무선 커뮤니케이션 장치, 스마트폰 등등—우리의 삶의 방식에 대해서 질적인 재배열을 강요한다.

위에서 지적한 생태복원의 역사적 준거와 관련된 과학적 문제에 못지않게 중요한 것은 인문적 차원에서 말하는 복원의 진정성이라 할 것이다. 이 점에서 린치의 통찰은 다시 한 번 생태복원의 장소의 역사성을 이해하는 데 있어 교훈을 제공한다.[62] 장소의 진정성에 있어서 모든 장소는 그것이 자연적 거점이건 기념비이건 유일무이한 것이며, 복제될 수 없다. 공간과 시간 속에서 축적된 그 자신의 특징들 때문이다. 장소의 역사는 그 장소의 진정성의 중핵이라 할 수 있다. 여기서 기억과 망각은 진정성과 비진정성을 갈라놓는 기준이 된다. 과거와 미래에 대해 갖고 있는 우리의 이미지는 바로 현재의 이미지로서 연속적으로 재창조된다. 시간에 대한 우리의 감각의 핵심은 바로 지금 이 순간에 대한 감각이다. 따라서 공간적 환경은 시간에 대한 이 같은 현재의 이미지를 강화시켜주고 인간화시킬 수 있다. 만약 우리가 생태복원을 비롯한 환경디자인을 시간 속에서 조직화되는 그 무엇으로, 또는 시간의 징표를 말해주는 그 무엇인가로 이해하게 된다면, 우리는 효과적인 방법들을 얻게 된다. 그 가운데 하나는 과거의 사건들의 기호들을 가시적으로 축적하는 것으로서, 바로 그 같은

62) Lynch, K., *What Time is This Place?*, The MIT Press, 1972.

과거의 사건들의 기호들의 축적이야말로 역사적 시간의 깊이를 표면화시킬 수 있다. 이같은 평범한 사실들에 대한 심오한 이해는 생태복원의 기초가 되어야 할 것이다.

5. 자연의 진정성

생태복원이 지향하는 손상 이전의 생태계가 지니고 있던 자연성의 문제는 첨예한 인식론적 존재론적 문제를 제기한다. 청정무구한 황무지의 개념이 과연 실재하는 것인지 아니면 하나의 신화인지, 더 나가 일부 생태복원 전문가들은 자연성(naturalness) 자체가 생태복원과 환경윤리에서 변별성이 없다는 다소 극단적인 발언조차 서슴지 않고 내놓는다. 따라서 자연이라는 개념이 함의하는 진정성의 문제는 정치와 윤리의 문제와 직결된 중요한 주제이기도 하다. 어쨌거나 시간과 장소와 더불어 자연의 생태계에 대한 우리의 태도와 가치 부여가 변화한다는 점에서 자연의 진정성 자체를 절대화시키는 것도 무리가 따른다는 점을 냉정하게 인식할 필요가 있다.[63]

현재 생태학 담론에서는 두 개의 극단적 신화가 널리 퍼져 있다. 첫 번째 진영의 주장에 의하면 현재 지구상에는 전혀 변형되지 않은 완전 무구한 엄청나게 넓은 지역의 서식지가 존재한다는 것은 신화에

63) 자연 속의 진정성에 대한 전반적 문제들을 검토한 다음 연구서를 참조할 것. Dudley, N., *Authenticity in Nature: Making Choices about the Naturalness of Ecosystems*, London & New York, Earthscan, 2011.

불과하며 따라서 야생 자연(wild nature)과 같은 개념은 존재하지 않는다는 것이다. 더 나가 또 다른 학자들은 생태계의 자연성 개념은 불필요하다는 주장까지 내놓고 있다. 대중 매체를 통하여 이루어지는 자연의 초상과 표상은 여전히 자연 상태에서 다양한 종들과 생태계들이 계속해서 존재하는 세계의 넓은 지역들이 존재한다는 인상을 심어주고 있다. 이것은 대중 매체를 통하여 우리가 보고 읽은 자연의 이미지 속에 거의 각인되어 있을 정도이다. 아마존 유역이나 보르네오 밀림 지역 등의 자연 생태계는 우리가 여행하고 한 번쯤 탐험해 볼 필요가 있는 타자로서 묘사된다. 수많은 생태 관광 프로그램들은 인간들의 활동들에 의해서 영향을 받지 않은 완전한 황무지와 야생 지역이 존재한다는 환상을 심어준다. 인간의 문명 세계와 별개로 전혀 다른 야생의 세계가 존재한다는 믿음은 여전히 강력하다.

하지만 이 같은 오해는 바람직한 자연 보존과 생태복원의 개념화를 왜곡시킬 위험성이 농후하다. 무엇을 보존해야 할 것인지에 대한 그릇된 희망을 심어줄 뿐만 아니라, 복원과 관리 차원에서 사용 가능한 몇 가지 선택 사양들의 가치를 평가 절하시킬 위험성을 갖고 있기 때문이다.[64)]

더구나 야생 자연에 대한 그 같은 고착화된 왜곡은 황무지와 야생이 마치 텅 비고 사람의 손길이 닿지 않은 곳으로 이루어져 있다는 잘못된 시각을 조장함으로써 결정적으로 중요한 사회적 쟁점들을 무시하고, 황무지와 야생성이 갖는 문화적 의미를 희석시킬 수 있는 위험성이 있다.

주지하는 바와 같이 지구의 방대한 부분들은 농업, 도시화, 대규모

---

64) 위의 책, p.11.

〈그림 5〉 야생자연의 이미지

벌목, 광산과 과도한 어업 행위에 의해서 철저하게 변형되었다. 겉으로 보이는 자연 지역 역시 인간들에 의해서 의도적이건 우발적이건 상상을 초월할 정도로 지대한 영향을 받고 있다는 사실을 기억할 필요가 있다. 그렇다면 이 같은 상황에서 '자연적'이라는 단어가 의미하는 것은 정확히 무엇인가? 이 단어의 정확한 의미를 기술하기 어려운 이유는 이 단어를 사용하는 주체에 따라서 그것의 함축적 의미가 변화될 수 있기 때문이다.

하나의 자연 생태계를 구성하는 요소에 대한 개념은 수세기 동안 생태학자들을 매료시킨 물음이다. 생태학적 차원에서는 세 개의 핵심 개념이 부각될 수 있다. 자연성(naturalness), 생물학적 통합성(biological integrity), 생태학적 통합성(ecological integrity)이 그것이다.[65)]

---

65) 자연성과 진정성에 대한 전반적 논의에 대해서는 앞의 책, 7장 참조. pp.135-163.

이 가운데 자연성에 대해서 가장 많이 언급되는 접근법은 생태학자 앤더슨의 정의이다.[66] 그는 자연성의 세 가지 구성 요소들을 파악하였다. 첫째, 인간들이 제거될 경우 시스템이 변화할 수 있는 정도, 둘째, 현재 상태에서 존재하는 바로서 생태계의 기능 작동을 유지하기 위해서 요구되는 문화적 에너지의 총량, 셋째, 인간의 정착 이전에 해당 지역의 종들과 견주어서 한 지역에서 현재의 자생종들의 보완이다. 하지만 다른 학자들로부터 이 같은 자연성 개념은 상당부분 정치적 개념이며 인간과 자연을 분리하는 모델로서 인간의 현존 속에서 발전하는 장소들에 적용하기 어렵다는 비판을 받았다. 자연성 개념은 여전히 중요하나 그에 대한 상이한 해석들이 경합 중이다. 기존에 제시된 자연성에 대한 정의들은 세계의 많은 곳에서 실제로 작동될 수 없는 세 개의 가정에 기초한다.[67] 먼저 그 정의들은 사람들이 살고 있지 않은 장소들을 찾을 수 있다는 가능성을 가정하고, 생태계가 어느 정도 독립적으로 계속해서 기능할 수 있다는 기회를 가정하며, 동시에 변화를 측정할 수 있는 하나의 기준선을 찾을 수 있다는 가능성을 가정한다. 사람들이 개입하지 않는 생태계가 여전히 존재하는 것은 사실이다. 우연 또는 의도적 디자인에 의해서 인간들이 제거되면서, 인간들이 아직 정착하지 않았거나 유목하지 않은 소수의 장소들이 존재한다. 그 같은 지역들은 특별한 생태학적, 문화적, 영성적 가치를 갖는다. 하지만 지구 전체로 보았을 때 이들 지역은 미미하며, 그마저도 빠른 속도로 소멸되어가고 있다. 더구나 인간의 개입 유무

66) J.E., "A conceptual framework for evaluating and quantifying naturalness", in *Conservation Biology*, vol.3, n.3, pp.347-352.

67) Dubley, 앞의 책, p.147.

와 상관없이 정상적인 조건들에서 생태계는 흔히 생각하는 것처럼 안정적 상태로 남아 있지 않다. 급속한 기후 변화의 조건들 아래서 급격하게 변화하고 있으며 이 점을 우리는 분명히 인식할 필요가 있다. 자연성의 척도를 파악할 수 있는 주요 이유들 가운데 하나는 변화를 측정할 수 있는 기준선을 제공할 수 있다는 가정이다. 하지만 세계의 많은 지역에서 우리는 이미 생태계의 극적으로 변화된 집합에서 작업하며, 인간들의 부재에 기초하여 예측되는 자연 보존 모델을 개발하는 것은 작동되지 않는다.[68]

이 같은 이유에서 갈수록 비자연적으로 진행되는 세계에서 자연성의 가치를 포괄하기 위해서 생태학자 더블리 교수는 진정성(authenticity) 개념을 제안한다.[69] 그가 이 개념을 제안하는 이유는 자연성과 그것이 21세기에 맡을 역할에 대해서 혁신적으로 사유하자는 취지에서이다.

진정한 생태계의 정의는 다음과 같다. "생물다양성의 수준과 생태학적 상호 작용들의 범위를 구비한 회복가능한 생태계로서, 개별 소재지에서 역사적, 지리적, 기후적 조건들의 조합 결과로서 예측될 수 있다."[70]

따라서 진정성은 변화를 포용하고 새로운 생태계의 총합이 가능한 한 그것들의 구성 종들을 유지해야 할 것을 제안한다. 달리 말해 경관의 스케일에서 종들의 다양성의 상실과 생태계 기능들의 상실을 최소화하려는 목표를 설정해야 한다. 따라서 진정성은 과거의 생태학적 역사와 현재의 기후 조건 및 지리 조건들로부터 예측될 수 있는 종들의

68) Dubley, 같은 책, p.148.
69) Dubley, 같은 책, p.148.
70) Dubley, 같은 책, p.154.

다양성들로 구성되는 신축적이며, 지속적인 생태계에 초점을 둔다.[71]

끝으로 생태복원에서 자연성과 진정성의 논의는 윤리적·도덕적 문제들과 결부되어 있다는 점에 주목할 필요가 있다.[72] 생물 다양성과 자연 생태계에 대한 관심과 우려는 흔히 부유한 사람들과 특권층으로 한정되는 자비와 관용으로 파악되곤 한다. 하지만 생태계 보존과 사회 경제적 수준의 관계를 일반화하는 데는 무리가 있다. 더구나 생태계 보존에 대한 인간의 윤리적 토대에 대한 지나친 믿음도 곤란하다. 몇몇 문화에서는 인간 이외의 다른 종들에 대해서 본능적인 연민이나 동감을 갖는 것으로 나타난다. 하지만 다른 문화권에서는 전혀 상이한 태도를 보여준다. 동물에 대한 인간들의 항시적인 도덕적 기준선을 찾는 것은 현재로서는 매우 어렵다. 많은 사람들은 다른 동물들에 대해서 윤리적 기준들을 갖고 있고, 어느 정도에서는 식물들과 생태계에 대해서도 그 같은 윤리적 표준을 갖고 있다. 마찬가지로 사람과 문화마다 자연성을 바라보는 시각에는 상당한 차이가 있다는 점도 확인된다. 일부 극단적 주장을 펼치는 사람들은 자연성, 황무지, 심지어 자연 등의 개념들은 인간 담론의 산물이며 그것을 벗어나 독립적 존재를 갖지 않는다는 진술로 이어진다. 자연 개념이 순전히 인간의 구성물이며 인간 자신의 가치들을 넘어서 독립적 가치를 갖지 못한다는 가정은 생태복원의 존재론적 토대를 위협하는 악순환에 빠질 위험에 처하게 만들 소지가 있다는 점에서 경계해야 한다.[73]

하지만 현재 생물 다양성과 자연 보존 등의 용어들은 일부 인권

71) Dubley, 같은 책, pp.154-155.

72) Dubley, 같은 책, pp.86-87.

73) Dubley, 같은 책, pp.90-91.

옹호론자들과 사회과학에서 남용되거나 악용되면서 개념의 혼란을 초래하고 있다. 심지어 황무지를 옹호하거나 자연 보존에 참여하는 사람들에 대해서 파시스트라는 공격을 서슴지 않고 있다. 심지어 주류 자연 보존 기관들에서 일하는 사람들조차 종의 다양성을 보존하는 이유는 인간 사회에 가져다주는 편익을 위해서라고 공공연히 주장하고 있다. 이 두 진영에서 제시하는 자연에 대한 서사들은 모두 위험한 사유에 기초하고 있으며 생태보존 실천가들이 옹호하려는 현실에 대한 혼란에 기인하며 또한 인권 옹호론자들로부터 자연 보존에 대해서 가해지는 비판들에 의해서 영향을 받는다. 그 결과, 자연 보호를 둘러싼 서사의 갈등과 혼란에서는 두 가지 상이한 쟁점들이 혼합되어 있는 상황이다. 첫째, 몇몇 자연 보존 옹호론자들은 인간들과 구별되고 고립화된 자연에 대한 이상적이고도 단순화된 시각을 촉진시켜 왔다. 이 같은 시각은 특히 정치적으로 취약한 인간 공동체들을 불리하게 만드는 자연 보존에 대한 접근법들을 장려했다. 두 번째 쟁점은 생물 다양성의 보존 그 자체는 윤리적으로 관심을 다른 곳으로 따돌리는 사안이다.[74)]

일반적으로 말해서 자연 보존이 다양한 장소들에서 사회적으로 불평등하거나 부패와 빈곤으로 얼룩진 지역 공동체에 불리하게 작용할 수 있는 경우가 있다. 하지만 자연 보존은 이 같은 조건들을 야기하는 것이 아니라 그 같은 조건들을 반영할 뿐이다. 예컨대 자연 보존의 이름 아래 토지를 빼앗긴 사람들이 있는 장소들에서 그들은 또한 광산업, 농업, 도시 재개발 등에 의해서 토지를 빼앗기기도 한다. 일부 환경정의 옹호론자들의 추론에 의하면 만약 자연이 단지 인간적

---

74) Dubley, 같은 책, pp.92-96.

구성물이며 황무지 보호가 부유층과 특권층을 위한 게임이라면 자연보호에 대한 전체 접근법을 총체적으로 다시 사유할 필요가 있다는 것이다. 이 같은 첨예한 문제들에 더하여 동물의 권리, 생물다양성 권리, 생태계 권리 등의 새로운 권리 개념들이 등장하면서 생태복원의 자연성과 진정성의 문제는 첨예한 문제들을 우리에게 제기할 것이다. 우리는 다시 원론으로 돌아가 자연에 대해서 인간들이 처한 곳이 어디에 있으며, 과연 누구를 위해 생태복원을 실천하는 것이며, 우리가 생태복원을 통해 성취하려는 목적이 무엇인지를 인문학적 토대에 근거하여 다시 사유해야 할 것이다.[75)]

---

75) Dubley, 같은 책, 제4장, pp.85-96.

제 8 장 생태복원의 기호학적 상상력

김성도

국내외에서 생태복원에 대한 본격적인 기호학적 연구는 아직 찾아볼 수 없는 실정이다. 본 장에서는 생태복원의 기호학 연구를 위한 예비적 단계로서 국내 학계에서 별로 관심을 받지 못한 영역인 생태기호학의 개념적 구조를 제공하고, 이어서 생태복원과의 접점을 위해서 경관의 기호학적 함의를 기술하며 끝으로 생태복원을 비롯하여 생태학의 가장 시급한 문제라 할 수 있는 쓰레기, 즉 오물과 하수 등의 문제를 기호학적으로 사유할 수 있는 몇 가지 이론적 단초를 마련하고자 한다.

1. 생태복원의 기호학적 토대: 자연, 생명, 기호

1) 생태기호학: 이론적 배경과 주요 흐름

인간과 환경 사이의 관계는 다양한 학술 분야들에서 연구되고 있다. 인문학과 사회과학 분야에서 환경 역사학, 환경 인류학, 환경 사회학, 환경 철학, 환경 경제학 등의 새로운 학술 분야의 창발을 목격할 수 있다. 이 같은 학술적 흐름에서 생태기호학은 인간 생태학에 대한 새로운 이론적 접근법으로서 간주될 수 있다.[1] 생태기호학의 기본 가정들은 일면 고도로 추상적이거나 사변적이며 부분적으로 기호학 개념을 차용한다는 점에서 형식적 속성을 띠고 있기는 하나, 매우 구체적이며 경험적인 데이터를 조직화할 수 있는 프레임워크로서 사용될 수 있다. 생태기호학의 일차적 인식론적 정당화는 정신과 물질의 세계를 두 개의 세계로 철저하게 분리한 데카르트의 개념적 이분법을 극복하기 위한 시도이며, 그 이외 문화와 자연, 사회와 자연 등, 서구 인문학에서 굳건하게 자리 잡고 있는 다양한 이분법의 사유들을

---

1) 생태기호학의 인식론적 토대와 생태학에서의 적용 가능성을 다루는 다음 문헌을 참조할 것.

1. Hornborg, A., "Vital signs: an ecosemiotic perspective on the human ecology of Amazonia", Sign Systems Studies 29.1, 2001, pp.121-152.
2. Nöth, W., "Ecosemiotics", Sign Systems Studies 26, 1998, pp.332-343.
3. Nöth, W., "Ecosemiotics and the semiotics of nature", in Sign Systems Studies 29.1, 2001, pp.71-82.
4. Kull, K., "Semiotic ecology: different natures in the semiosphere", Sign Systems Studies 26, 1998, pp.344-371.
5. Poser, R., "Semiotic pollution: Deliberation towards an ecology of signs", Sign System Studies 28, 2000, pp.290-308.
6. 김성도, "생태기호학 시론", 기호학 연구 제12집, 2002, pp.175-206.

넘어서려 한다.

간략하게 말해서 생태기호학 패러다임은 다음과 같은 이론적 가정에 기초한다. 무엇보다 생태계는 물질과 에너지의 흐름만큼이나 기호들의 흐름을 통해서 성립된다. 이 같은 생각은 자연을 일차적으로 물질적 현상으로 보는 종래의 자연과학 일변도의 개념을 거부한다. 여기서 말하는 자연과학적 인식은 근본적으로 커뮤니케이션 차원에 토대를 둔 문화 및 사회 개념과 대립되는 시각으로서 세계를 일차적으로 물질적 현상으로 보는 관점을 말하며 앞서 언급한 데카르트의 이분법에서 출발한다. 이와 달리 생태기호학은 자연과 인간 사회를 상호 연계된 생태학적 시스템으로 간주하며 양자 모두 물질적 차원과 커뮤니케이션의 차원을 동시에 포함하고 있다는 인식론적 전제를 채택하고 있다.[2)]

생태기호학의 패러다임을 형성하는 그것의 인식론적 방법론적 토대에 대한 이해를 위해서는 20세기 사상사라는 보다 광범위한 시각에서 조망할 필요가 있으며 기호학과 생태학 사이에 존재하는 존재론적 인식론적 차원에서의 심층적 관계들과 유사성을 파악하는 것이 필요하다. 20세기에 집중적으로 이루어진 생태학의 발전과, 20세기 중반기에 제도화되어 다양한 분야에서 적용된 기호학의 전개는 양자 모두 20세기 사상에서 체계적 사유를 지향했던 과학적 패러다임들을 수놓은 다양한 흐름들의 상이한 표현들로서 간주될 수 있다. 요컨대 기호학과 생태학은 내적인 유사성이 발견된다. 비록 기호학은 대부분 인간 기호 활동에 초점을 둔 반면, 생태학은 동식물을 비롯해 다른

---

2) Hornborg, A., “Vital signs: an ecosemiotic perspective on the human ecology of Amazonia”, *Sign Systems Studies* 29.1, 2001, pp.121-122.

생물학적 유기체들의 생명을 연구해왔으나, 양자 모두 세계에 존재하는 심층적 관계를 다루는 분야들이라 할 수 있다.[3] 풀어 말해 두 분야는 자신들의 대상을 다른 대상들과의 관계에서 파악한다는 인식론적 공통점을 지니며 방법론 차원에서 관계성을 근본적인 것으로 간주한다. 이를테면 생태학에서 연구의 초점은 유기체들 사이에 존재하는 관계와, 그것들의 환경에 모아진다는 점에서 핵심 연구대상은 상이한 생물학적 종들 사이에 존재하는 관계라 할 수 있다.

퍼스의 기호 정의는 대표적인 관계적 개념화라 할 수 있다. 주지하다시피 퍼스는 기호를 물질적 토대를 갖으며 지각 가능한 실재인 '표상체', 정신적 활동의 이미지와 구성물인 '해석체', 그리고 표상체가 지시하는 외부, 또는 외부의 세계를 의미하는 '대상체'로 이루어진 삼원적 관계에 기초한다. 뿐만 아니라 연속적으로 이루어지는 해석의 무한 연속(series)이라 할 수 있는 퍼스의 무한 '세미오시스'라는 관념과, 먹이사슬과 물질의 사이클링 등, 자연 속에서 이루어지는 반복적인 과정 사이에는 직관적 유사성이 존재한다. 보다 구체적으로 자연에 존재하는 생태학적 관계를 언어에 존재하는 기호학적 과정으로 연계시키는 작업은 퍼스 기호학의 핵심 개념인 지표와 도상을 사용하면서 가능하다.[4]

한 가지 구체적 사례로서 기호학적 과정과 생태학적 과정들 사이의 연결고리를 포착한 독일 기호학계의 석학 포스너 교수가 도입한

---

3) Maran, T., "Towards an integrated methodology of ecosemiotics: The concept of nature-text", *Sign System Studies* 35.1/2, 2007, pp.269-294.

4) Coletta, W.J., "The semiosis of nature: Towards an ecology of metaphor and a biology of mathematics", *The American Journal of Semiotics* 10:3/4, 1993, pp.223-244.

기호학적 공해(semiotic pollution)라는 개념을 생각해 볼 수 있다. 물질적 공해가 생명의 기본적인 과정을 교란, 간섭하는 것과 마찬가지로, 기호학적 공해는 기호 과정을 방해하는 소음이나 방해 현상을 지시한다.[5)]

한편, 러시아의 타르투 기호학파를 중심으로 기호학과 생태학의 접목을 시도한 연구들이 90년대 초반부터 집중적으로 이루어졌다. 이 분야를 선도해 온 두 학자는 킐 교수와 뇌트 교수로서 이들은 생태기호학을 최초로 제안한 장본인들이었으며 생태기호학에 대한 두 개의 접근법을 식별하였다.

첫째, 문화적 접근법으로서 이것은 기호학과 구조주의에 뿌리를 두고 있으며 자연이 어느 한계선까지 문화적 시각에서 해석되는가를 탐구한다. 아울러 생태학의 문화적 접근법은 어느 정도까지 다양한 문화들이 동일한 자연 현상을 상이하게 해석하는가를 탐구하기도 한다. 두 번째 접근법은, 퍼스와 모리스의 기호 철학에 토대를 두고 있으며 이들은 자연 속에서 진행되는 기호 과정을 그 자체의 권리를 갖는 현상들로서 다루고 있다. 두 번째 접근법의 학문적 생산물은 동물기호학과 생명기호학의 패러다임이며, 정통 기호학에서 이른바 기호학적 경계선에서 저층, 즉 최종의 기호학적 임계점에 속하는 생명 과정을 연구한다. 이 같은 접근법들은 다음과 같은 인식론적 물음에 대한 가능한 답변이 될 수 있다. 인간문화 연구에 사용된 방법은 문화의 경계선 외부에 존재하는 인간 이외의 다른 생물과 자연 세계 등 생태학적 관계를 연구하기 위해서 사용될 수 있는가? 뇌트 교수는 생태기호학에 대한 이 같은 두 개의 양자택일과 관련하여 문화적 생태기호학과 생물학적 생태기호학으로 분할한 바 있다.[6)]

---

5) Posner, R., 앞의 논문, p.290.

이 두 가지 접근법의 공통점은 기호학의 입장에서 생태학을 접근했다는 데 있으며, 이와 달리 자연과학 분야에서 생태학을 전공한 전문 학자들이 기호학적 시각을 적용하여 유기체와 환경 사이의 관계에 대한 생태학적 연구를 수행한 다수의 사례들이 나와 있다는 점에서 세 번째 접근법을 추가하는 것이 가능할 것이다.

뇌트 교수는 생태기호학을 무엇보다 서식지를 연구하는 기호학으로 파악했으며 그 목적은 "유기체와 그들의 환경 사이의 기호학적 상호 관련성에 대한 연구이다."[7] 따라서 그가 파악한 생태기호학은 문화를 포함하여 자연 환경에 존재하는 의미 작용의 과정에 초점을 두며 유기체와 그것의 비생명적 환경 사이의 관계를 다룰 것을 제안하고 있다.

다른 한편, 생태기호학의 또 다른 선두 주자인 퀼 교수는 뇌트 교수의 시각과 달리, 생태기호학은 모든 살아 있는 유기체를 그것들의 비생명적 환경과 관련지어 다루는 것이 아니라, 오직 인간들과, 그들의 문화 그리고 자연 환경과 관련지어서 다룰 것을 제안했다.[8] 따라서 그는 명시적으로 생태기호학을 문화 기호학의 한 부분으로 정의함으로써 인간과 자연의 관계를 탐구하는 것이 그 본령임을 천명한 것이다. 그의 논지에 따르면 자연은 기호라는 매개를 통해 존재하며 인간은 언어를 통한 매개화 또는 여과 없이는 자연을 지각할 수 없다는

---

6) Nöth, W., "Ecosemiotics and the semiotics of nature", *Sign Systems Studies* 29:1, 2001, pp.72-74.

7) Nöth, W., "Ecosemiotics", *Sign Systems Studies* 26, 1998. p.333.

8) Kull, K., "Semiotic ecology: different natures in the semiosphere", *Sign Systems Studies* 26, 1998, pp.344-371.
Kull, K., "On semiosis, Umwelt, and semiosphere", *Semiotica* 120(3/4), 1998, pp.299-310.

것이다. 또한 자연과 접촉한 문화는 자연을 자신의 시각에서 기술함으로써 자연을 변화시키는 상황에서 벗어날 수 없으며, 또한 자연에 영향을 미치는 것을 피할 도리가 없다. 또한 자연과 문화 사이의 이 같은 변화는 원칙적으로 일방향적으로 이루어지며 인간 중심으로 이루어진 환경 개발은 자연의 반감과 훼손으로 치닫는다. 퀼 교수에 따르면, 생태기호학의 대상은 "인간을 위한 자연의 자리와 역할의 기호학적 양상들이다. 즉, 우리에게 자연의 의미는 무엇인가, 어느 정도까지 우리는 자연과 더불어 소통할 수 있는가의 문제이다."[9)]

뇌트 교수와 퀼 교수의 입장을 통해 대변되는 생물학적 생태기호학과 문화적 생태기호학은 제각기 장단점을 지니며 양자의 종합도 가능하다. 양자 모두 문화-자연의 관계를 기술할 수 있는 능력에 있어서 한계가 그어져 있다. 생물학적 생태기호학은 자연 과학의 전통에 기대어 있으며 살아 있는 유기체와 그것들의 생명 사이에 존재하는 기호 관계의 이론적 기술에 관심을 갖는다. 이와 달리 문화적 생태기호학은 문화 기호학에 토대를 두며 아울러 언어 중심주의에 의해서 또는 문화 중심주의에 의해서 그 한계가 그어지며, 인간 언어와 문화 체계의 한계를 넘어서 연구자의 관점을 이동시킬 수 없다는 단점을 노출한다. 따라서 문화적 접근법과 생물학적 접근법 사이의 이분법을 극복해야 할 필요성이 제기된다. 현재로서 생태기호학의 역할은 상이한 기호 시스템과, 문화와 자연의 관계에 존재하는 기호 시스템들의 구조적 층위들을 연결하고, 매개화하고, 번역하는 데 있다고 말할 수 있을 것이다.

생태기호학이 새로운 이론적 접근법이라 말했을 때, 이것은 보다

---

9) Kull, K., 앞의 책, p.350.

상세한 진술을 요구한다. 20세기 초반기에, 동물학자 우엑스퀼(1864~1944)은 생태계에 대한 우리의 시각이 자연과학을 지배하는 수량화와 물질성과 더불어 제약되어 있다는 점을 깨달았다. 그의 관심사는 자연에서 이루어지는 유기체의 상호 작용이었으며 각각의 종에 허락된 특수한 지각 방식에 주목했다. 그는 생명체의 그 같은 주관적 세계를 움벨트(Umwelt)로 정의했다. 생물학의 이 같은 주관주의적 경향은 근대 동물 행태학의 초석을 놓았다. 우엑스퀼의 저서 『움벨트 이론』(*Umweltlehre*)은 자연에 대해서 보다 심오한 물음들을 제기하고 있으며 그것은 자연의 물질적 신진 대사의 정확한 측정 이상의 것을 말한다.[10)]

생태기호학적 접근의 유의미성은 생태계에서 인간의 역할을 고려할 때 더욱더 명백해진다. 인류학자이면서 생물학자였던 베이트슨은 생태기호학의 이론적 토대와 유사한 방식으로 생명체의 커뮤니케이션에 초점을 둔 살아 있는 시스템의 과학을 설명하는 데 노력을 경주했다. 그는 놀라울 정도로 수미 일관적이며 이론적인 프레임워크를 동물 행동의 다양한 연구에 적용했으며 물질적 기층과 개별 생산물이 무엇이건 그는 다음과 같이 주장했다. 살아 있는 것들의 패턴과 형식들은 참여하는 주체들 또는 정신들 사이에서 커뮤니케이션 관계들 속에서 생성된다. 이런 맥락에서 그는 인간의 언어와 의례와 같은 문화적 현상들을 보다 광범위한 일반적 커뮤니케이션 현상 범주의 하위 집합으로서 간주할 수 있었다. 문화 현상과 생물학적 현상 사이의 놀라운 유추들의 표면에서 나타나는 이 같은 그의 직관과 통찰은 아쉽게도 주류 인류학에서는 별로 쓸모가 없는 것으로 그 학문적 가치를

---

10) Uexküll, J.V., "The theory of meaning", *Semiotica* 42(1), 1982(1940), pp.25-82.

인정받지 못했다. 하지만 나중에 가서 그는 생태학적 위기를 인식론과 커뮤니케이션의 병리(pathology)로서 접근하면서 명시적으로 이 같은 통찰들을 환경적 관심사에 적용했다는 점에서 베이트슨의 생태사상을 기호학과 접맥시키는 작업은 앞으로 심층적 연구를 주문한다.

2) 생태기호학의 주요 핵심 개념

(1) 생태학과 기호학의 공통적 토대: 맥락주의

생태학에서 말하는 관계 개념과 관련된 기호학의 핵심개념은 맥락성이라 할 수 있다. 맥락은 여러 학술 분야들에 따라서 상이하게 정의되나 사건, 진술, 관념을 위한 환경 또는 외적 조건을 형성하는 상황들로 이해된다. 생태학에서는 이와 유사한 역할이 환경이라는 개념에 부여된다. 이를테면 인간, 동물, 식물이 생존하고 작동하는 여건과 조건들로서 환경을 간주하고 있다.

한편 맥락 개념은 기호학에서 다양한 형식들과 사용 관례를 갖고 있다. 예컨대, 커뮤니케이션 기호학에서 말하는 맥락적 사유는 커뮤니케이션에서 전달된 메시지의 의미가 맥락을 지향하고 커뮤니케이션 상황 외부에 존재한다는 생각이라 말할 수 있다.

이 점에서 기호학과 생태학을 접목시킬 수 있는 통찰과 이론을 제공한 사상가 가운데 한 명인 인류학자 베이트슨의 진술은 맥락의 중요성을 일깨워준다는 점에서 근본적이다. "모든 커뮤니케이션은 맥락을 필요로 한다, 맥락 없이는 의미도 존재하지 않는다."[11)]

---

11) Bateson, G., *Mind and Nature. A Necessary Unity*, Toronto, New York, Bantham Books, 1980(1979), p.18.

맥락적 정보는 커뮤니케이션 시스템에 잉여성을 도입함으로써 커뮤니케이션의 안정성을 확보하는 데 기여한다. 하지만 다수의 맥락들이 존재할 수 있으며, 주어진 메시지에 대해서 맥락 내부에 또 다른 맥락이 존재할 수도 있다. 생물학적 진화와 관련하여 베이트슨은 맥락으로서의 환경에 대한 여러 편의 독창적 논문들을 발표했는데 그에 따르면 자연 환경은 동물의 활동들에 대한 반응으로서 진화한다는 것이다.[12] 타계한 미국기호학의 태두였던 시비억의 동물 기호학 연구에서도 의미와 맥락적 정보 사이에 존재하는 연계성은 자연 환경과 직접적으로 연계되었으며 자연의 기호적 본질을 부각시켰다. 그에 따르면 맥락적 정보는 동물 커뮤니케이션에서 결정적으로 중요한 의미를 갖는다. 동물 커뮤니케이션에서 지각된 메시지의 의미는 조건에 따라서 완전히 다를 수 있기 때문이다. 커뮤니케이션이 발신자 또는 수신자의 영토에서 발생하느냐, 아니면 열린 공간 또는 닫힌 공간, 또는 안전한 공간 또는 불안전한 공간에서 발생하느냐에 따라서 그 의미는 전혀 다르게 나타난다.[13]

(2) 기호계(semiosphere) 개념의 생태학적 함의

기호계라는 개념어는 러시아 타르투 학파의 창시자인 유리 로트만(Yuri Lotman)이 제시한 독창적인 기호학적 개념으로서 그는 다양한 역설들을 통하여 다양한 방식으로 그 개념을 정의한 바 있다. 로트만

---

12) Bateson, G., *Steps to an Ecology of Mind*, Chicago, London, The University of Chicago Press, 2000(1972), p.155.

13) Sebeok, T.A., *Perspectives in Zoosemiotics*, The Hague, Paris, Mouton, 1972, pp.63-83, pp.122-161.

기호학의 권위자인 김수환 교수는 이렇게 정의하고 있다.

"로트만의 기호계는 모든 기호체계가 자리하는 거대한 '추상적 공간'이자 그들의 작용을 주관하는 통합된 '메커니즘' 자체를 뜻한다. 그것은 인간, 텍스트, 그리고 문화라는 '유기적 조직체'가 생성하고 발전하며 소멸하는(기호적 삶의) 공간인 것이다."[14) "기호계는 상이한 언어와 다양한 기호체계의 단순한 축적이 아니라 그것들의 존재와 기능을 위해 '선재하는' 기호학적 조건이다."[15)]

특히 정통 유럽의 구조 기호학과 달리 로트만은 문화 공간에서 텍스트는 늘 이질적이며 하나 이상의 코드가 존재한다는 점을 누차 강조하였다. 따라서 그가 보기에 단일한 언어, 단일한 문화라는 것은 이론적 허구이며 현실 세계에서는 존재할 수 없다. 하나의 메시지를 갖기 위해서는 최소한 두 개의 상이한 코드들, 두 개의 언어들이 요구된다.

"하나의 텍스트는 이질적인 기호학적 공간들의 체계를 성립하는 기제이다. 그 공간의 연속체 속에서 일정한 최초의 메시지가 순환된다. 우리는 이 메시지를 단일한 언어의 발현으로서 지각하지 않는다."[16)]

특정 메시지가 하나의 텍스트로서 존재하기 위해서는 최소한 코드화되어야 하며 이것은 결국 코드 이원성 원리의 상이한 정식화들로 간주될 수 있거니와 의미 창조의 형식에서 연속성과 이산성의 공존을 전제로 한다.[17)] 이 원리는 생명 기호학자 호프마이어에 의해서 유사

---

14) 김수환, 『사유하는 구조: 유리 로트만의 기호학 연구』, 문학과 지성사, 2011, p.322.

15) 같은 책, p.337.

16) Lotman, "The text within the text." Publications of the Modern Language Association 109(3): 377-384.

하게 기술된 바 있다.[18] 약호 이원성은 기호계의 주된 특질로서 상보적 기술들의 공존을 말한다.

환경과 생태학에 대해서 약호 개념을 적용할 때 생태학은 명백하게 이원적이다. 주지하는 바와 같이 자연 과학으로서 발전된 생태학의 고유한 범주가 존재한다. 그 같은 생태학은 환경에 대해서 그 안에 존재하는 유기체적 시스템과 더불어 수량적 연구의 장을 성립한다. 자연 과학적 인식에서는 환경 안에 존재하는 내재적 가치 또는 의미에 대한 고려가 없이 진행된다. 이와 달리 의미와 가치를 포함하는 생태학이 존재한다. 바로 이 지점에서 생태복원에 대한 기호학적 기여가 가능하다. 가치는 생태철학, 생명 기호학, 기호 생태학에 포함된 핵심요소이다. 과학적 생태학은 물리학의 한 부분이며, 가치론적 생태학은 기호학의 한 부분이다.

물리적 개념으로서의 환경은 기호계로서 동일하지 않다. 하지만 상황은 만약 우리가 생태계를 기호학적 개념으로서 언급한다면, 상이하다. 생명 기호학적 관점에서 기호계는 생태계와 일치하며 따라서 이것은 자연-문화의 대립 없이 환경 문제를 다룰 수 있는 유용한 개념으로 활용될 수 있다.[19]

---

17) Kull, K., "Semiosphere and a dual ecology: Paradoxes of communication", in: *Sign Systems Studies* 33.1, 2005, 175-189.

18) Hoffmeyer, J., *Signs of Meaning in the Universe*, Bloomington, Indiana University Press, 1996.
Hoffmeyer, J. and Emmeche, C., "Code-duality and the semiotics of nature", In: Anderson, M. and Merrel, F.(eds.), *On Semiotic Modeling*, Berlin, Mouton de Gruyter, 1991, pp.117-166.

19) 이 점에 대해서는 다음 논문 참조
Kull, K., "Toward biosemiotics with Yuri Lotman", *Semiotica* 127-1/4, 1999, pp.115-131.

생태학의 다양한 문제들이 기호 체계의 특수한 자질들의 차원에서 다루어질 수 있는 것이다. 예컨대 독일 동물행태학자 우엑스퀼(Jakob von Uexküll)이 창안한 독창적 개념어인 움벨트(Umwelt)는 생태계를 재정의할 수 있는 단서를 제공할 것이다.

생태복원의 관점에서 기호계는 생명 다양성의 공간 차원에서 재해석될 수 있다. 이 점에서 기호계는 이질적인 공간, 즉 질적인 다양성이 창발하고, 융합하고, 지속될 수 있도록 해주는 이질적 공간 또는 소통적 매체이다. 다양성은 관계적 현상으로서 소통에 기초하며 차이를 만들어낼 수 있는 능력에 기초한다. 이 점에서 다양성은 생태기호학의 핵심 개념이 될 수 있다. 기호학은 질적 다양성의 연구로서 정의될 수 있다는 점에서 물리학과 수학 등과 대립한다.

(3) 자연-텍스트: 생태기호학을 위한 방법론적 개념

실제 분석 층위에서 앞서 말한 생태기호학의 흐름을 통합시켜야 할 필요성이 제기되는 또 다른 이유는 적절한 연구 방법론의 구성을 위해서이다. 생태기호학의 통합적 방법론은 문화 속에서 자연의 표상을 가능케 하고, 자연을 그 자체의 기호적 활동으로서 포용할 수 있는 표상을 가능케 한다. 그 같은 분석의 이원적 프레임워크를 위한 완벽한 모델 대상은 자연이라는 글쓰기(nature writing)이다. 이것은 또한 자연에 대한 글쓰기를 말한다. 자연이라는 에세이는 저자의 상상력, 사회적 이데올로기적 문화적 의미 관계와 긴장을 포함한다. 하지만, 그것은 아울러 유기체들, 자연적 공동체들, 경관들을 그것들의 특수한 속성들과 더불어 포용한다. 성장할 수 있는 능력, 소통할 수 있는 능력, 학습할 수 있는 능력, 증식할 수 있는 능력과 더불어 말이다. 자연이라는 글쓰기에 대한 이해는 단지 문자 텍스트의 해석에 의존하지 않는다.

그것은 외부 자연의 구조, 즉 고유한 기억, 역동성, 역사를 갖는 외적 자연의 구조에 기댄다. 만약 이 같은 외적 구조들이 변화한다면, 문자 텍스트에 대한 가능한 해석들의 장 역시 변화할 것이다. 생태기호학의 목적은 두 가지로 정리될 수 있다. 자연에 대해서 말하는 문자 텍스트, 자연을 지시하는 텍스트에 첨가하여, 자연 환경 자체의 묘사된 부분을 포함해야 한다. 그 묘사된 부분은 최소한 어느 정도는 텍스트적 속성을 갖고 있거나 텍스트화될 수 있어야 한다. 물론, 문자 텍스트에 비해서, 자연 환경의 구조와 그것의 지각은 다중 양태성에 속한다. 생태기호학의 한 연구자는 자연과 텍스트라는 두 개의 대응물로부터 이루어진 의미 관계를 통하여 형성된 단위를 자연-텍스트라 부른다.[20]

문자 텍스트와 자연 환경 사이의 관계는 두 개의 상호 연계된 텍스트들 사이에서, 또는 텍스트와 그것의 맥락 사이에 존재하는 관계와 유사하게 작동된다. 그 맥락에서 상호 작용은 텍스트의 가능한 해석들을 형성한다. 또한 문자 텍스트와 텍스트적 자연 사이에 존재하는 상응성은 구조적이다. 자연 환경과 문자 텍스트 사이에는 일대일 대응 관계가 존재하지 않으며 문자 텍스트는 묘사된 자연 환경에서 존재할 수 있는 가능한 구조들의 공간과 의미들과 대비를 이룬다. 자연에는 평행적으로 동시에 발생하는 사건들이나 이야기들을 취할 수 있으며 이것은 직선적 순차성을 형성하지 않고 다양한 미디어와 기호

20) Maran, T., "Towards an integrated methodology of ecosemiotics: The concept of nature-text", in *Sign System Studies* 35.1/2, 2007, pp.269-294.

체계에서 발생한다.

생태복원과 기호학을 접맥시키기 위해서는 다음과 같은 근본적 물음들이 제기되어야 할 것이다.[21] 첫째, 어느 정도까지 생태계는 기호학적 현상들인가? 다시 말해 생태계는 기호를 매개로 하는가? 둘째, 인간에 의해서 조직화되는 이 같은 기호학적 흐름들과 과정들은 어느 정도까지 생태계를 성립하는 것으로 볼 수 있는가? 셋째, 생태학적 과정의 성립에서 특정 역할을 하는 인간 기호 체계의 상이한 종류들은 무엇이며 생태계를 변형시키는 데 있어서 인간 기호들이 맡는 역할들에 대해서 일반화가 가능한가?

첫 번째 질문은 커뮤니케이션 차원과 물질적 차원 사이에 대해서 제시된 종래의 이분법에 대한 새로운 문제 제기라 할 수 있으며 여기서 말하는 소통적이라는 것은 베이트슨의 '마인드' 개념에 해당된다. 두 번째 물음은 문화와 자연의 이분법에 대한 문제제기이며 세 번째 물음은 생태학적 위기에 대한 총체적 설명을 제공하기 위한 시도에서 생태기호학의 비전과 통찰을 제공한다.

이해를 돕기 위해 청정 야생 지역이며 생명 지대인 아마존 유역에 하나의 물음을 적용해볼 수 있다.[22] 첫 번째 질문, 즉 어느 정도까지 생태계는 기호학적 현상들이며 기호를 매개로 하는가에 대한 물음을 아마존 유역에 적용해 보면 다음과 같다. 우엑스퀼과 베이트슨이 모두 상이한 방식으로 입증한 바 있듯이, 생태계들에서 유기체들의 물질적 상호 작용은 그것들의 교환과 기호들의 해석을 전제로 한다. 이

21) Hornborg, A., "Vital signs: an ecosemiotic perspective on the human ecology of Amazonia", *Sign Systems Studies* 29.1, 2001, pp.121-152.

22) Hornborg, 같은 논문.

점은 더 이상 세세한 논증을 필요로 하지 않을 정도로 생태학적 상식에 속한다. 한 가지 예를 제시해 보자. 아마존 유역의 남미 산 큰독수리는 매우 정밀한 시각 능력을 갖고 있을 뿐만 아니라, 원숭이들의 활동에서 비롯되어 나타나는 나뭇잎의 움직임의 종류들에 반응할 수 있는 성향을 갖는다. 만약 그 독수리가 그 같은 특수한 감각 데이터를 해석할 수 있는 능력이 없다면, 먹이사슬에서 제일 으뜸에 놓일 수 없을 것이다. 생태계는 하나의 기계가 아니다. 기계에서 다양한 구성 요소들은 자신들의 기능들을 엔지니어의 외적 마인드의 반영으로서 충족시키며 정신을 갖고 있지 않다. 생태계는 놀라울 정도로 수많은 지각 가능한 주체들의 복잡한 분절로 이루어진다. 자신들의 고유한 주관적 세계들의 렌즈를 통하여 서로가 서로를 참여시킨다.

여기서 세 가지 종류의 기호 체계를 구별해야 할 것이다. 감각적, 언어적, 경제적 기호 체계가 그것이다. 왜냐하면 언어 기호들은 감각 기관들에 의해서 아울러 교환을 포함하는 문화적 범주들, 즉 경제적 기호들에 의해서 매개되어야 한다는 점에서 각각의 기호 층위를 구별하는 것은 선결적 조건이다.

첫 번째 층위는 감각적 기호들이다. 인간들은 감각적 신호들을 발송하고 수신한다. 그 같은 언어 이전의 기호 체계들은 내재적으로 이론화시키기가 어렵다. 일차적으로 이론 자체가 언어에 토대를 두고 있기 때문이다. 이 점에서 하이데거의 현상학에서 영향을 받은 거주 개념, 세계 속의 존재 등의 현상학은 생태기호학과 접맥된다. 유의미적으로, 환경 철학, 인류학에서 이루어진 현상학적 접근법들은 자연환경을 주체들의 구성된 요소들로서 경험하는 근본적인 인간의 성향을 강조하는 경향을 보여준다.

아마존에서 수천 년 동안 지속된 원예를 통하여, 인간과 인간 이외의 유기체들 사이의 상호작용의 상당 부분은 눈, 귀, 코, 혀, 피부 등의 감각들에 의해서 매개되었다. 그 같은 감각적 기호 흐름들은 현상학이 상기시키고 있는 세계에서 인간의 참여를 통합한다. 사람들은 모방적으로 그 같은 감각적 신호들을 발송하고 반응하는 계약적 패턴들을 재생산하고 공유한다는 점에서 이 같은 패턴들은 문화적이다. 예컨대 그 같은 패턴들은 열대우림 환경에서 살아남을 수 있는 체현된 실천적 기술들을 표상할 정도까지, 전통적 생태학 지식의 비언어적 요소들이라 할 수 있다.

2. 경관의 생태기호학적 접근

생태기호학의 시각을 생태복원의 인문학과 접맥시키려 할 때 다양한 적용 분야들이 가능하다. 지구온난화, 쓰레기 문제, 대기 오염, 자연 경관 파괴, 황무지의 변형, 생태적 정원과 조경 등, 이미 개별 생태학적 양상들에 대한 다양한 연구가 시도되고 있다, 여기서는 그 가운데 자연 경관, 쓰레기의 문화 기호학적 해석, 전 지구적 기후 변화에 대한 퍼스의 시각 등이 어떻게 적용될 수 있는가 등에 대해서 간략하게 서술하고자 한다.

경관 복원은 생태복원과 더불어 복원의 양태 축이라 할 수 있다. 경관에 대한 기호학적 해석이 가능함을 주장하는 지리학에서 먼저 연구의 가능성이 제안되었다. 이 같은 시각에 의하면 경관은 단지 지리-생태학적 공간일 뿐만 아니라, 재원과 유기체 사이에 존재하는 기호학적 접면으로서 기능하는 지각된 실재이다. 이 같은 새로운 시도는 경관 생태학이라는 학술 분야에 의해서 기술된 원칙들의 대부분은 환경적 맥락에서 커뮤니케이션 습관을 이해하는 데 있어 비적합하고 불충분하다는 비판을 개진하고 있다. 따라서 경관의 물리적 속성들을 고려하고 아울러 인지적 속성들과, 경관과 상호 작용하기 위해서 유기체가 사용하는 생명 기호학적 과정들을 고려하는 것이 필요하다는 결론으로 유도된다.[23)]

1) 경관의 기호학적 차원

(1) 경관의 기호학적 정의

경관은 중요한 국가 자원이며 그것의 심미성과 지역의 정체성과 장소감과 더불어 광범위하게 평가되는 탁월한 자연적·문화적 귀속이다. 경관은 비록 진화와 변화에 종속되지만 그것은 미래 세대에게 중요한 가치의 재원이다. 상당수의 경관은 자연 유산에 속하기보다는 문화적 차원에 속하며, 경관의 국가적, 지역적, 지방적 정체성은 거주자들과 방문객들의 가치와 연상에 달려 있다. 따라서 문화유산을 디자인된 것으로 간주하고, 아울러 대중적 인지도 차원에서 간주하는 시각이 필요하다. 경관은 하나의 물리적 특질이며, 우리가 하나의 관점에서 보는 파노라마이지만 동시에 정체성과 장소성 역시 인지될 수 있다. 또한 물리적 특질과 인간적 영향을 언급한 후, 토지 사용과 건물 등, 미적 요인들을 지적해야 할 것이다. 질감, 색, 소리, 냄새, 그리고 다양한 연상들로서, 특히 역사적 문화적 연상들을 말한다. 이것

---

23) Farina, A., "The Landscape as a Semiotic Interface between Organisms and Resources", in *Biosemiotics* (2008) 1: 75-83.

들은 문학, 회화, 음악 분야를 포함한다.[24)]

영어 단어 landscape는 모두 물리적 장면과 그것의 회화적 재현을 포함한다. 8세기에 landscipe로 표기되다, 17세기부터 landscape로 발전되어 왔다. 그것은 한 지역과 그 지역의 회화를 모두 지시했다. 이 두 번째 의미는 네덜란드의 풍경 화가들의 작품에 그 용어를 적용했던 영국 화가들의 사용을 통해서 영어 속에 들어왔다. landscape라는 단어는 그것의 초기 의미에서 이미 하나의 환경이 관찰되는 방식을 외시하였다. 아울러 인간의 활동과 연상된 문화적 경관에 대한 명료한 연결을 보여준다. 경관의 현대적 지리적 개념은 경관 개념에 대한 다중 층위 모델에서 논의되었다.[25)] 여기에는 세 가지 관점이 제시된다. 첫째, 물질적 경관이나 지역, 즉 인간 관찰자에 의해서 보여준 바대로의 경관이다. 둘째, 그 지역에 의해서 인간의 정신 속에 야기된 경관의 경험이다. 셋째, 그 같은 경관을 형성하는 데 있어서 작동하는 기저의 과정들이다.

경관을 기호학적 자원(semiotic resources)으로서 보는 것, 즉 상징적 기능들을 갖춘 자원들로 보는 것은 잃어버린 그리고 다시 얻은 경관들을 토론하기 위한 기본 원칙이라 할 수 있다.[26)] 상징적 체계들을 이해하는 것은 인간 사회, 자연, 환경 사이에 존재하는 관계들을 이해하기 위해서 본질적이다. 기호학은 기호 체계의 연구로서 문화적

---

24) Abrahamsson, K.V., "Landscapes Lost and Gained: On Changes in Semiotic Resources", *Research in Human Ecology* vol.6, N.2, 1999.

25) Kleisteri, T., "The study of changes in cultural landscapes", Fennia 168:1, Helsinki, Geographical Society of Finland, 1990, pp.46-52, 앞의 논문 Abrahamsson 논문에서 재인용.

26) Abrahamsson, K.V., "Landscapes Lost and Gained: On Changes in Semiotic Resources", *Research in Human Ecology* vol.6, N.2, 1999.

창조들을 해석하기 위해서 사용되는 비판 이론의 분석적 도구가 될 수 있다. 기호학적 시각에서 보았을 때, 문화는 의미들을 생산하는 항구적인 과정이다. 문화적 경관들, 예컨대, 논이나 공원은 모두 기호학적으로 해석될 수 있는 창조물이다. 즉 기호들의 집합체로서, 또는 하나의 텍스트로서 해석될 수 있다. 문화 경관은 하나의 텍스트로서 의미 작용을 수반하고 그 자체가 아닌 다른 무엇인가를 지시한다. 이것은 사회적 과정으로서 이곳에서 기호들로서 취해진 오브제는 의미를 부여받는다.

한편 사회 기호학은 기호들과 사회적 맥락에 주안점을 두며 이데올로기적으로 생산된 기호 체계들과, 일상의 물질문화 사이에 존재하는 연계성을 연구한다. 이데올로기는 일체의 가치, 신념, 규범들의 체계로서 특정 무리, 계층, 사회의 이해관계와 지배를 공고하게 만든다. 이 점에서 상징적 경관들에 대한 연구 또는 시골의 전원 풍경에 대한 기호학적 연구가 가능하다. 이를테면 관광 산업은 사람들이 관광 장소들이라는 상품을 사도록 설득하면서 그것의 고유한 소비 이데올로기를 옹호하는 기호 체계와 더불어 작동한다.[27] 관광 산업에서 사용되는 표어들에서 파악된 약호와 신화는 하나의 상징적 경관의 장소 신화들을 창조하기 위해서 조합되는 이미지들을 전달한다. 예컨대, 촌락의 이미지는 상업화된 기호이며 동시에 소비 가능한 상징적 장소로서 탈바꿈될 수 있다.

경관에 대한 사회학적 접근도 환경 사회학자들에 의해서 본격적으로 연구되었다.[28] 기호학자의 관점과 유사하게 이들 경관 사회학 연

---

27) Metro-Roland, M. M., *Tourists, signs and the city: the semiotics of culture in an urban landscape*, Farnham, Ashgate, 2011.

구자들은 경관을 '자연에 의미를 부여하는 인간 행위들에 의해서 창조된 상징적 환경들'로서 간주한다. 환경에 대한 정의를 하나의 특수한 시각에서 아울러 가치들과 신념들의 특수한 여과 장치를 통해서 부여하고 있는 것이다.[29)]

모든 경관은 상징적 환경이다. 경관 사회학자는 경관을 자연적이라고 보기보다는 문화적인 사회적 정체성의 반영으로 간주한다. 논지의 핵심은 물리적 환경은 경관으로 변형된다는 것이다. 문화적 무리들은 그것을 상이한 상징들의 사용을 통하여 변형시킨다. 경관은 동일한 대상물에 대해서 상이한 의미를 부여하는 상징들이다.

인간과 경관 사이에 존재하는 관련성에 대한 구조적 접근은 다양하다. 먼저 물리적, 물질적 경관, 즉 우리가 두 눈으로 보는 경관이다. 이것은 우리가 우리의 삶을 위해서 결속된 경관이다. 그것은 초목, 동물, 토양, 물을 포함한다. 다른 한편, 세계의 유의미적 양상이 가능하다. 그것은 제도적 경관이며, 사회적 관계들과 제도적 조절들은 하나의 추상적 경관을 형성하며 누가 경관을 소유하는가를 규정한다.

따라서 의미 있는 경관(meaningful landscape)은 바로 기호학적 경관으로 번역된다. 기호학적 경관이란 언어와 문화와 관련된 지각, 행동, 경험, 사이에 존재하는 복잡한 상호 관계들에 의해서 형성된 경관을 말한다. 따라서 행동의 경관도 하나의 문화적 경관이라는 점에서 경관 기호학의 대상이 될 수 있다. 인간이 물리적 면적에 미치는 작용과 행동의 거울이 바로 경관이다.

---

28) Cosgrove, D.E., *Social formation and symbolic landscape*, London, Croom Helm, 1984.

29) Eder, K., *The social construction of nature: a sociology of ecological enlightenment, introduction and parts I and II,* Ritter, M.(Tran.), London, Sage, 1996.

(2) 경관의 정신적 표상과 제작

인간은 환경이나 경관을 직접 보거나, 듣거나, 냄새 맡지 않아도 정신적으로 그것을 표상하고 경험할 수 있다. 도시학과 지리학에서는 친숙한 경관의 정신적 표상 또는 인지 작용을 인지적 지도라고 부른다. 또한 경관의 레이아웃에 대해서 사유하고 그것을 조직화하는 방식은 환경적 인지라고 불려진다. 만약 인지적 지도 없이, 사물들이 어떻게 서로 결합되었는가에 대한 정보를 제공받지 못하면 인간은 경관에서 한 장소에 이르는 자신의 길을 찾기 위해서 위험한 방식을 감행하면서 소재 파악에 나설 수밖에 없다. 한 사람이 특정 지역과 더 많은 경험을 할수록, 그는 그 지역에서 더 많이 이동했을 것이라는 예상이 가능하다. 인간의 인지적 지도도 마찬가지여서 그것을 결정하는 결정적 요인은 친숙성이다.

인지적 지도는 어느 정도 수미일관적인, 지리적으로 토대를 갖춘 프레임으로서 그것을 통해서 특정 지역과 연결된 물체들과 사건들의 의미를 해석할 수 있게 해준다.[30] 물론 인지적 지도에는 정서적 몫이 존재하며 이것은 사람들로 하여금 경관들을 좋아하거나 싫어하게 만들 수 있는 요소들로 조직화하도록 만든다.

경관의 기호학과 관련하여, 경관 형성(landscaping)이라는 개념도 중요하다. 이것은 환경적 해석들이 형성되는 과정들로서, 인간이 자신의 환경과 상호 작용하면서 의미를 창조하는 인간의 과정으로서 정의된다. 경관 형성은 곧 이런 의미에서 경관의 발견과 경관 속에서의 참여이며 경관에 대한 정서적 결속과 애착을 부여한다. 경관에 대한

---

30) Downs, R.M. and Stea, D.(ed.), *Image and environment: cognitive mapping and spatial behavior,* Chicago, Aldine Publishing Company, 1973.

결속은 그것에 대한 말 없는 앎으로서, 그 같은 정서적 연대성을 통해 경관은 의미를 획득한다. 이 같은 내면적 경관 형성은 조경학 전공자와 건축가들이 다루는 실제적 경관과는 별로 상관이 없다. 경관 형성은 따라서 경관에서 의미를 창조하는 과정, 즉 기호학자 그레마스가 말하는 의미 작용으로서, 경관이라는 텍스트의 의미 생산, 분배, 파악의 역동적 과정이며 경관의 정념적 차원, 즉 특정 경관을 애호하거나 혐오하는 문제도 이 개념에서 다루어질 수 있을 것이다.

그렇다면 백두산, 사하라 사막, 태평양 바다 등의 자연 경관은 어떠한가. 생태학자들에게 황무지 또는 야생성(wilderness)은 자연 환경을 상징화한다. 그곳은 전체 생태계 기능들을 갖춘, 그것의 동물들, 초목들, 지속 가능한 생명 다양성을 갖춘 공간으로 인식된다.

물론 대부분의 사람들은 이 서식지에서 진행되는 과정에 대해서 정확한 과학적 지식을 갖고 있지 않다. 하지만 생명 다양성은 야생지의 최상의 특질 가운데 하나이다. 비록 우리가 완전하게 그 대상을 이해하지 못하지만 찬탄할 수 있는 환경 속에 존재하기를 원한다. 엄격히 말해 우리는 자연을 디자인하지 않았으며 그것을 이해하는 것은 우리의 소관 사항이 아니다. 하지만 우리가 황무지에 도로를 건설하는 순간, 우리는 처녀림에 생태학적 발자국을 남기는 것이며 그 야생성의 일부분은 사라진다.

황무지 개념은 최근에 들어와 철저한 개념적 변화를 겪고 있다. 자연 환경의 전 지구적 파괴의 스케일과 그것의 다양한 생태계 파괴는 황무지 개념을 부정적 개념에서 공적 관심사의 사안으로 변형시켰다. 그것의 생존은 인간 서식지의 생존과 불가분의 관계로 연계되어 있기 때문이다. 인간에 의한 자연 종의 파괴가 갖는 돌이킬 수 없는 함의들에 대한 의식 고취는 자연에 대한 인류의 종속에 대한 새로운 감수성을 갖도록 해주었다. 그것은 또한 황무지에 대한 이해를 단지 하나의 장소로서가 아니라, 인간이 밀접하게 연계된 하나의 범주로 이해하게 만들었다. 아울러 그것의 생태학적 기호 과정들이 주의 깊게 해석될 필요가 있다.31) 이 같은 기호 과정의 연구는 생태기호학의 초점이다. 전통적으로 황무지는 문명과 문화에 견주어서 부정적이고 원초적인 것으로 간주되는 경향이 있다.

로트만의 문화 기호학에서 문화와 비문화의 관계를 나누는 이분법에서, 다른 한편으로는 토폴로지라는 위상학적 범주, 분화의 기호학적 공간의 구조에 대한 '로칼리티' 이론에 따르면 문화에서 진행되는 과정, 즉 기호계는 이질성에 의해서 표시되는 생명계와 유사하다. 그것은 이원성과 비대칭성에 의해서 유지된다. 따라서 문화는 비문화의 배경에 견주어 기호 체계로서 기능한다. 로트만은 이것을 안과 밖의 논리로 기술한다. 예컨대 중심은 문화적 가치들의 장소이며 여기서 문화적 텍스트들은 생성되며 정확한 규범들은 문화적으로 규정되어 로트만의 국부적 접근법은 황무지를 적대적, 위험한, 카오스로 파악한다. 올슐레거 교수가 그의 주저 『황무지 개념』에서 해명한 것처럼, 미국인들은 건국 신화에서 황무지 개념을 포함시켰다. 황무지는 자연적 무질서로서 이것은 경작된 환경을 훼손시킨다. 사회적 질서 외부의 공간, 동시에 자연은 사회적 규칙들의 제약으로부터의 해방이다.32)

인간은 평생 동안 많은 시간을 형태를 디자인하고 형태를 부여하는 데 소비한다. 즉, 사물에 의미를 부여하고, 자신의 주위에 있는 형

---

31) Ljungber, C., "Wilderness from an ecosemiotic perspective", *Sign System Studies*, 29.1. 2001.

32) Oelschlaeger, M., *The idea of Wilderness: From Prehistory to the Age of Ecology*, Yale University Press, 1991.

태적 특질들에 대해서 의미를 부여하는 작업을 수행하는데, 그것은 바로 상징적 기호학적 자원을 해석하고 다룸으로써 의미를 부여하는 과정이라 할 수 있다. 황무지와 야생성은 바로 그 같은 자원 가운데 하나이다. 여기서 중요한 것은 이 같은 자원은 원칙적으로 다시 새롭게 갱신할 수 없다는 것이다. 이 점에서 자연 경관 훼손은 기호학적으로 말해서 탈기호화이다. 의미 작용은 기호로서 취해진 현상들에 의미를 부여하는 과정이다. 그렇다면 하나의 경관을 탈의미화(designify)하는 것이 가능하다. 즉 정신적으로 경관의 몇몇 부분을 제거하거나, 경관을 빈곤하게 만들었을 경우를 말한다.

2) 경관의 판독가능성과 기호학적 독법

경관의 의미를 읽어내려는 경관 기호학은 환경 해석학과도 밀접한 관련성을 갖고 있다. 주시하다시피 철학적 해석학은 텍스트의 의미를 이해하고 해석하는 분야이다.

환경 해석학은 해석학이 환경 이론과 실천에 대한 이해 방식에 기여할 수 있는 것이 무엇인지에 대한 물음을 다룬다. 환경 해석학은 환경을 해석한다는 것이 무엇을 의미하는가를 탐구한다. 환경이 우리에게 어떻게 유의미한가를 탐구한다. 특히 특정 장소들과 경관들이 스스로를 어떻게 우리에게 유의미한 것으로 모습을 제시하는가에 관심을 갖는다.

네덜란드의 생태운동가인 반 토른(Van Toorn)은 '판독 가능한 경관'(legible landscape)이라는 용어를 도입한 바 있다. 즉 경관은 사람들로 하여금 경관들을 유의미한 텍스트로서 읽을 수 있도록 해주는 기호들을 포함한다. 그 같은 경관은 우리에게 복잡하고 때로는 무의식적인 선들을 따라서 우리에게 과거가 그곳에 있다는 것을 환기시켜 준다. 그리고 사람들이 그 과거 속에서 살았으며 그리고 그 세계를 다루면서 살았다는 점을 환기시켜 준다. 경관의 판독가능성에 가치를 부여해야 하는 이유는 우리의 정체성 의미와 관련되기 때문이다. 충분한 기호들을 포함하지 않거나 이 같은 기호들 가운데 너무나 많은 것들이 사라진 경관은 우리에게 많은 것을 말해주지 못한다.[33)]

그는 경관을 읽는 4가지 방식을 제안했는데 모두 기호학적 독법이라 할 수 있다.[34)] 첫 번째 독법은 하나의 경관의 수직적 구조를 쳐다보는 데 있다. 이를테면 토양과, 대지의 표면에서 성장하는 것과 토지를 사용하는 것 사이의 관계를 고려한다. 이 같은 수직적 의미에서 모든 경관들이 동일하게 판독가능하지는 않다. 몇몇 장소들은 명료하게 기하학적 형태구조를 표현한다. 여기서 과거의 지질학적 상황에 일어났던 것을 목격할 수 있을 것이다. 이 같은 장소들 속에서 공간적 패턴들은 복잡하다. 기능적 토대들에 기초해서 기능적으로 구조화된 장소들은 이 같은 수직적 의미에서 판독성이 떨어진다. 생태복원은 토지의 수직적 판독가능성을 제고하는 데 있어 역할을 맡을 수 있다. 왜냐하면 몇몇 복원 프로젝트들은 실제로 오래된 강바닥 등의 옛날의 숨겨진 텍스트들을 부각시키고 그 속살을 드러나게 만들면서 시간적 지평의 깊이를 더하고 특정 장소에서 보다 오래된 역사 감각을 동반한다.

---

33) Drenthen, M., "Reading Ourselves through the Land: Landscape Hermeneutics and Ethics of Place", In: Clingerman, F. and Dixon, M.H.(ed.), *Placing Nature on the Borders of Religion, Philosophy and Ethics*, Farnham & Burlington, Ashgate, 2011, pp.123-138.

34) 위의 책, pp.128-132.

둘째, 판독 가능한 경관에 대한 두 번째 시각은 수평적 구조에 초점을 둔다. 이것은 지형 지도에서 가시적인 관찰 가능한 패턴들이다. 수평적 독법은 우리에게 하나의 경관 안에 있는 기능적 관련성들에 대한 보다 명료한 이해를 제공한다. 그것은 도로들과 수변들의 패턴들을 인지하고 주택지역의 지역 설정, 농업 활동, 생태학적 네트워크 등을 인지하며 또한 하나의 지역이 하이킹과 자전거 타기가 가능한지를 인지할 수 있는 능력을 말한다. 아울러 하나의 경관이 물 저장이나 배수에 있어 하나의 역할을 맡는지를 판별할 수 있으며 공간적 구조가 열려 있는지 닫혀 있는지를 알아 볼 수 있다. 높은 수평적 판독 가능성을 갖춘 경관은 복잡하고 다면적인 기능적 패턴들을 갖는 경향을 갖고 있으며 따라서 하나의 흥미로운 이야기를 들려줄 수 있는 반면, 판독 불가능한 경관은 단조롭고 따분한 경향을 보여준다.

경관의 세 번째 독법은 계절의 구성에 초점을 둔다. 경관에서 색채, 모양새, 구조들이 한 해의 특별한 시간에 대해서 무엇을 계시해 주는가? 한 해 동안 많은 변이를 갖고 있는 장소들에서 사람들은 해당 계절이 어떤 계절인지를 알아보기 알려주기 위해 초목, 식물군, 곡식들의 색채를 사용할 수 있다. 몇몇 장소들에서 이 같은 변화들은 갑작스럽게 일어나며 다른 장소들에서는 보다 점증적이다. 빈곤한 경관은 일 년 내내 동일하게 보일 것이며 고도로 판독 가능한 장소는 봄과 가을의 의미에 대해서 말해줄 것이며 시간의 흐름이 갖는 의미를 우리의 정신 속에 새겨줄 것이며 계절이 대지에 대해서 가질 수 있는 영향이 무엇인지를 전달할 것이다.

네 번째 경관을 읽는 시각은 한 경관의 문화사에 주목하는 것이며, 그 경관에서 관찰 가능한 패턴들과 요소들이 어떻게 역사 속에서 구체적 계기들을 반영하는가를 주목한다. 이 같은 시각에서 핵심적인 것은 인류 발생론적 경관 요소들과 패턴들이다. 즉 건물들과 도로 패턴들을 말한다. 건물의 연령, 양식, 유형과 건물의 재료는 한 장소의 역사에 대해서 말해준다.

경관 기호학은 경관을 읽을 가치가 있는 텍스트로서 간주하며 사람들로 하여금 경관에 대해서 더 많은 주의를 기울이도록 한다. 경관 기호학에서 취하는 암묵적 전제는 판독 가능한 경관에서 인간의 삶은 더 많은 가치가 존재한다는 생각이다. 경관의 질은 판독가능성의 제고와 더불어 저 증가한다고 말할 수 있다.

하지만 경관에 대한 기호학적 독법에는 몇 가지 한계가 있다. 이를테면 왜 사람들은 경관을 더 주의 깊게 읽어야 하는지에 대한 이유를 설명해주지 못하며, 경관이 왜 우리의 삶을 더 가치 있게 만들어주는가에 대한 이유를 설명하는 데도 한계가 있다. 특히 단순한 영상 오락물을 시청하는 것보다 하나의 경관을 읽는 행위가 왜 도덕적으로 더 나은 가에 대한 이유를 설명해주지 않는다.[35)]

기호학적 접근법은 외부 세계에 존재하는 하나의 경관에 대한 정보 획득을 경관 읽기와 등치시키려는 시도라 할 수 있다. 텍스트 구조라는 기호학적 관념은 왜 사람들이 경관과 심오하게 연계되어 있고 그 경관에 참여하고 있다고 느끼고 있는가에 대한 이유를 설명하지 못하는 것이다. 그 이유는 의미에 대한 기호학적 개념화는 텍스트의 객관성과 독자 사이의 명료한 분리와 더불어 시작하기 때문이다. 따라서 그것은 경관을 이해하려는 주체와 객관적 기호들 사이의 간극을 전제로 하거나 그 같은 간극을 야기한다. 따라서 경관의 기호학적 시각은 규범적 요소를 인지하지 못하는 한계를 노정한다. 풀어 말해서

35) 같은 책, p.129.

하나의 판독 가능한 경관과 좋은 삶 사이에 존재하는 연계성은 경관 독법의 핵심이라는 점에서 이 같은 한계는 보완될 필요가 있다.[36] 그 같은 보완적 독법 가운데 하나는 경관의 주관적·개인적 의미에 대한 설명을 위해 사용된 환경 심리학의 독법이다. 경관 심리학자들은 개인들이 경관들과 장소들을 경험하고 가치를 부여하는가를 연구한다. 더 나가 어떤 경우에서는 왜 사람들이 특정 장소들에 더 많은 가치를 부여하는가를 규명하려 한다.

심리학자들에게 하나의 경관의 의미를 경험한다는 것은 결국 가치중립적인 경관에 대해서 주관적 속성을 부여하는 것 이외 다름 아니다. 이를테면 경관 자체는 하나의 백색 도화지로서 그 안에 개인들은 자신들의 개인적 취향들과 선호들을 투사시킨다. 환경 심리학자들은 객관적 접근법을 보완해줄 수 있으나 판독 가능한 경관에 대한 하나의 접근법으로서 그것은 몇몇 장소들이 어떻게 사람들에게 하나의 준거가 될 도덕적 프레임을 제시하는가를 이해하기에는 적당하지 못하다. 이를테면 객관적인 판독 가능한 특질들에 대한 주관적 경험들은 몇몇 장소의 의미들이 도덕적으로 보다 심오한 소속감을 어떻게 지지해주는가에 대한 답을 줄 수 없다.[37]

이에 대한 대안으로 제안된 것은 경관의 해석학적 독법이다. 판독 가능한 경관에 대한 기호학적 개념과, 순전히 주관적인 경험에서 시작하는 대신 해석학은 출발부터 하나의 텍스트와 독자 사이에는 존재할 수 있는 내밀한 관계에서 출발한다. 사람들과 그들이 경험하는 경관들 사이에 실제로 존재하는 도덕을 이해하기 위해서 우리는 사람들

36) 같은 책, p.130.
37) 같은 책, p.131.

과 그들의 장소들 사이에 존재하는 관계들에 초점을 두는 새로운 존재론으로 개방되어야 한다는 것이다.[38]

만약 우리가 토지의 판독가능성이 환경적 정체성과 장소에 대한 윤리적 다짐과 어떻게 연계되어 있는가를 이해하기를 원한다면, 판독가능성과 텍스트성에 대해서 상이한 시각을 필요할 것이다. 바로 여기서 해석학은 우리들 자신과 세계에 대한 이해에 있어서 해석이 맡는 역할 방식에 대해서 주목한다. 프랑스의 철학자 폴 리쾨르의 해석학 사상을 수용하여 좋은 독법은 텍스트에 의해서 열려진 세계 속에 독자가 참여하려는 의미를 요구한다는 점에 주목한다. 하나의 텍스트를 이해하는 것은 아울러 독서 행위에 참여하고 그 행위에 현존하는 것을 의미한다. 독자는 텍스트의 서사를 살아 있게 만들어야 하며 자신의 삶 자체에서 역할을 맡은 단어들과 개념들의 의미로 삼을 수 있어야 한다.[39]

3. 쓰레기의 생태기호학적 시론

인간이 버린 오물과 쓰레기는 그것을 남긴 사람들의 생활방식과 생활습관을 비롯해 신념 체계, 즉 가치 체계에 대해서 많은 것을 일러준다. 심지어 쓰레기의 내용물은 인간문화 전체에 대한 문화 인류

---

38) 같은 책, pp.132-138.

39) Ricoeur, P., *Hermeneutics and the Human Sciences. Essays on Language, Actionand Interpretation*, Thompson, J.B.(trans.), Cambridge, Cambridge University Press, 1981.

학적 흔적과 증거를 제공한다. 그렇지만 이 영역에 대한 심도 있는 탐구는 지금까지 기호학을 비롯해서 인문학에서 본격적으로 다루어진 바가 없다. 다행히 기호학에서는 러시아의 타르투 학파의 소장 연구자와 미국 기호학회에서 이 주제에 대한 본격적 연구를 착발시켰다.[40)]

우리는 쓰레기와 오물이라는 현상을 인문학적 주제로서 수용하는 것을 거부하게 만드는 암묵적 명령과 지시의 문화적 규범들이 무엇인지 정확히 파악할 필요가 있으며 이 문제를 정면에서 인식하지 못하게 하는 요인이 맹목적 편견 때문인지, 아니면 단지 쓰레기라는 주제를 다룰 수 있는 적절한 이론의 결핍으로 인해서 주목을 받지 못한 것인지 물어볼 필요가 있다. 최근에 들어와서 문화를 연구하는 학자들은 쓰레기에 내포되어 있는 창조적 잠재력에 대해서 주의를 기울이기 시작했다.

이 분야에서 이루어진 연구의 효시는 1973년 미국 아리조나 대학이 인간의 행동 양식과 관련된 실제적 정보와 데이터를 획득하기 위해 쓰레기라는 껄끄러운 주제를 학술적 연구로서 설정한 선구적 연구에서 찾아볼 수 있다. 그 같은 생소한 연구에 참여했던 학자들은 고고학적 방법들을 통하여 작업을 진행시켰으며 사람들이 버린 쓰레기의 모든 종류를 분류하고, 쓰레기 매립지에서 발굴을 실시했다. 그 목적은 '인간의 행동 양식을 종착 부분(back end)으로부터 탐구하는 것이 가능한가의 여부'에 대한 답을 찾기 위해서였다.[41)]

---

40) 세 편의 연구물이 있으며 본 절은 이들 문헌에 의존하여 작성되었음을 밝혀둔다.

1. Keskpaik, R., "Towards a semiotic definition of trash", Sign Systems Studies, 29.1, 2001, pp.316-327.
2. Kespaik, R., "Semiotics of trash: towards an ecosemiotic paradigm", University of Tartu, Department of Semiotics, Master's thesis, 2004.
3. The American Journal of Semiotics 11(1/2), 1994.

〈그림 6〉 인도 뭄바이에 쌓여 있는 쓰레기 산더미

그 같은 접근법의 실효성은 실제로 입증되었으며, 연구팀은 문화 행동 양식의 몇 가지 패턴들과 관련된 가치 있는 통찰을 이끌어내는 데 성공했다. 그 결과 '아리조나 쓰레기 프로젝트'(The Arizona Garbage Project)는 소비자의 습관, 매립지 상황, 생물 훼손, 쓰레기의 재활용 등과 관련된 상세한 데이터를 제공해주었다. 쓰레기의 내용을 학술적으로 연구한 전문가들(garbologists)은 다음과 같은 근본적 신념을 내걸었다. 즉, 쓰레기의 본질을 이해하기 위해서는 그것을 "만져 보아야 하며, 느껴야 하며, 냄새를 맡아 보아야 한다."[42]

이들과 달리, 다른 학자들은 자신들의 손을 더럽히지 않은 채, 쓰

41) Rathje, W. and Murphy, C., *Rubbish! The Archeology of Garbage*, New York, Harper Perennial, 1993.

42) 위의 책, p.9.

레기를 샅샅이 조사하려고 시도했다. 그 같은 다양한 접근법들의 컬렉션은 쓰레기의 기호학적 문제를 집중적으로 다루었던 '미국 기호학회지'(*American Journal of Semiotics* vol.11(1/2), 1994)의 특별 주제 호에 실렸으며, 이 특별호에 논문을 게재한 아담스에 따르면, 이 논문집은 쓰레기라는 불편한 문제를 기호학적 시각에서 포착하려 노력했던 저자들의 지적 노력의 모음집이다.[43] 쓰레기 문제를 최초로 다룬 이들 기호학자들은 문화와 사회에서 쓰레기에 대해서 평가하는 과정들의 다양한 예들과 양상들을 탐구하였으며, 특히 쓰레기라는 개념의 은유적 사용에 대해 초점을 두었다.[44] 또한 인류학자 매리 더글라스(Mary Douglas)가 구축한 쓰레기에 대한 구조적 접근법을 적용하면서 새로운 이론적 틀을 수립하였다. 특히, 아르티지아니는 정보 이론과 시스템 이론에서 출발하여 문화의 생명과 발달에 있어서 쓰레기의 긍정적 양상들에 대해서 기술하였다.[45] 한편, 아담스의 연구 초점은 쓰레기의 구조적이며 역동적 양상에 모아졌다. 그는 쓰레기를 무엇보다 하나의 기호학적 현상으로 보았으며 그것과 관련된 문제들은 기호학적 해결책을 절박하게 주문한다고 진술했다. 쓰레기에 대한 기호학적 접

---

43) Adams, W.R., "Sifting through the trash", *The American Journal of Semiotics* 11(1/2), 1994, pp.63-87.

44) 1. Afable, A., "The cost of scavenging: a cautionary ethnographic tale", *The American Journal of Semiotics* 11(1/2), 1994, pp.89-96.
2. Anderson, M., "Trashing and hoarding in words, deeds and memory: A sampler from the Fourth World Saami", *The American Journal of Semiotics* 11(1/2), 1994, pp.277-289.
3. Bogumi, M.L., "Voice, dialogue, and community: In search of the "Other" in African american texts", *The American Journal of Semiotics* 11(1/2), 1994, pp.181-196.

45) Artigiani, R., "Sens me your refuse: the U.S.Constitution as trash collector", *The American Journal of Semiotics* 11(1/2), 1994, pp.249-276.

근법들의 핵심요지는 다음과 같은 일련의 물음들로 모아진다. 첫째, 어떤 맥락에서 쓰레기는 기호학적 분석의 대상이 될 수 있는가. 둘째, 쓰레기에 대한 우리의 일상적 이해와 연계된 쓰레기에 대한 이론적 구성물은 무엇인가? 셋째, 인간 사회와 문화 속에서, 아울러 문화에 대해서 쓰레기가 맡고 있는 역할은 무엇인가? 쓰레기가 자연에 속하는가 아니면 문화에 속하는가? 이 같은 물음들에 대해 문화기호학자들은 러시아의 기호학자 로트만의 기호계(semiosphere) 개념에 기초하여 광범위한 이론적 프레임워크가 제안될 수 있으며, 생태기호학에 대한 로트만 개념의 잠재력이 사용될 수 있음을 지적했다.

첫째, 구조 인류학의 이론적 기틀을 세운 레비-스트로스(Lévi-Strauss)에 따르면 인간 무리는 그들의 언어를 범주화하는 것과 동일한 방식으로 자신들의 세계를 구조화한다. 이때 인간 정신의 범주들은 이원적 대립들의 원칙들에 기초한다. 그 결과 인간문화는 세계의 질서를 상징적으로 표상하는 통합된 시스템을 구성한다. 이 같은 상징적 체계는 세계에서 삶의 방향 수립을 가능케 하고 사회 속에서 이원적 대립들의 작동을 위한 실제적 도구이다. 그런데 리치[46]와 더글라스[47]가 보여준 바와 같이, 범주들의 시스템이 아무리 정교하다 해도, 늘 그 같은 범주화의 틀에서 벗어나는 특이한 현상들이 존재하며 그 같은 현상들은 문화에서 특별한 위상을 획득한다. 리치에 따르면, 세계에 대한 우리의 문화적 지각에서 우리는 사물들(things)과 비사물들

46) Leach, E., "Anthropological aspects of language: Animal categories and verbal abuse", In: Lenneberg, E.H.(ed.), *New Directions in the Study of Language*, Cambridge, the MIT Press, 1966, pp.23-63.

47) Douglas, M., *Purity and Danger; An Analysis of the concepts of pollution and taboo*, London, Routeledge, 1966.

(non things)을 구별한다. 비사물의 한 가지 예는 신체적 배설물이다. 배설물은 '나'와 '내가 아닌 것' 사이의 근본적 구별을 위협한다. 하지만 그것들의 비-사물(non-thing)의 위상에도 불구하고 이 같은 물질들은 단지 더러운 것으로 느껴질 뿐만 아니라 강력한 물질적 · 상징적 차원을 갖고 있다. 전 세계 도처에서 그 같은 물질들은 마술적 의학의 일차적 성분들이다. 신체의 잉여 잔존물의 힘과 성스러움에 대해서는 이미 여러 인류학자들이 다룬 바 있다.

따라서 모호한 요소들은 문화적으로 제거되었을 뿐만 아니라, 초자연적 힘과 더불어 기득권을 획득한다. 종교적 오염과 순화와 관련된 의례, 금기, 세부적인 문화적 규칙들에 대해서는 앞서 언급한 더글라스가 성취한 전범적 연구를 환기해야 할 것이다. 더글라스는 청결함은 대부분의 문화에서 진지한 관심 사안임을 보여주었으며 다음과 같이 주장했다. 즉, 종교적 오염에 대한 전통적 개념과 쓰레기에 대한 현대의 관념들 사이에는 본질적 차이가 없다는 것이다. 인간의 경험에서 질서를 창조하고 유지하려는 목적을 양자 모두 지닌다. 그의 결론은 이렇다. 불결함에 대한 반응과, 애매모호함 또는 비정상적인 것에 대한 반응 사이에는 개념적 연속성이 존재한다. 이 같은 현상들이, 문화에 의해서 설정된 범주화의 체계가 갖고 있는 인공적 본질을 시험하고, 그것의 상징적 질서에 대한 상시적인 위협을 제기한다는 점에서, 쓰레기 문제는 문화의 기원과 밀접하게 연결되어 있다. 더글라스에 따르면 '더러운 것'은 물질의 체계적 질서화와 분류의 부산물이며, 여기서 질서화는 부적절한 요소들을 거부한다. 따라서 쓰레기는 기존의 범주들의 범위에 속할 수 없는 거부된 것들의 잉여적 범주이다. 더 나가, 그것은 총체적으로 제거될 수 없다 해도 피하는 편이 나은 위험한 것들로 이루어진다. 그렇지만, 비록 쓰레기가 늘 구체적이며 특수한 문화적 질서에 의해서 규정된다 해도 그것은 있는 그대로 하나의 보편적 범주이다.

쓰레기와 오염이라는 문화적 범주들은 따라서 질서를 창조하는 것과 고유한 방식으로 연계되어 있다. 그런데 더글라스가 생각한 것처럼, 질서는 늘 부패할 수밖에 없기 때문에 쓰레기의 제거나 심지어 총체적인 무시는 근원적으로 불가능하다. 요컨대 사람들은 지속적으로 쓰레기에 직면하여 살아갈 수밖에 없다. 인간문화가 카오스로부터 점차적으로 질서를 창조한다는 것은 동시에 쓰레기를 창조한다는 것을 말하며, 그 결과 쓰레기와 질서는 동전의 앞면과 뒷면이다. 이 같은 절묘한 상황은 문화에서 쓰레기에 대한 긍정적 기능을 수반한다. 쓰레기는 제반 경계선들을 설정하고 동시에 그것이 경계선들과 일치하지 않는 범주들을 확인시켜 주는 데 기여한다. 이런 이유에서 쓰레기는 파괴가 아니라 창조성으로 유도되는 역동성을 표현하고 있는 것이다. 더구나 쓰레기는 심지어 인간들과 초자연적인 힘들 사이의 매개가 될 수 있다. 더 나가 쓰레기는 새로운 무엇인가가 창조될 수 있는 재원이다. 그것의 창조적인 무형성의 상징으로서의 장점은 창조신화에서 분명하게 표현되었다. 즉 세계의 신화에서 생명체의 기원은 먼지와 진흙으로부터 생성되었음을 알 수 있다.

비록 더글라스가 쓰레기가 문화의 동력에서 중요한 역할을 맡는다는 점을 강조했으나, 그녀의 구조 인류학적 모델은 쓰레기 현상의 역동적 양상들을 적절하게 설명하기에는 부족하다. 이 같은 한계를 극복하기 위해 프리고진의 복잡계 이론에서 새로운 단초를 얻을 수 있다. 이를테면 엔트로피 이론 차원에서 아르티지니아니는 쓰레기를 열역학적 의미와 정보적 의미를 모두 갖는 것으로 해석한다. 열역학 제2법칙을 참조하면서 그는 쓰레기가 엔트로피 차원에서 계산될 때 부정적 긍정적 함축의 의미들이 모두 존재한다는 점을 주장한다. 그는 미국의 헌법사를 예로 들어서 쓰레기와 사회적 진화 사이에 존재하는 연계고리를 찾아낸다. 그는 프리고진의 이산적(dissipative) 구조 이론에 기초하여 사회를 하나의 열린 시스템으로 기술한다. 열린 체계는 닫힌 체계와 달리 외부 환경으로부터 재원을 자유롭게 개발한다. 특히 그것의 잔여물, 즉 쓰레기를 환경에 방출하면서 엔트로피의 국부적 수준을 낮은 상태로 유지한다. 피리고진이 증명한 것처럼, 엔트로피와 진화 사이에는 밀접한 연관성이 존재한다. 왜냐하면 '시스템은 외적인 엔트로피 생산의 비율을 제고하면서 보다 큰 복잡성의 층위로 진화할 수 있기 때문이다. "따라서 정보 이론 차원에서 다음과 같이 말할 수 있다. "열린 시스템이 보다 복잡해질 수 있는 방식, 즉 세계에 대한 확보된 부분에 대해서 더 많은 정보를 소통시킬 수 있다는 것은 시스템 외부에 있는 '소음'을 포용하면서이다."

열린 시스템과 그것들의 환경은 상호 영향을 미치는 관계 속에 있다. 사회 시스템의 생존 능력과 개발은 이 시스템이 환경에서의 변화에 적응할 수 있는 능력에 달려 있다. 그 경계를 넘어서 그것의 환경으로부터 요소들을 포용할 수 있는 능력, 그 같은 환경으로부터의 요소들을 포함시키는 것은 사회적 시스템에 의해서 생산된 엔트로피의 수준에서 증가추세로 진행된다. 이 같은 사회 시스템의 모델은 미국의 사회적 진화를 해석하는 데 적용될 수 있다. 그는 미국 헌법의 역할을 그것의 조직화적 원칙으로서 기술한다. 예컨대 그는 미국 헌법의 기초를 수립한 인물들은 모든 가능한 위반들은 필요한 모든 조치들을 규정하는 대신, 매우 일반적인 절차적 규칙들만을 제시하는 데 착수했다는 점에 주목했다. 그들의 전략은 사회 환경에서의 변화와 혁신에 적응될 수 있는 사회적 시스템을 유지하는 데 성공적이었다.

사회적 동요는 개인들 또는 무리들에 의해서 소통되고 전달되는 소음들이다. 그는 기존의 정치 경제 구조에서 무시되거나 잘 못 다룬 문제들과 현상들을 다루었다. 그 같은 동요들은 기존 사회의 시각에서 보면 '쓰레기'로 다루어진 광인, 흑인, 극빈자들이다. 물론 이 같은 해석에서 쓰레기 문제 자체가 다루어지지는 않았다.

더구나 아르티지아니는 중요한 구별을 명시하는 데 실패한다. 생산된 그 무엇인가로서의 시스템 외부에 있는 것으로 간주되는 쓰레기와, 시스템에 의해서 통합되거나 동화될 수 있는 자원으로서의 쓰레기가 그것이다. 만약, 시스템 외부에 있는 모든 것을 '쓰레기'로 뭉뚱그려 처리한다면, 혐오와 거부의 대상으로서의 쓰레기와 자원으로서의 쓰레기 사이에 존재하는 본질적 차이가 이해될 수 없을 것이다.

쓰레기에 대한 아르티지아니의 시스템 이론 접근은 로트만의 '기호계' 이론과 친화성을 갖고 있다. 로트만의 기호학적 모델은 기호 체계 안에서 환경으로부터의 다양한 요소들의 통합 과정에 대해 보다 적합한 설명을 제공한다. 문화 일반과 그 외의 개별 문화는 하나의 독립적인 기호계로서 간주될 수 있다. 이 같은 기호계의 내부는 조직화되어 있어서, 문화의 자기-기술 관점에서 보다 중요한 것으로 간주될 수 있는 중심을 포함하는 반면, 덜 중요한 텍스트는 그것의 주변부에 남는다.

기호계에서 내적 구조의 조직 원리는 안정적으로 남아 있는 반면, 구조들 자체는 항상적 운동 속에 놓여 있다. 주변적 구조는 그것들이 문화의 중심으로 인정받기까지 그리고 다른 주변 구조들에 의해서 대체될 때까지 지지자들을 유인한다.[48] 기호계의 특징은 기호 경험을

48) Lotman, Y., *Universe of the Mind: A Semiotic Theory of Culture*, Bloomington,

갖고 있는 존재를 필요로 하며, 언어와 지속적 상호 작용을 수행한다는 점에서 의심할 나위 없는 기호학적 공간이다. 기호계는 다른 영역으로부터 들어온 개별 텍스트들이 각기 다른 발달 단계를 거치며 전체 구조에 영향을 주어 지속적으로 역동적 관계를 맺는다. 기호계의 중심은 그 문화의 자연 언어가 핵으로 구성되고 그 주변 관계와 뚜렷한 비대칭을 이루어 서로 자기 발달 단계를 거치며 그 최종적인 단계가 자기 기술 단계인데 여기서 문법과 법률이 체계화된다.

문화에서 영속성은 두 가지 과정에 의해서 성취된다. 기호계 내부에서 이루어지는 구조적 표류와 외부로부터 도래하는 기호계로의 영속적 번역, 즉 전이(translation)가 그것이다. '번역' 개념은 외적인 것으로 간주될 수 있는 그 무엇인가가 문화적 레퍼토리 안에 포함되어 있다는 것과, 그리고 이 문화의 다른 요소들과 관련되어 있다는 것을 시사한다. 번역은 아울러 세미오시스 안에서 상이한 약호들 사이에서 발생한다. 이 같은 시각에서 쓰레기의 생산은 번역 메커니즘으로 간주될 수 있다. 몇몇 오브제들이 쓰레기라 불러지면서, 이 같은 오브제들은 이동되거나 제거될 필요가 있는 사물들이라는 의미를 얻는다. 또는 그것들의 의미가 결여되거나 박탈되어 문화적 주변부로 밀려난다. 그 같은 번역은 역동적 과정이다. 왜냐하면 그것은 쓰레기를 문화의 주변부로 몰아내기 때문이다. 문화의 중심으로부터 주변과 외부는 최소한 평가적 층위에서 '쓰레기'로서 나타난다. 쓰레기에 대한 보다 독창적인 기호학적 정의는 아담스에 의해서 제안된 바 있다. 저자는 쓰레기를 다루는 데 있어 세 개의 연속적인 단계들을 기술한다.

모든 새로운 단계에서, 첨가적 에너지와 시간의 소비와 비용이 요

Indiana University Press, 1990, pp.123-142.

구된다. 첫 번째 단계에서 사람들은 쓰레기를 무시하거나 아예 제거한다. 이 경우 쓸모없는 것들을 제거함에 있어서 가능한 한 최소의 에너지가 소비되어야 한다. 두 번째 단계에서는, 쓰레기가 축적되어 가면서 쓰레기가 혼란의 근원으로 그것을 만들 때 발생한다. "사람들은 계속해서 '그것'을 무시하기를 원하지만, 그들은 그렇게 할 수 없다. 왜냐하면 그들은 쓰레기 문제에 대해서 당장 손을 써야 하기 때문이다."[49] 이 같은 곤경의 문화적 해소는 의례의 발달 속에 있다. 사회적 소수 그룹을 다루는 의례, 또는 쓰레기의 몇몇 현상들을 성스럽게 하거나 타부시하는 실천들이 병존한다.

이 같은 맥락에서 어느 정도까지 우리의 청결의식과 혐오와 거부 대상을 제거하는 일상적 실천들과 의례들에 대한 검토가 필요하다. 그리고 그 같은 의례들이 우리가 쓰레기를 계속해서 제어, 관리하고 있다는 우리의 신념을 어떻게 강화시켜 나갔는가를 연구하는 것은 흥미롭다. 물론, 의례화는 쓰레기의 축적이라는 문제에 대해 결정적인 해결책이 될 수 없다. 하지만, 이 같은 의례들은 우리로 하여금 우리가 쓰레기를 창조한다는 사실을 인정하게 만든다.

동시에 그 같은 의례들은 우리로 하여금 이 같은 사실을 무시하는 것을 허락한다. 따라서 쓰레기는 문화의 한 부분이 된다. 하지만 문화의 덧없는 일시적 부분이 된다.

요컨대 쓰레기는 문화의 한 부분으로 인식되어야 한다. 아담에 따르면, 쓰레기 문제의 해결책은 기호학적 해결책이다. 쓰레기 문제를 다루기 위해서 새로운 기호가 창조되고 촉진되어야 한다. 이것은 수많은 시간, 에너지 등을 필요로 하는 능력이다. 사람들은 늘 자신들

---

49) Adams, 앞의 논문, 1994, p.66.

의 습관을 생각하는 방식을 변화시키는 것을 꺼려하기 때문에 그들은 제안된 새로운 방식이 시간과 에너지가 비용이 들면 마찬가지로 늘 꺼려할 것이다.

이 점은 문제에 대한 핵심을 담고 있다. 시스템 이론의 시각에서 문화는 다른 살아 있는 생명체와 마찬가지로 그것의 내적 변화와 환경 변화에 계속해서 적응하지 못하면 성장할 수도 없고 심지어 존재할 수도 없다. 쓰레기라는 '노이즈'를 통합시키고 번역하지 않은 채, 시간과 에너지 없이는 성장할 수 없다. '쓰레기에 대한 기호학적 정의', 쓰레기에 대한 모든 이론들은 다른 이론들의 부산물로서 나타났다. 기존의 쓰레기에 대한 분석들은 미완결적이다. 왜냐하면 그것들은 오직 현상들의 몇몇 속성들에 국한되었기 때문이다. 쓰레기에 대한 그 어떤 통합적 이론도 발견되지 않는다.

기존 모델들은 우리가 일상생활에서 쓰레기를 어떻게 지각하는가를 참작하지 않는다. 쓰레기는 문화적 보편소이다. 그것은 다음 사실에 기인한다. 문화들은 항상성을 유지하는 시스템, 또는 상징적 구조들과 마찬가지다. 자신들의 존재에 해를 입히는 찌꺼기들은 제거할 필요가 있다. 경계되고 무시되는 물체들의 종류는 문화적 상대성과 특수성을 지닌다. 사물들을 무시하는 것은 사물들이 물리적으로 다시 자리 잡는 도중에 발생하는 하나의 과정이다. 따라서 무엇인가를 쓰레기로 부르면서, 그것의 기호학적 위상은 변화된 것이다. 다시 말해 대상은 기호학적으로 새로운 가치론적 공간에 위치하는 것이다. 사물이 사회 구성원들에 의해서 완전히 무시될 때, 그것은 그 사회에서 존재하기를 멈춘 것이다. 그것들은 의도적으로 망각되며 문화의 바깥 모퉁이로 밀려난 것으로 간주된다. 로트만에 따르면 문화의 중심부에서 비기호적 세계에 속하는 것으로 간주되는 오브제는 문화의 외부로부터 동일 문화의 주변부에 속하는 것으로 나타나며 따라서 쓰레기가 문화의 한 부분으로 다루어지냐의 여부는 판단 주체에 달려 있다. 쓰레기를 연구하는 전공자는 예컨대 쓰레기를 문화의 한 부분으로서 다룬다. 그들에게 있어서 쓰레기 매립지는 우리 사회의 본질에 대해 가치 있는 통찰을 상상할 수 있는 정보의 소중한 광맥들로서 나타난다. 우리가 자연적으로 황무지 환경에 있는 쓰레기로 달려갈 때 동일한 직관이 우리의 정신 속에 도래한다.

요컨대 쓰레기를 문화의 외적 경계선을 표시하는 현상으로 다루는 것이 가장 적절하다. 경계선은 연속적 '기호계'에 속하기 때문이다. 따라서 쓰레기를 문화와 동시에 비문화에 속하는 것으로 간주하는 것이 가능하다. 기호계의 경계선은 번역 여과기로서 작동한다는 사실이 해명되었다. 경계 넘어서 존재하는 것은 기호계의 언어로 번역되어야 한다. 양방향에서 경계를 가로지르는 모든 것은 쓰레기로서 지각된 것이다. 한편으로 경계를 넘어선 그 같은 사물들을 쓰레기라고 부르면서 그것들은 상징적으로 문화에서 배제된다. 다른 한편, 저 넘어서 존재하는 것은 일반적으로 지금 그리고 이곳의 문화에서 긍정적 가치를 갖지 않으며 단지 쓰레기로 나타난다. 상징적으로뿐만 아니라, 물리적으로 쓰레기는 사람이 살 수 없는 지역에서 비거주 영토의 주변부에 놓이는 경향이 있다.

그것은 문화의 마지막 탈경계로서 점증적으로 자연과 용해된다. 쓰레기는 문화와 자연 사이에 존재하는 경계가 모호한 현상이다. 수십 세기 동안 사람들이 쓰고 남은 것은 자연 속에 방출하고, 그리고 그것의 엄청난 분량은 소멸했다. 이것은 쓰레기를 문화에 대립되는 현상으로서 간주하는 생각을 지지해주었다. 그렇지만, 현대 문화가 오늘날 직면한 문제들은 쓰레기의 축적, 위험한 낭비, 자연 자원의 오염 등은 그 같은 태도를 압도한다.

기존의 생태학적 지식은 인간이 봉착한 생태학적 문제들을 이해하거나 해결하는 데 충분하지 못하다. 왜냐하면 생태학적 문제들은 심오하게 기호적이면서 문화적인 과정들의 파급 결과로 나타난 생태학적 과정들이 섞인 문제들이기 때문이다. 따라서 문화의 경계 현상으로서의 쓰레기에 대한 기호학적 정의는 생태기호학을 향한 중요한 발자국이다.

끝으로 지구 기후 변화에 대한 기호학적 해석을 시도할 수 있는 가능성에 대해서 언급해보자. 인류와 자연에 존재하는 현재의 관계 방식에서는 무엇인가 역설적인 것이 존재한다. 기호학적 차원에서 본다면 과학자들은 인류가 전 지구적 생태계에 미치는 영향력을 계시하기 위해서, 방대한 기호들을 해석할 수 있게 되었다. 그들은 다음과 같은 사실들을 과학적으로 증명했다. 만약, 인류가 현재의 경제 발전 경로를 계속한다면, 그로 인한 파급 결과들은 인류는 물론 지구의 다른 생명체들에게도 대재앙이 될 것이라는 것이다. 그렇지만, 그 문제를 다루기 위해 취한 전 지구적 차원의 조치들은 너무나 보잘 것 없는 것이라, 무엇인가 극적인 변화가 생기지 않는다면, 이 같은 조치들은 단지 미미하게 대재앙을 지연시킬 수 있을 뿐이다.

지구온난화 현상을 감지한 것은 온실가스 방출의 계속된 증가가 지구 환경에 미치는 위협을 경고했다는 점에서, 과학 지식의 발전이라는 시각에서 말한다면 인간 '세미오시스'의 승리로서 특징 지워질 수 있다. 아울러 가시화되는 지구온난화는 전 지구적 생태학적 훼손을 막기 위해 필요한 거대 규모의 행동과 실천을 주문한다.50) 현대

50) Gare, A., "The Semiotics of Global Warming: Combating Semiotic Cor-

과학의 발전으로, 수만 년 전의 지구의 탄소량과 온도를 측정하는 것이 가능하다. 그것에 대한 해석 작업과 기후의 컴퓨터 모델링을 조합하면서, 기후 과학자들은 온실가스 방출량이 제고되면서 앞으로 발생할 상황을 이제 어느 정도 확실성을 갖고 예측할 수 있다. 그 같은 엄청난 작업은 전 세계의 수천 명의 과학자들에 의해서 해석되고 평가되어 왔다. 2007년 출판된 『기후 변화 2007』(*Climate Change 2007: The Physical Science Basis*)에서 전 세계 학자들은 인간들이 지구 온도의 상승을 가져온 장본인들이라는 과학적 견해에 대체로 동의했다. 정상정인 지구 기후 유지를 유지하기 위해서 세계 각국의 연구소들은 제각기 상이한 수치를 제시하고 있으나, 지금의 탄소 배출량의 80% 이상을 축소시키지 않을 경우, 온실 효과가 정지될 수 없는 임계점, 즉 지구의 해수면 온도가 2℃ 상승하면서 인류가 파국을 맞이할 것이라는 진단을 내린 바 있다.

가이아 가설을 제시했던 러브록에 따르면 지구 생태계는 지구에서 생명을 위한 조건을 유지하는 방향으로 기능한다는 가설을 내세우면서, 향후 100년 안에, 생명의 대량 붕괴가 도래할 것이며 파상적으로 훼손된 지구 환경에서는 북극 근처에 사는 수백 만 명 정도만이 생존할 것이며 이들이 현 상태의 문명을 다시 회복하기 위해서 약 20만 년 정도를 필요로 할 것이라는 진단을 내린 바 있다.[51)]

지구온난화 과정에 대한 이 같은 기술은 일차적으로, 퍼스가 착상

---

ruption". in: *Theory & Science*, 2007, pp.1-34.

51) Lovelock, J., *Gaia: A New Look at Life on Earth(3rd ed.)*. Oxford University Press, 2000.
Lovelock, J., *The Revenge of Gaia: Why the Earth Is Fighting Back – and How We Can Still Save Humanity,* Santa Barbara, California, Allen Lane, 2006.

한 바대로의 기호학 차원에서 전 지구적 환경훼손 현상을 해석하려는 학술적 시도를 위한 정당화를 제공한다. 과학은 기호들을 해석하고, 생산하고, 재해석할 수 있는 기호학적 과정으로 착상될 수 있다. 과학은 갑작스런 변화로 인해 발생한 예상치 못한 지표들을 설명하기 위한 가설화를 포함하며, 이 같은 가설들을 이 같은 변화들의 모델들, 즉 도상들로 구축하여 미래에 예상될 수 있는 것을 연역해낸다. 아울러 그같은 변화된 예상들을 시험하기 위한 탐구를 수행한다. 여기서 기후의 기호들(징후들)은 다양한 과학자들의 공동체가 예상치 못한 현상을 설명하기 위한 탐색의 공간을 생성하며, 지구온난화와 온실가스 방출 사이에 존재하는 상관관계에 대해서 가설을 내놓고, 차트를 만들고 이어서 이 같은 관계의 컴퓨터 모델을 구성하고, 이 같은 가설을 해명해주거나 모델들을 시험할 수 있는, 자연 속에 존재하는 모든 기호를 검토하고 측정한다. 그것은 아울러 사람들을 설득하기 위한 조율된 노력을 경주하게 만들었다. 그들이 행동을 취하고, 상이하게 삶을 살기 위한 필요한 조치가 무엇인지를 설득한다. 지구온난화에 대한 우리의 지식, 그리고 이 같은 지식과 사람들의 행동 사이의 관계에 대한 기호학적 해석은 보다 세부적으로 수행될 수 있는가라는 물음을 던져야 할 것이다. 또한 그것을 수행함으로써, 성취되는 학술적 현실적 성과가 무엇인가라는 물음도 제기되어야 한다. 두 번째 질문부터 검토해 보도록 하자. 퍼스의 기호학을 통하여 지구온난화를 이해하기 위한 탐색을 해석하려는 시도의 요점은 무엇인가. 이 같은 탐색과 추구를 보다 면밀하게 검토하기 위한 주된 강령은 바로 무엇인가 잘못된 것이 존재한다는 사실이다. 방대한 문제가 과학 공동체에 의해서 파악되었던 것으로 보인다. 환경과 생태의 문제가 하나의 기호학적 과정으로서 명백하게 이해될 수 있는 방식을 말한다. 그런

데 프래그머티즘의 기호학으로부터 예상할 수 있는 것과는 정반대로, 인류는 이 같은 문제를 해결하는 데 실패하고 있다. 퍼스의 기호학은, 그것이 제공하는 사상의 방대함으로 인해서, 이 같은 문제의 모든 양상들을 아우를 수 있다. 기호학을 통해서 우리는 과학적 연구의 타당성을 검토할 수 있으며, 과학의 상이한 가지들 사이에 존재하는 관계를 검토할 수 있다. 이를테면, 과학과 공적인 신념들, 정부와 정책들, 정책 결정 등의 사이에 존재하는 상이한 가지들 사이에 존재하는 관계, 인류와 자연의 나머지 사이에 존재하는 관계를 말한다. 기호학은 인류의 생태학적 현 상황에 대한 해석을 제공할 수 있다. 인간이 자신들의 현 상황을 이해시켜줄 뿐만 아니라, 그들로 하여금 적절하게 변화시킬 수 있는 잠재력을 이해할 수 있게 해준다.

오엘슐러 교수[52]가 말했듯이, 인간을 말하는 동물로서 개념화할 때, 우리는 생태학적으로 잘못 적응된 문화적 형식들을 변형시킬 수 있는 능력을 인지할 수 있는 위치에 서게 된다. 아울러 인간을 언어를 사용하는 상징적 동물로 개념화하는 것은 다음과 같은 진리로 나간다. 즉, 진화 과정 속에서 선별된 문화적 과정들은 궁극적으로 자연 선택에 종속된다는 언연한 진리를 말한다. 여기서 중요한 사실은 퍼스 기호학은 해석과 효과적인 행동 사이의 균열이 어디에 있는가를 파악할 수 있는 독창적인 연구 프로그램을 제공할 수 있다는 점이다.

특히 생태복원의 기호학적 함의를 읽어내기 위한 접점에서 우리는 퍼스의 자연주의 철학에 주목할 필요가 있다. 에스포지토의 해석을 따르면, 퍼스 사상은 근대 물리학의 빛으로 셸링 사상을 변형시킨 철학이라 해도 과언이 아니다. 더구나 이것은 퍼스 자신의 표현이다.[53]

---

52) Oelschlaeger, M., *The idea of wilderness*, Yale University Press, 2001.

요컨대, 퍼스 철학은 쉘링에서 발전된 자연주의 철학 전통을 발전시킨 것으로 이해할 수 있다. 이것은 결국 퍼스의 세미오시스 분석이 자연 전체에 적용될 수 있다는 가능성을 함의한다.

---

53) Esposito, J.L., *Schelling's Idealism and Philosophy of Nature*, Lewisburg, Bucknell University Press, 1977.
Esposito, J.L., *Evolutionary Metaphysics: The Development of Peirce's Theory of Categories*. Athens, Ohio, Ohio University Press, 1980.

제9장 생태복원의 사회학: 사회와 생태 이론의 재구성

김철규

1. 들어가며

20세기 후반부는 발전주의(developmentalism)의 시대였다.[1] 2차 세계대전이 끝나고 미국에 의해 주도되는 자본주의 체제의 재편과정에서 유럽, 일본 그리고 식민지에서 벗어난 제3세계 국가들에서 발전의 열풍이 불었다. 과학기술의 발달, 국가의 경제개발 기획 및 개입, 그리고 자유시장 원리의 보편화가 결합되면서 전 세계적인 개발 붐이 일어났던 것이다. 다양한 형태의 발전주의 기획은 개별국가에 따라 상이한 성과를 낳았다. 그러나 그 내용을 들여다보면, 유사한데 그것

1) Developmentalism은 발전주의 또는 개발주의로 번역될 수 있는데, 우리말에서 발전(주의)과 개발(주의)은 그 의미가 약간 다르다고 할 수 있다. 이 글에서는 보다 포괄적이고 일반적인 용례에서는 '발전'으로, 그리고 한국의 특수한 맥락이 강조되어야 할 때는 '개발'로 표현했다.

들은 도시화와 산업화로 요약할 수 있다. 사회적 과정으로서의 도시화와 산업화는 기본적으로 자연에 대한 인간의 개입과 생태계의 구조적 변화를 의미하는 것이다. 산이 깎여 주택단지로 개발되었고, 농지가 공단으로 변모되었으며, 삼림을 밀어 도시가 만들어졌다. 자본주의 발전 과정에서 진행된 이러한 공간의 거대한 변환은 생태계에 심각한 훼손을 야기하게 되었다.

2차 세계대전이 끝난 뒤, 세계경제는 유례없는 번영을 이루었다. 서구의 경제발전은 환경문제들을 발생시켰으며, 이에 따라 1960년대 이후 환경에 대한 관심이 높아졌다. 환경운동이 신사회운동 가운데 하나로서 활성화되었다. 하지만 환경 파괴에 대한 성찰과 생태적 전환에 대한 논의가 본격화된 것은 1980년대 이후이다. 인간의 자연에 대한 개입을 최소화하고, 생태계가 가진 자기 복원력을 존중해야 한다는 논의들이 여러 학문 분야에서 나타났던 것이다. '생태복원(ecological restoration)'에 대한 사회적 관심이 높아지면서, 일부 선진국들에서 생태복원을 위한 논의와 구체적인 작업들이 이뤄지기 시작했다.

이 장에서는 기존의 생태복원에 관한 논의를 검토하고, 이를 사회학적 상상력을 동원하여 이론적으로 재구성하고자 한다. 생태복원의 재구성은 다음과 같은 작업을 통해 이뤄질 것이다. 첫째, 발전주의에 대한 비판과 생태주의의 함의에 대한 평가이다. 특히 심층생태학과 사회생태주의가 생태복원의 중요한 이론적 자원이 될 수 있음을 보여줄 것이다. 이러한 작업은 1960년대 이후 발전주의에 매몰되어 개발일변도로 달려온 한국사회에 꼭 필요하다. 환경과 생태가 강조되는 현재에도, 발전주의는 여전히 우리 정치, 경제, 문화, 그리고 개인에게까지 깊이 탑재되어 있다고 할 수 있기 때문이다. 따라서 한국사회에서 진행되는 어떤 복원 사업이든 그것이 발전주의와 생태주의 스펙트럼의 어디에 있는지를 제대로 판단하는 것이 중요하다. 더 나아가 '진정한' 생태주의적 생태복원이 이뤄질 수 있도록 하는 것이 필요하다. 둘째, 사회와 생태의 변증법적 재구성을 위해 신진대사 균열론에 대해 검토한다. 농업의 사회적 분리 과정을 밝히는 신진대사 균열론은 자본주의 발전과정에서 도시와 농촌, 자연과 사회의 균열이 어떻게 진행되었는지를 잘 설명해준다. 따라서 신진대사 균열론은 생태복원이 단순히 자연에 관한 문제가 아니라 자연과 (생태계 일부로서의) 인간의 관계에 관한 문제라는 점을 부각시킬 수 있다. 셋째, 생태복원을 위한 사회적 협의 및 민주주의의 중요성을 강조할 것이다. 이는 숙의민주주의에 관한 논의를 통해 진행한다. 예컨대 자연 생태의 어느 시점을 복원의 준거점으로 할 것인가는 복원생태학의 주요 쟁점이거니와, 이를 위한 사회적 과정으로서의 민주주의는 매우 중요하다. 생태복원은 특정 행위자에 의한 일방적인 결정이 아니라 다양한 행위자들에 의한 토론과 합의를 통해 이뤄져야 하기 때문이다.

생태복원에 관한 이러한 이론적 재구성 작업은 실용적 목적을 지닌다. 즉 다음 장에서 다루게 될 사례를 분석하기 위한 준거틀로 사용하고자 하는 것이다. 다음 장에서는 생태복원의 중요한 영역인 하천복원에 대해 분석할 것인데, 구체적인 사례로 4대강 사업과 외국의 하천복원을 검토할 것이다. 이때 이 장에서 제시된 이론적 논의들을 평가의 중요한 기준으로 삼고자 한다.

2. 생태복원의 개념

먼저 기존의 생태복원에 관한 개념과 논의들을 검토하자. 국제생태복원학회(Society for Ecological Restoration International)는 생태복원을 "악화되고, 손상되거나 파괴된 생태계의 회복을 도와주는 과정"이라고 정의하고 있다.[2] 국제생태복원학회는 복원과 관련하여 다음과 같은 몇 가지를 강조하고 있다.

> 복원은 토지와 자원에 대한 무한정한 장기적인 헌신을 의미하며, 생태계를 복원하기 위한 계획은 사려 깊은 협의를 필요로 한다. 집합적인 의사결정이 일방향적으로 이뤄진 의사결정보다 더 존중되고 실현될 가능성이 높다. 이런 이유로 모든 이해 관련자들이 합의에 의해 복원 프로젝트를 개시할 수 있도록 결정에 참여하는 것이 필요하다. 복원을 하기로 결정이 되면, 프로젝트는 생태계 복원을 위해 신중하고 체계적인 계획과 모니터링이 지속되는 접근이 요구된다. 복원의 단위가 연결된 생태체계들의 복잡 지형이면 계획의 필요는 더욱 강조된다.[3]

다소 긴 이 인용문은 생태복원과 관련된 몇 가지 중요한 시사점을 가지고 있다. 첫째, 복원이 가지고 있는 장기적 시간틀이다. 자연 생태계의 시간 단위는 인간의 그것과는 매우 다르다. 수백 혹은 수천 년 동안 진화의 과정을 거쳐 만들어져 온 생태계의 기능과 의미를 우

---

2) SERIS(Society for Ecological Restoration International Science & Policy Working Group). 2004. The SER International Primer on Ecological Restoration. www.ser.org & Tucson: Society for Ecological Restoration International. p.3.
3) SERIS. 2004. 앞의 글. p.1.(필자 옮김).

리가 완전히 파악하는 것은 불가능하다. 바로 이 사실 때문에 훼손된 생태계를 복원할 때에는 최대한 긴 시간틀 속에서 사고하고, 기획할 필요가 있다. 둘째, 앞의 논의를 확장하면, 긴 시간 속에서 진화해온 생태계는 다양한 종과 환경의 상호작용망으로 이뤄졌다고 할 수 있다. 따라서 특정 생태계를 구성하는 복잡하고 다양한 종들의 관계를 고려한 복원이 필요하다. 최대한 열려진 시각에서 다양한 종들을 망라하려는 노력이 요구되는 것이다. 셋째, 의사결정 과정과 합의(consensus)의 중요성이다. 인용문에서는 "모든 이해 관련자들"이라고 표현했는데 실질적으로 모든 관련 행위자들을 의사결정 과정에 참여시키기는 어렵겠지만, 적어도 이러한 열린 태도로 접근할 필요가 있다. 생태복원에 있어서 이를 둘러싼 절차와 민주주의가 중요한 것이다. 넷째, 계획의 신중성과 체계성이다. 어떤 의미에서 생태복원 자체가 생태계의 변형이므로, 이러한 과정을 제대로 진행하기 위해서는 극도의 신중함이 필요하다. 인간이 만들고 실행한 복원은 이후 수백 혹은 수천 년 동안의 생태계 모습을 결정한다는 점에서 겸허함이 요구된다고 해도 과언이 아니다. 복원을 위한 인간의 노력은 최대한 전체론적 시각에서 체계적인 계획으로 이어져야 한다. 다섯째, 모니터링의 중요성이다. 복원을 무조건 진행하는 것이 아니라 복원의 과정과 단계에 따라 실제 생태계에 어떤 변화들이 있는가를 계속 모니터함으로써, 복원 계획이 적절한 것인가를 지속적으로 확인해야 하는 것이다. 물론 적절한 모니터링을 위해서는 복원의 목표에 적합한 단계별 지표가 설정되어야 한다.

복원에 있어 등장하는 중요한 문제가 복원의 준거이다. 인류의 역사는 환경과의 상호작용 역사이다. 문명의 발생 자체가 자연환경의 개조를 전제로 했다고 할 수 있는데, 이는 어떤 의미에서건 생태계의 변화를 야기했다. 문제는 인간의 경제활동이 자연의 자정능력과 수용능력을 넘어서는 수준으로까지 확대되었다는 데 있다. 여러 가지 사회변화, 예컨대 자본주의 발전, 산업화, 인구성장 등은 환경문제를 심화시켰으며 생태계를 심각하게 훼손시켰다. 즉 인간의 자연에 대한 착취적 관계 방식이 환경문제의 원인이다. 따라서 생태복원 역시 인간과 자연의 관계 방식에 대한 전환을 요구한다. 생태복원은 단순히 자연만의 문제가 아니라 인간, 문화, 사회구조 등의 변수들과 깊이 관련되는 것이다. 기나긴 생태 파괴의 역사 속에서, 어느 시점 혹은 어느 상태를 복원의 준거로 상정할 것인가라는 쉽지 않은 문제가 제기된다. 또한 일단 복원을 시작했을 경우 실제 그 복원이 예측한 결과를 낳는지도 중요한 평가 대상이다.

생태복원을 실질적으로 진행하기 위해 코민은 다음과 같이 세 가지 정도의 중요한 조언을 제공하고 있다.[4] 첫째, 복원을 위해서는 비교를 위한 준거 체계(reference system)를 마련하는 것이 필수적이다. 실제 복원의 지향점이 특정 생태계의 어떤 시점, 어떤 상태인지에 대한 그림이 필요하며, 이는 복원된 사례의 위상을 평가하는 데 활용된다. 둘째, 복원을 위한 궤적을 평가하는 것이다. 복원된 사례는 때로는 예측한 것과는 다른 회복의 경로를 보이기도 한다. 예컨대 기후변화와 같은 돌발적인 변수는 전문가들이 선례와 이론을 통해 예상한 것과는 다른 결과를 낳을 수 있는 것이다. 셋째, 복원의 결과를 평가하기 위한 지표들을 개발하고, 활용해야 한다. 생태복원이 고려해야 할 기준들은 무한하게 많다고 할 수 있지만, 복원생태학의 연구결과

---

4) Comin, F.(ed.), *Ecological Restoration: A Global Challenge,* Cambridge, Cambridge University Press. 2010, pp.15-16.

들은 납득할 만한 평가지표를 마련해왔다. 예건대 종의 다양성, 지역사회, 서식지, 조경, 장소의 문화, 관련행위자들 등을 기준으로 생태복원의 결과를 평가할 수 있다.

이상에서 살펴본 바와 같이 생태복원은 인간의 개입에 의해 훼손된 생태계를 다시 인간의 개입으로 회복시키는 극히 어려운 과정이다. 이는 현대문명을 발달시킨 계몽적 근대성에 대한 반성을 통한 근대성의 극복이기도 하며, 성찰을 통한 근대성의 완성이기도 하다. 따라서 다른 종을 포함한 타자에 대한 배려와 인간중심주의의 극복을 전제로 하는 것이다. 생태복원 실행을 위한 논의는 자연과학적이고 공학적인 성격이 강하다. 하지만 생태복원을 제대로 하고, 그 의미를 극대화하기 위해서는 인문학적이고 사회과학적인 상상력이 요구된다. 이하에서는 몇 가지 사회과학적 논의를 통해, 생태복원의 의미를 풍성하게 하고자 한다.

3. 생태복원의 사회적 재구성

1) 발전주의를 넘어 생태주의로

(1) 발전주의

현대 자본주의 사회에서 급격하게 진행된 생태훼손의 이면에는 발전주의라고 하는 이데올로기와 이를 제도적으로 확산시킨 정치적 기획이 자리 잡고 있다. 발전주의는 일반적으로 2차 세계대전 이후 미국 헤게모니하에서 진행된 경제성장을 강조하는 특정한 이념과 제반 정책들을 의미한다.[5] 발전주의는 오랫동안 서구 사회를 지배해왔던 단선적인 진보에 대한 믿음, 계몽적 이성, 그리고 자연에 대한 인간 지배의 정당성을 구체화한 정치적 기획이라고 할 수 있다. 계몽주의가 상정했던 인간의 이성에 의한 더 나은 상태로의 변화라는 진보 개념은 서구사회의 제도와 이념 속에 깊이 뿌리내렸다. 현대인들의 진보에 대한 견고한 믿음과 집착은 20세기 자본주의 발전 과정에서 더욱 강화되었으며, 발전주의로 구체화되었다고 할 수 있다.

20세기 중반 이후 정치적 기획으로서의 발전주의는 다음과 같은 몇 가지 전제들을 가지고 있는데, 이는 제2차 세계대전 이후 복구 정책에서 큰 역할을 했던 미국 트루먼 대통령의 1949년 Point Four에 선명하게 드러나 있다.[6] 첫째, 세계를 개발된 지역과 개발되지 않은 지역이라는 이분법으로 나누게 되었다. 비유럽 국가들은 저개발지역으로 개발국가들에 의해 선도되어야 할 객체로 자리매김했다. 둘째, 이를 위해 미국의 개입과 역할이 강조되기 시작했다. 셋째, 자연자원의 활용과 과학기술의 발전이 중요한 개발을 위한 중요한 도구로 인식되었다.

미국의 주도하에 20세기 중반 이후 세계는 발전의 열풍에 휩싸였으며, 그중 몇몇은 성공하고 다수는 실패했다. 그리고 한국은 성공한 사례로, 아시아의 4마리의 용 가운데 하나로 불리게 되었다.[7]

20세기 중반 이후 보편적 현상으로서의 발전주의는 개별 국가들에서 특수한 형태로 제도화되었다. 한국의 경우 강한 국가(strong state)

---

5) McMichael, P., *Development and Social Change,* Thousand Oaks, Pine Forge Press, 2004.

6) Rist, G., *The History of Development,* London, Zed Books, 1997, p.71.

7) 김철규, 『한국의 자본주의 발전과 사회변동』, 고려대출판부, 2003, pp.218-219.

가 사회변동, 즉 근대화의 중요한 행위자로서 적극적이고 주도적인 역할을 했다. 한국의 개발주의는 몇 가지 특징들을 가진다. 첫째, 국가가 강력하고 효율적인 조직으로서 근대화를 기획하고 실행했다. 단선적 근대화론을 직간접적으로 수용하여, 서구의 근대를 모방한 발전이 추진되었다. 예컨대 박정희 정부는 경제개발5개년계획, 새마을운동, 수출 지향적 산업화 전략 등을 주관하며, 근대화를 목표로 국민과 자원을 동원했던 것이다. 둘째, 자연의 과잉 객체화이다. 특히 한국 전쟁의 폐허와 빈곤 속에서 빵 문제의 해결은 지상과제가 되었으며, 그 과정에서 경제개발 이외의 의제는 무시되었다. 이에 따라 자연은 외부에 존재하는 무제한으로 이용할 수 있는 자원이나 맘껏 변형 및 훼손해도 상관없는 것으로 여겨졌다. 그것이 강물이건 산야이건 공기이건 자연은 인간이 이용하고 착취할 수 있는 대상으로 간주되었던 것이다. 고속도로, 공단, 아파트 단지, 다목적 댐 등 대규모 토건사업들이 이러한 시각에서 별 사회적 논의 없이 이뤄졌다. 셋째, 물질주의 혹은 경제주의 헤게모니의 공고화이다. 개발주의는 처음에는 국가와 지배 엘리트들에 의해 추진되었지만, 이는 이후 사회적으로 확산되고 수용되었다. 특히 경제성장주의 이데올로기는 사회구성원들에 의해 내면화되었으며, 현재의 물질만능주의는 이러한 역사적 경험의 결과라고 할 수 있다.

이러한 요소들로 구성된 개발주의는 한국사회에 일종의 토건국가를 형성시켰다. 토건국가란 '토건업과 정치권이 유착하여 세금을 탕진하고 자연을 파괴하는 국가'를 의미한다.[8] 전후 일본의 개발 사례에서 만들어진 개념인 토건국가는 1960년대 이후 한국의 경제성장

8) 홍성태 엮음, 『개발공사와 토건국가』, 한울, 2005.

과정을 이해하는 데에도 매우 높은 적합성을 지닌다. 토건국가의 문제점과 관련해서 홍성태는 몇 가지를 지적한다.[9] 첫째, 정경유착으로 나타나는 부패문제, 둘째, 자연의 대대적이고 장기적인 파괴, 셋째, 자연과 함께해온 사회와 문화의 해체, 넷째, 위험하고 부실한 사회체계 형성, 다섯째, 왜곡된 산업구조화 등이다.

개발주의의 헤게모니와 토건국가의 발전에 따라 한국에서 자연은 경제성장과 이윤 창출을 위한 수단으로만 여겨지게 되었다. 이에 따라 환경문제가 점차 심각해지게 되었다. 생태계가 가지고 있는 고유의 가치, 자기충족적 활동, 종 및 물질 환경 간의 섬세한 상호작용의 고리 등은 전혀 존중되지 못했다. 이에 따라 한국의 생태계 종 다양성이 급격히 감소하고, 수천 년간 형성되었던 생태계가 파괴되었다. 이는 중앙정부, 지방자치단체, 기업, 개발이익을 추구하는 지배 엘리트 등에 의해 적극적으로 추진되었다. 대표적인 사례가 철새, 각종 어류, 조개류 등의 천국이었던 새만금 지역의 갯벌을 방조제를 통해 파괴한 것이다. 자연과 인간이 어우러져 수천 년 동안 공진화해왔던 갯벌 생태계가 지역 개발이라는 미명하에 파괴되고 말았다.

(2) 생태주의

발전주의에 대한 반성은 서구사회에서 먼저 등장했다. 1945년 이후 세계경제는 빠르게 성장했으며, 유례없는 호황을 누리게 되었다. 하지만 이러한 세계 경제의 발전은 환경 파괴라는 그림자를 드리우게 되었다. 1960년대 이후 서구사회의 중산층, 지식인층, 그리고 젊은이

9) 홍성태 엮음, 앞의 책, pp.25-26.

들 사이에 탈물질주의가 등장하면서, 서구적 발전에 대한 성찰이 나타났던 것이다. 소득 증가와 경제 성장만으로 행복할 수 있냐는 존재론적 질문들이 던져졌으며, 환경과 생태 문제의 중요성을 발견하게 되었던 것이다. 이러한 문제 의식을 철학적·이론적 차원에서 정교화하려는 노력들도 등장했는데, 우리는 여기에서 심층생태론(deep ecology)과 사회생태주의(social ecology)에 대해 주목하고자 한다.

심층생태론은 문자 그대로 얕은(shallow) 생태주의 내지는 환경주의를 비판하고, 보다 급진적이고 근본적인 생태주의를 지향하는 철학을 의미한다. 심층생태론자들은 서구의 환경운동들이 얕은 생태주의에 기반을 두고 있다고 비판한다. 즉 환경위기의 근본적인 원인이나 산업사회의 패러다임을 문제시하기보다는 환경문제에 대한 미봉책이나 단기적 해결에 주로 관심을 가진다는 것이다. 따라서 오염 문제, 자원 고갈 문제 등을 단지 개인 차원의 건강이나 안전문제로만 국한시켜, 문제 해결을 위한 논의가 근시안적 방안을 벗어나지 못한다. 심층생태론자들은 얕은 생태주의를 인간중심주의 또는 기술중심주의라고 비판하며, 현대인의 세계관, 문화, 생활양식 등의 근본적인 변화가 필요하다고 주장한다.

대표적인 심층생태학자인 네스(Arne Naess)는 심층생태운동은 다음과 같은 일곱 가지 원칙을 기반으로 한다고 밝힌 바 있다. 첫째, 인간을 '유기적인 전체의 장'에서 바라볼 것, 둘째, 범생물권적 평등주의에 기반할 것, 셋째, 다양성과 공생의 원칙을 존중할 것, 넷째, 계급을 넘어 평등을 지향할 것, 다섯째, 오염과 자원고갈과 싸울 것, 여섯째, 복합성을 강조할 것, 일곱 번째, 지방자치와 분권화를 추구할 것 등이다.[10)]

네스의 심층생태론은 1980년대 드볼과 세션스(Devall and Sessions)

에 의해 체계화되고, 세계적으로 전파되기 시작했다. 드볼과 세션스는 다음과 같은 8가지 명제를 심층생태론의 핵심으로 정리하고 있다.[11)]

① 인간과 비인간 생명체의 안녕과 번영은 그 자체로 가치가 있다. 이러한 가치는 인간의 목적을 위한 비인간 세계의 유용성과는 상관이 없다.

② 생명 형태들의 다양성과 풍요로움은 이러한 가치를 실현하는 데 도움을 주며, 또 그 자체로 가치를 가진다.

③ 인간은 인간에게 필수적인 필요(needs)를 충족시키기 위한 경우를 제외하고는 이 풍요로움과 다양성을 감소시킬 수 있는 권리를 갖지 않는다.

④ 인간의 삶과 문화의 번창은 인구의 상당한 감소가 있어야 가능하다. 인간 이외 생명종의 번창은 그러한 인구의 감소를 필요로 한다.

⑤ 인간 이외의 세계에 대한 인간의 현 개입은 과도하며, 상황은 빠르게 악화되고 있다.

⑥ 따라서 정책은 바뀌어야 한다. 정책들이 기본적인 경제, 기술, 이념의 구조에 영향을 준다. 그에 따른 상황은 현재 그것과는 크게 다를 것이다.

⑦ 이념적인 변화는 삶의 질에 대해 평가하는 것과 관련되며, 더 높은 생활수준에 집착하는 것이 아니다. 큰 것과 좋은 것 간의 차이에 대한 깊이 있는 성찰이 있어야 한다.

⑧ 앞에서 제시된 내용들에 대해 동의하는 사람들은 필요한 변화를 실현하기 위해 직간접적으로 노력해야 할 의무가 있다.

---

10) 송명규, 『현대생태사상의 이해』, 따님, 2004.

11) Devall, W. and Sessions, G., *Deep Ecology: Living As if Nature Mattered,* Salt Lake City, Gibbs M. Smith, Inc, 1985.

심층생태론은 서양의 합리주의와 계몽에 대한 비판을 포함하고 있었고, 불교나 도교 혹은 아메리카 인디언의 세계관 등에도 영향을 받은 것으로 평가된다. 자연과 하나가 되고, 큰 자아를 실현하며, 다른 동물의 권리를 존중해야 한다는 시각은, 일부이긴 하지만 서구사회에 큰 반향을 일으켰다. 기존의 인간 중심적 발전주의에 대한 반성을 심화시켰던 것이다. 이는 급진적 환경운동을 낳은 데도 기여했다. 가장 대표적인 조직은 Earth First!이다. Earth First!의 입장은 "어머니 자연(Mother Nature)과 관련해서는 타협이 없다"는 슬로건에 잘 나타난다. 데이비드 포먼(David Foreman)과 쥬디 배리(Judi Bari) 등에 의해 주도된 심층생태론적 환경단체인 Earth First!는 오래된 숲, 달팽이나 올빼미의 서식지, 나무 등을 보호하기 위해 매우 적극적인 방식으로 운동을 전개해왔다. 또한 네스의 경우 노르웨이의 피오르드를 보호하기 위해 댐 건설을 반대하는 운동을 성공시킨 바 있다.

심층생태론은 한국의 환경운동에도 직간접적으로 영향을 끼쳤다. 1987년 민주화 항쟁 이후 다양한 사회운동들이 등장했고, 환경운동은 그 가운데도 가장 빠르게 성장한 사회운동이었다. 환경운동연합, 녹색연합 등의 환경단체들은 이제 한국사회의 주요 사회운동조직으로 자리매김했다. 이들은 현실 운동의 차원에서 얕은 생태주의적인 타협적 입장을 가질 수밖에 없지만, 운동가들의 상당수는 심층생태주의를 진지하게 받아들이고 있다. 또 2000년대 초반에 경부고속철도 건설과 관련해서 제기되었던 천성산 도룡뇽 소송과 지율 스님의 단식은 심층생태주의의 자연관을 보여주는 예라고 할 수 있다.[12)] 새만금

12) 김명식, 『숙의민주주의와 환경』, 철학과 현실사, 2009. 김명식(2009)은 천성산과 관련해서 지율 스님의 단식 사건을 "생명의 소중함을 일깨우고, 현행 환경영향평

사업이나 4대강 사업에 대한 반대에 있어 한 축을 이루는 환경이념은 심층생태주의적 인식론에 영향 받은 바 크다.

생태복원, 특히 한국의 생태복원 논의와 관련해서 심층생태론은 기존 패러다임의 혁명적 전환을 요구한다. 50년의 근대화 길에서 발전주의는 우리 사회의 모든 곳을 지배하고 있다. 경제, 정치, 사회 등 모든 제도적 영역뿐 아니라 문화와 가치의 영역도 발전주의가 깊이 자리 잡고 있는 것이다. 국가적인 차원에서의 경제성장에 대한 강조와 기업 차원에서의 이윤 극대화, 그리고 개인 차원에서의 성공지상주의는 이러한 한국사회의 현실을 보여준다. 일종의 경로의존성으로 축적되어온 발전주의의 공고함에 균열을 내는 것은 쉽지 않은 일이다. 소위 녹색자본주의(Green Capitalism)의 흐름 속에서 '환경' 역시 이러한 발전주의적 전유(developmentalist appropriation)의 대상이 되고 있다.[13] 대표적인 것이 이명박 정부에서 강조한 '녹색성장', '4대강 살리기' 등이다. 전혀 친환경적이지 않은 개발사업들을 녹색, 친환경, 지속가능 등의 수식어로 포장했던 것이다. 따라서 보다 급진적인 세계관의 변화를 강조하는 진정한 녹색의 심층생태론은 한국사회의 지배 이념인 발전주의에 충격을 주고, 새로운 비전을 제시하는 데 기여할 바가 크다. 제대로 된 생태복원을 위한 지침으로서 중요한 역할을 할 수 있는 것이다.

하지만 현실로서의 생태복원은 심층생태론에 대한 일정한 조정을

가제도의 문제점을 환기시켰다는 점"에서 큰 의미가 있지만, 동시에 숙의민주주의의 결여라고 하는 점에서 아쉽다고 지적한다. p.144.

13) Friedmann, H., "From Colonialism to Green Capitalism" in Buttel, F. and McMichael, P.(eds), *New Directions in the Sociology of Global Development,* Elsevier, 2005.

요구하는 것으로 보인다. 심층생태론이 가지고 있는 과도한 생명평등주의와 일부 급진적 심층생태론자들의 인간혐오주의는 지양해야 하기 때문이다. 또한 심층생태론이 바라보는 인간/사회의 개념 역시 보다 세밀한 접근이 필요하다. 이런 의미에서 심층생태론과 논쟁하며, 성장해온 사회생태주의에 대한 검토가 요구된다.

사회생태주의는 환경위기의 근본적인 원인이 사회적 불평등에 있다고 본다. 사회생태주의의 대표적인 이론가인 북친(Murray Bookchin)은 환경문제가 인간의 인간에 대한 지배(domination)에서 기인했다고 지적한다.[14] 노인의 젊은이에 대한 지배, 남성의 여성에 대한 지배, 자본가의 노동자에 대한 지배가 역사적으로 발전해왔으며, 그 과정에서 자연스럽게 인간의 환경에 대한 지배가 발생하였다는 것이다. 특히 근대사회의 등장과 더불어 이러한 복합적 지배는 국가와 자본주의라는 보다 체계적인 구조로 공고화되었다.

북친은 심층생태론이 가진 자연과 사회의 이분법적 인식을 비판하며, 변증법적 통합을 시도한다. 사회생태학은 모든 존재는 변화와 발전의 과정에 있으며, 서로 분리될 수 없고, 영향을 주고받는다는 시각을 가졌다는 의미에서 변증법적이다. 또한 사회생태학은 모든 실재하는 것은 자연이며, 따라서 인간, 사회, 문화 등이 모두 자연적 존재라고 본다. 즉 1차 자연(First Nature)인 '자연'과 2차 자연(Second Nature)인 '문화'는 조화를 이루며 자유 자연(Free Nature)으로 변증법적 통합이 가능하다. 그러나 문화에서 나타난 지배와 위계는 이러한 조화로운 통합을 와해시켰으며, 그 결과가 환경위기인 것이다. 따라서 생태위기를 극복하기 위해서는 사회적 지배와 위계 구조를 해체하

14) Bookchin, M., *The Ecology of Freedom,* Cheshire Books, 1982.

는 것이 해법이다. 북친은 다음과 같이 말하고 있다.

> 오늘의 생태주의적 논의에 대한 사회생태주의의 가장 중요한 공헌의 하나는, 사회를 자연에 대립시키는 기본적인 문제점이 사회와 자연의 〈사이〉에서가 아니라 사회 발전의 〈내부〉에서 형성된다는 관점일 것이다. 곧 사회와 자연의 분단은 그 가장 깊은 근원을 사회 영역 속에, 즉 대체로 〈인류〉라고 하는 말의 광범위한 사용에 의해 애매하게 된 인간과 인간의 뿌리 깊은 대립 속에 있는 것이다.[15]

사회생태학의 인간과 인간의 대립, 즉 지배에 대한 강조는 생태위기의 사회적 구조 및 체계에 대한 분석적 중요성을 적절히 부각시켰다. 이는 또한 사회/인간이 생태위기의 극복을 위해 할 수 있는 여지도 확장시켰다고 볼 수 있다. 북친은 인간과 자연의 조화로운 진화에 대해 희망을 잃지 않으며, 다음과 같은 문제 제기를 한다.

> 문제는 〈사회 진화〉가 〈자연 진화〉와 대립하는 것인가 아닌가가 아니다. 문제는 사회 진화가 자연 진화 〈속에〉, 〈어떻게〉 위치될 수 있고, 〈왜〉 사회 진화가 ―내가 지금부터 논의하듯이 불필요하게― 전체로서의 생물권을 손상시키는 형태로 자연 진화와 대립하게 되었는가라는 것이다. 합리적이고 자유로운 존재가 되는 잠재 능력이 있다고 하는 것은, 이 능력이 현실화되는 것을 보증하지 않는다. 만일 사회진화가 새로운 창조적 경로에 따라 자연 진화의 전망을 확장하는 잠재 능력으로 이해된다면, 그리고 인간이 자각적이고 자유로운 존재를 낳는 자연

15) 머레이 북친, 『사회생태주의란 무엇인가』, 박홍규 옮김, 민음사, 1998, p.41. (Remaking Society. 1990).

의 잠재 능력으로 이해된다고 한다면, 우리가 직면하는 문제는 〈왜〉 이러한 잠재 능력이 왜곡되었는가, 그리고 〈어떻게 하면〉 그것들을 현실화시킬 수 있는가 하는 것이다. 이러한 잠재 능력이 참으로 존재하고 그것들이 성취될 수 있다고 하는 것은, 자연 진화에 대하여 사회생태주의가 기여한 것의 일부가 된다.[16]

사회생태학은 심층생태론이 인간의 이성과 잠재력을 부정하며, 생태 파괴의 책임을 애매한 주체인 인류에 돌리고, 다른 생명종들을 더 중시하는 '인간혐오주의'에 빠져 있다고 비판하기도 했다. 반면 심층생태론은 사회생태학을 생명평등주의의 의미를 이해하지 못하는 이기적인 '인간중심주의'로 폄하하며 반박해왔다. 때로는 비생산적 논쟁으로 빠지기도 했지만, 양자는 상대에 대한 비판과 자기 성찰을 통해 더 풍성한 생태적 담론을 만들었다고 할 수 있다.[17] 양자의 열띤 논쟁은 서구사회에서 환경문제에 대한 관심을 높였으며, 생태적 관점의 중요성을 인정받는 데 기여했다.

생태복원 문제로 돌아가보자. 우리는 생태복원의 비전과 관련해서 북친의 사회생태주의적 시각이 현실적 적합성이 높다고 본다. 즉 자연의 일부로서의 사회(2차 자연)와 생태(1차 자연)가 변증법적으로 재구성되어, 보다 조화로운 자연을 만들어가도록 하는 것이 생태복원의 지향점이 되어야 할 것이다. 심층생태주의가 강조하는 생태적 자아, 인간이 아닌 종들의 평등한 가치 등은 발전주의와 경제성장주의에 대한 날카로운 비판으로 큰 의미를 지닌다. 하지만 구체적인 생태복원

16) 북친, 앞의 책, pp.49-50.

17) Bookchin, M. and Foreman, D., *Defending the Earth, edited by Steve Chase*, Boston, South End Press, 1991.

작업에서 '복원' 행위의 주체는 인간일 수밖에 없다. 그리고 이 '인간'이라는 주체 역시 다양한 사회관계가 배태된 복잡한 행위자이다. 여러 가지 이해관계와 권력 관계로 구성된 행위자들이 생태복원의 방향을 설정하고, 의사결정을 하며, 실행하게 된다. 따라서 사회생태주의가 강조하는 생태와 사회의 변증법적 이해가 생태복원에 있어서도 중요하다 하겠다.

2) 공진화와 신진대사 균열론

다양한 생태복원에 대한 논의는 특정 생태계를 어떤 기준에 의해 자연 상태에 가깝게 돌려놓으려는 노력을 반영한다. 이러한 논의는 산업화와 도시화 과정에서 진행되었던 자연에 대한 지배와 파괴를 고려할 때, 분명 큰 의미를 지닌다. 그러나 여기에서 우리는 인간과 사회의 위치는 어디인가에 질문을 던져야 한다. 인간은 진정 자연과는 근본적으로 대립관계에 있는 자연의 적(enemy of nature)인가? 그렇다면 인간의 관계망과 조직으로 구성된 사회는 심층생태론자들이 주장하듯 다른 종들을 위협하는 자연의 절대악인가?

이러한 질문들을 염두에 두고 인간과 자연 간의 관계와 그 관계의 역사적 구조화를 공진화(co-evolution)로 개념화할 수 있다. 인류가 존재하기 시작한 이후, 특히 한 곳에 정주해서 농사를 짓기 시작한 이후 인간과 자연은 섬세한 상호작용을 통해 균형을 유지하는 공진화의 역사를 만들어왔다. 자연 환경이 제공하는 공간과 자원의 한도 내에서 인류는 정주지를 만들었다. 이에 따라 농업이 등장하기 시작했다. 토양, 강우량, 날씨 등의 자연 조건과 인간의 경험 지식이 상호작용하여 식량이 생산되었다. 대개는 식량의 규모에 맞게 인구가 조절되었으며, 자연이 스스로 정화하고 수용할 수 있는 한도 내에서 인간 정주지역이 발달했다. 레드클리프트와 우드게이트는 이러한 공진화를 사회와 자연 사이의 평형화 기제라고 정의한다. 공진화는 자연적 변동 기제와 사회적 변동 기제의 상호작용적 종합이다.[18]

공진화 과정은 자본주의 발전 과정에서 엄청난 변화를 겪는데, 자연은 사회에 의해 체계적으로 재구성되어 왔다. 특히 시장의 논리에 의해 자연은 상품으로, 좀 더 정확히는 인위적 상품(fictitious commodity)으로 변화하였다.[19] 끝없는 축적을 위한 자연의 상품화는 자연에 대한 인간의 착취를 심화시켰다. 이는 자연과 사회의 상호작용으로서의 공진화의 한계를 넘어서게 되었다. 자본에 의한 자연의 착취는 자연이 가지고 있는 다양한 자기조정적 기능을 상실하게 만들었으며, 수용능력을 넘어서는 발전이 일어났다. 이에 따라 지구온난화와 같이 더 이상 되돌릴 수 없는 자연체계의 구조적 변화를 야기했다. 이러한 자연의 변화는 인간과 사회의 기반 자체를 파멸시키는 결과를 낳을 수 있다. 바로 이 때문에 기후 변화에 대한 다양한 정책적 · 사회과학적 논의들이 활발하게 진행되고 있는 것이다.

공진화의 파열을 식량 생산 즉 농업 부문으로 국한시켜 논의해보자. 원시농업체계에서는 식량체계를 유지하는 데 드는 대부분의 비용을 자연이 부담하는 데 비해, 산업적 농업체계에서는 자연은 전유, 대치되고 가치저하되면서 식량체계 유지비용은 대부분 사회가 부담한다.[20] 이 과정을 풀어서 이야기하자면, 현대 산업농은 농기계, 연

---

18) 레드클리프트와 우드게이트, "사회학과 환경: 조화되지 않는 담론?", 『지구환경과 사회이론』, 1994. 마이클 레드클리프드 · 테드 벤튼 엮음, 이기홍 · 조재광 · 이강익 옮김, 한울아카데미, p.83.

19) Polanyi, K., *The Great Transformation*, Beacon, 1956.

료, 농약, 화학비료 등을 통해 끝없이 자연의 구속으로부터 벗어나려 한다. 결국 현대사회의 식량 생산은 산업 자본에 의한 농업의 탈자연화에 의해 이뤄진다. 이러한 식량 생산 방식은 자기충족적이지 못하며, 자연의 한계를 극한으로 몰고 가 어느 순간에 자연 체계와 생태체계 양자 모두의 구조적 위기의 임계점에 도달하게 한다. 자연은 탄력성을 가지지만, 사회에 의해 그 착취가 심화될 경우 어느 극한의 순간에 붕괴되고 마는 것이다. 도구적 합리성이 결국은 사회생태 체계 자체의 파멸을 낳을 수 있다.[21]

자연과 사회의 공진화 해체를 역사사회과학적으로 이론화한 것이 신진대사 균열론(theory of metabolic rift)이라고 할 수 있다. 신진대사 균열은 마르크스에 의해 제시된 개념이며, 1990년대 이후 생태 마르크스주의자인 존 벨라미 포스터(Jonh Bellamy Foster)에 의해 체계화되었다. 자본론 1권에서 마르크스는 "인간의 노동이란 인간과 자연 간의 과정이며, 스스로의 행위를 통해 인간이 자신과 자연간의 신진대사를 통제하고, 관리하고, 중재하는 것이다"라고 밝히고 있다.[22] 이러한 신진대사 개념을 중심으로, 포스터는 인간과 자연의 신진대사의 균열을 보여주는 중요한 예가 토지로부터의 인간의 분리라고 지적한다. 즉 자본주의 사회에서 도시와 농촌이 극단적으로 분리되는 것이 "회복 불가능한 균열(irreparable rift)"을 발생시켰다고 주장한다.[23] 마르크스가 인클로저라는 역사적 사건을 통해 보여주듯, 자본주의의 발

---

20) Goodman, D. and Redclift, M., *Refashioning Nature*, London, Routledge Press, 2001.

21) Murphy, R., *Rationality & Nature*, Boulder, Westview Press, 1994.

22) Marx, K., *Capital. Volume One,* New York, Vintage Books, 1977, p.283.

23) Foster, J.B., *Marx's Ecology*, London, Monthly Review Press, 2000, p.141.

흥에 따라 토지의 사유화가 일어나고 이에 따라 다수의 농민들이 토지로부터 분리되었다. 이들은 굶주릴 자유와 노동력을 판매할 자유를 갖게 됨으로써, 이중적 의미에서 자유로운 존재가 되었다.[24] 마르크스의 시원적 축적(primitive accumulation)에 관한 논의는 역사적으로 볼 때, 토지/자연과 인간/사회의 분리를 보여주기도 하는 것이다. 이러한 과정은 한편으로 상업적 농업의 발전을, 다른 한편으로 도시 산업예비군의 형성을 초래하였다. 그리고 이 과정은 장기적으로 농촌과 도시의 물리적·사회적 분리를 의미하는 것으로 이해할 수 있다.

포스터는 농촌과 도시의 분리 과정을 역사적 분석을 통해 이론적으로 재구성한다. 즉 신진대사의 균열이란 개념을 통해 근대적 농업이 지역의 영양물질을 농산물로 전환시키지 못하고, 폐기하는 과정을 보여준다. 또한 도시에서의 먹거리 소비는 신진대사 과정을 통해 토양으로 돌아가지 못하고 폐기물을 양산할 뿐이다.[25] 이에 비해 전통적인 농업은 자기 순환적이었다. 인간의 노동과 자연의 개입이 상호작용하는 가운데 공진화의 과정을 겪어왔다. 예컨대 곡물이나 채소는 가축이나 사람의 분뇨가 포함하고 있는 영양분을 공급받아 생산되었다. 마찬가지로 가축이나 사람은 농업이 제공하는 곡물이나 채소류를 먹고, 배설함으로써 토양을 비옥하게 한다. 이렇게 해서 곡물, 채소, 인간, 가축 등이 농업 생태계의 순환과정에 동참해왔던 것이다. 하지만 급속한 도시화에 따라 도시와 농촌의 사회공간적 분리가 이뤄졌으며, 이는 이러한 순환체계와 신진대사 기제를 붕괴시켰다.

역사적으로 볼 때, 1830년대부터 유럽에서는 농촌에서 도시로의

---

24) Marx, 앞의 책, pp.877-895.

25) Foster, J.B., "Capitalism and Ecology", *Monthly Review*, 54(4), 2002, p.6.

인구 유입이 급속히 진행되어 도시가 빠르게 성장하였다. 또한 농촌에서는 전문화와 규모화를 기반으로 자본주의적 농업이 발전했다. 도시로 몰려든 산업예비군들은 빈곤과 기아에 시달렸으며, 당시 정치가들과 학자들은 이 문제에 대해 고민했다. 이러한 과정은 잘 알려진 바와 같이 멜더스로 하여금 인구와 식량의 불균형에 관한 이론을 발전시키도록 했다. 순환적 농업이 파괴되고 도시 시장을 지향하는 전문적인 상업농이 성장하면서 지력이 약화되어 농업생산성이 떨어지기 시작했다. 농업은 지역의 인간과 자연의 상호작용에 의해 만들어지던 신진대사 과정에서 멀어졌다. 따라서 유럽의 상업적 지주들은 인분이나 축분을 대체할 수 있는 비료를 찾아 세계를 누비게 되었다. 이 과정에서 나타난 것이 소위 '구아노 제국주의(Guano Imperialism)'이다. 구아노 제국주의란 손상된 농지의 생산성을 높이기 위해 인이나 질소가 많이 들어 있는 새똥인 구아노를 유럽 국가들이 페루를 비롯한 중남미 지역에서 수입해서 농사를 짓던 것을 의미한다.

대량생산형 농업용 비료로 구아노를 수입해서 활용하는 것도 결국은 한계를 드러냈다. 구아노의 고갈로 고민에 빠져 있던 유럽의 상업농들에게 희망의 소식을 전해준 것이 과학이었다. 특히 리비히(Liebig)에 의해 체계화된 유기화학은 식물의 생육과 유기 영양소와의 관계를 밝힘으로써 농업이 자연의 한계를 넘어서게 한 것으로 평가받았다. 즉 화학적으로 인공 비료를 만들게 됨으로써, 현대적인 농업을 발전시키게 된 것이다. 이러한 화학농업의 발전은 사실은 신진대사의 균열을 더욱 심화키는 것이었다. 자연을 요소로 환원하고, 이를 활용하여 생산성을 높이는 접근은 결국 인간을 포함한 생태계의 불균형을 낳았고, 이에 따라 사회와 자연의 위기가 도래하게 된 것이다.

포스터와 매그도프(2000)는 현대적 농업에 두 가지 단절이 있음을 지적한다.[26] 첫째는 앞에서 지적한 도시-농촌 분화에 의한 영양 물질 순환의 단절이고, 두 번째는 농산물과 축산물의 분화에 따른 신진대사 균열이다. 현대적 공장형 축산과 산업적 농업의 분절적 발달이 이를 잘 보여준다. 공장형 축산은 소, 돼지, 닭 등의 동물을 고기로서만 바라보며 자본주의적 효율성과 상품성의 입장에서 생산공정을 조직하게 된다. 전문화된 공장형 축산에서 동물은 배합사료에 의해 사육되며, 축산업은 고도의 수직적 통합을 이뤄 소수의 기업에 의한 지배로 이어지게 되었다. 한편 산업적 농업, 즉 석유와 화학 비료에 의존하는 농업은 우리의 곡물과 채소를 생산하는 방식이 되었다. 오늘날 농산물의 생산은 가축의 분뇨를 퇴비로 사용하지 않으며, 화학적으로 생산된 비료와 농약에 의존한다. 이에 따라 농산물 생산 자체가 환경오염의 주원인 가운데 하나로 전락한 것이다.[27]

자본주의 발전에 따른 도시와 농촌의 분화를 신진대사의 균열로 본, 포스터 등의 논의는 인식론적 혁명을 요구한다. 도시와 산업이 곧 발전이고, 이를 역사의 진보와 동일시했던 많은 논의들에 대해 근본적인 문제 제기를 하는 것이다. 이러한 인식론적 전환은 한국사회에서 더욱 큰 의미를 가진다. 1960-70년대를 거쳐 발전주의가 깊이 내면화된 한국인들에게 도시와 공업은 발전의 동의어가 되었다. 반대로 농촌과 농업은 저발전과 낙후성의 상징으로 받아들여져 왔다. 신진대사 균열론의 입장에서 보면 도시와 농촌의 극단적인 분화가 진행

---

26) Foster, J.B. and Magdoff, F., "Liebig, Marx, and the Depletion of Soil Fertility" in Magdoff F., Foster, J. and Buttel, F.(ed.) *Hungry for Profit*, London, Monthly Review Press, 2000, p.53.

27) Pfeiffer, D.A., *Eating Fossil Fuels*, Gabriola Islands: New Society Publishers, 2006.

되었는데, 서울과 같은 대도시에서 사람의 분뇨와 그것이 포함하고 있는 영양소는 오염물질로 대량으로 방출되고 있다. 이는 비록 정수 과정을 거친다고 하지만 환경오염의 원인이 되며, 많은 경제적 비용을 수반한다. 반면 농촌의 경우 농업은 소위 관행농법에 의해 이뤄지며 화학비료와 농약에 의지해서 농산물을 생산하고 있다. 농업은 대부분 외부 시장에 의존할 뿐 자연과의 공생적 관계를 맺지 못한다. 종자, 비료, 농약 등을 모두 시장에서 구입하는 것이다. 또한 축산 역시 점차 산업형 혹은 공장형으로 변화하고 있다. 특히 육계의 경우 서구에 못지않은 대량생산 체계가 갖춰졌다. 이러한 경향은 정도의 차이는 있지만 소와 돼지의 경우에도 나타나고 있다. 공장형 축산에서 배출되는 어마어마한 양의 오폐수는 하천으로 흘러들어가 심각한 환경문제를 낳고 있다.

한국의 자본주의 발전 과정은 사회・생태적 시각에서 볼 때, 인간과 자연이 상호작용하며 평형점을 찾아가는 공진화의 궤적에서 크게 벗어난 것이다. 또 과잉 산업화와 도시화를 특징으로 하는 우리나라의 발전 경로는 신진대사 균열의 극단적 사례라고 할 수 있다. 생태복원의 논의에 있어 신진대사 균열론과 공진화 개념은 큰 함의를 가진다. 생태복원의 밑그림을 그릴 때, 어떻게 자연과 사회가 서로 지속가능한 관계를 맺도록 할 것인가에 관심을 가져야 하는 것이다. 인간, 사회, 문화를 생태계의 일부로 고려하고, 이것들을 자연의 생태적 부활에 적합한 형태로 재구성하려는 노력이 필요하다.

3) 생태민주주의

환경주의 혹은 생태주의적 학자들이나 운동가들은 종종 생태적 권위주의에 관심을 가진다. 왜냐하면 현재의 열악한 환경 현실을 제도적 대의민주주의를 통해서 개선하는 것은 요원하다고 생각하기 때문이다. 이러한 경향은 예컨대 인구폭발에 대해 경고하는 에를리히(Ehrlich) 같은 학자에게서 발견된다. 심층생태론 역시 개인의 권리, 자유, 복지를 강조하는 자유민주주의와 모순되기 때문에 '환경 파시즘'이라고 비판되기도 한다.[28]

김명식(2009)은 심층생태주의자들의 권위주의적 특징이 다음과 같은 몇 가지에서 기인한 것으로 본다.[29] 첫째, 생태주의자들이 공유하는 위기의식이다. 환경 문제의 절박성은 효율성이 떨어지는 민주주의를 부차적인 것으로 간주하도록 한다. 둘째, 철학자들이 공유하고 있는 절대적이고 보편적인 것에 대한 강조이다. 대화와 토론이라는 민주적 과정은 결과의 불확실성을 높이는데, 이는 생태주의자들의 입장에서는 용인하기 어려운 것이다. 셋째, 심층생태론자들은 '큰 자아'에 기초한 존재론적 참여를 성숙한(mature) 상태로 여기는데, 따라서 입장을 달리하는 타자는 미성숙(immature)하다는 것을 의미한다. 이러한 차이를 줄이는 방법은 미성숙한 타자가 성숙하게 되어야 하는 것이지, 토론을 통해 어떤 합의나 타협점을 찾을 수는 없는 것이다. 넷째, 생태주의자들은 생명평등주의를 강조하는데, 이에 따라 민주주의가 강조해온 인간존중이 상대적으로 약화될 수밖에 없다. 생명평등주의가 강조되면서 그동안 정치사적으로 발전해온 인간의 권리와 자유 등이 인간중심주의로 간주될 수 있는 것이다.

생태주의 전반이 가진 이러한 권위주의 위험을 극복하며, 동시에

---

28) 김명식, 앞의 책, p.50.

29) 김명식, 앞의 책, pp.52-56.

생태주의가 가진 생태적 함의를 유지하기 위해 중요한 개념이 생태민주주의이다. 생태민주주의는 "생태정의의 실현을 내용적으로 추구하면서 절차적으로는 숙의의 과정을 핵심적 기제로 하는 사회정치원리"라고 할 수 있다.[30] 이는 공정한 절차에만 관심을 두는 자유민주주의와는 구분된다. 앞의 생태민주주의 정의에서 중요한 핵심어는 '생태정의'와 '숙의'라고 할 수 있다. 따라서 각각에 대해 검토할 필요가 있다.

'생태정의'는 환경정의에 뿌리를 둔 개념이지만, 인간중심주의를 벗어나 자연의 주체성을 포괄하려는 보다 급진적인 개념이라고 할 수 있다. 우선 환경정의는 "인종이나 소득, 문화, 또는 사회계급과 무관하게 환경적 위험과 건강위험으로부터 모든 사람들이 평등하게 보호받고 건강하고 쾌적한 환경을 누릴 권리를 지니며 모든 사회구성원이 환경이익만이 아니라 환경오염과 건강위험을 균형있게 부담하는 것"이라고 규정된다. 환경정의는 민족, 소득수준과 관계없이 모든 사람이 깨끗한 환경에서 살 권리인 "실질적 정의(substantive justice)", 환경편익과 부담이 공평하게 배분되어야 한다는 "분배적 정의(distributive justice)", 정책이나 계획의 의사결정 과정이나 이행 과정에 대한 참여를 의미하는 "절차적 정의(procedural justice)"로 이뤄진다.[31] 이러한 환경정의는 특히 미국에서 흑인을 비롯한 소수인종들의 환경권을 보장하는 데 기여했다. 하지만 환경정의는 인간 간의 관계에만 관심을 가진다는 점에서 생태주의로부터 비판을 받기 시작했다.

윤순진(2007)은 환경정의를 생태정의로 확장시키는데, 이는 단순히

---

30) 윤순진, "생태민주주의의 전망과 과제", 에코 11권 2호, 2007.

31) 윤순진, "사회정의와 환경의 연계, 환경정의", 한국사회 7집 1호, 2006, pp.93-143.

환경을 둘러싼 사람들 간의 관계를 넘어 종으로서의 인간과 다른 생물종 간의 관계 설정과 관련되는 문제이다. 뿐만 아니라 환경정의가 가지고 있었던 자유주의적 전통, 즉 절차적 자유민주주의에 대한 비판을 담고 있다. 윤순진(2007)에 따르면,

> 생태주의적 관점에 기초할 때 특정 지역이나 집단에서 다른 지역이나 집단으로, 현세대에서 미래세대로, 더 넓게는 인간종으로부터 다른 생물종에게로 환경적 부담과 위기를 최소화하는 방식으로 전환하도록 사회를 추동할 수 있다. 결국, 자유민주주의가 담지해내지 못하는 시간과 공간, 종의 다차원성과 이를 기초로 한 다양한 권리주체 간의 정의를 실현하는 방향으로 진행할 수 있게 된다.[32]

생태정의는 환경정의에 비해 훨씬 포괄적이며, 특히 다른 종에 대한 관심을 포함시킴으로써 생태주의적 색채가 두드러진다. 생태정의는 아직은 거친 개념으로 이론적인 차원에서 종들 간의 정의와 권리 문제를 어떻게 설정할 것인가는 숙제로 남겨져 있다. 뿐만 아니라 현실의 정책 속에서 생태정의를 구체적으로 어떻게 실현시킬 것인가 하는 문제는 더더욱 어려운 문제이다. 그러나 분명한 점은 생태정의 개념은 기존의 환경정의에 비해 훨씬 전체론적이고 개방적으로 자연과 인간의 정의 문제를 바라본다는 것이다.

'숙의'라는 개념은 민주주의의 이론가들인 엘스터(Elster), 코헨(Cohen) 등에 의해 강조되었다.[33] 숙의민주주의는 시민들이 다원주의 사회의

---

32) 윤순진, 앞의 글, p.221.

33) Elster, J.(ed), *Deliberative Democracy,* Cambridge University Press, 1998.

일원으로 자유롭고 평등한 존재로서 서로 이성적 논의 능력을 가지고 있으며, 논의 결과에 따라 행동할 수 있는 능력을 인정하는 것을 전제로 한다. 즉 이성적 시민들의 합리적 논의에 의해 집합적으로 정당성이 보장된 의사결정에 도달하는 과정을 의미한다. 이는 '민주적인 측면'과 '숙의적인 측면'을 가지는데, 민주적인 측면이란 결정에 의해 영향 받는 모든 이들의 참여에 기초한 집합적 의사결정이 이뤄진다는 뜻이다. 한편 숙의적 측면이란 합리성과 무사공평성의 가치를 수용하는 참여자들이 서로 주고받는 논증에 의해 의사결정을 한다는 것이다.[34]

김명식(2009)에 따르면, 숙의(deliberation)는 "숙의자들이 서로 상호작용하는 과정에서 자신들의 판단과 선호, 그리고 견해를 바꿀 태세"가 되어 있어야 하며, "강압, 조작, 사기가 아니라 설득과 관련된다."[35] 숙의민주주의는 또한 다음과 같은 몇 가지 특징을 지닌다. 첫째, 숙의민주주의는 일반시민들이 참여하는 참여민주주의라고 할 수 있다. 둘째, 숙의민주주의는 개인이 가지고 있는 이성적 능력에 대한 믿음을 전제로 한다. 셋째, 시민들의 선호는 참여와 숙의 과정에서 변화하고 조율된다는 의미에서, 숙의민주주의는 과정을 강조한다. 이는 개인의 선호를 주어진 것으로 간주하고 선호총합의 결과인 투표로 제도화된 자유주의적 민주주의와는 구별된다.

생태민주주의는 자유주의적 민주주의에 대해 비판적이다. 국가가 각종 환경문제의 해결을 투표라는 '선호의 총합적 절차'에 의해서만 접근하는 것에 대한 문제 제기가 이뤄지고 있는 것이다. 예컨대 방사

---

34) 김명식, "4대강과 숙의민주주의", 환경철학, Vol.12, 2011, pp.147-181.
35) 김명식, 앞의 책, pp.74-76.

성폐기물 처분장 문제는 생태정의와 숙의 과정을 무시한 채 지역주민들의 투표라는 절차로만 해결하려 한 사례이다. 이에 대해 많은 전문가들이 숙의적 생태민주주의의 시각에서 비판한 바 있다.[36] 또한 다음 장에서 살펴볼 것처럼, 4대강 사업은 절차와 내용에 있어 모두 문제를 노정한 비민주주적 과정을 통해 추진되었다. 한국에서 생태복원이 제대로 이뤄지기 위해서는 이를 둘러싼 다양한 행위자들이 생태정의를 중심에 두고 서로 참여, 토론할 수 있는 생태민주주의의 제도와 문화가 필요하다.

4. 결 론

생태복원은 특정한 생태계를 손상 혹은 훼손 이전의 상태로 돌리는 과정을 의미한다. 생태복원은 자연과 인간, 주체와 객체, 그리고 역사와 자연사 등 다양한 쟁점들과 관련된다는 점에서 매우 복잡한 과정이라고 할 수 있다. 우리는 생태복원이 단순히 자연과학적이거나 공학적 문제가 아니라는 점에서 사회학적 상상력의 중요성을 강조하고자 했다. 이러한 시각에서 이 장에서는 다음과 같은 몇 가지 작업을 수행했다.

첫째, 한국의 발전주의 헤게모니를 비판하고, 생태주의가 가진 중요한 의미를 강조하였다. 특히 오늘날 '녹색'과 '생태'라는 개념이 오

---

36) 구도완, "생태 민주주의의 관점에서 본 환경운동 사례연구", 기억과 전망 25호, 2011, 윤순진(2007), 앞의 글.

염되고 왜곡되는 현실에서 생태주의가 가진 함의를 진지하게 받아들일 필요가 있다. 이러한 시각에서 심층생태론이 가진 급진적인 생태중심주의는 큰 의미가 있다. 생태와 생명 자체의 가치를 강조하고, 서구적 합리성을 비판하는 심층생태주론은 돈과 권력을 위한 도구적 합리성이 지배하는 한국 사회에 경종을 울리는 중요한 자원이 될 수 있다. 한국사회 전체가 심층생태주론이 제기하는 문제의식을 겸허히 받아들일 필요가 있다고 하겠다.

하지만 생태복원의 현실적 적용에 있어 심층생태주론의 실용성은 낮다고 할 수 있다. 따라서 우리는 생태주의의 또 다른 조류인 사회생태주의에 대해 검토하였다. 사회생태주의의 변증법적 자연주의는 사회와 생태의 관계를 통합적으로 인식하고, 진화의 새로운 방식에 대해 열려져 있다. 특히 생태 문제의 근본 원인이 인간의 인간에 대한 지배에 있다는 점은 기존 사회관계와 자연의 연결 방식을 재편하는 데 큰 함의를 지닌다. 따라서 생태복원의 근본정신은 심층생태학의 메시지를 기반으로 하되, 구체적인 생태복원 과정에서는 사회생태주의의 문제틀을 활용하는 것이 바람직해 보인다. 생태복원을 둘러싼 다양한 행위자들이 어떤 권력과 이해관계를 가지는가에 주목해야 하며, 복원 방식에 대한 사회적 과정을 제대로 만들기 위한 노력이 필요하다고 하겠다.

둘째, 신진대사 균열론을 검토함으로써, 생태복원 문제는 사회와 자연의 변증법 속에서 이해되어야 한다는 점을 강조했다. 또한 생태복원은 기존 사회변동의 패러다임에 대한 재검토와 더불어 진행되어야 한다. 특히 도시와 농촌, 공업과 농업의 분화라는 거대한 사회변화 자체를 문제시하였다. 이는 복원의 준거점과도 관련된다. 생태복원의 시점을 인류 문명 이전으로 상정하는 것은 적절하지 않다. 생태와 문화, 인간과 자연이 분리되고 소외된 것은 자본주의적 산업화와 도시화라고 할 수 있다. 따라서 농업을 통한 자연과 인간의 사회관계야말로 복원의 준거로 매우 중요하다. 다양한 생태계를 구성하는 종들의 관계 속에 인간도 일정한 역할을 하는데, 현대적인 산업적 농업과 공업은 이러한 관계망을 파괴하는 행위였다. 이에 비해 생태계의 원리와 작동 방식을 존중하는 소규모 유기농업은 생태계 구성의 중요한 부분이다. 따라서 특정 생태계의 복원에 있어 사회와 자연이 어떤 변증법적 통합 지점을 찾을 것인가에 대해 신진대사 균열론은 큰 함의를 지닌다.

셋째, 생태민주주의가 생태복원의 중요한 고려사항임을 지적했다. 생태민주주의가 강조하는 생태적 정의와 숙의민주주의는 생태사회를 구성하는 기본원리로서 생태복원에 있어서도 꼭 필요한 요소이다. 한국사회는 많은 갈등을 겪어 왔으며, 그 중심에 환경갈등이 있었다. 부안 방사성 폐기물 처분장, 새만금 간척 사업, 그리고 4대강 사업 등이 대표적인 예이다. 이 사례들은 생태정의와 숙의민주주의라는 생태민주주의의 2가지 원칙과는 매우 거리가 먼 방식으로 정부에 의해 추진되었다. 그것이 한국의 생태복원의 현실적 맥락이라고 할 수 있을 것이다.

한국에서 생태복원은 걸음마 단계에 있다. 환경문제에 따른 피해와 관심 때문에 생태복원에 대한 논의가 진행되고 있지만, 아직은 매우 피상적인 수준이라고 할 수 있다. 더욱 우려되는 바는 녹색자본주의에 대한 관심이 높아지는 상황에서 생태 관련 담론의 왜곡이 정부와 기업 차원에서 심각하게 진행되고 있다는 점이다. 이명박 정부에서 추진된 '4대강 살리기 사업'은 생태복원 개념을 왜곡해서 전유한 극단적인 예이다. 다음 장에서 보다 자세히 살펴볼 바와 같이 4대강 사업은 기존의 하천을 심각하게 변형시킨 인간중심주의적 개발사업이라고 할 수 있다. 보와 둑을 통해 물을 가두고, 자전거 도로를 포함한 인간을 위한 편의 공간을 구축한 것이 4대강 사업의 실질적 내용이며 결과이다. 그럼에도 불구하고 4대강 사업은 버젓이 '4대강 살리기 사업(Four River Restoration Project)'이라는 이름으로 진행되었다. 생태적으로 복원과 거리가 먼 토건사업이 생태복원이라는 미명하에 이뤄졌던 것이다. 그리고 이미 4대강 사업의 부작용들이 많이 드러나고 있으며, 이에 따라 적지 않은 전문가들이 댐과 보의 해체를 포함한 4대강의 복원 필요성을 제기하고 있다.

이 장에서는 바람직한 생태복원의 요소로 생태주의, 신진대사, 그리고 생태민주주의에 대해 이론적인 차원에서 논의를 진행했다. 다음 장에서는 이러한 세 가지 요소들을 기준으로 해서 구체적인 하천복원의 사례들을 검토할 것이다. 특히 한국의 4대강 살리기 사업 사례를 심층적으로 평가하고, 외국의 하천복원 사례들을 소개한다.

제 10 장 하천복원과 한국의 4대강 사업: 사례 연구

김철규

1. 들어가며

앞 장에서는 생태복원의 개념을 살펴보고, 이를 사회과학적으로 풍성하게 하기 위한 이론적 작업을 수행하였다. 이 장에서는 생태복원의 하위 영역인 하천복원 개념에 대해 자세히 알아보고, 그 구체적인 사례들을 검토하고자 한다. 국내외의 하천복원 사례들을 경험적으로 분석하고, 이를 앞 장에서 제시한 생태복원의 요소들과 관련시켜 조망하고자 하는 것이다. 즉, 개발주의에 대한 비판으로서의 생태주의, 공진화와 신진대사 균열, 그리고 절차와 과정으로서의 생태민주주의 시각에서 하천복원에 대해 논의한다. 특히 최근 한국 하천 변화의 중심에 서있었던 4대강 사업의 진행 과정과 양상을 분석하고, 이것을 생태복원 논의에서 어떻게 바라보아야 할 것인지에 대해 초점을 맞출 것이다.

이를 위해 몇 가지의 작업을 수행하고자 한다. 첫째, 생태복원의 하위 영역인 하천복원의 개념과 그 역사에 대해 검토한다. 둘째, 4대강 사업의 내용과 특징을 다양한 자료들을 통해 평가함으로써, 이 사업이 실제로 하천복원이라고 할 수 있는지에 대해 생각해본다. 특히 4대강 사업에 의해 해체된 팔당의 유기농 공동체의 의미, 저항, 대안 모색 등을 분석할 것이다. 셋째, 비교적 성공적인 것으로 평가되고 있는 외국의 하천복원 사례들을 살펴본다. 여기에서는 미국 플로리다 주의 키시미 강 복원 사업, 독일의 이자르 강 복원 사업, 그리고 프랑스의 루아르 강 사업 등을 검토할 것이다. 이를 통해 진정한 하천생태복원의 방향성에 대해 고민해보고자 한다.

2. 하천복원의 개념과 역사

하천생태학에서 좋은 하천 생태계는 강물이 자유롭게 흐르고, 침식·퇴적하여 그 과정에서 다양한 수중 및 수변 생물 서식지가 되는 강이다. 이러한 관점은 기본적으로 하천이 복잡하며, 계속 변화하는 물리적 형태를 지닌다는 점을 전제로 한다. 복합 생태계로서의 하천을 복원하는 가장 좋은 방법은 강이 스스로 물길을 찾아가도록 하고, 강이 범람하고 침식할 수 있도록 유도하는 것이다.[1] 따라서 하천을 복원하기 위한 가장 단순하고 효율적인 방법은 하천 작용을 방해했던 댐이나 제방 같은 인공장치를 제거하여, 훼손된 하천생태계가 자체적

1) Piegay, H., Darby, S., Mosselmann, E., and Surian, N., 2005. "The erodible corridor concept", *River Research and Application*, 21: 773-789.

으로 회복되도록 하는 것이라고 할 수 있다. 하지만 이러한 방법은 하천 주변에 많은 사람이 살고 있고, 도시가 발전해온 상황에서 현실성이 낮다고 할 수 있다. 강과 인간, 즉 자연과 사회 사이의 일정한 타협이 필요한 것이다.

서구에서는 20세기 들어 하천복원 작업이 활발하게 이뤄져왔다. 하지만 많은 경우 복원이라는 명칭을 쓰되 실제로는 복원의 이상과는 동떨어져 있었으며, 실패한 것으로 평가된다. Kondolf 외(2011)는 하천복원 실패의 이유가 "하천 시스템의 본질이 역동성이라는 사실에 대한 이해가 부족하여, 큰 변화 없이 안정적이고 영속적이며 한 줄기로 흐르는 구불구불한 물길(해당 사업에서 계획한 물길이 대부분 이와 같음)을 이상화하는 문화적 편견이 필시 작용했기 때문"이라고 지적한다.[2] 하천복원은 그 목표가 이상적인 만큼 현실 속에서의 구현은 결코 쉽지 않다고 할 수 있다.

하천생태학자들은 하천복원을 하천의 훼손 요인을 최소화하고, 원래의 생태적 기능을 회복하는 것으로 정의하는데, 구체적인 훼손 요소들은 생태계 파괴(ecosystem destruction), 물리적 서식지의 변경(physical habitat alteration), 물 화학 변화(water chemistry alteration), 그리고 직접적인 종들의 추가 및 제거(direct species additions and removals) 등의 4가지이다.[3] 생태복원은 이러한 훼손 요인들을 최대한 제거하여 훼손 이전의 상태로 돌려놓는 것을 의미한다.

하천복원의 역사를 간략히 살펴보자. 하천복원은 유럽의 독일, 오

2) Kondolf, G. and McNally, M., 김정욱, 2011, "녹색뉴딜, 준설과 댐 건설: 대한민국의 4대강 '복원' 사업, p.1.

3) Malmqvist, B. & Rundle, S., "Threats to the running water ecosystems of the world", *Environmental Conservation*, 29, 2002, pp.134-153.

스트리아, 스위스 등에서 '근자연형 하천공법'이란 이름으로 1970년대부터 시작되었다고 할 수 있다. 이후 1990년대 미국에서 발전되어 '자연형 하천공법'으로 자리 잡았다. 우리나라에서는 1980년대 말부터 하천보전에 대한 관심이 높아지기 시작하여, 1990년대 들어 느슨한 형태의 하천복원이라고 할 수 있는 자연형 하천계획에 대한 연구가 시작되었다.[4] '하천복원', '자연형 하천', '생태하천' 등의 용어가 사용되기 시작한 것도 1990년대부터이며, 2000년대 들어 그 사용빈도가 높아졌다. 특히 2000년대 들어 서울의 청계천 복원 사업, 한반도 대운하, '4대강 살리기' 등의 하천사업이 사회적 의제가 되면서 관련 용어들이 활발하게 사용되었다.[5]

우리나라의 하천복원의 경우 특히 정부의 역할이 중요했다. 국토부가 2000년대 중후반부터 '이코리버 21'이라는 이름으로 하천복원 관련 연구 개발 사업을 추진하였다. 환경부 역시 최근 '생태하천 10년 계획'을 발표하였고, 지자체들도 관내 하천을 복원하기 위해 나서고 있다. 그럼에도 불구하고 실제 사업 과정에서는 진정한 생태복원이라기보다는 하천 지역에 대한 인공적 조경과 개발로 이어지는 경우가 빈번한 것으로 알려져 있다. 하천의 복원이 가지는 물리적, 화학적, 생물적 의미를 이해하지 못하거나 실현하기 어렵기 때문이다. 송미영(2010)은 경기도 내 하천복원 사업에 대한 실태조사를 마친 후, '자연스러움' 혹은 '자연에 가까운 하천 본래의 기능과 형태'가 무엇인지 정의하기 어렵다는 고백을 한다(송미영, 2010:162).[6] 이어서 '생태하천'

---

4) 송미영, 경기도 생태하천복원 실태조사. 경기개발연구원, 2010.

5) 우효섭 · 김한태, "하천복원의 목표: 자연성에 초점을? 인간 서비스에 초점을?", 2010 대한토목학회 정기학술대회 자료집, 2010, pp.217-221.

6) 송미영, 앞의 글, p.162.

의 요소로서 생태적 건강성, 동식물의 서식건강 회복, 여울과 소의 복원, 다양한 하상 및 호안 구조, 침식・쇄굴・퇴적이 일어나는 역동성 구조, 서식지, 생태기능의 네트워킹, 수변 및 유역과의 연계 등을 열거하고 있다.

환경부는 2011년 생태하천복원가이드북을 발간하여, 생태하천 복원에 관한 개념과 사례들을 제시한 바 있다.[7] 이에 따르면 생태하천 복원이란 "훼손된 하천생태계를 가능한 한 원래의 건강한 하천으로 회복시키는 것"으로 정의 되며, 구체적으로는 생물서식처, 종횡적 연결성 등을 포함하는 생태계 구조와 기능을 회복하고, 자연적인 치수가 가능하도록 유도하는 것을 의미한다고 밝히고 있다. 이 가이드북은 생태하천 복원에 대해 종합적인 추진방향을 제시하고 있다. 우선, 자연을 원래의 모습으로 되돌리기 위한 전략으로 생태계와 생물종의 복원, 하천변을 포괄하는 횡적 연결성과 상하류를 포괄하는 종적 연결성, 그리고 물의 순환체계를 강조한다. 더 나아가 하천의 역사와 문화, 주민의 참여, 의사결정과정('생태하천복원협의체')의 민주성 등을 지적함으로써 생태복원이 가진 인간과 자연의 상호작용을 존중한다. 이러한 추진방향을 실현하기 위해 하천 자연 생태계와 문화 생태계에 대한 기초조사의 중요성을 강조한다.

많은 하천복원에 관한 논의들은 대체로 전-산업주의 상태(pre-industrial state) 혹은 훼손이전상태(pre-disturbance state)를 상정하고, 이를 준거로 하여 현재의 하천을 훼손 이전 상태에 가깝게 되돌리려 한다. 그러나 Dufour and Piegay(2009)는 이러한 목표가 달성될 수 없는 것

---

7) 환경부, 『생태하천 복원 가이드북: 생태계가 살아 숨쉬는 건강한 하천 만들기』, 2011, p.2.

이라고 주장한다. 이들은 자연에 대한 인간의 발자취는 매우 장기적이고 광범위한 것이며, 하천의 변화 궤적 자체가 매우 역동적으로 변화해왔으며 이 과정에서 인간의 활동에 영향을 받아왔다고 지적한다. 따라서 어떤 정태적인 준거 상태를 기준으로 복원을 이야기하는 것은 적절하지 않다는 것이다. 이들은 또한 과거 생태체계의 구조와 기능은 이 체계의 궤적을 만들어가는 다양한 원인들의 조합에 대한 반응으로 역동적인 변화의 과정에 있으며, 결코 되돌아갈 수 없는 것이라고 주장한다.[8)]

이러한 Dufour and Piegay의 입장은 자연의 역동성과 비가역성을 강조하고, 인간 활동을 생태계의 일부로 포함한다는 점에서 생태복원의 과도한 생태중심주의 혹은 생태 물신주의(eco-fetishism)를 넘어설 수 있게 한다.[9)] Dufour and Piegay(2009)는 보다 포괄적인 생태복원 개념의 필요성을 지적하며, 이를 위해 상대적으로 덜 강조되었던 인간을 더 많이 포함시켜야 한다고 주장한다. 그들은 그동안 인간/사회의 필요를 최소화했고 그 과정에서 자연적 속성의 가치를 과대평가했다고 지적한다.

Dufour and Piegay(2009)의 이러한 주장은 서구의 복원 생태학 맥락에서 인문-문화적 요소에 대한 관심을 강조한 것으로 해석될 수 있다. 그러나 이들의 제안은 한국사회와 같이 인간중심주의, 개발주의가 팽배한 맥락에서는 인간의 자연에 대한 지배, 개발의 표피를 쓴

---

8) Dufour, S. and Piegay, H., "From the myth of a lost paradise to targeted river restoration", *River Research and Applications*, 25, 2009, pp.568-581.

9) 일부 급진적인 심층생태주의자들은 종종 인간 종에 대한 깊은 적대감과 다른 종/자연에 대한 무조건적인 찬미를 보여준다. 이로 인해 특히 북친과 같은 사회생태주의자들의 비판을 받기도 했다.

복원을 정당화하는 데 활용될 가능성이 있다. 실제 우효섭·김한태(2010)는 Dufour and Piegay의 논의를 소개한 뒤, 우리나라의 경우 "1960년, 70년대 이후 이른바 산업화, 도시화가 시작되면서 하천과 유역은 사실상 대부분 개변되었다. 따라서 하천을 과거 자연 상태로 되돌리려는 노력은 인간에게 주는 분명한 혜택 없이는 '환상'으로 치부될 수 있다"고 주장한다.[10] 또 "하천을 과거 자연 상태로 되돌리려는 것은 상당수 경우 사실상 불가능하며, 꼭 필요하지도 않다. 그보다는 동식물 자원, 친수성, 역사문화성 등 하천이 인간에게 주는 서비스를 목표로 하천복원을 꾀하는 것이 많은 경우 더 현실적일 수 있다. 전 국토가 대부분 개발된 우리나라의 경우 특히 그러할 것이다"라고 결론짓는다. 이러한 현실론적 시각은 기존의 개발주의를 정당화하려는 것으로 서구에서 진행된 하천복원 논쟁과는 전혀 다른 맥락을 갖고 있다. 이는 한국사회의 토건적 이익집단과 문화가 만들어낸 하천복원의 '개발주의적 전유'(developmentalist appropriation of river restoration)라고 개념화할 수 있을 것 같다. 그동안 한국에서 성공적인 하천복원의 사례로 제시되었던 청계천 복원이나 이명박 정부가 강 살리기(river restoration)라고 주장했던 4대강 사업 등은 전형적인 하천복원의 개발주의적 전유 사례이다.

정민걸(2011)은 인간과 자연의 관계성 정도에 따라 공간을 셋으로 구별하는데, 첫째는 인간이 직접 이용해야 하는 공간인 '생활공간', 둘째는 인간이 이용하지 않는 공간인 '자연', 그리고 셋째는 이 둘 사이의 완충공간으로 '환경'이다. 그는 복원이란 "생활공간을 가능한 한

10) 우효섭·김한태, "하천복원의 목표: 자연성에 초점을? 인간 서비스에 초점을?", 2010 대한토목학회 정기학술대회 자료집, 2010, p.218.

축소하고 완충 공간의 상당한 부분도 자연 공간으로 복구함으로써 투입해야 하는 에너지를 줄여 인류 문명이 감당할 수 있는 수준으로 낮추는 것"이라고 정의한다.[11] 이러한 복원을 위한 첫 단계는 하천을 둘러싼 인간-자연 관계 유형에 대한 정밀한 조사이다. 즉 어떤 하천 공간이 생활공간인지 혹은 완충공간인지 등에 대한 기초 조사가 이뤄진 뒤, 이를 바탕으로 그 공간을 어떤 방식으로 어느 정도까지 '자연'에 가깝도록 투입 에너지를 줄인 것인지에 대한 논의가 가능한 것이다.

정민걸(2011)에 따르면, 하천복원에는 그대로 보존, 간섭 제거, 형태 복원, 과정복원, 형태 설계, 정원 조성 등 여섯 가지 유형이 있다(〈표 1〉 참조). 이런 유형 가운데서 이명박 전 서울 시장이 재직 시에 완성한 청계천은 가장 낮은 복원 단계인 정원 조성이라고 할 수 있다. 도시 중심부에 고가도로와 복개 등으로 하천의 기능을 하지 못하던 청계천 지역의 고가도로를 해체하고, 인공적으로 물을 흐르게 하여 도시인들의 휴식 공간을 만든 것이다. 이는 진정한 의미의 생태복원이라고는 보기 어려우며, 매우 인간중심적인 도시 재개발 프로젝트라고 할 수 있다. 문제는 청계천류의 정원 조성 모델이 생태하천 복원의 성공 케이스로 자리 잡았다는 점이다. 청계천이 복원 사업의 모델이 되어 전국의 지천과 하천에 적용되고 있다. 이에 따라 비교적 자연 하천의 형태를 가지고 있던 하천들조차 천편일률적으로 '청계천화'되어 가고 있는 것이다.

당연한 이야기지만 하천을 제대로 복원하기 위해서는 하천에 대한

11) 정민걸, 2011, "4대강 사업으로 훼손한 하천생태계를 복원하는 올바른 방향과 비용에 관하여-4대강 사업과 과거 명목뿐인 하천복원을 반면교사로 삼아", 대한하천학회 발표문, p.3.

〈표 1〉 하천복원의 유형과 원칙

유형	현 상태	조치
I 그대로 보존	강의 수로와 범람원 형태가 천연 그대로여서 자연의 과정이 잘 진행되는 곳	침식, 퇴적, 사행 등의 자연 과정이 진행되는 것을 허용
II 간섭 제거	수로와 범람원 형태가 변형되었지만 적절한 수류의 힘과 퇴적물 공급이 있는 곳	제방을 제거한 후 자연의 과정이 형태를 스스로 회복하게 허용
III 형태 복원	수로와 범람원 형태가 변형되었고 적절한 수류의 힘과 퇴적물 공급이 없지만 자연의 과정이 진행되고 있는 곳	자연의 과정이 형태를 회복하는 것이 너무 느리기 때문에 필요에 따라서는 간섭 이전의 형태를 만들어 주는 것에 국한
IV 과정의 복원	댐이나 제방 때문에 자연의 과정이 변형된 곳	댐의 방류량을 늘려 하류 물의 동태를 복구하거나 댐 하류에 굵은 퇴적물을 공급하거나 제방을 제거하고 범람원과 연결
V 형태 설계	자연의 과정이 회복 불가능하게 변형된 곳	변화된 상황을 고려하여 새로운 형태를 설계하여 실험적인 복원 예) 댐 건설로 홍수 등의 유입이 감소된 곳에서 수로를 축소하여 새로운 상황에 부합하는 자연의 과정이 진행되도록 함(이 경우 댐을 철거하는 것을 우선 고려하고 그렇지 못한 경우에 국한)
VI 정원 조성	고도로 도시화해서 하천공간을 더 주는 것이 불가능한 곳	인위적으로 생태적 요소를 가미할 수는 있지만 생태적 혜택은 거의 없고 사람의 접근, 여가와 공공교육의 기회를 제공하는 부수적인 목적이 있을 수 있음

출처: 정민걸, 2011.

심층적인 이해가 요구된다. 우선 강의 기능(function)과 모양(form)을 구분하는 것이 필요하다. 하천 생태계는 그 주변의 모든 것과 연결되어 있다. 예컨대 배수구역의 강수량을 조절하는 기수 순환, 인근 언덕의 토양, 그 토양에 살고 있는 식물군, 그 식물을 먹고 사는 동물, 지하수로 흐르는 물을 여과하는 과정 등 수많은 유기체 및 비유기체와 연결되어 있는 것이다. 댐이나 인공적인 제방은 하천 생태계에 필수적인 이러한 연결성을 단절시키는 것이다.[12)]

하천에 대한 인간의 개입은 문명의 시작과 함께 시작되었다고 할 수 있다. 하지만 그 개입의 강도가 생태계에 치명적인 영향을 주기 시작한 것은 본격적인 산업화와 도시화가 진행되면서부터라고 할 수 있다. 인간의 하천에 대한 개입은 다음과 같은 몇 가지가 있다.[13]

① 강물 흐름 관리(flow control): 이는 주로 댐이나 배수로를 통해 강을 따라 흐르는 물의 이동 시간이나 양을 변화시키는 것이다.

② 수로화 및 제방(Channelization and levees): 수로화 및 제방은 하천 서식지의 다양성을 감소시키고, 물의 흐름의 시간과 양을 변화시킨다.

③ 준설(in-channel mining): 모래나 자갈을 파내는 작업은 하천의 형태와 퇴적물의 이동을 변화시키며, 이에 따라 서식지 다양성과 소의 수량을 감소시킨다.

④ 범람지 매립(floodplain encroachment): 계절적 습지를 메우고 범람지였던 곳에 시설물을 세우는 작업은 강물의 횡적 이동을 제한하고, 범람지 서식지를 파괴한다.

Wohl은 하천복원과 관련해서 두 가지 점을 강조한다. 첫째, 하천복원에 있어서 대단히 어렵고 동시에 중요한 점은 각 강이 매우 독특하게 기능하는 생태계라는 점을 이해하는 것이다. 둘째, 불도저로 새로운 수로를 건설하거나 개울에 둑을 쌓아 강을 원래의 모습으로 돌려놓을 수 있다는 생각은 착각이다. 애초 하천의 변화를 초래했던 강

12) Wohl, E., *Disconnected Rivers*, New Have, Yale University Press, 2004, pp.6-7.

13) Wohl, E., 앞의 책, p.31.

물과 퇴적물의 변화가 개선되지 않으면 하천복원 노력은 허사가 될 뿐이다.14) 즉 하천이 섬세한 생태계라는 점을 알고 신중한 접근이 필요하며, 토건적 접근을 통해서 복원을 시도해서는 안 된다는 점을 분명히 하고 있는 것이다. 이러한 지침은 구체적인 하천복원 시도에 있어 간단하면서도 매우 중요한 원칙이라고 하겠다.

3. 한국의 개발주의와 하천의 변형

인류의 문명은 하천을 기반으로 발전해왔다. 특히 농경사회에서 물은 필수적인 요소였고, 이에 따라 하천을 중심으로 인간의 거주지가 만들어졌다. 세계의 대부분의 도시들은 하천을 끼고 발달해왔던 것이다. 우리나라 역시 마찬가지여서, 한강, 낙동강, 금강, 영산강 등 주요 하천은 농업 생산 및 교역에 있어 중요한 역할을 했으며 주변 지역에 인구가 밀집되어 도시가 만들어졌다. 하천은 양면의 날과 같아서 홍수가 나면 주변 주민들은 커다란 피해를 입기도 했다. 그러나 범람은 영양분이 풍부한 유기물질을 퇴적시켜 하천 주변의 토양을 비옥하게 만들어준다. 따라서 농업 생산성을 높이는 역할을 했던 것이다. 강이 가진 이러한 특징에 인간이 반응하면서, 인류는 하천과 상호작용을 통해 공진화해왔다고 할 수 있다. 상업이 발달하면서 치수 문제가 더 중요해졌다. 하천은 교역을 위한 운하의 역할을 하게 되었고, 교역을 목적으로 한 도시들이 발달하였다. 이에 따라 제방을 쌓고, 수로를

14) Wohl, E., 앞의 책, p.231.

만들고, 물을 관리하는 일이 이뤄졌다. 지도자들의 중요한 역할 가운데 하나가 치수를 잘 하는 것이었으며, 치수의 성공 여부에 따라 정치적 안정성이 결정되었다고 해도 과언이 아니다.

한국의 경우, 1960년대 이후 급속한 산업화와 도시화는 하천의 개념을 많이 바꿔 놓았다. 농업의 중요성이 감소하면서, 물은 식수를 위한 자원이나 폐수 처리를 위한 시설, 그리고 전력 생산을 포함한 자원으로 자리매김하게 되었다. 특히 박정희 정부에서 '조국근대화'라는 정치적 기획 속에서 하천에 대한 다양하고 급격한 변형이 이뤄졌다. 가장 대표적인 것이 댐 건설이다. 박정희 정부는 전기 생산, 수자원 확보, 홍수조절 등을 목적으로 '다목적 댐'을 포함한 다수의 댐들을 건설했다(〈표 2〉 참조).[15] 대규모 다목적 댐으로 인해 광범위한 지역이 수몰되어 자연 생태계가 파괴되고, 물길이 막히며, 하천을 중심으로 발달했던 지역공동체를 해체했다.

댐은 "홍수를 막고, 가뭄을 이기고, 전기를 생산하고, 물을 공급하고, 관광지를 제공하는 전지전능한 존재"로서 "광폭한 야성의 자연을

〈표 2〉 한국의 댐 건설 현황

구분	다목적 댐	생공용수 댐	발전용 댐	농업용 댐	홍수조절 댐	계
1910-1965	1	12	5	399	-	417
1966-1975	1	12	2	181	-	197
1976-1985	2	13	4	247	-	266
1985-1995	5	13	4	187	-	217
1995 이후	6	20	6	100	1	117
계	15	63	21	1,114	1	1,214

자료: 염형철, 2006.

15) 홍성태 엮음, 『한국의 근대화와 물』, 한울, 2006.

양순한 인공물로 만들고, 인간이 자연을 정복하고 통제하게 되었음을 알리는 상징이었으며, 희망의 미래를 암시하는 벅찬 감격"이라는 이데올로기가 확산되었다.16) 이러한 신화는 1997년 이후 신개발주의 시대에도 여전히 지속되었다. 그리고 이러한 인간 중심적 자연 통제 신화가 4대강 사업에 고스란히 녹아들어 있다.

신개발주의 시대의 개발 사업들은 녹색의 외피를 입기 시작했다. 이는 1987년 민주화 항쟁 이후, 한국에서도 환경문제에 대한 관심이 높아졌다는 외적 조건들에 의해 영향을 받은 것이다. '친환경', '녹색', '생태' 등의 개념들이 사회적으로 정당성을 얻게 되었으며, 특히 정치 지도자들에 의해 중요한 통치 전략으로 활용되고 있다. 따라서 다양한 개발 사업들이 친환경이라는 표현으로 장식되었다. 대표적인 것이 2003년부터 약 2년에 걸쳐 진행된 청계천 복원 사업이라고 할 수 있다. 당시 이명박 서울시장은 서울시를 관통하는 청계천 위의 고가도로를 해체하고, 복개되었던 청계천을 복원하였다. 청계천 사업이 진정한 의미의 복원이냐는 데 대해서는 많은 논란이 있음에도 불구하고, 청계천 사업의 정치적 효과는 매우 컸다. 이후 청계천 모델은 한국사회의 하천 사업에 있어 중요한 준거 사례가 되었던 것이다.

이명박 정부는 출범 후 '4대강 살리기 사업(Four Rivers Restoration Project)'을 강력하게 추진했다. 22조 이상의 예산을 투입하여 한강, 낙동강, 영산강, 금강에서 '강 살리기'라는 이름으로 대대적인 토목사업을 시행했다. 다수의 생태학자들과 전문가들의 반대에도 불구하고 정부는 4대강 사업이 강을 '살리는', 즉 복원하는 사업이라고 주장하

16) 염형철, "댐 마피아의 해체와 물 정책의 개혁", 홍성태 엮음, 『한국의 근대화와 물』, 한울, 2006.

며, 녹색성장의 핵심으로 국내외에 홍보해왔다. 하지만 4대강 사업이 완료된 현 시점에서 이 사업의 반생태성이 여러 가지로 노정되고 있다. 따라서 이하에서는 하천복원의 원래 의미를 깊이 검토하고, 이어 4대강 사업이 정말 하천의 복원인가를 평가할 것이다.

4. 4대강 사업: 개발인가 복원인가?

1) 4대강 사업 개요 및 현황

이명박 정부에서 추진했던 소위 '4대강 살리기 사업'을 하천복원의 사례로 볼 수 있을까. 우리말로 '살리기' 그리고 영어로는 '복원(restoration)'이라는 이름을 붙였지만 과연 4대강 사업이 하천복원인지에 대해 꼼꼼하게 검토해볼 필요가 있다.

4대강 사업은 2006년 당시 이명박 대통령 후보가 경부운하건설을 대선 공약으로 발표하면서 시작되었다. 이명박 후보는 독일의 라인-마인-도나우(RMD) 운하를 방문하고, 대통령 당선 후인 2008년 1월 한반도 대운하 추진을 공식화하였다. 한반도 대운하 사업은 한강, 낙동강, 영산강, 금강에 걸쳐 2,500톤급 화물선이 다닐 수 있도록 강의 폭과 깊이를 늘리는 작업을 내용으로 하는 것이었다. 하지만 야당과 시민들의 강력한 저항에 직면해서 대운하 사업은 포기되는 듯했다. 이후 이명박 정부는 2008년 12월 '4대강 살리기'라는 이름으로 사업을 부활시킨 뒤, 2012년 임기 내 완공을 목표로 강력히 추진했다.

우선 정부의 4대강 사업에 대한 논의를 정리해보도록 하자. 이명박 정부의 4대강 사업은 2009년 6월 발표된 『4대강 살리기 마스터플랜』에 기초하고 있다.[17] 4대강 사업은 22조 2천억 원의 예산을 들여, 환경과 개발을 조화시킨다는 '녹색뉴딜' 사업의 일부로 제시되었다. 정부가 밝힌 4대강 사업의 주요목표는 수자원확보, 홍수 방지, 수질 향상 및 생태계 복원, 지역사회를 위한 다목적 공간 확보, 강변 지역경제 활성화 등이었다.

정부는 4대강 사업을 통해 하천 공간을 "자연과 인간이 어우러지는 복합공간으로 적극 활용"하겠다고 밝혔다. 그러나 이때 '어우러짐'의 구체적인 내용은 매우 소비 지향적이다. 즉 하천 주변을 "여가 공간"으로 조성하고, "아름다운 수변 공간(을) 창출"하는 것이다.[18] 이러한 시각은 한편으로는 대단히 도시-산업 편향적인 시각이며, 다른 한편으로는 자연을 극도로 객체화시키고 있다고 할 수 있다. 그동안 자연 습지나 농업을 통해 섬세한 균형을 이뤄왔던 하천 생태계를 도시인들의 '여가' 활동을 위해 인공적으로 재조직하려고 했다. 또한 하천주변을 외부인의 시각에서 객체화된 '아름다운' 자연으로 재구성하려고 했다. 예컨대 하천 유역이 유지하고 있는 인간과 자연의 균형과 상호작용을 해체시키고, 물신화되고 상품화된 객체로서 하천 공간을 개조하려는 것이다.

마스터플랜은 또 "방치되었던 수변공간을 국토의 중심이 되는 삶의 공간으로 적극 활용하겠다"고 명시하였다.[19] 이를 위해 정부는 4대강 주변에 나무를 심고, 각종 공원시설을 설치하였다. 또한

---

17) 국토해양부, 4대강 살리기 마스터플랜, 2009.
18) 국토해양부, 앞의 글, p.10.
19) 국토해양부, 앞의 글, p.28.

4대강 주변에 대대적인 공사를 벌여 상하류를 연결하는 자전거 도로를 만들었다. 이러한 공사는 대한민국 정부가 가지고 있는 개발 중심적 시각을 적나라하게 보여준다. 그동안 농민들에 의해 농지로 활용되고, 각 지역에 맞는 형태로 진화해온 수변 생태계를 '방치'되어 있었던 것으로 규정했던 것이다. 그리고 그 대안으로 그동안 도시 하천 정비사업의 주메뉴였던 공원과 자전거길 공사를 실시한 것이다.

4대강 사업의 구체적인 내용은 사실 복원과는 거리가 멀다. 4대강 사업을 위해 실시한 공사 내용을 보면, 우선 강바닥을 긁어내서 수심을 깊게 하는 준설이 주를 이룬다. 또 강의 흐름을 직선화하고, 물을 가두기 위해 댐과 제방을 쌓고, 강변에 아스콘으로 자전거 도로를 만들었다. 하천이 물길을 따라 자연스럽게 곡선을 이루고, 퇴적하며 만들어졌던 강의 생태계가 사라진 것이다. 또 이러한 강변의 자연환경을 활용하여 인간의 경작을 통해 만들어졌던 농지 역시 대부분 없어졌다.

2) 4대강 사업에 대한 평가

(1) 생태주의적 시각에서

4대강 사업은 '복원'에 있어 핵심적이라고 할 수 있는 환경에 대한 고려가 매우 부족했다. 생태계에 대한 최소한의 검토라고 할 수 있는 환경영향평가조차 겨우 4개월 만에 종료되었다. 4대강 사업은 실질적으로 한반도 대부분의 지역에 매우 장기적인 영향을 줄 것이다. 이러한 중차대한 사업에 대해 제대로 된 환경영향평가를 실시하지 않은 것은 대단히 안타까운 일이다. 하천 생태계의 복잡성과 순환성을 고려할 때, 적어도 4계절 즉 1년에 걸친 환경영향평가가 이뤄져야 했다. 정부는 4대강과 그 주변 생태계를 구성하는 다양한 어류, 조류, 식물, 동물, 그리고 그들의 서식지가 사업에 의해 어떤 영향을 받을 것인지에 대해 제대로 된 현장조사를 하지 않았다. 많은 경우 예전의 자료들을 사용했고, 수질 모델링에서 사용한 구체적인 자료에 대해서도 자세한 내용을 제시하지 않았다. 그리고 대규모 준설이 가져올 영향에 대해서도 평가 작업을 수행하지 않았다.[20]

4대강 사업의 핵심은 대상 하천의 수심을 6m로 만드는 준설 작업이다. 700km 하천 구간에서 이뤄지는 준설을 통해 나오는 준설토는 약 5억7천만 m^3에 달하는 것으로 추정된다.[21] 이러한 준설토는 일부가 건축용으로 사용되지만, 대부분은 강 제방 주위에 그대로 쌓여 있거나 농지 리모델링 사업의 일부로 농토를 오염시키고 있다. 준설은 오랜 세월 굽이치면서 형성된 강의 구조를 파괴했으며, 모래톱을 비롯한 둔치에 사는 동식물의 생태계를 붕괴시켰다. 또한 강바닥과 그 밑의 투수성 저층대에 서식하는 무수한 생명체들을 "말살"시켰다.[22]

보, 즉 댐 건설은 4대강 사업의 주 내용으로, 총 16개의 댐이 건설되었다. 이를 통해 물이 흐르지 않고 고여 있다. 예컨대 낙동강의 경

---

20) Kondolf, G. and McNally, M., 김정욱, 앞의 글, p.10.

21) Normile, D., 2010, "Restoration or Devastation", *Science*. 327, no.5973. (March 26, 2010): 1568-1570.

22) Bernhart, H.H., 2011. 하천공사연구: 대한민국 4대강 사업.(연구보고서) p.6. Bernhart. 2011.(한스 베른하르트 교수의 법정 보고서(2011.10.10. 한강2심 재판) 같은 글에 따르면, 강바닥과 강물이 침투해 지하수를 형성하는 전이층인 저층대는 하천에 서식하는 모든 동식물이 의존하고 있는 무수한 생명체들이 살고 있는 생태적으로 매우 중요한 곳이라고 한다. p.7.

우 댐 건설에 의해 저수량이 약 2억2천만m³에서 약 9억만m³로 증가하였다. 이에 따라 강의 유속이 대단히 느려졌는데, 강 상류에서 바다로 나가는 기간이 18.3일에서 185.8일로 증가할 것으로 알려졌다.[23] 이는 수질에 큰 영향을 주고 있으며, 2012년 여름 발생했던 심각한 녹조 현상이 이를 명백히 보여주었다.

또 다른 4대강 사업 내용은 제방 안쪽에 조성한 공원이다. 아름다운 수변 공간을 만든다는 취지로 잔디와 나무를 심는 작업을 했다. 이를 통해 사람들에게 휴식과 레저 공간을 제공한다는 것이다. 앞에서 지적한 바와 같이 각 강은 독특한 특성을 가진 생태계이다. 애초에 특정 하천 생태계에 서식하던 습지 식물군을 없애고, 조경용 나무나 과수류를 획일적으로 심는 것은 하천생태학의 지식과 배치되는 행위이다.[24] 준설과 댐 건설로 구불구불한 강의 곡선, 자갈이 깔려있는 여울, 황금빛 모래사장은 자취를 감추고 비슷한 모습의 제방과 공원, 그리고 자전거 도로가 전국 하천에 만들어졌다.

4대강 사업으로 국가 멸종 위기 야생식물 2급에 속하는 단양 쑥부쟁이와 그 서식지가 사라졌다. 경기도 여주군 강천면에 위치한 바위늪구비는 사람 키를 넘는 물억새가 자라고 멸종 위기종인 단양 쑥부쟁이가 서식하는 남한강의 대표적인 습지였다. 하지만 4대강사업으로 인해 습지가 삭막한 공사장으로 변했었고, 이제는 준설로 파헤쳐진 땅에 강물이 차면서 흔적도 없이 사라졌다(〈그림 7〉의 사진 세 장 참조). 습지를 없애고, 하류에 있는 강천보에 물을 가두었기 때문이다.

---

23) 김좌관, 2009, 낙동강 보 건설이 수질에 미치는 영향평가, 대한환경공학회, 부산・울산・경남 지부 주최 낙동강 특별심포지움 발표 논문.

24) Bernhart, 같은 글, p.8.

출처: http://www.hani.co.kr/arti/society/environment/477998.html(2012년 12월 10일 접속).

〈그림 7〉 사라진 바위늪구비: 변화 추이

4대강 사업 계획에 따르면, 준설과 댐 건설을 통해 수질을 개선하고자 한다고 했다. 즉 주어진 공간에 수량을 늘리면 수질이 개선된다고 주장한 것이다. 하지만 이미 많은 하천생태학적 연구가 밝히고 있고, 일반인들이 상식으로 알고 있는 바와 같이 흐르는 물은 썩지 않는다. 그리고 물이 고이면 썩는 법이다. 댐과 제방으로 고인 물이 깨끗할 것이라고 주장하는 것은 과학과 상식에 위배되는 사실이다. 그럼에도 불구하고 정부는 4대강 사업을 통해 2급수 수질 비율을 공사 전 76%에서 공사 후에는 83-86%로 개선하겠다고 밝힌 바 있다. 이를 위해 정부가 제시한 방법들은 하수처리시설 건설, 하천 둔치 농경지의 습지로의 전환, 생태 하천, 습지대와 어도의 조성 등이었다. 결코 생태적이지 않은 방법으로 수질을 개선하려는 정부의 노력이 효과적이지도 않다는 점이 소위 '녹차라떼' 강물을 통해 명백해졌다. 최근 속속 밝혀지고 있다.

(2) 공진화와 신진대사의 시각에서

4대강 사업은 하천 주변 지역을 레저 시설로 바꾸거나 농지 리모델링이라는 이름으로 준설토 적치장으로 변모시켰다. 4대강 사업으로 가장 큰 피해를 입은 행위자는 농민들이다. 정확한 통계를 구할 수는 없지만 국토해양부의 '지자체 하천점용 경작지 현황 · 사업구간 내 사유지'라는 자료에 따르면, 하천 둔치 농지 약 500백만ha에 점용 허가를 받은 농민이 약 2만 2천 명, 점용 허가를 받지 못한 농민이 약 2천8백 명 정도였다. 따라서 약 2만 5천에 가까운 농민들이 4대강 사업으로 농사를 포기했을 것으로 추정된다. 농민단체에서는 약 6만 명 정도의 농민이 4대강 사업으로 피해를 입은 것으로 보고 있다. 또한 4대강 사업으로 감소된 농경지는 약 3만ha에 해당되는 것으로 추정된다. 상식적인 이야기이지만 하천부지는 충적토로 경작에 대단히 좋은 비옥한 농토였다. 공사 이전 전국 채소 재배 면적이 22만 3천ha였으므로 이 중 약 13.5%에 해당되는 채소 재배 농지가 사라진 것으로 보인다.[25] 이에 따라 전반적으로 채소 가격이 올라갈 것은 충분히 예측할 수 있는 사실이었으며, 그것이 현실이 되었다.

공업에 비해 하천주변의 농업은 인간과 자연의 공진화 결과물에 가깝다. 비옥한 퇴적 농토와 물이라는 자연환경을 인간의 노동력을

---

25) 장상환, "농업 · 농민 위태롭게 하는 4대강 공사", 한국농어민신문, 2009년 12월 17일자(제2201호).

활용하여 농산물을 생산하는 것이 하천 농업이기 때문이다. 특히 유기농업은 자연 생태계를 더 섬세하게 고려하는 농업 방식으로, 신진대사의 균열을 최소화한 농산물 생산방식이라고 할 수 있다. 이러한 공진화의 결과인 농업, 공동체, 농촌문화를 해체하고, 준설토를 쌓기 위한 농지 리모델링 사업으로 하천 생태계가 파괴되었다. 농민들에게 농사는 생계수단이자 자연과 상호작용하는 방식이다. 또한 농사는 농민 문화의 일부이며, 공동체 형성의 기초라고 할 수 있다. 그런 의미에서 하천 주변에서 농사를 짓는 것은 인간과 자연이 맺을 수 있는 가장 소박하면서도 중요한 관계 방식이다. 한국과 같이 소농 중심의 농업 구조에서 농업은 비교적 자연에 부담을 적게 주는 인간 활동이다. 따라서 4대강 사업은 그동안 강과 사람의 공생적 관계 속에서 만들어진 생태문화를 해체하는 것이었다. 대표적인 사례가 남양주군 팔당 일대의 유기농 농가들을 내쫓고, 시민공원과 자전거 도로를 만들겠다는 시도였다. 장기적인 투쟁 속에서 팔당 유기농 지역은 생태학습장이라는 타협점을 찾긴 했지만, 이는 팔당 유기농 농민들이 만들어온 지역의 문화와 강과 관계 맺는 방식을 사라지게 했다. 팔당의 사례에 대해서는 다음 절에서 보다 상세히 살펴보도록 하겠다.

(3) 숙의민주주의 시각에서

구도완(2011)은 4대강 사례를 폐쇄적인 정치 구조 속에서 참여적 숙의 없이 '개발 권위주의'가 일방적으로 실행된 대표적인 사례로 평가하고 있다.[26] 4대강 사업 진행은 최소한의 정당한 절차를 거치지

---

26) 구도완, "생태 민주주의의 관점에서 본 환경운동 사례연구", 기억과 전망, 2011

않고, 극단적인 속도전 방식으로 이뤄졌다. 즉 국민적 이해와 합의는 커녕 대형 국책사업에서 요구되는 국가재정법, 하천법, 문화재보호법, 환경영향평가법 등에 명시된 중요한 절차들을 무시하거나 형식적으로 밟았다는 비판의 목소리가 높다.[27)]

김명식(2011)[28)]은 4대강 사업을 숙의민주주의와 관련 3가지 점에서 문제가 있다고 지적한다. 첫째, 민주적 참여의 부족으로, 시민의 참여와 공론화가 없었다. 둘째, 하버마스 식으로 말하자면, 도구적 합리성이 강조되고 의사소통적 합리성이 위축된 사례이다. 4대강 사업이라는 목표를 설정해놓고, 임기 내에 속전속결로 추진되었으며 그 과정에서 '목적'에 대한 논의는 비효율적인 것으로 간주되었다.[29)] 셋째, 대화와 토론의 방법으로 중요한 공적 이성(public reason)이 존재하지 않았다. 즉 전문가들만의 논의가 아니라 시민들이 참여해서 공적 토론을 할 수 있는 제도와 절차가 부족했던 것이다. 따라서 숙의민주주의의 시각에서 바라보는 4대강 사업은 목적, 원칙, 절차 등에 대한 사회적 대토론과 합의가 결여된 것이었다고 할 수 있다. 김명식(2011)은 다음과 같이 정리하고 있다.

> 4대강 사업은 한반도에 살아갈 우리의 후손에도 지대한 영향을 미치는 사업이기 때문에 우리 세대의 협소한 이익을 넘어서는 장기적인 접근을 요구한다. 동시에 이것은 전문가와 일반시민의 협업이 요구되는

겨울호(25호).

27) 박진섭, "토건 파시즘의 압축판, 4대강 정비사업", 환경과 생명, 2009, 가을.

28) 김명식, "4대강과 숙의민주주의", 환경철학, 2011, 12호, pp.147-180.

29) 예컨대 심명필 4대강사업본부장은 4대강 사업에 대한 비판을 "반대를 위한 반대"로 몰아붙이고 "수자원을 개발하는 국가 프로젝트는 타협의 대상이 될 수 없다"고 주장했다(조선일보 2010.4.26.일자: 김명식, 2011, 앞의 글 재인용).

사안이기도 하다. 4대강 사업의 기술적 측면이나 그것이 생태계와 사회에 미치는 영향을 제대로 알기 위해서는 다양한 분야의 전문가들의 전문지식이 필요하다. 이런 점에서 전문지식의 제공자로서 전문가의 역할을 인정해야 한다. 아울러 이것은 사회적 가치 선택의 문제이기 때문에 민주사회의 가치판단의 최종 주체로서의 일반 대중의 역할은 결정적일 수밖에 없다… 충분히 검토되지 않은 4대강 사업은 앞으로 어떤 문제를 야기할지 모르며, 심할 경우 원상태로의 복원의 주장도 제기될 가능성이 있다. 이런 점에서 지금이라도 공론장에서 이에 대한 사회적 논의가 필요하다. 그리고 대중들의 참여가 단순한 참여로 끝나는 것이 아니라 명실상부한 숙의로 나아가기 위해서는 섬세한 사전 준비 작업이 요구된다.30)

4대강 사업은 숙의민주주의 시각에서 바라보면 너무도 많은 결함을 가진 채 추진되었다. 아니 절차적 민주주의의 입장에서조차 흠결을 갖고 있는 개발주의적 드라이브였다. 그 결과 4대강 사업은 생태적으로나 사회적으로 많은 문제를 안고 있다. 댐을 짓고 물을 가둔 현재의 4대강 구조는 홍수, 토사의 축적, 수질의 악화, 생물종 다양성의 감소 등의 부작용을 낳고 있다. 이제 4대강 사업의 문제점에 대한 진지하고 겸허한 성찰을 통해 진정한 복원을 위한 새로운 공론화와 생태민주주의 논의가 개시되어야 할 것이다.

3) 4대강 사업과 팔당 유기농 공동체

이 절에서는 4대강 사업에 대해 가장 장기간 격렬하게 저항했던

---

30) 김명식, 앞의 글, pp.176-177.

팔당 지역의 사례를 심층적으로 분석함으로써, 복원이라는 이름으로 진행된 4대강 사업이 어떻게 지역사회를 파괴시켰는가를 보여주고자 한다.

강은 자연과 인간, 즉 환경과 사회가 만나서 공동체를 이루는 중요한 공간이었다. 오랜 기간에 걸쳐 퇴적물이 쌓인 강변은 비옥한 농지로 농업 생산의 중요한 자원이다. 따라서 많은 하천 주변 지역에서는 농업을 중심으로 한 촌락들이 발달하였다. 강변 농지야말로 인간과 자연이 만나 공진화하며 만들어진 생태계라고 할 수 있다. 경작이라고 하는 인간의 노동 행위가 자연이 제공한 영양물질을 활용하여, 매해 되풀이해서 수확할 수 있는 지속가능한 농업을 유지해왔던 것이다. 1960년대 이후 한국의 자본주의는 급속한 압축적 발전을 이뤘다. 경제성장의 이면에는 도시와 농촌의 사회·생태적 단절과 농업 생산의 산업화라는 신진대사의 균열 과정이 있었다. 이러한 신진대사의 균열은 작게는 지속가능하지 않은 먹거리 체계의 형성과 깊이 관련된다. 그리고 보다 거시적으로는 지속가능하지 않은 한국사회의 구조를 구성한다.

한국사회의 두드러진 특징 가운데 하나가 소위 수위도시의 과도한 팽창이다. 인구, 자본, 교육 시설 등 모든 것이 서울에 집중되어 있다. 반면 서울은 먹거리 면에서는 지극히 외부 의존적인 공간이다. 서울이라는 거대한 도시는 자율적인 먹거리 체계를 갖추지 못한 채, 오직 상품의 소비지로서 그리고 대량의 폐기물 방출지로서의 역할만을 하고 있다. 그리고 블랙홀처럼 전국의 농산물을 흡수하고 있는 것이다.

팔당 유기농 공동체는 전국에서 가장 큰 유기농산물 생산 단지로서, 수도권 소비자들에게 유기농 채소류를 주로 공급해왔다. 팔당지역은 1973년 팔당댐이 완공된 이후 다양한 개발 규제를 받고 있는 남한강과 북한강이 만나는 지역 일대를 의미한다. 행정구역상으로는 남양주시 조안면, 양평군 양서면, 광주시 남종면을 포함한다. 이 지역을 대표하는 친환경 농산물 생산자조직이 '팔당생명살림'이다. 팔당생명살림은 공동체적 이념, 생산자들의 조직화, 그리고 경제활동 등의 여러 가지 면에서 성공 사례로 꼽혔다. 팔당은 서울 수도권의 상수원 지역에 위치했기 때문에 개발에서 배제됨으로써 역설적으로 친환경 농업이라는 대안을 찾았다고 할 수 있다. 팔당에서는 현대적인 화학농업에 대한 명시적인 반대와 자연의 섭리를 따르는 농업을 강조하는 정농회의 회원들이 큰 역할을 했다. 이들은 1970년대 중반부터 유기농업에 헌신했으며, 이러한 인적 및 이념적 자원이 이후 팔당을 유기농업의 메카로 만드는 데 큰 역할을 했다.[31] 팔당생명살림의 회원 농민들은 생협을 통해 주로 수도권 소비자들에게 건강한 먹거리를 제공해왔다.

팔당의 유기농민들은 2가지 의미에서 신진대사의 균열에 저항하는 사회적 의미를 가진다. 첫째, 신진대사 균열의 중요한 특징인 현대적 화학농업을 거부하고, 유기농 원칙을 고수함으로써 자연의 순환적 원리를 존중하며 농산물을 생산해왔다. 둘째, 신진대사의 사회적 측면, 즉 익명적 생산자와 소비자로 물화되는 관계에 대한 대안을 모색하고 있다. 신뢰, 연대, 비익명성 등 사회적 의미가 배태된 대안적 시장을 추구하는 생협을 통해 농산물을 거래하고 있다. 팔당의 유기농민들과 이들의 조직체인 팔당생명살림은 화학농업과 대형마트로 상징되는

31) 김철규 · 최창석, 2008, "한국의 농업 위기와 대안농업: 팔당생명살림을 중심으로", 농촌사회, 18(1): 7-41.

신진대사 균열의 구조를 치유하기 위해 노력해왔던 것이다.[32)]

갑작스레 팔당에 4대강 사업이라는 먹구름이 몰려왔다. 오랫동안 수도권 시민의 식수원이자 유기농업의 본산이었던 팔당 지역이 위기에 처하게 된 것은 2009년 정부가 4대강 살리기 마스터플랜을 발표하면서부터였다. 이 계획에 '한강 살리기 마스터플랜'이 포함되어 있었고, 북한강과 남한강 유역 5개 시군(남양주시, 광주시, 여주군, 양평군, 가평군)을 대상으로 하천 정비에 들어가겠다고 밝힌 것이다. 2조 285억 원을 들여 팔당호의 수질보호, 홍수 대비, 그리고 친수공간 조성이라는 명목 하에 사업을 추진하기 시작했다.[33)] 정부는 4대강 사업을 신속히 추진하기 위해 하천부지를 모두 수용하겠다고 밝히고, 물리력과 법의 힘을 빌려 이를 추진했다. 정부는 양평군 양서면 두물머리, 도곡, 복포지구 등에는 제방을 설치하고 자전거 도로, 생태습지공원, 체육문화시설 등을 지을 계획이었다. 이로 인해 수용될 농지 규모는 전체 90ha 중 22ha이며, 지역 130농가 중 31농가가 피해를 입게 되었다.

전체 4대강 사업 가운데 팔당지역은 극히 일부라고 할 수 있다. 하지만 팔당지역은 오랫동안 친환경 유기농업을 해온 농민들의 수가 적지 않고, 생산된 농산물을 소비해온 소비자들이 수도권에 널리 퍼져 있다는 사실이 정부 입장에서는 정치적으로 부담이 되었다. 이에 정부와 경기도는 유기농업 역시 수질에 악영향을 끼친다는 논리를 내세우며, 팔당의 하천부지에서 농사를 짓던 농민들을 퇴출시키게 되었

32) 김철규 · 이지웅, 2009, "4대강 사업과 팔당 유기농 공동체", 에코, 13(2): 43-67.

33) 이훈석, 2010, 토론문. 팔당유기농지와 4대강 사업: 대안을 찾아서. 경기도의회민주당, 4대강사업검증특별위원회, 한국농촌사회학회 주최 정책토론회 자료집. 11월 26일.

다. "유기농업이 토양환경에 적합한 환경친화적 농법이기는 하나 수질에는 악영향을 미치므로 2,500만 수도권 주민의 식수원 팔당호의 수질관리를 위해" 지역의 친환경농민들을 이전시키기로 결정했다고 주장했다.[34]

4대강 사업이 발표된 2009년 여름 이후, 지역의 유기농민들은 격렬한 반대운동을 펼쳤다. 정부가 계획한 대로 4대강 사업이 팔당 하천지역에 완공된다면, 팔당 유기농지의 80% 이상이 훼손되고, 남양주 송촌리 유기농 단지, 양평 두물머리 유기농 단지를 비롯해서 100% 유기농업을 해온 몇몇 마을은 경제활동의 근거지를 잃고 해체될 위기에 처했다. 이는 지역 농민의 위기일 뿐 아니라 유기농 먹거리를 통해 공동체를 만들어 온 도시 생협 소비자들의 위기이기도 했다. 4대강이라는 이름의 하천 주변 개발 사업으로 팔당이 지녔던 신진대사 균열 치유의 의미가 심각하게 훼손되었던 것이다.

정부의 4대강 사업은 팔당 유기농 공동체의 대안적 의미를 전혀 이해하지 못한 채, '강 살리기'라는 미명하에 하천 공동체를 해체하였다. 하천은 인간과 자연이 어우러져 만들어온 하나의 생태계로서, 팔당의 경우 20년 이상 농민들이 친환경 농업으로 공생적 사회·생태계를 만들어온 사례이다. 이를 해체하고, '여가공간'을 만들고 '아름다운 수변공간'을 건설하겠다는 것은 탈역사적이고, 반생태적인 접근이라고 할 수 있다. 또 팔당 유기농 공동체는 신진대사의 균열이 치유되는 방식으로 지역을 만들어온 곳이다. 따라서 지역의 농민들을 내쫓고 자전거 도로를 짓고, 인위적으로 생태공원을 만들고, 체육시설을 설치해서 '지역주민과 함께하는 복합공간을 창조'하겠다는 것은

---

34) 이훈석, 앞의 글, p.50.

신진대사의 균열을 더욱 심화시키는 결과를 낳을 것이 분명했다.

이명박 정부, 토건기업, 보수언론 등 개발주의 세력에 의해 기획된 4대강 사업은 시민사회의 반대에도 불구하고 신속하게 진행되었다. 운하반대교수모임, 종교 단체, 환경 단체 등의 4대강 사업 반대운동이 꾸준히 진행되었지만 사업을 중단시키는 데는 실패했다. 많은 농민들이 4대강 사업으로 쫓겨났지만, 그들의 목소리는 중앙 정치 현장에 제대로 전달되지 못한 채 사라져버렸다. 그러나 팔당의 유기농민들의 저항은 매우 적극적이었고, 사회적 공감을 얻는 데도 일정 부분 성공했다. 더 나아가 4대강 사업의 문제점에 대한 여론 형성에도 기여했다.

팔당의 4대강 사업 반대운동의 중심에는 '농지보존 친환경농업 사수를 위한 팔당 공동대책위'(공대위)가 있었다. 그 어느 지역보다 4대강 사업 반대 활동을 활발히 전개하고, 전략적 행위를 할 수 있었던 것은 공대위라고 하는 탄탄한 조직이 있었기 때문이다. 공대위가 만들어질 수 있었던 것은 지역에 팔당생명살림이라고 하는 유기농 생산자 조직이 존재했기 때문이다. 2009년 5월 21일 팔당생명살림 이사회에서 4대강사업에 대해 조직적으로 반대운동을 전개하기로 결정하고, 대책위를 구성하기로 했다. 이때 대표와 집행위원을 선임했으며, 팔당생명살림의 사무국이 실질적으로 공대위 사무국을 겸하게 된다. 이후 공대위 사무국은 인적 물적 자원을 동원하여 4대강 반대운동을 위한 다양한 전략을 구사하고, 체계적으로 운동을 확장시키기 시작했다.[35]

2009년 6월 8일 '4대강 살리기 사업 마스터플랜'이 나온 시점을

---

35) 김철규 · 박민수, "4대강 사업과 팔당 유기농민들의 반대운동", 환경사회학회 발표문, 2010.

전후로 팔당 농민들은 공대위를 조직하고, 농민의 입장에서 농지를 보존하기 위해 저항전선을 형성했다. 운동 초창기에는 4대강 사업의 내용을 학습하고, 쟁점을 파악하는 데 주력했다. 이후 공대위는 운동의 목표를 설정하고 전략과 전술을 구체화시켜나갔다. 국토부와 공대위 및 주민들의 갈등 전선이 형성되며 다양한 행위자들이 등장하며 4대강 사업을 둘러싼 전선이 형성된다. 초기에는 주민들과 협력관계에 있었던 지자체는 중앙 정부의 압력 아래 '공식적 침묵, 비공식적 지지'라는 입장으로 선회한다. 공대위를 중심으로 농민들은 저항의 힘을 키웠고, 특히 소비자 생협과의 연대에 힘을 쏟았다. 소비자들의 참여는 운동 방식을 유연하게 만들었고 다양한 창의적 형태로 생산자-소비자 연대 전략을 펼쳤다.

2009년 10월 말부터 팔당 공대위는 운동 목표를 '유기농지 보존'과 더불어 '4대강 사업 저지'로 확장시켰다. 특히 2009년 10월 26일에서 28일까지 있었던 정부의 강제 측량은 농민들의 강력한 반발을 샀으며, 사회적으로도 관심을 끌게 된다. 경찰 900명이 동원되어 조안면 송촌리, 진중리, 양평 두물머리 등으로 들어왔고, 두물머리에 있던 농민과 조합원 20여 명이 연행되었다. 이 사건을 계기로 각계각층의 팔당 방문이 이어졌다. 4대강 사업에 대해 지역 차원에서 반대하는 거의 유일한 거점이라는 상징성이 크게 부각되었다. 또 공권력이 투입되며 발생한 폭력적 진압은 팔당을 4대강 사업 저지를 위한 아이콘으로 자리매김하게 했다. 이 과정에서 종교계가 저항 전선에서 등장하게 된다. 2009년 11월 10일 공대위는 천주교 수원교구 신부들과 간담회를 가지며 팔당지역 현안을 논의했고, 11월 24일부터 '4대강 사업 중단과 팔당유기농지 보존을 위한 생명평화미사'가 시작되었다. 2010년 1월 11일, 서종면 문호리 프란치스코 수도회 윤종일 신부의 단식기도가 팔당 생협 마당에서 시작했다. 이는 팔당 농지 문제와 4대강 문제가 대중에게 대대적으로 알려지는 계기가 되었다. 이후 종교계, 환경단체, 국제 사회 등의 연대로 팔당 농지보존 문제는 대중성을 확보하게 되었다. 2010년 2월경부터 농민들의 내부 동력이 떨어지고, 반면 전국 차원의 4대강 사업 반대 운동이 힘을 받았다. 2010년 2월 24일 2차 공권력이 팔당 농지에 투입된다. 정부는 강온 정책을 번갈아 사용하며 사업추진의 의지를 더욱 강화하고, 농민들은 장기간에 걸친 투쟁으로 피로감이 축적되어 동력이 떨어졌다. 반면 종교계와 시민사회는 팔당 농민 저항운동을 기점으로 4대강 사업 반대 운동을 전국적으로 확산시키고 대대적인 반대 여론을 형성하였다.

팔당 농민들의 저항 동력이 떨어진 데는 정부의 보상 전략이 큰 몫을 한 것으로 보인다. 2009년 12월부터 2010년 1월에 걸쳐 팔당 지역의 농민들에게 '보상협의 통지서'를 발송한다. 정부는 이미 대체 부지가 마련되었으며 이 협의를 거부할 경우 보상금을 받지 못하는 불이익을 받을 것이라 통보했다. 이에 따라 적지 않는 농민들이 불안해하며, 흔들리기 시작했다. 공대위는 외부와의 연대를 통해 저항전선을 계속 유지하고자 했다. 특히 이 시기에 도시 소비자들에게 하천 부지에서 농사를 짓도록 하는 '명랑텃밭' 사업은 큰 호응을 얻었다. 환경정의, 환경운동연합 등과 연대하여 진행한 이 주말텃밭 사업은 100팀 정도가 참여하여, 팔당 농지보존에 뜻을 같이 했다. 2010년 6월 이후 정부에서는 보상금 공탁을 통해, 팔당의 하천농지에 대한 법적인 절차를 마무리 짓고자 했다. 이에 유영훈 공대위 대표 등이 서울지방국토관리청 앞에서 공탁철회 단식에 돌입하며, 반대운동을 활성화시키고자 했다. 그러나 이들의 절박한 호소는 사회적으로 큰 반향을 낳지는 못했다. 또한 2010년 가을 몇 차례의 태풍이 몰아치면서,

팔당 하천의 하우스가 날아가 버리자 지역 농민들은 실의에 잠긴다. 가시적 성과 없는 오랜 저항으로 힘이 빠지고, 4대강 사업 자체가 기정사실화되면서 팔당의 농민운동은 쇠퇴의 길을 걷게 된다.

2011년 4월 이후 팔당 공대위는 다양한 전공의 전문가들, 지역 지도자, 농민 등과 함께 팔당지역을 새로운 지속가능한 공동체로 만들기 위한 청사진을 만들어왔다. 이들은 농업, 자연생태, 에너지, 교육, 거버넌스 등 다양한 분야를 고려해서 지속가능한 팔당 만들기를 고민하고 있다. 단순한 유기농업 단지가 아니라 생태복원을 중심에 둔 자

① 유기농 시설단지-연중 재배 · 공급 가능한 시설
② 노지-유기농 제철작물 재배지
③ 논-습지, 농경지와 강 사이의 완충지대 역할
④ 산책로-비포장 자전거 도로 기능 포함
⑤ 생태벨트-수중생태계와 육상생태계의 교량역할
⑥ 전망대-북한강과 남한강이 만나는 꼭짓점
⑦ 유기농 생태학습장-체험 및 견학 · 교육 장소
⑧ 나루터 복원-두물머리 역사의 인문 지리적 복원

〈그림 8〉 퍼머컬쳐에 의한 두물머리 생태마을 조감도

연과 인간의 공동체를 기획하였다. 공대위를 지원한 전문가들이 농민들과 시안으로 만든 생태마을 조감도는 〈그림 8〉과 같다.

공대위측은 이러한 기획의 목적이 자연과 공생하며 생태적인 〈시민참여형 두물머리 대안〉 모델을 제시하는 데 있다고 밝힌 바 있다. 특히 한강살리기사업 1공구인 두물머리 사업구간과 관련, 지속가능한 대안을 마련하여 정부 측 4대강 사업의 일방적인 강행을 건설적으로 저지하려 했다. 또한 상수원 보호와 자연습지 보전에 입각해서 유기농 토지 이용 모델을 재구성하고자 했다. 팔당호에 맞닿아 있는 지리적, 환경적인 요소를 고려하여 수질, 습지 등의 자연환경보전을 중시하면서, 생태적 공동체를 만들고자 한 것이다. 그동안 이 지역이 강조해온 도농직거래, 농사체험 등을 활용해서 농사체험, 생태교육, 대안에너지 등을 지역 만들기의 중요 요소로 포함시켰다. 또 퍼머컬쳐의 중요한 문제 의식 가운데 하나인 에너지 문제에 대해 근본적인 전환을 시도하여, 지속가능한 하천 공동체를 만들고자 하였다.

팔당 유기농 지역의 미래 선택지는 〈그림 9〉를 통해 이해할 수 있다. 그동안 팔당의 유기농단지는 하천수질에 중간정도의 부담을 주고, 중간정도의 지역개발을 가져왔던 모델이다. 미래를 향한 모델은 3가지 선택이 가능하다. 첫째, 완전한 '자연하천 복원'으로 가는 안이다. 둘째, 하천구역을 '친수공간'으로 조성하는 방안이다. 셋째, '지속가능한 농업(퍼머컬쳐)'으로의 경로이다. 첫 번째 방안은 인간의 필요나 지역사회를 완전히 무시하고, 모든 개발행위를 금지하는 심층생태주의적 하천복원이다. 이는 하천생태계가 가지는 역사성, 인간과 자연의 상호작용으로서의 하천공간의 의미를 완전히 무시하는 복원으로 Dufour and Piegay(2009)의 시각에서 비판할 수 있다. 두 번째 길인 친수공간 조성은 4대강 사업이 추구하는 바이다. 4대강 사업은

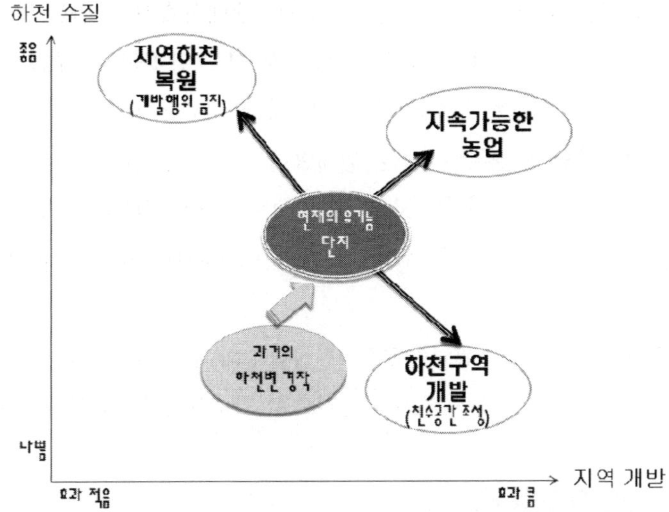

〈그림 9〉 하천생태계와 유기농단지의 미래

앞에서 살펴봤듯, 하천지역을 인공적으로 조경하여 공원을 만들고, 자전거길을 조성하고자 한다. 특히 도시인의 시각에서 객체로서의 하천 공간을 새롭게 만들고자 하는 것이다. 마지막으로 세 번째의 경로가 팔당 공대위에서 선택하고자 했던 것이다. 현재의 유기농이 지닌 한계를 명확히 하고, 보다 근본적인 의미에서 자기순환적인 농업형태를 만들고자 한다. 또 새로운 팔당 만들기를 통해 도시와 농촌 간의 신진대사 균열을 극복하려는 시도였던 것이다. 농업뿐 아니라 지역이라고 하는 공간을 자연, 에너지, 거버넌스, 교육 등 생태·사회적인 상호작용의 장으로 새롭게 규정하고자 하는 것이었다. 하지만 이러한 팔당 공동체의 제안은 받아들여지지 않아 갈등이 지속되었다.

지루하게 계속되던 농민들과 정부의 대립은 결국 천주교 측의 중재에 의해 타협에 이르게 되었다. 2012년 8월 14일 천주교 이용훈

주교의 중재안을 농민들이 수용함으로써, 생태학습장을 만들기로 합의했던 것이다. 이를 위한 협의 기구는 경기도, 양평군, 천주교, 공대위에서 추천한 인사로 구성되며, 정부 예산 지원을 바탕으로 호주의 세레스 생태공원과 영국의 리턴 생태공원을 모델로 하는 생태학습장을 만들기로 했다. 이러한 협상을 바탕으로 팔당 공대위는 두물머리 지역이 "생태적으로 보존될 수 있는 발판"이 마련되었다는 기대를 밝히기도 했다.36)

2012년 9월 14일 '생태학습장 추진협의회'(협의회)가 구성되어 첫 회의를 가졌으며, 2012년 12월 14일까지 7차에 걸친 회의가 진행되

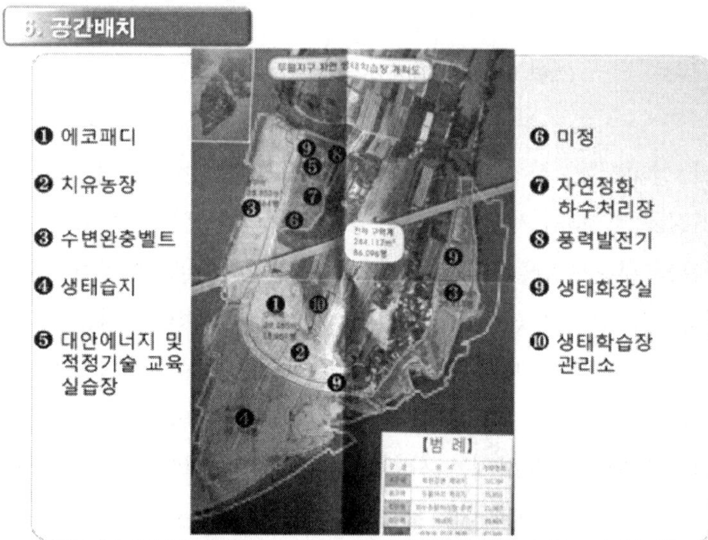

출처: http://cafe.daum.net/6-2nong

〈그림 10〉 가칭 '두물머리 대안 모델'

36) 농지보존 친환경농업 사수를 위한 팔당공동대책위원회. 2012.8.14. 보도자료.

었다. 민관 협의기구인 협의회는 정부와 지자체 추천 전문가 4인과 천주교, 농민 추천 전문가 4인으로 구성되었다. 협의회에서는 〈그림 10〉과 같은 '두물머리 대안 모델'을 제안한 바 있다.[37] 협의회는 정부와 지역주민들의 협의를 통해 새로운 대안을 모색하려는 노력을 기울여왔다. 하지만 2013년 말 1단계 사업이 끝나자 양평군은 예산상의 이유 등으로 사업 완료를 선언해버렸다. 이후 별다른 진전이 없는 가운데, 2015년 4월 한강청의 대외비 문서 '에코폴리스 양수리 조성 계획안'를 통해 천변공원 조성 계획이 알려지고, 양평군이 관광진흥과 산하에 두물머리 관리팀을 신설한 것이 밝혀졌다. 이에 따라 오랜 진통 끝에 두물머리 지역을 생태학습장으로 조성하기로 한 농민들과의 합의가 깨지고, 4대강 사업이 계속되는 것이 아니냐는 논란이 이어지고 있다.[38]

5. 외국의 하천복원 사례들

외국의 가장 대표적인 하천복원 노력으로는 미국 플로리다의 키시미 강(Kissimmee River) 복원 사례를 들 수 있다. 플로리다의 키시미 강은 역사상 최대 규모의 하천복원 프로젝트 사례이다. 키시미 강 유역은 평지이고, 홍수 범람이 자주 일어나는 지역이다. 범람 자체가

37) http://cafe.daum.net/6-2nong 2012년 12월 14일 접속.

38) 한국일보, 2015.5.20. http://www.hankookilbo.com/v/452fbc74828a481a87191907b62b1dd2 2016년 5월 12일 접속.

하천 생태계를 유지하는 기제의 하나라고 할 수 있다. 범람원과 늪지로 이뤄진 키시미강 유역은 1850년 미국 의회가 Swamp and Overflowed Land Act를 통과시키면서 큰 변화를 겪게 된다. 이 법은 주 의회가 늪지와 침수지를 제방 건설 및 배수 작업을 통해 토지 간척을 하는 것을 조건으로 그 소유권을 개인에게 양도하는 것을 가능하게 했다. 이에 따라 필라델피아의 부호인 해밀튼 디스턴(Hamilton Disston)이 이 일대의 땅을 구입하여 농지 및 주거지를 개발하기 시작했다. 이어서 운송을 위한 운하들이 개발되었고, 증기선이 다니기도 하였다. 증기선은 플로리다 주 내륙의 정착민들에게 필요 물품을 공급하고, 오렌지, 피혁, 목재, 물고기 등을 외부로 운송했다. 이후 키시미 강 및 지천에 여러 개의 제방이 쌓이고, 수로가 건설되었다.39) 1940년 이전 키시미 강 유역의 인구는 소수에 불과했으며, 주로 농업과 소 목장이 있었다. 2차 세계대전 이후의 급속한 경제성장에 따라 지역이 발전했다. 그런데 엄청난 재산상의 피해를 가져온 1947년의 심각한 허리케인과 이에 따른 장기간의 침수는 지역 여론을 들끓게 했다. 홍수 방제에 대한 여론에 따라 플로리다 주정부는 홍수 통제 계획을 수립하였고, 1948년 연방 의회가 홍수 통제 및 방지 프로젝트 안을 통과시켰다. 1954년 의회가 키시미 강 수로화 사업을 인가했고, 이에 따라 미국 공병대가 사업에 참여하게 되어 1954년부터 1960년까지 계획 및 디자인이 이뤄졌다. 이후 1962년부터 1971년까지 실제 공사가 이뤄져 키시미 강은 제방이 쌓이고 직선화되었으며, 6개의 담수 저수지를 포함한 수로로 변모되었다.40)

---

39) Bousquien, S. and Anderson, D., Williams, G. and Colangelo, D., *Establishing a Baseline: Pre-Restoration Studies of the Channlized Kissimmee River*, 2005.

출처: http://en.wikipedia.org/wiki/Kissimmee_River(2012년 12월 10일 접속).

〈그림 11〉 키시미 강의 변화: 수로화와 복원 후 모습

키시미 강 유역은 플로리다 중부 지역 올란도 시와 오키초비 (Okechobee) 호수 사이에 위치하며, 오키초비 호수에 물을 공급한다. 키시미 강 상류 유역은 4,229km^2, 하류 유역은 1,963km^{2}에 달한다. 키시미 강은 수로로 개발되기 전까지 폭 1.5-3km의 범람원을 흐르

40) Koebel, J., 1995. "A Historical Perspective on the Kissimmee River Restoration Project", *Restoration Ecology*, Vol.3, No. 3. pp.149-159.

는 길이 약 166km의 굴곡진 하천이었다. 키시미 강의 수로화 및 직선화 공사로 키시미 호수에서 오키초비 호수까지의 166km 강이 90km로 감소하였다(〈그림 11〉의 윗 사진 참조).

키시미 강과 범람원으로 이루어진 독특한 생태계는 1962년부터 1971년 10년에 걸친 공사를 통해 깊이 10m, 너비 100m, 길이 90km의 수로로 그 모습이 바뀌었으며, 명칭도 C-38로 불리게 되었다. 이러한 하천의 수로화 공사로 인해 12,000~14,000ha에 달하는 습지 서식지가 손실되었으며, 급격한 생태계의 변화를 초래했다. 키시미 호수 아래에 위치한 범람원 약 40,000에이커(160km^2)가 말라버려 물새 서식지가 심각한 피해를 입었다. 왜가리, 백로, 황새 등의 개체수가 2/3나 감소했으며, 큰입베스의 수 역시 급감했다. 수로로 만들어지기 전까지만 해도 키시미 강은 오키초비 호수에 오염을 유발하지 않았으나 1970년대 이후 호수 질소 오염의 약 25%, 인 오염의 20%가 키시미 강 때문에 발생한 것으로 추정되었다.[41]

수로 건설에 따른 환경적 피해에 대해 다양한 행위자들이 우려를 표명하기 시작했다. 가장 대표적인 시민단체는 씨에라 클럽(Sierra Club)이었다. 씨에라 클럽은 수로화 초창기부터 수로화 사업이 환경에 재앙이 될 것이라고 주장했다. 포크 카운티(Polk County)의 씨에라 클럽은 화학자인 리차드 콜맨의 리더십하에 수많은 공청회에 참여하면서 반대의 목소리를 높였다.[42] 공사가 완료되기 전부터 키시미 강 수로화에 문제 제기가 이뤄지고, 1971년 같은 해에 미국 지질학 조사국

---

41) http://en.wikipedia.org/wiki/Kissimmee_River(2012년 7월 9일 접속).

42) Woody, T., 1993. "Grassroots in action: the Sierra Club's role in the campaign to restore the Kissimmee River", *Journal of the North American Benthological Society*. Vol. 12, No. 2. pp.201-205.

(U.S. Geological Survey)은 '하천의 수로화가 유발하는 환경 문제에 관한 보고서'를 발간했다. 이어 1976년 플로리다 주 의회는 키시미 강 복원법을 통과시켰고, 이에 따라 키시미 강 조정 협의회(Kissimmee River Coordinating Council)를 출범시켰다. 키시미 강 협의회는 상류 지역 호수의 계절적 수량 오르내림을 수로화 이전으로 회복시키고, 키시미 강의 범람원과 습지 서식지를 복원시키며, 습지의 야생 동물, 식물, 그리고 수생 생물이 증식될 수 있는 조건을 만드는 것을 목표로 했다. 이에 따라 어떤 복원 방식을 채택할 것인가에 관한 장기간에 걸친 연구들이 수행되었다. 1978년부터 1985년까지 장장 7년에 걸쳐 First Federal Feasibility Study가 진행되었다. 이는 키시미 강 유역 범람원 일대의 습지를 회복하고, 수질을 개선하는 방안들을 검토하는 것이었다. 이 연구는 키시미 강의 손실된 범람원 서식지를 회복하기 위한 방안들을 만들어내려 했으며, 정부와 다양한 민간 단체들의 의견을 반영하였다. 연구의 결과를 바탕으로 키시미 강 조정 협의회는 수로화된 강을 다시 메우는(backfilling) 방안을 채택했다.

1983년 당시 주지사였던 밥 그래험(Bob Graham)은 "우리의 에버글래이드를 구하자(Save Our Everglades)" 프로그램을 발표했다. 그리고 그 안에는 다음과 같은 내용을 담았다.

> 100년간의 잘못을 시정하려면 비용을 많이 치러야 한다. 하지만 아무 행동도 하지 않는 것은 더 비싸다. 치러야 할 비용은 플로리다의 팬더, 우리가 마시는 물의 오염, 국립공원의 사망, 셀 수 없는 물고기와 야생조류의 멸종, 즉 엄청난 스트레스를 받고 있는 생태계 전체의 붕괴이다(필자 옮김).[43]

이러한 문제의식은 키시미 강의 복원에 대한 논의를 더욱 활성화시켰다. 이에 따라 1984년부터 1990년까지 6년에 걸쳐 Kissimmee River Demonstration Project를 통해 키시미 강을 메우는 사업의 실행가능성을 평가하는 작업을 진행했다. 연구가 대부분 완료되었던 1988년 Kissimmee River Restoration Symposium이 개최되었는데, 여기에서는 복원의 생태체계적 접근을 강조했다. 즉 키시미 강의 생태학적 원형을 복원시키는 것이 최종 목적으로 정리되었던 것이다.[44] 이를 위한 여러 대안들 가운데 제2수준의 메우기(Level II backfilling)가 목적에 가장 부합되는 것으로 판단이 내려졌으며, 이후 흙으로 수로를 메꾸는 작업을 통해 강의 곡면화와 범람원을 다시 회복시키는 사업을 진행하기 시작했다. 1992년 연방정부가 Water Resources Development Act(WRDA)를 비준함으로써, 키시미 강 복원 사업은 가속화될 수 있었다. 현재 24마일의 휘돌아가는 강이 성공적으로 복원되어 야생동물과 조류의 개체수가 증가하고 있다(〈그림 12〉 참조).

키시미 강 복원 사업의 몇 가지 교훈을 정리하면 다음과 같다. 첫째, 정부와 정치인들의 소통성이다. 키시미 강의 수로화에 따라 발생하는 여러 문제들에 대해 여론과 시민단체가 문제 제기를 했을 때, 주 정부와 지도자들은 그 문제 제기를 매우 진지하게 받아들였다. 이러한 소통 구조는 생태민주주의를 위해 대단히 중요한 요소이다. 둘째, 복원을 위한 체계적이고 장기적인 과학적 연구이다. 키시미 강의 복원 방향과 방안을 만들기 위해 1978년부터 15년 이상의 장기적인

43) Woody, T., 앞의 글에서 재인용.

44) Toth, L.A., 1993. "The ecological basis for the Kissimmee River restoration plan", *Florida Scientist*. 56: 25-51.

출처: http://www.evergladesfoundation.org/2012/12/11/two-rivers-two-stories/(2012년 12월 12일 접속).

〈그림 12〉 오늘날의 키시미 강 모습

연구를 진행하여, 치밀한 대안을 모색하였다. 셋째, 탈개발주의적 가치의 강조이다. 인간의 경제활동이 축소되더라도 키시미 강의 생물종들과 범람들이 가진 생태학적 가치를 존중하여 대규모의 복원 사업을 시작했던 것이다. 한국의 4대강 사업에 의해 훼손된 강들을 진정으로 복원하기 위해서는 앞에서 열거한 키시미 강의 교훈이 진지하게 받아들여져야 한다.

비록 규모는 크지 않지만 유럽에도 하천복원의 사례들이 있다. 한국에서 가장 잘 알려진 사례는 독일의 이자르 강 복원 사업이다. 이자르 강은 독일 남부 바이에른 지방의 수도인 뮌헨을 관통하는 총연장 289km의 강이다. 20세기 초 독일은 뮌헨에 전기를 공급하기 위해 이자르 강 상류에 수력발전 사업을 진행했으며, 홍수 피해를 방지하기 위해 홍수 저류용 고수부지와 제방을 건설하였다.[45] 하지만 이러한 제방화에 대한 문제 제기가 이뤄지고, 유럽의 하천복원 및 관리 지침이 정비되면서 생태하천에 대한 관심이 높아졌다. 이에 따라 '이자르 강에 새 생명을'(Neues Leber fur die Isar) 사업이 시작되었다. 이자르 강 사업의 가장 중요한 측면은 강을 자연스럽게 형성된 야생 하천으로 복원하고, 인공 구조물을 제거하는 것이었다. 이 과정에서 시

출처: http://www.hanamana.de/dul/node/611(2012년 12월 10일 접속).

〈그림 13〉 뮌헨 시가지를 흐르는 복원된 이자르 강(사진: 베른하르트)

45) http://attfile.konetic.or.kr/konetic/xml/oper/B1E2A1010037.PDF(2012년 12월 10일 접속).

민들의 토론과 참여가 이뤄졌으며, 직선형 하천을 곡선으로 바꾸고, 고수부지를 완경사로 바꾸는 작업을 수행했다. 그 결과 운하화되었던 이자르 강은 지형과 지역에 맞는 특성을 가진 생태 공간으로 다시 탄생했다(〈그림 13〉 참조).[46]

프랑스의 경우에도 하천복원을 위한 비교적 성공적인 사례를 발견할 수 있다. 프랑스에서는 루아르 강 상류에 댐을 건설했고, 추가적인 댐 건설 계획을 가지고 있었다. 하지만 이에 대한 시민들의 반대

출처: ERN European Rivers Network / SOS Loire Vivante
http://www.hanamana.de/dul/node/611(2012년 12월 10일 접속).

〈그림 14〉 생테티엔 드 비강 인근의 저수댐(위)과 폭파장면(아래)

---

46) Bernhart, 앞의 글, p.17.

목소리가 높아지고, 전문가들의 우려에 반응하면서 1994년 '살아 있는 루아르 강(Loire Vivante)'이라는 이름으로 댐 해체를 시작했다. 예컨대 발전용으로 이용되던 생테티엔 뒤 비강(Saint0Etienne-du-Vigan) 댐 사용 면허를 중지시키고 복원을 결정했다. 댐 소유주였던 프랑스 전력이 700만 프랑의 비용을 대부분 부담했다.[47] 결국 1997년 생테티엔 뒤 비강 댐을 폭파해서 물의 흐름을 살리는 작업을 했다(〈그림 14〉 참조). 이어 메종 루주(Maison Rouge)에 있던 댐도 철거되었다. 그 결과 루아르 강은 자연스러운 하천 경관, 모래톱, 범람원 등을 갖추고, 연어가 알을 낳는 강으로 탈바꿈하였다(〈그림 15〉 참조).

〈그림 15〉 루아르 강변의 자연적인 구조적 다양성(사진: 베른하르트)

---

47) 허재영, 2010, "세계가 말한다 '댐 헐어야 산다'" http://www.ohmynews.com/nws_web/view/at_pg.aspx?CNTN_CD=A0001373250(2012년 12월 10일 접속).

6. 결 론

이 장에서는 하천복원의 개념, 역사, 사례 등에 대해 살펴보았다. 극도의 개발주의에 의해 훼손된 하천에 대한 새로운 접근이 필요하다. 특히 4대강 사업은 생태주의의 무시, 신진대사의 균열, 그리고 민주주의의 부재를 보여주는 토건·개발 사업이었다고 할 수 있다. 이 거대한 국토개발 프로젝트는 국민의 세금을 쏟아 부어 자연을 파괴하고, 생태계의 연결성을 해체하고, 공동체를 와해시켰다는 점에서 냉정한 역사적 평가가 이뤄져야 한다. 더불어 한국 사회 전반에 만연한 개발주의에 대한 성찰이 요구된다.

사실 우리 국민들은 애초부터 4대강 사업에 대해 긍정적이지 않았다. 개발주의에 식상한 많은 시민들이 4대강 사업을 토목사업의 일종으로 바라보며 우려를 표현했었다. 예컨대 2010년도에 고려대 한국사회연구소에서 시행된 전국민 조사에 따르면, 4대강 사업에 대한 반대가 40.2%였고, 찬성은 19.9%였다. 2:1 정도로 4대강 사업에 대해 반대하는 응답자들이 더 많았던 것이다. 이명박 정부가 출범 직후부터 4대강 사업을 물 관리, 일자리 창출, 시민 여가 시설 등을 위한 것이라고 적극 홍보해왔음에도 불구하고 시민들의 호응은 그다지 높지 않았던 것이다(이소영, 2011). 구체적인 4대강 사업 목표들과 관련된 평가에서도 비교적 냉정했다. 즉 경제 활성화, 일자리 창출, 수질 개선, 홍수 예방 등 4대강 사업의 목표들이 얼마나 달성됐냐는 질문에 대한 응답 역시 긍정적이지 않았다(〈표 3〉 참조). 예를 들면 가장 점수가 높았던 일자리 창출의 경우에도 평균 점수는 5점 만점에 2.97로 중앙점인 3점에 미달했으며, 경제 활성화 기여도 역시 2.86에

〈표 3〉 4대강 사업에 대한 의견 변화

		2차(2010)	3차(2014)
경제 활성화	평균	2.86	2.25
	표준편차	1.00	1.00
수질이 개선	평균	2.71	2.15
	표준편차	1.10	.96
일자리 창출	평균	2.97	2.42
	표준편차	1.02	1.05
홍수 예방	평균	2.85	2.31
	표준편차	1.05	1.02
녹색성장에 기여	평균	2.65	2.23
	표준편차	1.05	.96
예산 낭비	평균	2.89	2.53
	표준편차	1.45	1.71
환경파괴	평균	2.66	2.72
	표준편차	1.25	1.75
국민 여론 무시	평균	2.71	2.68
	표준편차	1.34	1.74
부동산 투기 증가	평균	2.86	3.39
	표준편차	1.39	2.13

(5점 척도, 평균값이 클수록 동의 정도 높음)

머물렀었다. 같은 문항을 가지고 2014년에 조사된 4년의 세월이 흐른 뒤에는 평가가 좀 더 냉정해졌다. 즉 경제 활성화는 2.86에서 2.25로, 수질 개선은 2.71에서 2.15로, 일자리 창출은 2.97에서 2.42로, 홍수예방은 2.85에서 2.31로, 녹색성장 기여는 2.65에서 2.23으로 각각 급락했던 것이다. 반면 4년 사이에 4대강 사업의 부정적 영향에 대한 동의 정도는 대체로 증가했다. 예를 들면, 환경파괴에 대해서는 2.66에서 2.72로, 부동산 투기 증가에 대해서는 2.86에서 3.39로 상승했다(김철규, 2014).

이명박 정부의 4대강 사업은 신개발주의의 민낯을 보여주는 토건 사업이었다. 4대강 사업은 막대한 세금이 들어간 환경파괴 사업일 뿐 아니라, 수질 관리를 위해 계속해서 관리비가 들어가야 하는 부채 사업이다. 그리고 적지 않은 시민들이 그 문제점을 일찍부터 간파했었다. 그럼에도 불구하고, 정부의 잘못된 정책과 사업과 관련된 일부 기업들의 결탁은 엄청난 사회적 비용을 발생시켰던 것이다. 따라서 앞에서 제시했던 생태주의, 신진대사의 순환, 숙의 민주주의를 기반으로 하는 사회적 기획이 필요하다.

그동안 우리 세대의 잘못된 판단, 정책, 행동으로 하천 생태계와 이를 기반으로 한 문화공동체가 해체되었다. 개발주의의 확산과 심화 때문에 아름답던 환경이 파괴되고, 오랜 진화의 과정을 거쳐 만들어졌던 생태계가 와해되기도 했다. 이제 우리는 새로운 전환을 결단해야 할 시점에 와 있다. 인간이 자연과 더불어 산다는 것이, 인간 자신을 위해서도 중요하다는 점을 비싼 값을 지불하고 알게 되었다고 할 수 있다. 이제 댐과 제방을 허물고, 강의 물길을 살리는 진정한 하천복원을 위한 노력이 필요하다.

결론을 대신하여:
절제와 균형의 사회를 향하여

김동윤

오늘날 인류가 직면하고 있는 환경위기는 지금까지 경험하지 않았던 전면적이고 총체적인 위기이다. 어찌 보면 생태환경의 위기는 인간문명이 걸어온 궤적에서 그 근본적 원인을 발견할 수 있을 것이다. 약 650만 년 전 동아프리카에서 탄생한 인간의 조상인 '호미니드'부터 인류는 생존을 위해 자연을 이용하고 근대 과학 이후부터는 심지어 자연을 착취하고 '정복'해야 했다. 음식을 얻기 위해 땅을 개간하고 자연재앙으로부터 스스로를 보호하기 위해 인간은 자연과 힘겨운 투쟁을 해온 것이다. 그러나 대규모로 진행되고 있는 작금의 생태계 파괴현상은 17세기 이후 서구의 급격한 근대 과학기술의 발전과 18세기 산업혁명의 과정에서 인간과 자연과의 관계가 지배-피지배의 관계로 변형된 데서 비롯되었다고 볼 수 있다. 크게 보아 산업혁명 이후 인간과 자연의 조화로운 관계는 더 이상 가능하지 않게 되었고, 자연은 서구의 근대 이후 급부상한 반생태적 기술문명에 의해 되돌이킬 수 없을 정도로 심각하게 훼손되었다. 오늘날 생태환경은 더 이상 인간이 삶의 질을 보장할 수 없는 지경에 이른 것으로 보인다. 이제 희망의 불꽃을 다시 살리는 일은 전적으로 자연에 대한 인간의 태도에 달려 있다.

인간이 자신이 딛고 있는 땅을 떠나서 더 이상 인간적인 삶이 가능하지 않다면, 망가지고 훼손된 지구의 생태환경을 회복시키려는 노력은 우리가 마땅히 감당해야 할 도덕적 의무이다. 이 점에서 20세기 후반 이후 전 세계적으로 생태환경을 복원하고자 하는 노력으로 다양한 생태담론이 생산되고 그에 따른 사회적 실천의 모색이 이루어진 것은 그나마 고무적이라 할 것이다.

본 서 초반부에서 명시한 것처럼, 세계 생태복원학회(Society for Ecological Restoration)가 제시한 정의에 따르면 생태복원은 훼손된 자연환경을 원래의 상태에 가깝도록 회복하는 다양한 생태적 방법론과 환경기술로 파악될 수 있을 것이다. 그러나 안타깝게도 생태복원의 많은 논의들이 과학기술 공학적 측면을 강조하는 나머지 인문과학적 접근은 빈약한 형편이다. 심각한 수준으로 오염되고 망가진 생태환경을 복원하는 일은 단지 과학기술의 영역에 일임하기에는 작업의 성격이 매우 중층적이고 복합적이므로 총체적이면서도 섬세한 접근을 요구한다. 서론부에서 강조한 것처럼 생태복원은 '가능한 한 구체적이며 특수한 구성, 공동체의 구조, 생태학적 기능들, 자신의 생명계를 지탱할 수 있는 물리적 환경의 능력, 주변 경관과의 연계성 등을 존중하면서 생태계의 회복을 착발시키거나 가속화시키는 의도적 활동'이기 때문이다.

생태복원은 다양한 사고와 실천들을 통해 훼손된 자연생태환경을 훼손 이전의 상태로 되살려낸다는 가능성을 전제로 한다. 그러나 한 번 상실된 생태계와 생태적 가치를 회복하는 일은 엄청난 시간과 노력이 요구된다. 게다가 생태계는 정태적인 자연 상태가 아니라 고유의 역동적 과정을 통해 스스로를 변화시켜 나가므로 '원상태'로의 복원 가능성에 근원적 물음을 던질 수 있다. 생태계란 부단히 변화하는 외부 환경의 조건들과 고유의 내재적인 과정들이 서로 상호적으로 반응하는 상태라고 말할 수 있기 때문이다.

그럼에도 불구하고 우리는 현대 생태환경의 현주소와 복원 가능성을 검토하는 과정에서 다음과 같은 몇 가지 생각에 이르렀다.

첫째, 우선적으로 생태복원은 과학기술적 방법론의 차원을 훌쩍 뛰어넘는, 역사, 문화, 언어, 종교, 사회, 정치, 경제 등에 걸쳐 있는 복합적이고 중층적인 문제를 구성한다는 점이다. 이미 언급한 대로 전 세계환경사의 맥락에서 자연환경이 급속하게 망가지고 훼손되기 시작한 것은, 17세기 근대 이후로서 본격적으로 인간 중심적인 자연관이 정립되고 자연에 대한 인간의 지배가 과학기술의 발달, 거대규모의 산업화, 급속한 도시화로 인해 현실화된 시기와 맞물린다. 갈릴레오, 데카르트, 뉴턴으로 대표되는 인간 중심의 세계관은 과학의 수학화, 근대적 주체의 정립, 자연-기계론 등으로 구체화되면서 동식물을 포함한 대자연이 과학・기술・산업에 의해 정복되었다. 데카르트의 이분법적인 세계관은 자연을 과학적 합리성의 법칙으로 재구성하여 자연을 하나의 기계로 파악한 뉴턴의 물리학에 의해 결정적으로 공고하게 되었음은 널리 알려진 바이다. 생태환경의 급속하고도 전면적인 훼손 현상의 배경에는 근대 과학기술중심주의 세계관이 자리 잡고 있다는 의미이다. 그러므로 오늘날 생태위기의 근원을 밝히기 위해, 자연을 대상화・계량화한 모든 인식론의 토대를 반성적으로 검토하는 일이 필요하고 그것은 근본적으로 인문학의 작업이 될 것이다.

둘째, 생태복원의 문제는 자연환경의 오염과 훼손의 차원을 넘어

전 지구적 의제로 부상한 기후 변화라는 새로운 국면에서 총체적인 재인식을 필요로 한다. 본 서의 서론에서 상세히 거론한 것처럼, 기후변화는 단지 지구의 일부 지역의 생태적 위기 차원을 넘어선다. 만일 현재 진행되고 있는 온도 상승의 속도를 멈추게 하지 못할 경우, 인간문명을 붕괴시킬 수도 있으므로 지금까지 자연이나 지구를 보호하자는 소극적이거나 소박한 입장에 머물 수 없게 되었다. 중요한 것은 —이것이 반드시 가능한 일이 아닐지라도— 지구환경을 '보호'하면서 동시에 인간문명의 지속가능성을 확보하는 일이다. 지구는 기후변화에 의해 인간문명이 소멸하더라도 태양계 속에 존속할 것이다. 그러므로 인간문명이 자연 속에서 살아남는 것이 관건이다.[1] 이 같은 예상으로 미루어 보건대 전통적인 생태주의와 상당히 다른 생태담론이 전개될 수 있다. "반인간주의자, 반성장주의자라는 평가를 받으면서까지 환경과 자연을 보호해야 한다고 주장했던 생태주의자들은 이제 엄청난 위험으로 다가오는 기후 변화에 맞서 인간을 보호할 방법을 내놓아야만 하는 것이다."[2] 말하자면 이제 자연이나 지구를 우선적으로 '보호'하자는 입장보다도 기후 변화로 인해 난파할 인간 문명을 구하는 것이 더 화급한 화두로 떠오르게 된 것이다. 따라서 기후변화의 생태학은 기존의 생태운동과 차원을 달리하는 패러다임을 요구한다고 볼 수 있다.

셋째, 생태환경의 복원은 인본주의(휴머니즘)와 같이 인간 중심적인 사고의 산물과 상충되는 것이 아니라는 점이다. 일반적인 통념과 달리 생태환경의 문제는 인본주의로부터 완전히 분리하여 생각될 수 없

1) Giddens A., *The Politics of Climate Change*, Polity, 2009, p.56.
2) 이상헌, 『생태주의』, 책세상, 2011, p.147.

다. 인본주의란 인간 문명이 온축한 모든 근대적 가치들을 말하는 것이며 인권, 문화예술, 민주주의 가치들이 이에 포함된다. 만일 이러한 가치들이 인간 중심적 사고와 휴머니즘의 산물로 치부될 경우, 지난 세기 역사에서 보듯이, 순수한 자연에 대한 숭배는 전체주의나 파시즘으로 치닫을 위험이 있다. 인간을 혐오하고 인간을 배제하는 극단적인 형태의 이념은 폭력의 정치 이데올로기로 변화하여 수많은 희생을 초래하였음을 역사는 기억하고 있다.

제2차 대전 당시 전대미문의 홀로코스트를 자행했던 나치가 자연환경의 보호에 앞장서면서 최초로 환경보호를 법제화하였다는 사실을 우리는 기억하고 있다. "가장 '기술-합리적인' 대량학살 체계와 자본주의적 제국주의의 팽창정책이 결합된 나치 체제가 (…) 생태이념을 채택했고, (…) 경이로운 수준의 정책을 집행했다는 사실"은 우리가 마땅히 교훈으로 삼아야 할 역사적 사건 가운데 하나이다.[3] '에코파시즘'의 사례는 자연에 대한 맹목적인 열정과 숭배가 지나치면, 그것이 과학적 합리성, 첨단 테크놀로지와 결합하여 인간 증오와 폭력의 이데올로기가 될 수 있음을 경고하고 있다. 달리 말해 순수한 자연에 대한 맹목적인 사랑과 조국의 땅에 대한 무조건적인 숭배는 과격하고 배타적인 민족주의를 배태하고 보편적 이성에 기초한 인본주의의 기초를 부정할 수 있는 것이다. 휴머니즘의 산물인 계몽의 근대가 자연환경에 부정적인 영향을 끼친 것도 사실이지만, 계몽의 정신이 세계시민으로 나아가는 민주적 토대를 구축한 것도 부정되어서는 안 될 것이다. 대지에 대한 열정이나 민족주의의 열기를 이성과 합리성의

3) 자넷 빌, 피터 스타우든마이어, 『에코파시즘: 독일 경험으로부터의 교훈』, 책으로만나는세상, 2003, p.153.

명철함으로 바라볼 때만이 인간-자연의 관계에 대한 균형 잡힌 시각이 가능할 것이다.

넷째, 인간 욕망의 무한한 확대에 따른 과잉소비와 거대 산업기술 체제를 비판적으로 성찰하고 절제의 윤리와 삶의 균형을 되찾는 것이 필요하다. 인간에 의한 자연의 착취, 급속한 산업화와 무한 욕망의 소비적 삶이 오늘날 환경위기를 초래한 것은 분명해 보인다.

미증유의 환경재앙(체르노빌과 후쿠시마 원전 사고를 포함)을 목도하면서 인간은 새삼 자연의 일부라는 지극히 자명한 사실을 겸허하게 받아들일 필요가 있다. 인간과 자연의 조화로운 관계 회복을 위해 현대 기술 산업문명을 전 지구적 차원에서 바라보고 대안적 생태문명을 창발하는 것은 인문학적 상상력의 몫이다. (여기에는 원자력을 포함하여 에너지 사용에 대한 근본적인 반성과 아울러 —최근 독일의 선택이 보여주듯이— 재생에너지 기반 사회로의 전향적 상상력이 포함된다.) 생태복원에 대한 인문학적 접근은 —인문학 분야에만 국한되는 것이 아니라— 과학기술, 사회과학, 정치 경제, 문화영역을 포함한 총체적인 문제의식이며 인간문명과 지속적인 삶과 자연을 회복하기 위한 창의적인 태도이다. 이러한 생태적 상상력의 토대를 이루는 것은 미래세대에 대한 책임과 같은 윤리의식과 자연에 대한 감수성 함양이다. 그러므로 생태복원의 문제는 근본적으로 윤리의 문제이고 절제와 보살핌이 생태윤리의 기본이라고 말할 수 있다. 이것은 이반 일리치가 말하는 '자율적 공생'의 사회를 구성하는 데 가장 중요한 덕목이기도 하다. 자율적 공생을 말하는 이반 일리치는 "함께 일하고(work) 서로를 보살피는(care) 사회에서 더 행복해질 것이라는 통찰을 사람들이 공유하는" 것이 생태환경 복원의 유일한 길이라고 하였다.[4)]

절제와 보살핌, 그리고 간소한 삶의 윤리만이 점점 더 인간 삶을 불가능하게 만드는 생태계를 회복하는 오래된 지혜일 것이다.

일리치의 자율적 공생을 위한 삶의 방식은 데이빗 소로우의 소박한 삶에 대한 찬양에서 더욱 커다란 울림을 갖는다.

> "간소하게, 간소하게, 간소하게 살라! 제발 바라건대, 여러분의 일을 두 가지나 세 가지로 줄일 것이며, 백 가지나 천 가지가 되도록 두지 말라"[5]

되풀이하건대, 훼손되고 오염된 생태환경을 복원한다는 것은, 인간이 자연과의 조화롭고 친밀한 관계 회복을 도모하지 않고서는 불가능하다고 볼 수 있다. 그러나 문제해결은 쉽지 않아 보인다. 과연 인공지능, 사물인터넷 등 고도로 지능화된 과학기술이 구성하는 거대 체계로서의 사회를 살아가면서 인간과 자연과의 조화로운 균형의 회복은 가능하기나 한 것인가? 이러한 절망적인 질문에도 불구하고 인간이 인간답게 살 곳은 오로지 지구행성의 땅이라는 엄연한 사실에 대한 깊은 인식이 우리 모두에게 필요하다. 우리가 발을 딛고 있는 이 땅만이 유일한 삶의 터전인 —동양지리학자인 오귀스탱 베르크에 의하면— '외쿠메네'로서의 지구행성이다. 인간이 수준 높은 문명의 지속을 원한다면, 인간과 자연의 조화로운 균형만이 '지속가능성'을 가능케 하는 유일한 길임은 누구나 공감하는 바이다.

따라서 보다 현실적인 생태복원의 접근과 모색을 위해서는, 오늘날

---

4) 이반 일리치, 『성장을 멈춰라—자율적 공생을 위한 도구』, 이한 옮김, 2002, p.87.
5) 헨리 데이빗 소로우, 『월든』, 강승영 옮김, 이레, 2003, p.132.

자연환경을 결정적으로 훼손, 파괴하고 있는 과도한 산업기술주의와 대량 소비사회, 거대 관료주의에 대한 비판적 검토와 아울러 생태적 감응력과 대안적 생태 비전을 제시하는 것이 절실해 보인다. 그리고 새로운 윤리와 감수성이 생태복원의 인문학의 중심을 이룬다면 거기에는 반드시 초월적이고 거룩한 차원의 것이 함께 담겨야 할 것이다.

| 참고문헌 |

간디, 『마을이 세계를 구한다』, 김태연 역, 녹색평론사, 2011.

구도완, "생태 민주주의의 관점에에서 본 환경운동 사례연구", 『기억과 전망』 25호, 2011.

국토해양부, 4대강 살리기 마스터플랜, 2009.

김귀곤 · 조동길, 『자연환경 · 생태복원학 원론』, 아카데미 서적, 2004.

김동윤, "앙리 보스코의 소설 『농가 테오팀』에 나타난 시학과 모럴연구", 『프랑스어문교육』, 제43집, 2013.6.

______, "장 지오노 문학에 나타난 행복의 모럴과 생태적 사유에 관한 연구—「진정한 부」를 중심으로", 『프랑스학연구』 제32권, 2005.

______, "'그리다'(peindre)와 '보다'(voir)의 존재론적 · 미학적 층위 연구—Merleau-Ponty와 Cézanne을 중심으로", 『기호학 연구』 제39집, 2014.6.

김명식, "4대강과 숙의민주주의" 『환경철학』 Vol.12, 2011.

김명식, 『숙의민주주의와 환경』, 철학과 현실사, 2009.

김성도, "생태기호학 시론", 『기호학 연구』 제12집, 2002.

김성원, "거대기술에 맞서는 중간기술", 『녹색평론』 2012, 7-8월 125호.

김성태, 『敬과 注意』, 고려대학교출판부, 1982.

김수병 외 지음, 『지구를 생각한다』, 해나무, 2013.

김수환, 『사유하는 구조: 유리 로트만의 기호학 연구』, 문학과 지성사, 2011.

김우창, "전통문화 속의 땅과 풍경", 『녹색평론』1996, 7-8월 호.

김우창, 『깊은 마음의 생태학』, 김영사, 2014.

김우창, "문학의 옹호-말 많은 세상의 언어와 시적 언어", 『녹색평론』 1997년 5-6월호 통권 제34호.

김정욱, "녹색뉴딜, 준설과 댐 건설: 대한민국의 4대강 '복원' 사업", 2011.
김종철, 『시적 인간과 생태적 인간』, 삼인, 2002.
김종철, 『간디의 물레』, 녹색평론사, 2002.
김종철, 『땅의 옹호』, 녹색평론사, 2009.
김좌관, "낙동강 보 건설이 수질에 미치는 영향평가", 대한환경공학회. 부산·울산·경남 지부 주최 낙동강 특별심포지움 발표 논문, 2009.
김창진 엮음, 『협동과 연대의 인문학』, 가을의 아침, 2014.
김철규, 『한국의 자본주의 발전과 사회변동』, 고려대출판부, 2003.
김철규·박민수, "4대강 사업과 팔당 유기농민들의 반대운동", 환경사회학회 발표문, 2010.
김철규·이지웅, "4대강 사업과 팔당 유기농 공동체", 『에코』 13(2), 2009.
김철규·최창석, "한국의 농업 위기와 대안농업: 팔당생명살림을 중심으로", 『농촌사회』 18(1), 2008.
낸시 라이트, 도날드 킬, 『생태학적 치유』, 박경미 역, 이화여자대학교출판부, 2003.
데이비드 로텐버그, 『생각하는 것이 왜 고통스러운가요? 산 위 오두막의 생태철학자 아르네 네스와 20세기를 가로질러 나눈 대화』, 박준식 역, 낮은산, 2011.
레드클리프트와 우드게이트, "사회학과 환경: 조화되지 않는 담론?", 『지구환경과 사회이론』. 마이클 레드클리프드·테드 벤튼 엮음. 이기홍·조재광·이강익 옮김, 한울아카데미, 1994.
레오폴드 알도, 『모래땅의 사계』, 이상원 옮김, 푸른숲, 1999.
로즈마리 래드퍼드, 『가이아와 하나님』, 전현식 옮김, 이화여자대학교출판부, 2000.
루이스 멈퍼드, 유명기 옮김, 『기계의 신화 I』, 아카넷, 2013.
루이스 멈퍼드, 김종달 옮김, 『기계의 신화 2: 권력의 팬타곤』, 경북대학교출판부, 2012.
르네 데카르트, 『방법 서설』, 이현복 옮김, 문예출판사, 2010.
리 호이나키, 『正義의 길로 비틀거리며 가다』, 김종철 역, 녹색평론사, 2007.

마르틴 하이데거, 『횔덜린 시의 해명』, 신상희 옮김, 아카넷, 2009.

마리아 미즈, 베로니카 벤홀트-톰젠, 『자급의 삶은 가능한가-힐러리에게 암소를』, 꿈지모 옮김, 동연, 2013.

문순홍, 『생태학의 담론』, 아르케, 2006.

박병삼, "죽음 생산, 몬산토에서 그칠까", 『녹색평론』 2010년 1-2월호 통권 110호.

박진섭, "토건 파시즘의 압축판, 4대강 정비사업", 『환경과 생명』 2009 가을.

반다나 시바, 『살아남기, 여성, 생태학, 개발』, 강수영 옮김, 솔, 1998.

반다나 시바, 카를로 페트리니, 찰스 윈저, 마이클 폴란, 『테라 마드레: 공존을 위한 먹을거리 혁명』, 송민경 옮김, 다른, 2009.

작스 볼프강, "개발—파멸로 가는 길", 『녹색평론 선집 2』, 김종철 엮음, 녹색평론사, 2008.

자넷 빌, 피터 스타우든마이어, 『에코파시즘: 독일 경험으로부터의 교훈』, 김상영 옮김, 책으로만나는세상, 2003.

북친 머레이, 『사회생태주의란 무엇인가』, 박홍규 옮김, 민음사, 1998 (Remaking Society. 1990).

송명규, 『현대생태사상의 이해』, 따님, 2004.

송미영, "경기도 생태하천복원 실태조사", 경기개발연구원, 2010.

슈마허, 『굿워크』, 박혜영 역, 느린 걸음, 2011.

슈마허, 『작은 것이 아름답다』, 이상호 역, 문예출판사, 2002.

스튜어트 에이미, 『지렁이, 소리 없이 땅을 일구는 일꾼』, 이한중 옮김, 달팽이, 2005.

스콧 새비지, 『그들이 사는 마을』, 강경이 옮김, 느린걸음, 2015.

쓰노 유킨토, 『소농—누가 지구를 지켜왔는가』, 성삼경 역, 녹색평론사, 2003.

아르네 네스 외, 『산처럼 생각하라—지구와 공존하는 방법』, 이한중 옮김, 2012, 소동.

알베르트 슈바이처, 『나의 생애와 사상』, 천병희 역, 문예출판사, 1999.

여성환경연대(기획), 강남순 외, 『덜 소비하고 더 존재하라-에코페미니스트의 행복혁명』, 시금치, 2016.

염형철, “댐 마피아의 해체와 물 정책의 개혁”, 홍성태 엮음, 『한국의 근대화와 물』, 한울, 2006.
오귀스탱 베르크, 『외쿠메네—인간환경에 관한 연구 서설』, 김웅권 옮김, 동문선, 2007.
오귀스탱 베르크, 『대지에서 인간으로 살아간다는 것』, 김주경 옮김, 미다스북스, 2001.
오로지, 『한국의 GMO재앙을 보고 통곡하다』, 명지사, 2015.
우효섭·김한태, “하천복원의 목표: 자연성에 초점을? 인간 서비스에 초점을?”, 2010 대한토목학회 정기학술대회 자료집, 2010.
원광대학교 마음인문학연구소, 『몸-마음 에콜로지』, 공동체, 2012.
웬델 베리, 『삶은 기적이다』, 박경미 옮김, 녹색평론사, 2006.
웬델 베리, 『온 삶을 먹다』, 이한중 옮김, 낮은산, 2011.
윌리엄 맥도너·미카엘 브라운가르트 『요람에서 요람으로』, 김은령 옮김, 에코리브르, 2003, 2009.
윤순진, “사회정의와 환경의 연계, 환경정의”, 『한국사회』 7집 1호, 2006.
윤순진, “생태민주주의의 전망과 과제”, 『에코』 11권 2호. 2007.
이남호, 『녹색을 위한 문학』, 민음사, 1998.
이남호, 『문학에는 무엇이 필요한가』, 현대문학, 2012.
이반 일리치, 『과거의 거울에 비추어』, 권루시안 옮김, 느린걸음, 2013.
이반 일리치, 『성장을 멈춰라』, 이한 옮김, 미토, 2004.
이반 일리치, 『共生의 社會』, 안응렬 옮김, 분도출판사, 1978.
이브 코세, 『불온한 생태학』, 배영란 옮김, 사계절, 2012.
이상헌, 『생태주의』, 책세상, 2011.
이태근·천호균·이윤영, 『농부로부터』, 궁리, 2011.
이훈석, 토론문 “팔당유기농지와 4대강 사업: 대안을 찾아서”, 경기도의회 민주당, 4대강사업검증특별위원회, 한국농촌사회학회 주최 정책토론회 자료집. 2010.
지오노, 『나무를 심은 사람』, 김경온 옮김, 두레, 1995.
장상환, “농업·농민 위태롭게 하는 4대강 공사”, 한국농어민신문. 2009년

12월 17일자(제2201호).
장회익, 『삶과 온 생명』, 솔, 1998.
장회익 · 최장집 · 도정일 · 김우창, 『전환의 모색 -우리는 어디에 있으며, 무엇을 할 것인가』, 생각의 나무, 2008.
전광식, 『고향』, 문학과지성사 , 1999
전국귀농본부 지음, 『생태농업이란 무엇인가』, 들녘, 2012.
정기석, 『마을을 먹여 살리는 마을기업』, 이매진, 2011.
정민걸, "4대강 사업으로 훼손한 하천생태계를 복원하는 올바른 방향과 비용에 관하여–4대강 사업과 과거 명목뿐인 하천복원을 반면교사로 삼아", 대한하천학회 발표문, 2011.
정혜진, 『착한 도시가 지구를 살린다』, 녹색평론사, 2007.
제임스 러브록, 『가이아』, 홍욱희 역, 갈라파고스, 2004.
조동길, 『생태복원 계획 · 설계론』, 넥서스 환경 디자인 연구원, 2011.
진자브로, 『지금 자연을 어떻게 볼 것인가』, 김원식 옮김, 녹색평론사, 2006.
최성현, 『좁쌀 한알–장일순』, 도솔, 2004.
크로 포트킨 P.A., 『만물은 서로 돕는다』, 김영범 옮김, 르네상스, 2005.
클라이브 폰팅, 『녹색 세계사』, 이진아 · 김정빈 옮김, 그물코, 2010.
테이야르 드 샤르댕, 『인간현상』, 양명수 역, 한길사, 2002.
피터 싱어 , 『동물해방』, 김성한 옮김, 연암서가, 2012.
허재영, "세계가 말한다 "댐 헐어야 산다"", 2010. 5.1.
헨리 데이빗 소로우, 『월던』, 강승영 옮김, 이래, 2003.
헬렌 니어링 · 스코트 니어링, 『조화로운 삶』, 류시화 옮김, 보리, 2000.
헬레나 노르베리 호지, 『오래된 미래』, 양희승 옮김, 중앙북스, 2007.
홍선기 외, 『생태복원공학』, 라이프사이언스, 2005.
홍성태 엮음, 『개발공사와 토건국가』, 한울, 2005.
홍성태 엮음, 『한국의 근대화와 물』, 한울, 2006.
환경부, 『생태하천 복원 가이드북: 생태계가 살아 숨쉬는 건강한 하천 만들기』, 2011.

Abrahamsson, K.V., "Landscapes Lost and Gained: On Changes in Semiotic Resources", Research in Human Ecology vol.6, N.2, 1999.
Adams, W.R., "Sifting through the trash", The American Journal of Semiotics 11 (1/2), 1994.
Afable, A., "The cost of scavenging: a cautionary ethnographic tale", The American Journal of Semiotics 11 (1/2), 1994.
Anderson, M., "Trashing and hoarding in words, deeds and memory: A sampler from the Fourth World Saami", The American Journal of Semiotics 11 (1/2), 1994.
André Gorz, Ecologica, Galilée, 2008.
André Gorz, Michel Bosquet, Ecologie et politique, Points Politique, numéro 89, 1978.
André Gorz, Misères du présent richesse du possible, Galilée, 1997.
Aronson, J., Floret, C., Floc'h, E.L., Ovalle, C. and Pontanier, R., 1993. "Restoration and rehabilitation of degraded ecosystems", in: arid and semi-arid lands. I. View from the South. Restoration Ecology.
Aronson, J., Milton, S.J., and Blignaut, J.N.(ed.), Restoring natural capital: science, business, and practice, Washington & London, Island Press, 2007.
Artigiani, R., "Sens me your refuse: the U.S. Constitution as trash collector", The American Journal of Semiotics 11 (1/2), 1994.
Athanassoglou-Kallmyer, N.M., Cezanne and Provence, The University of Chicago Press, 2003.
Bachelard, G., La poétique de la rêverie, Gallimard, 1988.
Bachelard, G., La terre et les rêveries de la volonté, Librairie de José Corti, 1947.
Bachelard, G., The Poetics of Space, trans. Maria Jolas, New York, Orion Press, 1964.
Bakewell, S., How to live, A life of Montaigne, New York, Other Press, 2010.
Barbier, E.B., Capitalizing on Nature: Ecosystems as Natural Assets, Cambridge, Cambridge University Press, 2011.
Barlow, N.(ed.), Charles Darwin's Autobiography, London, Collins Sons & Co. Ltd, 1958.
Bateson, G., Mind and Nature. A Necessary Unity, Toronto, New York,

Bantham Books, 1980 (1979).
Bateson, G., Steps to an Ecology of Mind, Chicago, London, The University of Chicago Press, 2000 (1972).
Beatley, T., Biophilic Cities, Washington and London, Island Press, 2011.
Belshaw, C., Environmental philosophy: reason, nature and human concern, Chesham, Acumen, 2001.
Benoit, W.L., Accounts, Excuses, and Apologies: A Theory of Image Restoration Strategies, Albany, NY, SUNY Press, 1995.
Bergson, H., L'Evolution créatrice, Paris, Alcan, 1907.
Berleant, A., The aesthetics of environment, Philadelphia, Temple University, 1992.
Berleant, A., Living in Landscape: Toward an Aesthetics of Environment, Lawrence, University Press of Kansas, 1997.
Berleant, A., The Aesthetics of Environment, Philadelphia, Temple University Press, 1992.
Berman, M., "The Cybernetic Dream of the Twenty-First Century", Journal of Humanistic Psychology 26:2, 1986.
Bernhart, H.H., 2011. 하천공사연구: 대한민국 4대강 사업.(연구보고서) p.6. Bernhart. 2011.
Berque, A., Êtres humains sur la terre, Gallimard, 1996.
Blignaut, N., Aronson, J., Woodworth, P., Archer, S., Desai, N. and Clewell, A.F., "Restoring natural capital: an ethical reflection.": In Restoring natural capital: science, business, and practice, Island Press, Washintong Press, 2007.
Bogumi, M.L., "Voice, dialogue, and community: In search of the "Other" in African american texts", The American Journal of Semiotics 11 (1/2), 1994.
Bookchin, M., and Foreman, D., Defending the Earth, edited by Steve Chase. Boston, South End Press, 1991.
Bookchin, M., The Ecology of Freedom, Cheshire Books, 1982.
Borgmann, A., Technology and the Character of Contemporary Life: A Philosophical Inquiry, Chicago and London, The University of Chicago Press, 1984.
Bosco, H., Le Mas Théotime, Gallimard, 1952.
Bousquien, S. and Anderson, D., Williams, G. and Colangelo, D., Es-

tablishing a Baseline: Pre-Restoration Studies of the Channlized Kissimmee River, 2005.

Bowles, M.L. and Whelan, C.J.(ed.), Restoration of endangered species: Conceptual Issues, Planning, and Implementation, Cambridge, Cambridge University Press, 1994.

Bradshaw, A.D., "Restoration: the acid test for ecology". In Jordan, W.R., Gilpin, M.E. & Aber, J.D.(eds.), Restoration Ecology: A Synthetic Approach to Ecological Research, Cambridge, Cambridge University Press, 1987.

Brady, E., "The Aesthetics of the Natural Environment", in Pratt, V.(ed), Environment and Philosophy, London, Routledge, 2000.

Brady, E., Aesthetics of the Natural Environment, Tuscaloosa, The University of Alabama Press, 2003.

Brennan, A. and Lo, Y.S., Understanding environmental philosophy, Durham, Acumen, 2010.

Brown, J., "Ecological Art: Visible, Visionary, Practical and Restorative", in France, R.L, Healing Natures: New Perspectives on Restoring Ecological Spaces and Consciousness, 2008.

Budd, M., The aesthetic appreciation of nature: essays on the aesthetics of nature, Oxford, Oxford University Press, 2002.

Burnet, T., The Sacred Theory of the Earth, London & Fontwell, Centaur Press Limited, 1965.

Callicott, J., "Leopold's Land Aesthetic", in Nature, Aesthetics, and Environmentalism: From Beauty to Duty, New York, Columbia University Press, 2008.

Carlson, A. and Lintott, S.(ed.), Nature, Aesthetics, and Environmentalism: From Beauty to Duty, New York, Columbia University Press, 2008.

Carlson, A., "Nature, Aesthetic Appreciation, and Knowledge", Journal of Aesthetics and Art Criticismm 5\3 (Fall 995).

Carlson, A., Aesthetics and The Environment - The Appreciation of Nature, Art and Architecture, Routledge, 2000.

Carlson, A., Nature and landscape: an introduction to environmental aesthetics, New York & Chichester, Columbia University Press, 2009.

Casquet, J., Cézanne, Cynara, 1988.

Chonez, C., Giono, Seuil, 1985.

Claude Bourguignon, Le sol, la terre et les champs, Sang de la terre, 1991.

Clewell, A.E. and Aronson, J., "Motivations for the Restoration of Ecosystems", Conservation Biology vol.20, Issue 2.

Clewell, A.F. and Aronson, J., Restoration: Principles, Values, and Structure, Washington, D.C, Island Press, 2007.

Clewell, A.F., "Resistance to restoration", Ecological Restoration 19, 2001.

Clewell, A.F., Wetland creation and restoration: the status of the science, United States Environmental Protection Agency, Research and Development, Environmental Research Laboratory, 1989.

Cloud, P.E., 『宇宙, 地球, 人間(Cosmos, earth, and man) II』, 一国 외 옮김, 岩波現代新書.

Coletta, W.J., "The semiosis of nature: Towards an ecology of metaphor and a biology of mathematics", The American Journal of Semiotics 10: 3/4, 1993.

Collins, T., "Art, Nature, Health and Aesthetics in the Restoration of the Post-Industrial Public Realm".

Collectif, Ecologie et Spiritualité, Albin Michel, 2002.

Collis, S., The common, Vancouver, Talonbooks, 2008.

Comín, F.(ed.), Ecological Restoration: A Global Challenge, Cambridge, Cambridge University Press, 2010.

Comín, F.A.(ed.), Ecological Restauration A Global Challenge, Cambridge, 2010.

Cooper, D.E., "Aestheticism and Environmentalism", in Cooper, D.E. and Palmer, J.A(Ed.), Spirit of the Environment: Religion, Value and Environmental Concern, London, Routledge, 1998.

Cosgrove, D.E., Social formation and symbolic landscape, London, Croom Helm, 1984.

Crawford, D., "Nature and Art: Some Dialectical Relationships", Journal of Aesthetics and Art Criticism, vol.42, 1983.

Crumley, C.(Ed.), Historical Ecology: Cultural Knowledge and Changing Landscapes, Santa Fe, NM, School of American Research Press, 1994.

Daily, G.C. and ali, "The Value of Nature and the Nature of Value", Science, Vol 289, Issue 5478, 395-396, 21 July 2000.

Davis, M.A. and Slobodkin, L.B., "The Science and Values of Restoration Ecology", Restoration Ecology 12:1, 2004.

Debord, G., The Society of the Specctacle, New York, Zone Books, 1994.

Demos, J., Circle and Lines: The Shape of Life in Eearly America, Cambridge, Harvard University Press, 2004.

Descola, P., Par-delà nature et culture, Paris, Gallimard, 2005.

Devall, W. and Sessions, G., Deep Ecology: Living As if Nature Mattered, Salt Lake City, Gibbs M. Smith, Inc, 1985.

Diamond, J., Collapse: How societies choose to fail or survive, New York, Penguin Books, 2005.

Douglas, M., Purity and Danger; An Analysis of the concepts of pollution and taboo, London, Routeledge, 1966.

Downs, R.M. and Stea, D.(ed.), Image and environment: cognitive mapping and spatial behavior, Chicago, Aldine Publishing Company, 1973.

Drenthen, M., "Reading Ourselves through the Land: Landscape Hermeneutics and Ethics of Place", In: Clingerman, F. and Dixon M.H., Placing Nature on the Borders of Religion, Philosophy and Ethic, Farnham & Burlington, Ashgate, 2011.

Dudley, N., Authenticity in Nature: Making Choices about the Naturalness of Ecosystems, London & New York, Earthscan, 2011.

Dufour, S. and Piegay, H., "From the myth of a lost paradise to targeted river restoration." River Research and Applications, 25, 2009.

E. Cudworth, Developing Ecofeminist Theory: The Complexity of Difference, Palgrave Macmillan, 2005.

Eder, K., The social construction of nature: a sociology of ecological enlightenment, introduction and parts I and II, Ritter, M.(Tran.), London, Sage, 1996.

Egan, D. and Howell, E.(eds.), The Historical Ecology of Handbook: A Restorationist's Guide to Reference Ecosystems, Washington, DC: Island Press, 2001.

Egler, Vegetation management for rights of way and roadsides,

Smithson.Pub.4157, 1954.
Elliot, R., "Faking nature", in Light, A. and Rolston III, H.(ed.), Environmental Ethics. An Anthology, Blackwell Publishers, 2003.
Elliot, R., Faking Nature: The ethics of environmental restoration, London and New York, 1997.
Elster, J.(ed), Deliberative Democracy, Cambridge University Press, 1998.
Emelianoff, C., Les Pionniers de la ville durable, Autrement, 2010.
Esposito, J.L., Evolutionary Metaphysics: The Development of Peirce's Theory of Categories. Athens, Ohio, Ohio University Press, 1980.
Esposito, J.L., Schelling's Idealism and Philosophy of Nature, Lewisburg, Bucknell University Press, 1977.
Falk, D.A. and Palmer, M.A. and Zedler, J.B.(ed.), Foundations of Restoration Ecology, Washington and London, Island Press, 2006.
Farina, A., "The Landscape as a Semiotic Interface between Organisms and Resources", in Biosemiotics , 2008.
Ferris-Kaan, R.(ed.), The ecology of woodland creation, New York, Wiley, 1995.
Ferry, L., Le nouvel ordre écologique, Grasset.
Peter Hay, Main Current Western Environmental Thought, Indiana University Press, 2002.
Fikret Berkes, Sacred Ecology, New York, Taylor & Francis, 2008.
Finkielkraut. A,, La Défaite de la pensée, Gallimard, 1987.
Foster, J.B., "Capitalism and Ecology" Monthly Review. 54(4), 2002.
Foster, J.B., and Magdoff, F., "Liebig, Marx, and the Depletion of Soil Fertility" in Magdoff F., Foster, J. and Buttel, F.(ed.), Hungry for Profit, London, Monthly Review Press, 2000.
Foster, J.B., Marx's Ecology, London, Monthly Review Press, 2000.
Foucault, M., Surveillet et Punir, Galliamard, 1975.
France, R.L., Environmental Restoration and design for recreation and ecotourism, London & New York, CRC Press, 2012.
François Cavallier, Premières leçons sur l'Oeil et l'esprit de M. Merleau-Ponty, PUF 1998.
François Julien, Vivre de paysage ou l'impensé de la Raison, NRF-Gallimard, 2014.
Franklin, F., The Real World of Technology, rev.ed, Toronto, House of

Anansi Press, 1999.
Friedmann, H., "From Colonialism to Green Capitalism" in Buttel, F. and McMichael, P.(eds), New Directions in the Sociology of Global Development, Elsevier, 2005.
Gare, A., "The Semiotics of Global Warming: Combating Semiotic Corruption". in: Theory & Science, 2007.
Garvey, J., The Ethics of Climate Change, Right and Wrong in a warming world, Continiuum International Publishing Group. 2008.
Giddens, A., The Politics of Climate Change, Polity, 2009.
Giono, J., L'Homme qui plantait des arbres, Gallimard Jeunesse, 2002.
Gobster, P.H. and Hull, R.B.(ed.), Restoring Nature: Perspectives from the Social Sciences and Humanities, Wash., D.C. Island Press, 2000.
Goodman, D. and Redclift, M., Refashioning Nature, London, Routledge Press, 2001.
Gorz, A., Écologie et politigue, Gallilée, 1975.
Gorz, A., Capitalisme, socialisme, écologie, Gallilée, 1991.
Graham, C., The Pursuit of Happiness-An Economy of Well-Being, The Brookings Institutions Press, 2011.
Grande, J.K., Art nature dialogues: interviews with environmental artists, Albany, State University of New York Press, 2004.
Grime, J.P., Plant strategies and vegetation processes, John Wiley & Sons, 1979.
Hall, M., "American Nature, Italian Culture: Restoring the Land in Two Continents", doctoral dissertation, Institute for Envirionmental Studies, University of Winsconsin-Madison.
Hall, M., Earth Repair: A Transatlantic History of Environmental Restoration, Charlottesville, University of Virginia Press, 2005.
Hargrove, E., Foundations of Environmental Ethics, Englewood Cliffs, N.J., Prentice-Hall, 1989.
Harris, J.J. and Hobbs, R.J., "Clinical Practice for Ecosystem Health: The Role of Ecological Restoration", Ecosytem Health 7: 4, 2001.
Heather Eaton, Lois Ann Lorentzen, Ecofeminism and Globalization: Exploring Culture, Context, and Religion, Rowman & Littlefield Publishers, 2003.
Heidegger, M., Chemins qui ne mènent nulle part, Gallimard, 1949,

pp.33-35.
Heidegger, M., "Bauen Wohnen Denken", Votrage und Aufsaetze, Guenther Neske Pfullingen, 1952.
Heidegger, M., Essais et conférences, Gallimard, 1958.
Hettinger, N., "Allen Carlson's Environmental Aesthetics and the Protection of the Environment", Environmental Ethics 27, 2005.
Hey, D.L. and Philippi, N.S., A case for wetland restoration, New York, Wiley-Interscience, 1999.
Heyd, T., Encountering Nature: Toward an Environmental Culture, Ashgate, Burlington. 2007.
Higgs, E., Nature by design, Cambridge, Massachusetts, MIT, 2003.
Hobbs, R.J., "Setting effective and realistic restoration goals: key directions for research", Restoration Ecology 15, 2007.
Hoffmeyer, J. and Emmeche, C., "Code-duality and the semiotics of nature", In: Anderson, M. and Merrel, F.(eds.), On Semiotic Modeling, Berlin, Mouton de Gruyter, 1991.
Hoffmeyer, J., Signs of Meaning in the Universe, Bloomington, Indiana University Press, 1996.
Hornborg, A., "Vital signs: an ecosemiotic perspective on the human ecology of Amazonia", Sign Systems Studies 29.1, 2001.
Humphreay, P., "The Ethics of Earthworks", Environmental Ethics, vol.7, 1985.
Ingold, T., "The Temporality of Landscape", World Archaeology 25, no. 2, 1993.
Jamieson, D.(ed.), A companion to environmental philosophy, Oxford, Blackwell Publishers, 2001.
Janzen, D.H., "Tropical ecological and biocultural restoration", Science 239, 1988.
Jordan III, W., The Sunflower Forest: Ecological Restoration and the New Communion with Nature, Berkeley, University of California Press, 2003.
Jordan III, W.R., "Restoration and Place" IN: Clingerman, F. and Dixon, M.H., Placing Nature on the Borders of Religion, Philosophy and Ethics, Farnham & Burlington, Ashgate, 2011.
Jordan III, W.R., Gilpin, M.E. and Aber, J.D., Restoration Ecology: A

Synthetic Approach to Ecological Research, New York, Cambridge University Press, 1987.

Jordan, W.R.III, 1986, "Restoration and the reentry of nature", Restoration and Management Notes 4: 2.- 1989. "Restoring the restorationist", Retoration and Management Notes 5: 2.

Kastner, J. and Walls, B., Land and environmental art, London, Phaidon, 2005.

Katz, E., "The Big Lie: Human Restoration of Nature", Research in Philosophy and Technology 12.

Katz, E., "The Problem of Ecological Restoration" Environmental Ethics 18.

Keskpaik, R., "Towards a semiotic definition of trash", Sign Systems Studies, 29.1, 2001.

Kespaik, R., "Semiotics of trash: towards an ecosemiotic paradigm", University of Tartu, Department of Semiotics, Master's thesis, 2004.

Keulartz, J., "Towards a Multiple Vision of Ecological Restoration", in Restoration and History.

Keulartz, J., The Struggle for Nature. A critique of radical ecology, London and New York, Routledge, 1998.

Kleisteri, T., "The study of changes in cultural landscapes", Fennia 168:1, Helsinki, Geographical Society of Finland, 1990.

Koebel, J., 1995. "A Historical Perspective on the Kissimmee River Restoration Project." Restoration Ecology. Vol.3, No. 3.

Kondolf, G. and McNally, M., 김정욱. 2011. "녹색뉴딜, 준설과 댐 건설: 대한민국의 4대강 '복원' 사업. p.1.

Kull, K., "On semiosis, Umwelt, and semiosphere", Semiotica 120(3/4), 1998.

Kull, K., "Semiosphere and a dual ecology: Paradoxes of communication", in: Sign Systems Studies 33.1, 2005.

Kull, K., "Semiotic ecology: different natures in the semiosphere", Sign Systems Studies 26, 1998.

Kull, K., "Toward biosemiotics with Yuri Lotman", Semiotica 127-1/4, 1999.

Lackey, R.T., "Societal values and the proper role of restoration ecologists", Frontiers in Ecology and the Environment. 2(2).

Latour B., Politique de la nature, La Découverte, 2004.

Leach, E., "Anthropological aspects of language: Animal categories and verbal abuse", In: Lenneberg, E.H.(ed.), New Directions in the Study of Language, Cambridge, the MIT Press, 1966.

Leopold, A., A Sand County Almanac, New York and Oxford, Oxford University Press, 1981.

LeVasseur, T., "Shame, Ritual and Beauty: Technologies of Encountering the Other - Past, Present and Future", In: Clingerman, F. and Dixon M.H.(ed.), Placing Nature on the Borders of Religion, Philosophy and Ethics, Farnham & Burlington, Ashgate, 2011.

Light, A., "Ecological Citizenship: The Democratic Promise of Restoration", in: Platt, R.(ed.), The Humane Metropolis. People and Nature in the 21st Century, Amherst, MA, University of Massachusetts, 2005.

Light, A., "Faking Nature Revisited", In: Michelfelder, D. and Wilcox, B.(ed.), The Beauty Around Us, Albany, NY, SUNY Press, 2008.

Light, A., "Urban Ecological Citizenship", Journal of Social Philosophy Vol.3, Issue.1.

Light, A., "Restoration, the Value or Participation, and the Risks of Professionalization", in Gobster, P.H. and Hull, R.B.(ed.), Restoring Nature: Perspectives from the Social Sciences and Humanities, 163-184. Washington, D.C., Island Press, 2000.

Ljungber, C., "Wilderness from an ecosemiotic perspective" Sign System Studies, 29.1. 2001.

Lotman, Y., Universe of the Mind: A Semiotic Theory of Culture, Bloomington, Indiana University Press, 1990.

Lovelock, J., Gaia: A New Look at Life on Earth(3rd ed.). Oxford University Press, 2000.

Lovelock, J., Scientists on Gaia. Cambridge, Mass.,USA, MIT Press. 1991.

Lovelock, J., The Revenge of Gaia: Why the Earth Is Fighting Back-and How We Can Still Save Humanity, California, Allen Lane, 2006.

Lowenthal, D., "Reflections on Humpty-Dumpty Ecology", in Hall, M.(ed.), Restoration and History, Routledge, New York, London, 2010.

Lugo, A.E., "structure, productivity, and transpiration of a subtropian dry forest", Biotropica 10, 1978.
Luken, J.O., Directing Ecological Succession. New York, Chapman and Hall, 1990.
Lynch, K., What Time Is This Place?, MIT Press, 1972.
Maffesoli, M., Le Rythme de la vie, Table Ronde, 2006.
Maffesoli, M., L'ordre des choses, CNRS Éditions, 2014.
Malmqvist, B. & Rundle, S., Threats to the running water ecosystems of the world. Environmental Conservation, 29, 2002.
Maran, T., "Towards an integrated methodology of ecosemiotics: The concept of nature-text", in Sign System Studies 35.1/2, 2007.
Marx, K., Capital. Volume One. New York, Vintage Books, 1977.
McCutcheon, S.C. and Walski, T.M., "Ecological Engineers: Friend Or Foe?", Ecological Engineering 3, 1994.
McMichael, P., Development and Social Change, Thousand Oaks, Pine Forge Press, 2004.
Merchant, C., Reinventing Eden: the Fate of Nature in Western Culture, New York, Routledge, 2003.
Merchant, C., The Death of Nature, Women, Ecology and the Scientific Revolution, New York, Harper and Row, 1980.
Merleau-Ponty, M., L'oeil et l'Esprit, Gallimard, 1964.
Merleau-Ponty, M., Le visible et l'invisible, Gallimard, 1979.
Merleau-Ponty, M., Sens et non-sens, Nagel, 1966.
Metro-Roland, M. M., Tourists, signs and the city: the semiotics of culture in an urban landscape, Farnham, Ashgate, 2011.
Miller, B. and Miller, B.A, Divine Apology: The Disourse of Religious Image Restoration, Westport, Praeger, 2002.
Moo, D.J., "Nature in the new creation: New Testament eschatology and the environment", Journal of the Evangelical Theological Society 49, 2006.
Morin, E., Terre-Patrie, Seuil, 1993.
Murphy, R., Rationality & Nature, Boulder, Westview Press, 1994.
N.M. Athanassoglou-Kallmyer, Cezanne and Provence, The University of Chicago Press, 2003.
Nasar, J.L.(Ed.), Environmental aesthetics: theory, research, and

applications, Cambridge, Cambridge University Press, 1988.
Naveh, Z., Transdisciplinary challenges in Landscape ecology and restoration ecology, Springer, 2007.
Nietzsche, F., The Use and Abuse of History, trans. Adrian Collins, New York: Liberal Arts Press, 1957.
Normile, D., "Restoration or Devastation" Science. 327, no.5973.(March 26, 2010).
Nöth, W., "Ecosemiotics and the semiotics of nature", in Sign Systems Studies 29.1, 2001.
Nöth, W., "Ecosemiotics", Sign Systems Studies 26, 1998.
Oakes, B.(ed.), Sculpting with Environment-A Natural Diaologue, New York, Van Nostrand Reinhold, 1995.
Oelschlaeger, M., The idea of wilderness, Yale University Press, 2001.
O'Neil, J., "Time, Narrative and Environmental Politics", in Gottlieb, R.(Ed)., Ecological Community, London, Routledge, 1997.
O'Neill, J. and Holland, A., "Two Approaches to Biodiversity Value", in Posey, D.(Ed.), Cultural and Spiritual Values of Biodiversity, London, UNEP, 1999.
Ostrom, E., Governing the commons: the evolution of institutions for collective action, Cambridge, Cambridge University Press, 1990.
P.S. and Walker, J.L., "Approximating Nature's Variation: Selecting and Using Reference Information in Restoration Ecology", Restoration Ecology 5, N.4, 1997.
Parker, V.T. and Pickett, S.T.A., "Restoration as an ecosystem process: implications of the modern ecological paradigm".
Pepper, S., World Hypotheses: a study in evidence, Berkeley, University of California Press, 1942.
Perrow, C., Normal Accidents: Living with High-Risk Technologies, New York, Basic Books, 1984.
Perrow, M.R. and Davy, A.J.(ed.), Handbook of Ecological Restoration, Vol.1 Principles of Restoration, Vol.2, Restoration in Practice, Cambridge, Cambridge University Press, 2002.
Pfeiffer, D.A., Eating Fossil Fuels, Gabriola Islands, New Society Publishers, 2006.
Piegay, H., Darby, S., Mosselmann, E., and Surian, N., "The erodible

corridor concept" River Research and Application. 21, 2005.
Pilgrim, S. and Pretty, J., Nature and culture: rebuilding lost connections, London, Earthcan, 2010.
Polanyi, K., The Great Transformation, Beacon, 1956.
Porteous, J.D., Environmental aesthetics: ideas, politics and planning, London, Routledge, 1996.
Poser, R., "Semiotic pollusion: Deliberation towards an ecology of signs", Sign System Studies 28, 2000.
R.A. Duff, "Restorative punishment and punitive restoration", in Walgrave, L.(ed.), Restorative Justice and the Law, Cullompton, England, Willan, 2002.
Rabhi, P., Manifeste pour la terre et l'humanisme, Actes du Sud, 2008.
Rapport, D. et al.(ed.), Ecosystem health, Malden, MA, Blackwell Science, 1998.
Rapport, R., Ecology, Meaning, and Religion, Berkeley, North Atlantic Books, 1979.
Rathje, W. and Murphy, C., Rubbish! The Archeology of Garbage, New York, Harper Perennial, 1993.
Rees, R., "The Scenery Cult: Changing Landscape Tastes over Three Centuries", Landscape 19, 1975.
Ricoeur, P., Hermeneutics and the Human Sciences. Essays on Language, Actionand Interpretation, Thompson, J.B.(trans.), Cambridge, Cambridge University Press, 1981.
Ricoeur, P., Soi-même comme un autre, Seuil, 1995.
Rifkin, J,, Beyond Beef, 1998.
Rist, G., The History of Development, London, Zed Books, 1997.
Robin, M-M., Les moissons du futur, La Découverte, 2014.
Rolston III, H., "From Beauty to Duty: Aesthetics of Nature and Environmental Ethics", in Berleant, A.(ed.), Environment and the Arts: Perspectives on Environmental Aesthetics, Aldershot, Ashgate, 2002.
Rolston, H., "Restoration", in Throop, Environmental Restoration, 127-32: W.R. Jordan III, "Restoration and Management as Theater", Restoration & Management Notes 5: 2(1987), Jordan, W.R., "Sunflower Forest", in Throop, Environmental Restoration, p.215.

Rudolf Bahro, From Red to Green, Verso Books, 1984.
Sagoff, M., "On Restoring and Reproducing Art", The Journal of Philosophy 74: 9, 1978.
Sagoff, M., The economy of the earth, New York, Cambridge University Press, 1988.
Santayana, G., The Sense of Beauty: Being the Outline of an Aesthetic Theory,(1896), New York, Collier, 1961.
Scheerer, D., "Evolution, Human Living, and the Practice of Ecological Restoration", in Environmental Ethics 17.
Scheffler, S., "Relationships and responsibilities", Philosophy and Public Affairs, 26, 1997.
Schor, J., The Overspent American, New York, Basic Books, 1999.
Sebeok, T.A., Perspectives in Zoosemiotics, The Hague, Paris, Mouton, 1972.
Seel, M., "Aesthetics of Nature and Ethics", in Kelly, M.(ed.), Encyclopedia of Aesthetics, New York, Oxford University Press, vol.3, 1998.
SERIS. 2004. The SER International Primer on Ecological Restoration. www.ser.org & Tucson: Society for Ecological Restoration International.
Serres, M., Le Contrat Naturel, Paris, Editions François Bourin, 1990.
Shepard, P., The Tender Carnivore and the Sacred Game, New York, Scribner, 1973.
Soulé, M., and Lease, G.(ed.), Reinventing Nature?: Responses to Postmodern Deconstruction, Washington, DC., Island Press, 1995., Nabhan, G.P., Cultures of Habitat: On Nature, Culture, and Story, Washington, DC, Counterpoint Press, 1997.
Steiner, R., Agriculture - Fondements spirituels de la méthode bio-dynamique, Editions Anthrosophiques Romandes, 2006.
Strewlow, H., Prignann, H., and David, V.(ed.), Ecological Aesthetics, Birkhaüser Architecture, 2000.
Throop, W., "Eradicating the Aliens: Restoration and Exotic Species" in Throop, W.(ed.), Environmental Restoration: Ethics, Theory, and Practice, New York, Humanity Books, 2000.
Torpey, J.(ed.), Politics and the Past: On Repairing Historical Injustices, Lanham, MD, Rowman and Littlefield, 2003.
Toth, L.A., The ecological basis for the Kissimmee River restoration

plan. Florida Scientist. 56, 1993.
Treanor, B., "Narrative Environmental Virtue Ethics: Pronesis without a Phronimous", Environmental Ethics 30, 2008.
Tuan, Yi-Fu, Topophilia: A Study of Environmental Perception, Attitudes, and Values, Englewood Cliffs, N.J., Prentice-Hall, 1974.
Turner, F., Beyond Geography: The Western Spirit Against the Wilderness, New York, Viking, 1980.
Uexkull, J.V., "The theory of meaning", Semiotica 42(1), 1982(1940).
Urbanska, K.M., Webb, N.R., and Edwards, P.J.(ed.), Restoration ecology and sustainable development, Cambridge University Press, 1997.
Utsler, D., "Paul Ricoeur's Hermeneutics as a Model for Environmental Philosophy", Philosophy Today 53, 2009.
Walker, L.R., Walker, J. and Hobbs, R.J.(ed.), Linking Restoration and Ecological Succession, Springer, New York, 2007.
Westcott, B.F., The Gospel of Life: Thoughts Introductory to the Study of Christian Doctrine, London, 1892.
Westman, W., "How much are Nature's Services worth?", Science 197,1977, pp.960-964. Daily, G.C. and ali, "The Value of Nature and the Nature of Value", Science, Vol 289, Issue 5478, 21 July 2000.
Wheeler, B.D.(ed.)et ali, Restoration of temperate wetlands, New York, Wiley, 1995.
White, L. Jr., "The historical roots of our ecologic crisis", Science 155: 3767(1967): 1203-7.
White, L.Jr., "The historical roots of our ecologic crisis", Science 155: 3767(1967): 1203-7, Moo, D.J., "Nature in the new creation: New Testament eschatology and the environment", Journal of the Evangelical Theological Society 49, 2006, 449-88.
Whitehead, A.N., Science and the Modern World, New York, Macmillan, 1925.
Wilson, A., The culture of nature: North American landscape from Disney to the Exxon Valdez, Cambridge, Mass: Blackwell, 1992.
Wilson, E.O., Biophilia, Cambridge, MA, Harvard University Press, 1984.
Wilson, E.O.,"Biophilia and the Conservation Ethic", in Kellert, S. and Wilson, E.O., The Biophilia Hypotheis, Washington, DC, Island

Press, 1993.

Winner, L., The Whale and the Reactor: A Search for Limits in an Age of High Technology, Chicago, University of Chicago Press, 1986.

Winterhalder,K., Clewell, A.F., and Aronson, J., "Values and science in ecological restoration-a response to David and Slobodkin", Restoration Ecology, Vo.12, 1.

Wohl, E., Disconnected Rivers. New Have, Yale University Press, 2004.

Woody, T., "Grassroots in action: the Sierra Club's role in the campaign to restore the Kissimmee River. Journal of the North American Benthological Society. Vol. 12, No. 2. 1993.

Worster, D., Nature's Economy: The Roots of Ecology, San Francisco, Sierra Club Books, 1977.

Zedler, J., "The continuing challenge of restoration.": In: Meine, C. and Knight, R.L.(ed), The essential Aldo Leopold, quotations and commentaries, The University of Wisconsin Press, Madison, WI, 1999.

| 찾아보기 |

<인명>

ㅁ

ㅂ

ㅅ

ㅇ

<일반명사>

ㄱ

ㅂ

ㅅ

ㅊ

A~Z

김성도(金聖道) 고려대학교 불어불문학과 졸업
파리 10대학 (Univ. de Paris X (Univ. de Paris Nanterre)) 언어학 박사
현재 고려대학교 언어학과/영상문화학협동과정 교수
현재 세계기호학회 부회장, 한국영상문화학회 회장

김동윤(金東胤) 프랑스 프로방스 대학 문학 박사
한국 영상문화학회 회장 역임
현재 건국대학교 문화콘텐츠학과 교수

김철규(金喆奎) 고려대학교 사회학과 졸업
코넬대학교 대학원 졸업(발전사회학 박사)
현재 고려대학교 사회학과 교수

아 | 산 | 재 | 단 | 연 | 구 | 총 | 서

46 삶의 질의 국제비교와 지역간 비교분석
이재기 외 | 울산대 경제학과

47 21세기 지역주민의 삶의 질
양종회 외 | 성균관대 사회학과

48 삶의 질에 대한 국가간 비교
조명한 외 | 서울대 심리학과

49 외국인 노동자의 노사관계와 사회적 적응
석현호 외 | 성균관대 사회학과

50 한국의 사법제도와 발전 모델
정종섭 | 건국대 법학과

51 고령화사회와 중상층 노인의 사회활동
조성남 외 | 이화여대 사회학과

52 한국의 서비스 시장 개방정책
한홍렬 | 한양대 경제학부

53 한국과 AFTA간의 교역증진 및 경제 협력방안
손일태 외 | 경희대 경제통상학부항

54 물류비 절감을 위한 무역업체의 정보화전략
이영수 외 | 경북대 경제통상학부

55 사회주의 체제전환과 사회정책
오정수 외 | 충남대 사회복지학과

56 남북통일 이후 농업생산체계 개편
홍성규 외 | 건국대 농업경제학과

57 국제화와 세계화
하영선 외 | 서울대 외교학과

58 IMF 개혁정책의 평가와 한국경제의 신(新) 패러다임
조동근 | 명지대 경제학과

59 구조개혁과 실업대책
박동운 | 단국대 경제무역학부

60 21세기 신노사관계
심윤종 외 | 성균관대 사회학과

61 학교에서의 집단 따돌림
이춘재 외 | 가톨릭대 심리학과

62 한국노인의 정신건강실태와 건강증진
조맹제 외 | 서울대 의과대학

63 혁명과 개혁 속의 중국 농민
김광억 | 서울대 인류학과

64 중국의 경제환경과 한국기업의 진출 전략
지용희 외 | 서강대 경영학과

65 김대중 대통령의 시스템 사고
김동환 | 중앙대 공공정책학부

66 실업과 가족해체
최일섭 외 | 서울대 사회복지학과

67 합리적 부채비율 조정방안
오상근 | 동아대 경제학과

68 한국 중산층의 생활문화
문숙재 외 | 이화여대 소비자 · 인간발달학과

69 계층간 갈등상태에서 최적소득세
김진욱 | 건국대 경상학부

70 글로벌 경쟁력 제고를 위한 기업전략과 조직구축
이만우 외 | 고려대 경영학과

71 의료보험과 국민연금의 관리효율화를 위한 통합방안
사공진 외 | 한양대 경제학부

72 정부개혁의 과제와 전략
박우서 외 | 연세대 행정학과

73 책임운영기관 제도에 관한 비교분석
김근세 | 가톨릭대 행정학과

74 새로운 패러다임하에서의 한국기업의 바람직한 지배구조
최운열 외 | 서강대 경영학과

75 현대 한국사회의 계층구조
양춘 외 | 고려대 사회학과

76 한국의 산업정책과 산업구조조정
강인수 | 숙명여대 경제학부

77 기업구조조정
김석진 | 경북대 경영학부

78 지식경영을 위한 인적자원 개발 및 관리체계
장영철 | 경희대 경영학부

79 뉴 비즈니스 모델
전성현 | 국민대 정보관리학부

80 중산층의 정체성과 소비문화
함인희 외 | 이화여대 사회학과

81 외국관광객 유치를 위한 마케팅 전략
박상규 | 강원대 경영학과

82 한국인의 세대별 문학의식
이동순 | 영남대 국문과

83 공공부문의 효율성 평가와 측정
김재홍 외 | 울산대 사회과학부

84 한국 청소년의 정치의식과 형성요인
김광웅 외 | 숙명여대 아동복지학과

85 한국 대학생의 정치의식
배한동 | 경북대 윤리교육과

86 산업의 정보화와 산업발전
이기동 | 계명대 통상학부

87 한국 제조업의 고용조정 분석
이종원 외 | 성균관대 경제학부

88 지식자산에 대한 경영전략적 평가모형 개발
배재학 외 | 울산대 컴퓨터 · 정보통신공학부

89 관광사업을 위한 한국적 이미지의 휴식복 개발
채금석 | 숙명여대 의류학과

90 한국 정치제도의 개혁
신정현 | 경희대 사회과학부

91 e비즈니스와 아웃소싱 전략
정승화 외 | 연세대 경영학과

92 집단 따돌림의 진단 및 치료방안
홍준표 | 중앙대 인간생활환경학과

93 16대 총선과 낙선운동
조기숙 | 이화여대 국제대학원

94 부동층 유권자 행태 분석
진영재 | 연세대 정치외교학과

95 사이버 공동체의 성공요인
이재관 | 숭실대 경영학부

96 온라인 소비자 행동의 이론과 실증
윤성준 | 경기대 경영학부

97 글로벌 시대 정약용 세계관의 가능성과 한계
차성환 | 한일장신대 역사사회학과

98 러시아의 체제전환 과정에서 나타난 국가의 역할과 그 전망
이상민 외 | 부산대 정치외교학과

99 남북한의 경제발전 수준과 산업구조 비교, 그리고 경제교류 협력방향
주성환 | 건국대 경제학과

100 집단따돌림과 교육해체
한준상 | 연세대 교육학과

101 공적연금제도의 효율성과 개선방안
유금록 | 군산대 행정복지학부

102 벤처기업-대기업의 성공적인 협력 모델
나중덕 | 경산대 경영학과

103 북한의 재외동포정책
조정남 외 | 고려대 정치외교학과

104 사이버 공동체 형성의 역동적 모형
장용호 | 서강대 신문방송학과

105 기업이론과 기업의 소유지배구조
김일태 외 | 전남대 경제학부

106 가축분뇨 자원화를 위한 공동이용조직에 대한 농가선호도 분석
유덕기 | 동국대 생명자원경제학과

107 개혁정책과 전문가 집단
이경원 외 | 제주대 행정학과

108 현대 한국사회의 이중가치체계
신수진 외 | 이화여대 가정관리학과

109 한국의 산업구조 변화와 기업집단 다각화 전략
김용학 외 | 연세대 사회학과

110 지식정보사회의 경제적 모형 설정 및 사례 연구
김범환 | 배제대 경영정보학부

111 변호사징계제도
오종근 | 한림대 법학부

112 인터넷 특허법
김순석 | 광주대 법학과

113 e-비즈니스 시대의 금융 및 재정정책의 새로운 패러다임
이종욱 | 서울여대 경제학과

114 청소년의 하위문화와 정체성
조성남 | 이화여대 사회학과

115 디지털금융시대의 금융구조변화와 정부규제 및 정책
이충열 | 고려대 경제학부

116 지식경영을 위한 기업의 조직설계방안
김경수 외 | 전남대 경영학과

117 전자금융의 발달과 경제정책의 새로운 패러다임
이명훈 | 명지대 경제학과

118 동아시아의 안보와 유엔체제
강성학 편저 | 고려대 정치외교학과

119 유료 치매노인 그룹홈의 개발과 관련 정책
최정신 외 | 가톨릭대 소비자·주거학과

120 소비자 지향적 문화산업 정책
홍영준 | 호남대 광고홍보학과

121 국제·국가·지방 환경규제의 연계
정준금 외 | 울산대 행정학과

122 현행 회사 합병·분할제도의 평가와 개선방안
옥무석 외 | 이화여대 법학과

123 배려지향적 도덕성과 정의지향적 도덕성
정옥분 외 | 고려대 사범대학

124 기업구조조정에 대한 채권금융기관 및 금융감독기관의 역할과 책임
이중기 | 한림대 법학과

125 실업대책으로서 한국의 법정기준근로 시간 단축
박영범 | 한성대 경제학과

126 프랑스어의 비분리성 소유개념 표현
노윤채 | 연세대 언어정보연구원

127 지방채의 효율적 관리방안
강태구 | 호원대 법행정학부

128 21세기 산업구조 변화와 과학기술정책
임채성 외 | 그리스도신학대 경영정보학부

129 인터넷 쇼핑몰 이용자의 불평행동
예종석 | 한양대 경영학부

130 한국기업의 성과급제도 현황, 효과 및 개선방안
김성수 | 서울대 경영학과

131 전자상거래와 소비자보호
서민교 외 | 경일대 인터넷국제통상학과

132 평생학습 사회에서의 인적자원개발을 위한 사회적 파트너십 구축
김영화 | 홍익대 교육학과

133 한국 공교육의 새로운 구상과 전략
권대봉 외 | 고려대 교육학과

134 한국의 정부개혁
김태룡 | 상지대 행정학과

135 지방정부 생산성 측정의 이론과 실제
이은국 외 | 연세대 행정학과

136 불가 시문학론
배규범 | 경희대 학술연구 교수

137 남북경제교류의 법적 문제
제성호 | 중앙대 법학과

138 경제위기와 청소년 발달
구인회 | 서울대 사회복지학과

139 생명과학기술의 응용과 기본권보호적 한계
정상기 외 | 한남대 법학과

140 경제발전과 정치환경의 한 · 일 비교분석
정갑영 외 | 연세대 동서문제연구원

141 한국 공교육의 진단
윤정일 외 | 서울대 교육학과

142 우리나라 지방자치 발전을 위한 자치 단체장의 역할
정성호 외 | 경기대 사회과학부

143 의료보험제도의 개혁방안
권순원 | 덕성여대 경제학과

144 중등 도덕교육의 현실과 문제
손동현 외 | 성균관대 철학과

145 사이버공동체 발전론
이명식 | 상명대 경영학과

146 남북경협 확대에 대비한 북한 담보 제도의 정비방안
박훤일 | 경희대 법과대학

147 한국 공무원 인사제도 개혁
김판석 | 연세대 행정학과

148 교사화법 교육
임칠성 외 | 전남대 국어교육과

149 세계화의 문화정치학
임혁백 외 | 고려대 정치외교학과

150 효과적인 e-SCM을 위한 의사결정 조정 시스템 모형
이원준 | 성균관대 경영학부

151 환경거버넌스
김종순 외 | 건국대 행정학과

152 자동차산업의 인적자원관리
이덕로 | 서원대 경영학부

153 한국과 영국 간 지식기반산업 비교
이명호 | 한국외대 경영학과

154 한국 벤처기업의 기술네트워킹 및 기술마케팅 전략
장영일 | 인제대 경영학부

155 회사변호사의 윤리
오승종 | 성균관대 법과대학

156 미디어교육론
이정춘 | 중앙대 신문방송학과

157 조선시대 서원과 양반
윤희면 | 전남대 역사교육과

158 환경문제와 철학
박찬국 | 서울대 철학과

159 노인보건복지 이론과 실제
김명 외 | 이화여대 보건교육학과

160 북한의 법체계
권재열 외 | 숭실대 법학과

161 생명공학기술의 안전성 확보에 관한 법적 고찰
이재협 | 경희대 법학부

162 청소년복지학
김성이 외 | 이화여대 사회복지학과

163 변화하는 세계, 변화하는 복지국가
조영훈 | 동의대 사회복지학과

164 의리의 윤리와 한국의 유교문화
김낙진 | 진주교대 도덕교육과

165 미국의 통상정책과 통상법
윤충원 | 전북대 무역학과

166 사회복지 프로그램 평가
김학주 | 경상대 사회복지학과

167 환경주의와 지속가능한 발전
정대연 | 제주대 사회학과

168 무역과 환경
김기홍 외 | 경기대 경제학부

169 산업계 유해폐기물의 위험과 관리
김금수 | 호서대 경상학부

170 백범 김구의 지적 계발과정 탐색
문용린 | 서울대 교육학과

171 태평양전쟁 발발 이후 일제의 인적 지배와 그리스도교계의 대응
윤선자 | 전남대 사학과

172 거버넌스 상황에서 갈등관리를 위한 대체적 분쟁해결제도
서순복 | 광주대 법정학부

173 시장경제의 유형과 민주주의
최배근 | 건국대 경상학부

174 일본고전소설 총론
김현정 | 국립한국전통문화학교

175 국어 교육을 위한 국어 문법론
이관규 | 홍익대 국어교육과

176 율곡의 군주론
전세영 | 부산교대 윤리교육과

177 동북아시아 환경협력
정서용 | 명지대 법학과

178 기후변화협약과 기후정책
신의순 외 | 연세대 경제학과

179 인터넷과 국제 학술정보 네트워크-하이퍼링크 분석
박한우 | 영남대 언론정보학과

180 국내 기업복지의 활성화 방안
최수찬 | 연세대 사회복지대학원

181 세계화와 인간안보
김우상 외 | 연세대 정치외교학과

182 세계문화유산 종묘 이야기
지두환 | 국민대 국사학과

183 한국 평생교육의 사회철학적 과제
곽삼근 | 이화여대 교육학과

184 강점모델
정순둘 | 이화여대 사회복지학과

185 글로벌시대의 계약법
박영복 | 한국외대 법과대학

186 배심제와 시민의 사법참여
안경환 | 서울대 법학과

187 동북아공동체
김재한 | 한림대 정치외교학과

188 정치 참여와 탈물질주의
김욱 | 배재대 정치외교학과

189 퍼지전문가회로망을 이용한 금융기관의 사이버 기업여신결정 지원시스템의 개발
권혁대 | 목원대 경영학과

190 환경정책과 환경법
송인성 | 전남대 지역개발학과

191 포스트모던 시대의 평생교육학
한숭희 | 서울대 교육학과

192 현대 한국인의 세대경험과 문화
박길성 외 | 고려대 사회학과

193 서구의 근로연계복지
김종일 | 건국대 사회복지학과

194 사회복지운동론
현외성 | 경남대 사회복지학과

195 외국의 역모기지 사례
유선종 | 건국대 부동산학과

196 옛이야기와 어린이문학
이지호 | 진주교대 국어교육학과

197 노인사회복지관광의 정책과제와 방안
김창수 | 경기대 관광학부

198 복지서비스의 민간위탁 시스템 분석
김순양 | 영남대 행정학부

199 새로운 빈곤층의 대두와 정부의 정책과제
김진욱 | 건국대 경제학과

200 문화행정론
김정수 | 한양대 행정학과

201 스칸디나비아 노인용 코하우징의 계획과 적용
최정신 외 | 가톨릭대 생활과학부

202 북한의 자연생태계
공우석 | 경희대 지리학과

203 통계로 이해하는 러시아
전홍찬 | 부산대 정치외교학과

204 사회복지법인의 경영과 회계
이동규 | 충남대 회계학과

205 의약분업 정책과정
차흥봉 | 한림대 사회복지학과

206 지역공동체와 평생교육
오혁진 | 동의대 평생교육학부

207 아동보호서비스의 실제
한미현 | 백석대 사회복지학부

208 그린마케팅
박재기 | 충남대 경영학부

209 아동권리와 아동복지
이혜원 | 성공회대 사회복지학과

210 국제 이주와 인도인 디아스포라
김경학 | 전남대 인류학과

211 질병과 의료의 사회학
조병희 | 서울대 보건대학원

212 북한이탈주민의 사회통합을 위한 지역복지실천의 모색
이기영 | 부산대 사회복지학과

213 치매노인케어론
조유향 | 초당대 간호학과

214 노인상담입문
서혜경 외 | 한림대 대학원 사회복지학과

215 '통일 이후 통일과정'으로서의 독일 통일영화
이준서 | 이화여대 독어독문학과

216 중국의 사회보장
오정수 | 충남대 사회복지학과

217 환경자원의 경제적 가치와 환경오염의 사회적 비용
김재홍 | 울산대 사회과학부

218 사회복지프로그램의 경제적 평가방법
박창제 외 | 상주대 사회복지학과

219 자유의지와 결정론
안건훈 | 강원대 철학과

220 심리학자들이 쓴 행복한 결혼의 심리학
채규만 외 | 성신여대 심리학과

221 현대 해석학 강의
양해림 | 충남대 철학과

222 한국인의 주거 빈곤과 공공주택
하성규 | 중앙대 도시 및 지역계획학과

223 IMF 경제위기와 한국 출산력의 변화
김두섭 | 한양대 사회학과

224 동아시아의 영토분쟁과 국제법
이석우 | 인하대 법학부

225 독일 복지국가와 사회복지서비스
정재훈 | 서울여대 사회사업학과

226 사회복지사를 위한 실용 비모수통계
엄명용 | 성균관대 사회복지학과

227 피해자학 연구
이윤호 | 동국대 경찰행정학과

228 광고언어창작론
박영준 외 | 부경대 국어국문학과

229 환경규제 패러다임의 전환
한철 | 한남대 법학과

230 고령사회의 노동환경변화와 고용시스템의 문제점 및 법적 대응
고준기 | 국립군산대 법학과

231 세계화와 소득불평등
이성균 외 | 울산대 사회과학부

232 유비쿼터스 사회의 이해
안중호 외 | 서울대 경영학과

233 국제환경책임법론
박병도 | 건국대 법학과

234 한국의 선거와 민주주의
윤종빈 | 명지대 정치외교학과

235 한국 시민운동의 구조와 동학
조대엽 외 | 고려대 사회학과

236 또래관계
송영혜 | 대구대 재활심리학과

237 해외 한국기업과 현지인 노동자
석현호 외 | 에스콰이아학술문화재단

238 독일 국가복지에서 민간복지단체의 역할과 의미
차성환 외 | 한일장신대 사회복지학부

239 청정공학
조정호 | 동양대 생명화학공학과

240 한국전통연희론
심상교 | 부산교육대 국어교육학과

241 정신장애와 가족
서미경 | 경상대 사회복지학부

242 빈곤통계의 작성과 활용
김주환 | 동국대 정보통계학과

243 인터넷과 한국정치
강원택 | 숭실대 정치외교학과

244 북한의 시장경제이행
정영화 외 | 서경대 법학과

245 시스템사고로 본 지속가능한 도시
문태훈 | 중앙대 도시및지역계획학과

246 실버산업과 유비쿼터스 컴퓨팅
고일상 | 전남대 경영학부

247 재활상담과 사례관리
나운환 | 대구대 직업재활학과

248 영유아교육기관에서의 장애 이해 교육
유수옥 | 우석대 유아특수교육과

249 장애의 사회적 의미와 사회통합
박수경 | 대진대 사회복지학과

250 경제분석의 수리적 기초
조인성 | 공주대 경제통상학부

251 비영리부문의 비교연구
김승현 | 서울산업대 행정학과

252 고등교육경제학
반상진 | 전북대 교육학과

253 과학윤리교육의 이론과 방법
조희형 | 강원대 과학교육학부

254 결혼이민자가족의 이해
김오남 | 대불대 사회복지학과

255 동아시아 국가의 공공부조
신동면 | 경희대 사회과학부

256 특수아동 진단 및 평가
이나미 | 대불대 특수교육과

257 계약형 사회복지와 권리옹호시스템
이명현 | 경북대 상주캠퍼스 사회복지학과

258 실내공기질 및 위해성 관리
양원호 | 대구가톨릭대 산업보건학과

259 충남 방언 문법
한영목 | 충남대 국어국문학과

260 교육권론
노기호 | 군산대 법학과

261 도시경관계획론
임승빈 | 서울대 조경 · 지역시스템공학부

262 교통의 새로운 패러다임
김형철 | 경원대 도시계획 · 조경학부

263 노인의 삶의 질 향상을 위한 주거환경디자인
천진희 | 상명대 디자인대학 실내디자인전공

264 사회복지와 문화
박병현 | 부산대 사회복지학과

265 장애인복지의 이론과 실제
이선우 | 인제대 사회복지학과

266 창의성 개발을 위한 디자인교육 콘텐츠
김선영 | 인천가톨릭대 조형예술대학 환경디자인학과

267 구성주의 사회복지 실천 기술론
고미영 | 서울신학대 사회복지학과

268 장애아교육학
김기흥 | 부산교육대 유아교육과

269 지역사회복지와 자원부문
한상진 외 | 울산대 사회학과

270 환경관리회계
육근효 | 부산외국어대 회계학부

271 인권 관점에서 보는 장애인복지
유동철 | 동의대 사회복지학과

272 정신증상
송지영 | 경희대 의과대학병원 신경정신과

273 사이버공간의 사회심리학
이성식 외 | 숭실대 정보사회학과

274 노인에 대한 사회적 돌봄과 돌봄 서비스의 질 보장
최희경 | 신라대 가족노인복지학과

275 아동 심리치료의 실제
신현균 | 전남대 심리학과

276 사회복지와 위험관리
노충래 | 이화여대 사회복지전문대학원

277 국제 탄소시장의 이해
양승룡 | 고려대 식품자원경제학과

278 타자의 초상
신문수 | 서울대 영어교육과

279 한국정치와 환경정치
나정원 | 강원대 정치외교학과

280 북한이주민
윤인진 | 고려대 사회학과

281 음주의 사회경제적 비용
정우진 외 | 연세대 보건대학원

282 지방정치와 동북아 도시거버넌스
박재욱 | 신라대 행정학과

283 노숙인 복지론
남기철 | 동덕여대 사회복지학과

284 유럽통합과정과 지역협력
이규영 | 서강대 국제대학원

285 사회복지재정 연구
지은구 | 계명대 사회과학대학 사회복지학과

286 지역사회 교육개혁을 위한 시민사회 조직의 참여
김영화 | 홍익대 교육학과

287 복지사회를 대비한 국민연금의 구조개혁
박영석 외 | 서강대 경영학부

288 한미 FTA 지재권 협상에 따른 의약품 분야 사회후생 변화
오근엽 | 충남대 무역학과

289 산업입지, 환경 그리고 지역경제
이기동 외 | 계명대 국제통상학과

290 감성지능 개발을 통한 삶의 질 향상
김경수 외 | 전남대 경영학부

291 교육복지론
이용교 외 | 광주대 사회복지학부

292 인간과 행복에 대한 철학적 성찰
박찬국 | 서울대 철학과

293 유럽연합의 사회통합 사례와 교훈
이무성 | 명지대 정치외교학과

294 민영화와 사회후생
이상호 | 전남대 경제학부

295 북한의 교육학 체계 연구
최영표 외 | 동신대 교육대학원

296 한국 지속가능발전의 구조와 변동
정대연 | 제주대 사회학과

297 우리나라의 공익 연계 마케팅에 관한 연구
임승희 | 전주대 경영학부

298 시각장애인복지론
김영일 | 조선대 특수교육과

299 그린에너지와 환경촉매
정석진 | 경희대 화학공학과

300 취약학교 초등학생을 위한 온라인 보건 교육 프로그램
박경옥 | 이화여대 보건관리학과

301 신탁제도를 통한 고령자의 보호와 지원
최수정 | 서강대 법학전문대학원

302 사회적 약자계층에 대한 실태분석 및 정책방안
이은우 외 | 울산대 경제학과

303 한류 문화와 동북아 공동체
최혜실 | 경희대 국어국문학과

304 노동유연화와 해고보호법
권혁 | 부산대 법학전문대학원

305 사회복지 위험관리의 이해
박미은 | 한남대 사회복지학과

306 의료기관의 회계와 세무
노준화 | 충남대 경영학부

307 여성인적자원의 전문성 확보를 위한 경력개발
백지연 | 이화여대 국제사무학과

308 정신병리
강선경 | 서강대 신학대학원

309 바다의 반란 적조
윤양호 | 전남대 해양기술학부

310 한국 장애인 복지 발달사
이성규 | 서울시립대 사회복지학과

311 서양예술 속의 동양 탐색
진상범 | 전북대 독어독문학과

312 한국인의 도덕성 발달 진단
문용린 | 서울대 교육학과

313 영국정치와 국가복지
고세훈 | 고려대 공공행정학부

314 인간학적 사유를 여는 중도·중복장애 교육학
이숙정 | 단국대 특수교육과

315 개별화 교육과정
이소현 | 이화여대 특수교육과

316 인간의 긍정적 성품
권석만 | 서울대 심리학과

317 지방자치와 지역여성의 전망
이혜숙 | 경상대 사회학과

318 한국 현대 노년소설 연구
전흥남 | 한려대 교양학부

319 정보격차 해소를 위한 창의적 정보교육 프로그램
이영준 외 | 한국교원대 컴퓨터교육과

320 한국 가족과 젠더
손승영 | 동덕여대 교양학부

321 한국의 복지혼합
김진욱 | 서강대 신학대학원

322 사회자본과 자원봉사
김태룡 외 | 상지대 행정학과

323 농촌교육복지연구
박삼철 | 단국대 교양학부

324 사회정체성 평가 차원에 대한 국제비교조사
이명진 | 고려대 사회학과

325 캐나다 복지국가 연구
조영훈 | 동의대 사회복지학과

326 한국의 소수자운동과 인권정책
전영평 외 | 서울대 행정대학원

327 한국과 미국의 보육서비스 전달체계와 품질 비교분석
김근세 외 | 성균관대 국정관리대학원

328 한국사회의 소득불평등과 국민 의료이용
이용재 | 호서대 사회복지학과

329 정보시대의 인간안보
조화순 | 연세대 정치외교학과

330 가족의 사회경제적 특성과 아동발달
김광혁 | 전주대 사회복지학과

331 초·중·고등학생의 학업소진 진행과정 및 경로분석
이상민 | 고려대 교육학과

332 다문화사회의 사법통역
이지은 | 이화여대 통역번역대학원

333 동아시아 지역주의
유현석 | 경희대 정치외교학과

334 환경친화적 공공시설관리와 지역공동체의 삶의 질
이소영 | 중앙대 실내디자인·주거환경학과

335 의료보험의 법정책
김나경 | 성신여대 법과대학

336 양극화 시대 가족해체와 청소년의 적응에 관한 한국과 미국의 비교 연구
오승환 외 | 울산대 사회복지학과

337 기업의 사회적 책임과 지역경제사회발전 연구
허영도 외 | 울산대 경영학부

338 노인의 삶의 질 향상을 위한 온라인 소셜 네트워크 구축 방안
김진우 | 연세대 경영학과

339 청소년 생활역량
윤명희 외 | 동의대 평생교육학과

340 외국인 배우자의 다양성과 국제결혼의 안정성
김두섭 | 한양대 사회학과

341 정보인권의 규범구체화
이민영 | 가톨릭대 법학과

342 한국 사회복지실천의 고유성
최성재 외 | 서울대 사회복지학과

343 스웨덴의 환경책임 실천모형
최희경 | 경북대 행정학부

344 자율운동과 주거공동체
윤수종 | 전남대 사회학과

345 한국인의 공공봉사동기
김상묵 | 서울과학기술대 행정학과

346 한국 이혼가정 아동의 성장
김혜숙 | 경인교육대 교육학과

347 동양 사상과 노인 복지
홍승표 외 | 계명대 사회학과

348 노동과 사회보장의 연계
오문완 | 울산대 법학과

349 학습장애 위험군 아동의 조기선별을 위한 읽기검사 표준화 연구
김애화 외 | 단국대 특수교육학과

350 신·재생에너지에 기초한 녹색성장과 사회통합
김인호 | 이화여대 법학전문대학원

351 문화교류역량과 다문화 경영이 기업 경영성과에 미치는 영향
임병학 외 | 부산외대 경영학부

352 빈곤영유아의 발달과 적응
정익중 외 | 이화여대 사회복지학과

353 민사법질서와 인권
양천수 | 영남대 법학전문대학원

354 성년후견제도와 사회복지제도의 연계
신권철 | 서울시립대 법학전문대학원

355 한국 다문화사회의 이방인
김순양 | 영남대 행정학과

356 현대 시민사회와 소비자계약법
이병준 | 한국외대 법학전문대학원

357 개인의 사회적 정보보호를 위한 공공 정보서비스 개선 연구
장형배 | 상명대 경영학과

358 여성교육투자에 대한 교육경제학적 탐색
백일우 외 | 연세대 교육학부

359 사회적 기업과 지속가능한 지역발전
임업 외 | 연세대 도시공학과

360 다문화가정 구성원에 대한 투트랙 한국어 교육방안 연구
박시균 | 군산대 국어국문학과

361 아시아의 빈곤과 한국기업의 역할
한인수 | 충남대 경영학부

362 유치원·초등학교 연계 환경교육
박희숙 | 공주대 유아교육학과

363 비정규 고용과 사회정책
구인회 외 | 서울대 사회복지학과

364 사생활의 자유에 관한 비교법적 연구
이창현 | 서강대 법학전문대학원

365 다중융합 환경 기반의 미디어스킨을 활용한 문화콘텐츠 디자인 적용방안에 관한 연구
오문석 외 | 광운대 미디어영상학부

366 북한이탈주민 여성의 성인식 관련 기초조사
한인영 외 | 이화여대 사회복지학과

367 노인주택 파노라마
유선종 | 건국대 부동산학과

368 시설보호 청년의 적응
정선욱 | 덕성여대 사회복지학과

369 다수 집단과 소수 집단의 심리
김혜숙 | 아주대 심리학과

370 바이오 휴머니티
권택영 | 경희대 영어학부

371 프랑스 다문화교육의 이해
이경수 | 상명대 불어교육과

372 한·중 서비스산업의 비교분석과 교역 확대 방안
김상호 | 리츠메이칸 아시아태평양대 국제경영학부

373 현대의학에 있어서 생명의 시간과 인간의 존엄
김학태 | 한국외대 법학전문대학원

374 0~3세 영유아의 영상물 과몰입 실태조사 및 정신건강증진 프로그램 개발과 적용
이경숙 | 한신대 재활학과

375 복지국가의 조세와 정치
양재진 외 | 연세대 행정학과

376 청소년기 자살행위 실태와 관련 요인
박선희 | 경희대 간호과학대학

377 기술혁신에 따른 지역 간 정보격차
최정혜 외 | 연세대 경영대학

378 한국 사회의 이중구조와 생애주기적 불평등
안상훈 편 | 서울대 사회복지학과

379 소비자의 친환경행동에 영향을 미치는 사회적·경제적 가치에 대한 고찰
송재기 | 텍사스테크대 경영학과

380 어머니 양육행동 관련 변인들과 유아 사회정서행동 간의 구조모형 분석
심숙영 | 숙명여대 원격대학원

381 조선족 여성, 동남아시아 여성 그리고 새터민의 적응 유형 분석 및 삶의 질 향상 방안 모색
정태연 | 중앙대 심리학과

382 세계의 연금, 한국의 연금
허만형 | 중앙대 공공인재학부

383 노인요양원과 문화 변화
최재성 | 연세대 사회복지학과

384 시민사회와 국제개발협력
손혁상 | 경희대 공공대학원

385 복지국가의 변화와 빈곤정책
김윤태 | 고려대 사회학과

386 다문화가정의 미디어 이용과 사회적 자본의 관계
진창현 | 경기대 경영학과

387 사회진출 대졸 초년생의 탄력성 변화 양상
이상민 | 고려대 교육학과

388 사회자본과 경제발전 그리고 정부의 질
도수관 | 대구가톨릭대 행정학과

389 망명과 귀환이주
서장원 | 고려대 독일문화학과

390 근거기반실천과 사회복지
김유진 | 경북대 사회복지학부

391 인터넷상 정보 유통에 대한 새로운 저작권 규율 방향 모색
박준석 | 서울대 법학전문대학원

392 한국 사회의 인종차별적 담화구조
이창수 | 한국외대 통역번역대학원

393 사회복지사의 사회복지 가치 지향
김용석 | 가톨릭대 사회복지학과

394 개인정보의 국제적 유통에 따른 법적 문제와 대책
박훤일 | 경희대 법학전문대학원

395 정신장애인의 인권
서미경 | 경상대 사회복지학과

396 취약계층 비만청소년들의 체중관리를 위한 건강증진 프로그램의 효과
김영호 | 서울과학기술대 스포츠과학과

397 한국 전통의 돈의 문학사, 나눔의 문화사
서신혜 | 한양대 창의·융합교육원

398 와이파이 공간과 모바일 정보 격차
이건학 | 서울대 사회과학대학

399 도시정비사업의 법적 쟁점과 해설
성중탁 | 경북대 법학전문대학원

400 사회서비스 제공기관의 조직요인과 성과
신창환 | 경북대 사회복지학부

401 도시 사운드스케이프 디자인
전진용 외 | 한양대 건축공학부

402 지방의회 의원윤리연구
김택 | 중원대 경찰행정학과

403 발달장애인 자립생활 증진을 위한 역량탐색 및 주거로서의 해결과제
김라경 | 광주교육대 교육학과

404 외국인고용제도개선과 인권
김상호 외 | 경상대 법과대학

405 사회복지연구에서 질적방법과 분석
김인숙 | 가톨릭대 사회복지학과

406 현대미술에서의 예술적 성장과 창의적 인재양성
백경미 | 울산과학기술원 기초과정부

407 현대인의 삶과 문화예술교육
곽삼근 | 이화여대 교육학과

408 문화적 배경과 체화된 인지
민동원 | 단국대 경영학부

409 아동 섭식행동평가 척도 표준화 및 섭식문제 현황 조사
정경미 | 연세대 심리학과

410 잊혀질 권리: 이상과 실현
문재완 | 한국외대 법학전문대학원

411 인권의 지역화: 일상생활의 인권 증진을 위하여
김중섭 | 경상대 사회학과

412 다문화 시대 이주민의 한국어 의사소통
민병곤 외 | 서울대 국어교육과

413 다문화 시대의 문화교육 커리큘럼
윤여탁 외 | 서울대 국어교육과

414 다문화 시대의 통일교육
박성춘 외 | 서울대 윤리교육과

415 다문화 시대 사회 통합을 위한 시민 교육
이진석 외 | 부산대 일반사회교육과

416 다문화 관련 법률 및 제도
박성혁 외 | 서울대 사회교육과

417 생태복원의 인문학적 상상력
김성도 외 | 고려대 언어학과

아 | 산 | 재 | 단 | 연 | 구 | 보 | 고 | 서

1 한국인의 도덕성 연구
배해수 | 고려대 국문학과

2 산업화와 청소년 진로
이원호 | 울산대 교육학과

3 공동체의식과 시민운동
김영섭 | 한양대 행정학과

4 한국청년의 삶의 의미 충족도와 만족적 태도
안정수 | 경희대 철학과

5 중국조선족의 사회발전과 한·중관계의 위상
손장권 | 고려대 사회학과

6 해송림 "솔껍질깍지벌레"의 천적 및 주요 종의 생태
김규진 | 전남대 농생물학과

7 사회정의와 실천윤리
박종대 | 서강대 철학과

8 동구개혁의 영향
김달중 | 연세대 정치외교학과

9 한국청소년의 의식세계
김문조 | 고려대 사회학과

10 고강도 철근 콘크리트 구조의 실용화
정헌수 | 중앙대 건축학과

11 신기술의 연관형태 및 출현예측의 구조모형
권철신 | 성균관대 산업공학과

12 민간기업의 연구개발을 위한 조세정책
권영훈 | 한양대 경제학부

13 기술개발 활성화방안
송승구 | 울산대 화학공학부

14 부패의 현상과 진단
이문조 | 영남대 정치외교학부

15 연구투자의 지역적 편중화와 부산지역의 기초과학연구 활성화방안
윤웅찬 | 부산대 화학과

16 GATT의 신구 덤핑방지협정과 그 대응방안
전창원 | 동국대 무역학과

17 한국사회의 도덕성 제고를 위한 진단과 처방
황경식 | 서울대 철학과

18 새로운 노사관계 방향
이진규 외 | 고려대 경영학과

19 21세기 동북아 정세예측과 한국의 전략적 대응방안
최평길 외 | 연세대 행정학과

20 소련의 한국에 대한 정책목표분석
신승권 | 한양대 정치외교학과

21 메모리 커패시터용 $Pb(Zr_xTi_{1-x})O_3$ 강유전체 박막의 제작과 특성
장지근 외 | 단국대 전자공학과

22 러시아 국제법학의 전통
김용구 | 서울대 외교학과

23 유럽연합의 현황과 전망
김동현 외 | 성균관대 행정학과

24 중국의 정치동원
송영우 외 | 건국대 정치외교학과

25 산업적 활용을 위한 이동로보트 시스템의 개발
박민용 외 | 연세대 전자공학과

26 중국조선족의 정치사회화과정과 동화적 국민통합의 방향
전인영 외 | 이화여대 사회생활학과

27 공적부조의 이론과 실제
최일섭 외 | 서울대 사회복지학과

28 대외통상환경의 변화와 법제개편
서헌제 | 중앙대 법학과

29 기업금융의 국제화
최생림 | 한양대 경영학부

30 자동차부품공업의 노사관계
김호진 외 | 고려대 행정학과

31 산업화 과정에서의 한국가족의 실태와 전망
정창수 외 | 성균관대 사회학과

32 공무원 가치관 실태와 정립방안
배병룡 외 | 경상대 행정학과

33 해외귀국청소년의 국내적응연구
이장영 | 국민대 사회학과

34 초고속정보통신망에서 LAN서비스 제공방안
이재용 | 연세대 전자공학과

35 WTO체제의 정책적 대응
김병진 외 | 경희대 행정학과

36 유럽의 통합정치
최수경 외 | 충남대 정치외교학과

37 유기질폐기물을 이용한 고단백사료원인 조류의 생산공정
최정우 외 | 서강대 화학공학과

38 초고속정보통신망의 수용성과 정책방향
박영상 외 | 한양대 신문방송학과

39 중국의 강남사회와 한중교섭
조영록 외 | 동국대 사학과

40 세계화시대의 사회·문화의식
신행철 외 | 제주대 사회학과

41 국내 외국인 노동자의 문제와 대책
성규탁 외 | 연세대 사회복지학과

42 노인인력 활용정책과 프로그램
김정후 외 | 강원대 법과대학

43 한일간 학술교류 현황과 활성화방안
정홍익 외 | 서울대 행정대학원

44 계량모형에 의한 한일 경제관계의 이해
김명직 외 | 한양대 경제학부

45 직장인의 음주행태와 삶의 질
진기남 외 | 연세대 보건행정학과

46 유통정보 시스템의 구조와 설계
정용길 | 충남대 경영학과

47 남북통일 이후 사회통합을 위한 교육의 역할
안기성 외 | 고려대 교육학과

48 대중음악에 심취한 청소년들의 심리적 특성
김인경 외 | 연세대 인간행동연구소

49 멀티미디어 시스템을 활용한 교육환경의 개선방안
김한일 | 제주대 컴퓨터교육학과

50 탈냉전기 한일관계의 쟁점
최상룡 | 고려대 정치외교학과

51 자치시대 새로운 '삶의 질' 지표의 모색
김형기 외 | 경북대 경제통상학부

52 유럽통합의 역내외 협력과 갈등
이호재 외 | 고려대 정치외교학과

53 21세기를 대비한 신노사관계
김재원 | 한양대 경제학부

54 대학의 시간제학생 등록제
안규철 외 | 전남대 교육학과

55 21세기에 대비한 방송통신정책
한진만 외 | 강원대 신문방송학과

56 주민참여를 통한 혐오시설 관리운영방안
박균성 외 | 경희대 법학부

57 여성의 정치적 권리인식과 정치참여
전경옥 외 | 숙명여대 정치외교학과

58 한국인 위장질환과 식생활·환경요인 및 *H. pylori* 감염과의 관계
이양자 외 | 연세대 식품영양학과

59 학생과 시민의 자원봉사활동
윤정일 외 | 서울대 교육학과

60 동북아 환경문제와 지역환경협력의 모색
신연재 외 | 울산대 정치외교학과

61 노인 자원봉사활동을 통한 사회통합 프로그램 개발
김동배 | 연세대 사회복지학과

62 물류정보 시스템
김태현 | 연세대 경영학과

63 전자식 문서교환을 이용한 항공화물 운송체계
민재형 | 서강대 경영학과

64 청소년과 성
이근후 | 이화여대 의과대학

65 민족통합과 무궁화호 위성의 남북한 공동활용방안
방정배 | 성균관대 신문방송학과

66 채식주의가 20대 여성의 영양상태와 에스트로겐 대사에 미치는 영향
성미경 | 숙명여대 식품영양학과

67 가상정보공간을 통한 지역개발 활성화 전략
유재천 외 | 한림대 언론정보학부

68 조산아 관리현황 및 정책수립 방안
박상기 외 | 조선대 의과대학

69 남북한관의 의식조사와 통일교육 개선방안
김동규 외 | 고려대 북한학과

70 동양 전통 자연사상 탐구
장동순 | 충남대 환경공학과

71 초고속정보망의 시뮬레이터 구현
한기준 | 경북대 컴퓨터공학과

72 유통원가 시스템의 유효성
정다미 | 명지대 경영학과

73 국악과 문화관광의 만남
정익준 외 | 동아대 국제관광통상학부

74 기업의 지식경영 활용사례
김창은 | 명지대 산업공학과

75 선진국과 한국의 직업교육·훈련제도의 특성과 한계
정주연 | 고려대 경제학과

76 제주지역 성인 여성의 자원봉사활동
이상철 외 | 제주대 사회학과

77 M&A와 문화충돌 관리
박원우 | 서울대 경영학과

78 폐금속광산 인근 주민들의 중금속 오염실태
정종학 외 | 영남대 의학과

79 북한 농촌·농업실태와 인력자원개발 시스템을 통한 북한 농민의 구호방안
박성열 | 건국대 교육공학과

80 중소 소매점의 경쟁력과 소매성과
채명수 외 | 한국외대 무역학과

81 고령자를 위한 쾌적한 실내온도와 착의량의 설정
정운선 | 안동대 의류학과

82 지역문화 이벤트 PR
박종민 | 경희대 언론정보학부

83 인터넷 지역정보화의 실태와 전략
유평준 외 | 연세대 행정학과

84 여성 삶의 질 향상을 위한 사회교육 활성화 방안
김양희 | 중앙대 가족복지학과

85 벤처기업과 벤처금융
강대석 외 | 충남대 무역학과

86 구조조정기에 있어서 실업대책과 사회안전망 구축
박천익 | 대구대 경제학과

87 한국 유아의 조기교육
이명조 외 | 한국외대 교육대학원

88 남북한 경제공동체 형성전략
이상만 | 중앙대 경제학과

89 지방자치회계의 투명성과 주민의 알 권리
권찬태 외 | 경북대 경영학부

90 정치지도자의 정책리더십
이해영 | 경일대 행정학과

91 경제위기와 한국인의 복지의식
신광영 외 | 중앙대 사회학과

92 북한의 노동
김강식 | 한국항공대 경영학과

93 우리나라 중소기업의 정보기술 활용 현황과 경쟁력 강화를 위한 제안
정승호 | 부산외대 정보시스템학과

94 인간배아복제의 법적·윤리적 문제점과 그 해결방안
최병규 | 한경대 법학부

95 가치변화에 따른 투표행태
조찬래 외 | 충남대 정치외교학과

96 인터넷 경매에서의 계약체결과 소비자 보호
이기수 외 | 고려대 법과대학

97 세계화시대 남북한 통합의 방향과 과제
윤민재 | 서울대 사회발전연구소

98 글로벌 시대 지방정부의 문화마케팅 전략
박흥식 | 중앙대 행정학과

99 대졸여성실업의 실태분석 및 대학-노동 시장 간 효율적 연계방안
이은우 외 | 울산대 사회과학부

100 그린 투어리즘의 분석
이응진 | 대구대 관광학부

101 지방자치단체장의 부정부패
오일환 | 한양대 아태지역연구센터

102 산업화가 유교체제하 중국여성의 지위에 미친 영향
천성림 | 배재대 사회과학연구소

103 움직이는 말하기
유혜숙 외 | 나사렛대 교양학부

104 장애학생을 위한 특수교육공학의 활용
김용욱 | 대구대 중등특수교육과

105 지식기반사회의 평생교육 이해와 평생교육 프로그램 개발
박성열 | 건국대 교육공학과

106 N세대의 미술교육
김동철 | 대구교육대 미술교육학과

107 노후계획과 투자
권택호 | 여수대 국제통상학과

108 영화산업
양영철 | 경성대 연극영화학부

109 동유럽의 변혁과 언론의 역할
정대수 | 경남대 정치언론학부

110 환율, 임금, 물가가 국제경쟁력 및 수출입산업에 미치는 영향
하인봉 | 경북대 경제통상학부

111 일본기업의 기술혁신 전략
위정현 | 중앙대 상경학부

112 노후보장정책과 역저당연금제도
조덕호 외 | 대구대 행정학과

113 유비쿼터스 라이프와 미래 사회
김석수 | 한남대 멀티미디어공학과

114 죽음과 관련된 생명윤리적 문제들
구인회 | 가톨릭의과대 인문사회과학교실

115 경제적 세계화와 빈곤문제, 그리고 국가
김준현 | 한일장신대 인문사회과학부

116 한국의 세계불교유산
김종명 | 한국학중앙연구원 한국학대학원

117 복지레저서비스론
고태규 | 한림대 국제학부

118 자생적 철학체계로서 인간중심철학
선우현 | 청주교대 윤리교육과

119 전략적 통합과 한반도 평화체제
김승채 | 고려대 정책대학원

120 환경사법론
전경운 | 경희대 법학부

121 인터넷 자료를 통해 본 한국의 이혼 문화와 사회복지
성정현 외 | 협성대 사회복지학과

122 유럽연합의 사회정책에 관한 연구
문진영 | 서강대 신학대학원 사회복지학과

123 여성건강의 통합적 관점
김혜원 | 관동대 간호학과

124 복잡계 네트워크 과학
강병남 | 서울대 물리천문학부

125 경제적인 3세대 전원주택 개발
박근준 | 호서대 건축공학과

126 사회복지와 인적자원개발
이상일 | 인제대 국제경상학부